Gelingendes Sterben

Grenzgänge

—
Studien in philosophischer Anthropologie

Herausgegeben von
Reiner Anselm, Martin Heinze und
Olivia Mitscherlich-Schönherr

Band 1

Gelingendes Sterben

Zeitgenössische Theorien im interdisziplinären Dialog

Herausgegeben von
Olivia Mitscherlich-Schönherr

DE GRUYTER

ISBN 978-3-11-076299-0
e-ISBN (PDF) 978-3-11-059993-0
e-ISBN (EPUB) 978-3-11-059876-6
ISSN 2570-0901

Library of Congress Control Number: 2019944394

Bibliografische Information der Deutschen Nationalbibliothek
Die Deutsche Nationalbibliothek verzeichnet diese Publikation in der Deutschen
Nationalbibliografie; detaillierte bibliografische Daten sind im Internet über
http://dnb.dnb.de abrufbar.

© 2021 Walter de Gruyter GmbH, Berlin/Boston
Dieser Band ist text- und seitenidentisch mit der 2019 erschienenen gebundenen
Ausgabe.
Satz: Integra Software Services Pvt. Ltd.
Druck und Bindung: CPI books GmbH, Leck
Coverabbildung: The Infinity Column of Constantin Brancusi, Romania
© www.dreamstime.com/cristianzamfir_info | Dreamstime.com

www.degruyter.com

Inhaltsverzeichnis

Olivia Mitscherlich-Schönherr
Editorial: Fragen nach dem Gelingen des Sterbens —— 1

I Philosophische Ansätze zu einem nicht-reduktionistischen Verständnis menschlichen Sterbens

Hans-Peter Krüger
Menschliches Sterben aus Sicht der Philosophischen Anthropologie —— 19

Andrea M. Esser
„Übrigens sterben immer die Anderen..." – Kann man die eigene Sterblichkeit verstehen? —— 33

II Das Gelingen des Sterbens in der Diskussion

Bernard N. Schumacher
Der Tod, eine anthropologische Offenbarung —— 53

Thomas Rentsch
Das Gelingen des Lebens im hohen Alter – Sieben Thesen —— 73

Thomas Fuchs
Versöhnung mit dem Ungelebten – Zum Gelingen des Lebens im Sterben —— 85

Olivia Mitscherlich-Schönherr
Das Lieben im Sterben – Eine verstehende Liebesethik des Sterbens in Selbstliebe —— 101

Héctor Wittwer
Ist unser Leben notwendigerweise fragmentarisch, weil wir sterben müssen? —— 129

III Das Gelingen der Sterbebegleitung in der Diskussion

Claudia Bausewein
Die Begleitung beim Sterben durch die Palliativmedizin —— 153

Annette Hilt
Grenzerfahrungen und Freiräume – Gedanken zu einer zeitgenössischen *ars moriendi* —— 159

Andreas Kruse
Demenz als Herausforderung an gelingendes Sterben —— 177

Maria Wasner
Sterben mit Demenz – Herausforderungen für Angehörige und professionell Begleitende —— 205

Jean-Pierre Wils
Totengedenken – ein nach-ethisches Projekt —— 219

Nina Streeck
Der eigene Tod: Anfragen an ein populäres Sterbeideal —— 235

Martin Hähnel
Leiderleben und Willensexploration bei sterbenskranken Menschen —— 255

IV Die Gutheit rechtlicher Regelungen von Suizidassistenz und Sterbehilfe in der Diskussion

Hermann Brandenburg, Heike Baranzke und Heike Kautz
Stationäre Altenpflege und hospizlich-palliative Sterbebegleitung in Deutschland: Einander kennenlernen – voneinander lernen – miteinander gestalten —— 275

Roland Kipke
Scheinneutralität: Über einen Vorschlag zur Regelung des assistierten Suizids und die Frage nach der Legitimität seines gesetzlichen Verbots —— 299

Markus Rothhaar
Behandlungsentscheidungen am Lebensende: eine rechtsphilosophische Perspektive —— 327

Verzeichnis der Autor_innen —— 341

Personenregister —— 345

Sachregister —— 347

Olivia Mitscherlich-Schönherr
Editorial: Fragen nach dem Gelingen des Sterbens

Im Unterschied zur Antike ruft eine philosophische Auseinandersetzung mit der Frage nach dem Gelingen menschlichen Sterbens in der Gegenwart häufig Befremden hervor. Oft ist bereits die Frage nach einem gelingenden Sterben nicht zugänglich. Wie sollte das Sterben denn nicht gelingen – mag man sich fragen –, da doch nichts so sicher ist wie der Tod und wir alle früher oder später sterben werden? Wer im eigenen Leben oder im Leben naher Angehöriger mit dem nahe bevorstehenden Tod konfrontiert wird, mag die Frage nach einem guten, gelingenden Sterben weniger befremdlich finden. Gleichwohl mögen Vorbehalte gegenüber einer philosophischen Auseinandersetzung mit dieser Frage aufkommen. Zu tief mögen die – berechtigten – Sorgen vor einem Optimierungsdiktat sitzen: vor paternalistischen Bestrebungen einer Philosophenriege, die den Menschen vorschreiben will, wie sie zu leben und zu sterben haben. Jetzt mag man sich fragen: wie soll denn in philosophischer Überlegung etwas über das Gelingen des Sterbens ausgemacht werden können, da das menschliche Sterben so individuell und vielfältig ist? Und sitzt nicht bereits das Fragen nach dem Gelingen des Sterbens dem – problematischen – Anspruch auf, über einen Maßstab des Gelingens zu verfügen?

Zugleich ist unsere Lebenswelt durchdrungen von einer Vielzahl an Vorstellungen über gelingendes oder gutes Sterben. Dies zeigt u. a. ein Blick auf die Hospizbewegung. Die Hospizbewegung bleibt auch dann von Vorstellungen über ein gutes oder gelingendes Sterben getragen, wenn mit Hinweis auf die Individualität und Unterschiedlichkeit des menschlichen Sterbens das Phasenschema guten Sterbens ihrer Mitinitiatorin Elisabeth Kübler-Ross verworfen wird: etwa von den Vorstellungen, dass ein gutes Sterben ein Sterben sei, das nicht von ‚unerträglichen Schmerzen' begleitet ist; ein Sterben, dem die Sterbenden nicht durch Suizid entfliehen wollen; ein Sterben, das nicht fremdbestimmt sei, sondern eine Lebensphase bilde, in der der ‚eigene Tod' gestorben werde. Aber auch über die institutionalisierte Sterbebegleitung hinaus ist in der Lebenswelt eine Vielzahl von Vorstellungen über gelingendes Sterben präsent: etwa die Vorstellung, dass ein Sterben in der vertrauten Umgebung zuhause besser sei als in einer fremden und ‚entfremdenden' Pflegeeinrichtung; oder die Vorstellung, dass ein Sterben mit Demenz mit einem Sterben in Würde kollidiere, so dass Menschen – man denke an das berühmte Beispiel von Walter Jens – in Patientenverfügungen festlegen, dass sie im Falle einer dementiellen Erkrankung

‚aktive Sterbehilfe' wünschen. Verwoben sind all diese Vorstellungen gelingenden Sterbens in Vorstellungen gelingender Sterbehilfe, die in der seit Jahren breit – inner- wie außerakademisch – geführten Debatte über die unterschiedlichen Formen der Hilfe beim und zum Sterben aufeinanderprallen. Ein Blick auf die Vielzahl von Beerdigungsritualen führt schließlich schlagend vor Augen, dass die Vorstellungen von guter Begleitung über das Ereignis des Todes hinausreichen.

Ziel des vorliegenden Bandes ist es, unterschiedliche Vorstellungen über gutes bzw. gelingendes Sterben, die unser gegenwärtiges Verhältnis zum Sterben und zum Tod bestimmen, zu reflektieren und kritisch zu diskutieren. Dabei ist – im Titel des Bandes – dem weiteren Begriff des ‚gelingenden Sterbens' der Vorzug gegenüber dem engeren Begriff des ‚guten Sterbens' gegeben. Neben den Aspekten der Selbstbestimmung und der aktiven Lebensführung, die im Begriff des guten Sterbens im Vordergrund stehen, klingen im Begriff des gelingenden Sterbens auch die pathischen Aspekte des Widerfahrenden an. In der Verschränkung von Erleiden, Mitvollziehen und Gestalten steckt der Begriff des ‚gelingenden Sterbens' ein ganzes Spektrum von – im weiten Sinne – ethischen Fragen ab, die im vorliegenden Band zur Diskussion stehen.

Zunächst sind im Begriff des ‚gelingenden Sterbens' die individual-ethischen Fragen nach dem subjektiven Erleben von Glück und Sinn im Sterben nach der objektiven Gutheit – der Würde, Freiheit, Tugendhaftigkeit – des Sterbens und nach beider Verhältnis präsent. Diese Fragen können sich an den besonderen Herausforderungen entzünden, denen die Lebensphase des Sterbens oft ausgesetzt ist: dem körper-leiblichen Erleben von Schmerzen und des Niedergangs der eigenen Lebenskräfte, dem seelischen Leiden am Schwinden der verbleibenden Lebenszeit, an der Last der eigenen Vergangenheit und der Angst vor der bevorstehenden Zukunft in Krankheit und vor dem Tod. Sie können in der Konfrontation mit den Therapieangeboten und den Versprechungen der modernen Medizin aufkommen. In ihnen kann sich aber auch das Staunen über die Fülle des Sinns ausdrücken, die unter Umständen gerade unter den Bedingungen extrem verkürzter Lebenszeit erfahrbar wird. In individual-ethischer Hinsicht schwingt im Begriff des ‚gelingenden Sterbens' darüber hinaus der gesamte Fragekomplex einer *ars moriendi* nach dem Status des bevorstehenden Todes für das Leben, der Bedeutung der Todesangst und den existenziellen Grundhaltungen mit, die wir zum bevorstehenden Tod einnehmen wollen.

Im Begriff des ‚gelingenden Sterbens' sind die bisher genannten, primär individual-ethischen Fragen in moralische und politische Fragen verschränkt: in die moral-philosophischen Fragen, worin eine gute Hilfe beim Sterben – für die Begleiteten und die Begleitenden – besteht; in die rechtlichen und politischen Fragen nach den Maßstäben, die rechtliche Normierung und gesamtgesellschaftliche Verwirklichung von Sterbehilfe in all ihren Ausgestaltungen der Hilfe beim Sterben und zum Sterben orientieren sollen; sowie schließlich in die kulturphilosophischen Fragen nach den sozio-kulturell tradierten Vorstellungen und Praktiken, die – insbesondere in Familie, Medizin, Pflege, Recht, Bestattungswesen – auf unsere gegenwärtigen Vorstellungen und Praktiken des gemeinschaftlichen Sterbens durchschlagen.

Ein weiterer Komplex von ‚lebensphilosophischen' Fragen betrifft das innere Verhältnis von aktiver Gestaltung und passivem Hineingestellt-Sein im Zentrum des Begriffs eines ‚gelingenden Sterbens': die Fragen, ob sich inmitten des Lebens Bilanz vom Leben ziehen, ob sich Einsichten in das Gelingen des Lebens als Ganzen und des Sterbens im Besonderen erreichen lassen; ob Wissen über einen Maßstab erworben werden kann, an dem Leben und Sterben – um willen ihres Gelingens – auszurichten und ihr Gelingen zu beurteilen wären; ob sich unterschiedliche ‚Werturteile' und ‚Ideale' eines guten oder gelingenden Sterbens unter Umständen in Quellen der Fremdbestimmung verkehren – und das Gelingen des individuellen Sterben damit gerade behindern oder verstellen können.

Und schließlich klingt im Begriff des ‚gelingenden Sterbens' auch der Komplex anthropologischer Fragen nach der Verfasstheit des Sterbens mit, in dem die bisher genannten Fragen aufkommen: Fragen nach einer genuin ‚menschlichen' oder ‚personalen' Form des Sterbens; Fragen, wie sich unter dieser ‚personalen' Form Leben und Sterben zueinander und beides zum Tod verhalten; wer einen genuin ‚personalen Tod' stirbt; ob alle Menschen als Personen sterben, oder ob manche Menschen auch als Tiere ‚verenden' können; welchen Anteil die Anderen am eigenen Sterben haben; inwiefern wir im Sterben der Anderen mitsterben und von den Anderen her gestorben wird.

Indem der Band unter dem Begriff des ‚gelingenden Sterbens' läuft, sind all diese Fragen freilich noch nicht beantwortet. Weder ist damit eine Aussage über die Maßstäbe getroffen, im Rückgriff auf die die versammelten Fragen zu beantworten seien, noch ist damit eine Aussage darüber getroffen, ob sich solche Maßstäbe überhaupt finden lassen und ob sich Einigkeit über sie erreichen lässt. Um die Auseinandersetzung mit dem ‚gelingenden Sterben' in seiner Breite und Komplexität zu führen, versammelt der vorliegende Band Stimmen aus unterschiedlichen Disziplinen, auch wenn er einen philosophischen Schwerpunkt hat. Innerhalb der Philosophie führt er Ansätze aus verschiedenen Strömungen zusammen. In der zeitgenössischen Philosophie soll der Band eine Lücke zwischen unterschiedlichen Diskussionszusammenhängen schließen: der Diskussion über ein gelingendes Leben, in der meist allein auf die reifen Phasen des Lebens geschaut wird; der Diskussion über einen genuin ‚personalen Tod', die über viele Jahre von der Auseinandersetzung mit dem sog. ‚Hirntod' dominiert worden ist; sowie der Diskussion über ‚Sterbehilfe', die sich meist auf das Helfen zum Sterben – die sog. ‚aktive' und ‚passive' Sterbehilfe sowie die Suizidassistenz – konzentriert. Einzelne Stimmen haben sich freilich schon um einen Brückenschlag zwischen den unterschiedlichen Aspekten des ‚gelingenden Sterbens' bemüht, eine breitere Diskussion steht jedoch bisher aus. Dies soll der vorliegende Band nachholen. Dabei gehen die Texte, die er versammelt, zu etwa zwei Dritteln auf Vorträge zurück, die im September 2017 im Rahmen einer – breit besuchten – interdisziplinären Tagung über ‚Gelingendes Sterben' an der Katholischen Akademie Bayern in München gehalten wurden. Um das Spektrum der Positionen zu erweitern und die Auseinandersetzung mit der Frage nach einem gelingenden Sterben zu vervollständigen, wurden weitere Beiträge aufgenommen, die die Autor_innen eigens für den vorliegenden Band verfasst haben.

Inhaltlich gliedert sich der Band in vier Rubriken. Den Auftakt des Bandes bilden die Bemühungen um ein *nicht-reduktionistisches Verständnis des menschlichen Sterbens*, die Hans-Peter Krüger und Andrea Esser in ihren Aufsätzen unternehmen. Beide widersetzen sich aus unterschiedlichen philosophischen Strömungen der ‚Flucht in Abstrakta', wie Andrea Esser in ihrem Aufsatz in Anschluss an Hegel schreibt: in abstrakte Vorstellungen, die das menschliche Sterben und den Tod auf einzelne Aspekte – wie etwa die biologische Desintegration bzw. den sog. ‚Hirntod' – reduzieren und auf diese Weise deren Bedeutung für das menschliche Leben abdunkeln. Auf eine eingehende Diskussion des ‚Hirntod-Kriteriums' wird im vorliegenden Band verzichtet, da sie dessen Rahmen gesprengt hätte und anderorts in den letzten Jahren umfassend geleistet worden ist. Im ersten Aufsatz des Bandes skizziert Hans-Peter Krüger – aus der Perspektive der Philosophischen Anthropologie Helmuth Plessners – eine nicht-reduktionistische, integrative Theorie über das Leben und Sterben von Menschen und deren Verhältnis zum Tod. Hans-Peter Krüger stellt sich zunächst verbreiteten Vorstellungen über das Verhältnis von Leben und Tod entgegen: den einseitigen Vorstellungen, den Tod entweder in das Leben integrieren zu wollen – so dass alles Leben immer schon Sterben sei; oder ihn dem Leben als schlechthin Anderes entgegenstellen zu wollen – so dass es keinen ‚natürlichen Tod' geben könne. ‚Abstrakt' sind beide Vorstellungen nach Hans-Peter Krüger, da sie die Bedeutung des Sterbens abblenden: die besondere Lebensphase zu formen, die am Ende des Lebens die Bedingungen dafür stiftet, dass das Todesereignis in seiner Fremdheit eintreten kann. Im weiteren Fortgang seiner Überlegungen ist es Hans-Peter Krüger um die Einsicht in das ‚personale Sterben' von Menschen und dessen innerer Normativität zu tun – womit er sich biologistischen Verkürzungen menschlichen Sterbens widersetzt. Die innere Normativität ‚personalen Sterbens' findet Hans-Peter Krüger im

Primat der Würde. Dieser normative Maßstab verlange es, im Leben – das die Sterbenden und die sie begleitenden Personen teilen – die personale Ganzheit aller zu wahren und niemanden auf einzelne, aktual realisierte Lebensfunktionen zu reduzieren.

Andrea Esser setzt sich im zweiten Aufsatz des Bandes – aus einer Perspektive, die Einsichten der Sprachphilosophie, des Existenzialismus und des Pragmatismus verbindet – mit dem epistemischen Aspekt des ‚abstrakten Denkens' auseinander: in einer objektivierenden Wissenshaltung einzelne Wissensgehalte zu isolieren und ihren Rückbezug auf das eigene Leben abzudunkeln. Für solch eine objektivierende Wissenshaltung stelle sich das Wissen vom Sterben als das ‚allgemeine Wissen' dar, dass alle Menschen sterben. In der Isolierung des vereinzelten Aspekts der allgemein-menschlichen Sterblichkeit aus dem Zusammenhang mit den anderen Aspekten des Lebens werde das ‚ästhetisch-praktische Wissen' um die je eigene Sterblichkeit abgedrängt. In ihrem Text verfolgt Andrea Esser ein zentrales Motiv einer philosophischen *ars moriendi*: einen Wechsel im Erkenntnismodus zu vollziehen und das abstrakte Wissen über die menschliche Sterblichkeit in das Verstehen der eigenen Sterblichkeit zu überführen. Sie nimmt sich dieser Aufgabe in Form einer philosophischen Explikation von Werken der bildenden Kunst und der Literatur – insbesondere der Inschrift auf dem Grab von Michel Duchamps – an. Diese verfügten nämlich in besonderem Maße über die Fähigkeit, paradigmatische Situationen eines *memento mori* herzustellen: Situationen, die uns den gesuchten „Moduswechsel abverlangen, der es uns ermöglicht, das zu verstehen, was wir bislang bloß wussten".

Eine zweite Gruppe von Aufsätzen setzt den Fokus auf individual-ethische Aspekte der Frage nach dem *Gelingen des menschlichen Lebens im bzw. angesichts des Sterbens*. Im ersten Aufsatz dieser Rubrik gibt Bernard Schumacher dem von Andrea Esser skizzierten Programm einer philosophischen *ars moriendi*, die ‚Flucht in Abstrakta' zu reflektieren und zu unterlaufen, eine ethische Wendung. Er greift nicht auf den epistemischen Unterschied zwischen ‚allgemeinem Wissen' und ‚ästhetisch-praktischem Wissen', sondern auf den ethischen Unterschied zwischen existenziellen Grundhaltungen des Verdrängens und des Sich-Aussetzens zurück. Die ‚Flucht in Abstrakta' findet er in drei Ausgestaltungen der modernen ‚Todesverdrängung', deren ethisch-anthropologische Verkürzungen er jeweils vor Augen führt. Von diesen Haltungen grenzt er – zunächst ähnlich wie Martin Heidegger – das *ethos* ab, sich dem individuell bevorstehenden Tod auszusetzen. Gerade in dieser Nähe ist es Bernard Schumacher allerdings darum zu tun, in Anschluss an Emanuel Levinas und in Abgrenzung gegen Martin Heidegger einen Alteritätsansatz zu erarbeiten. Während Heidegger den Tod in „Sein und Zeit" als

„*eigenste* Möglichkeit" vorstellt, die es zu übernehmen gelte, fordert Bernard Schumacher in Anschluss an Levinas, den Tod in seiner prinzipiellen Fremdheit ernst zu nehmen. Der Tod stelle gerade die Situation dar, von der wir selbst ergriffen werden, ohne sie unsererseits noch ergreifen zu können. Durch den Tod werden wir – so Bernard Schumacher – in Bezug zu dem gesetzt, was nicht von uns kommt. Folglich sei es auch unmöglich, den Tod – wie von Heidegger behauptet – als eigene Möglichkeit zu übernehmen. Die existenzielle Lebenshaltung, die sich in der Konfrontation mit dem Tod gewinnen lasse, bestehe vielmehr in einer Haltung der Muße und der Hingabe.

Während Bernard Schumacher nach dem Gelingen des Lebens *angesichts* des bevorstehenden Todes fragt, rücken Thomas Rentsch, Thomas Fuchs und ich selbst die späten Phasen des Lebens in den Blick, um uns mit dem Gelingen des Lebens *im* (hohen) Alter bzw. *im* Sterben auseinanderzusetzen. Dabei ist es uns nicht um Sonderethiken, sondern um eine ethische Beschäftigung mit den Herausforderungen zu tun, die am Ende des Lebens in besonderer Deutlichkeit hervortreten, jedoch das Leben als Ganzes betreffen. Aus unterschiedlichen philosophischen Strömungen teilen wir das Anliegen, eine nicht-paternalistische Tugendethik zu entfalten, die weder Forderungen nach ‚Selbstoptimierung' aufstellt, noch allgemeingültiges Wissen über einen Maßstab des Gelingens beansprucht, oder in präskriptiver Haltung allgemeingültige Anleitungen vorgeben will, wie zu sterben sei. In der – inner- wie außerakademisch breit geführten – Diskussion über gelingendes Leben hat sich nämlich nicht nur gezeigt, dass Ansprüche nach ‚Selbstoptimierung' der ‚Versehrtheit' und dem Leiden nicht gerecht werden, die menschlichem Leben angehören und mit denen Krankheit und Sterben in besonderer Deutlichkeit konfrontieren; in ihr wurde von verschiedenen Seiten auch die Einsicht vermittelt, dass der philosophischen Ethik ein Erkenntnisstandpunkt fehlt, von dem aus sie universalgültiges Wissen darüber liefern könnte wie zu leben sei – so dass alle Versuche, allgemeingültige Anleitungen für ein gelingendes Leben zu vermitteln, notwendigerweise politischer Natur sind und Gefahr laufen, Tendenzen der Normalisierung zu zeitigen.

Thomas Rentsch blickt in seinem Aufsatz auf das – hohe – Alter, um der Frage nach einem gelingenden Altern nachzugehen. In sieben Thesen ist es ihm um anthropologische, ethische und moralische Klärungen dieser Frage zu tun. Dabei sind seine Bemühungen um eine philosophische Grundlagenreflexion von der Überzeugung getragen, dass sich die Frage nach einem gelingenden Leben im – hohen – Alter nicht von den sozio-kulturellen Entwicklungen unserer Zeit trennen lasse. In seinen ersten Thesen fragt Thomas Rentsch nach Verstehensgrundlagen gelingenden Alterns und findet sie im Verstehen der eigenen Endlichkeit, der eigenen Sterblichkeit, in einem ganzheitlichen Verständnis des Lebens und einem nicht-reduktionistischen Verständnis unserer existenziellen

‚Grundsituation'. In seinen folgenden Thesen blickt er auf die gesamtgesellschaftlichen Herausforderungen, die von einem gelingenden Sterben ausgehen. In Rahmen des gesamtgesellschaftlichen Miteinanders fordert Thomas Rentsch, ein Aufklärungsprojekt zur Erziehung zum ganzen Leben zu verwirklichen, das Alter als gemeinsame Aufgabe zu verstehen und umzusetzen sowie die Reflexionspotentiale zu erfassen, die das Alter unserer auf Beschleunigung ausgerichteten Zeit seinerseits bietet.

Nachdem Thomas Rentsch auf das hohe Alter geschaut hat, fasst Thomas Fuchs das Sterben in den Blick, um nach dem Gelingen des Lebens im Sterben zu fragen. In einer Perspektive, die leibesphänomenologische und existenzphilosophische Einsichten verbindet, geht Thomas Fuchs von einem Konflikt aus, in den sich Menschen am Ende ihres Lebens hineingezogen erfahren können: dem Konflikt zwischen dem Bestreben auf der einen Seite, dem Leben als Ganzen eine ‚gute Gestalt' bzw. ‚Kohärenz' zu vermitteln, und dem ‚ungelebten Leben' auf der anderen Seite. Unter dem ‚ungelebten Leben', das sich dem Streben nach ‚Kohärenz' im Sterben widersetzen könne, versteht Thomas Fuchs – in Anschluss an Viktor von Weizsäcker – die Erfahrung, dass im Rückblick das tatsächlich verwirklichte Leben grundlegende Lebenswünsche nicht erfüllt. Quellen des ‚ungelebten Lebens' findet Thomas Fuchs in schicksalhaften Versagungen, Akten des Verzichts sowie einer existenziellen Grundhaltung, unter Vorbehalt zu leben. Er zeigt drei mögliche Haltungen auf, um im Sterben mit dem ‚ungelebten Leben' umzugehen und unter seiner Berücksichtigung Kohärenz zu erfahren: die existenzialistische Haltung der schonungslosen Übernahme des eigenen Lebenswegs in seiner Begrenztheit, die religiöse Haltung einer ‚Erweiterung des Selbst' in umfassende Wirklichkeitszusammenhänge und die mystische Haltung der Achtsamkeit auf den hier und jetzt begegnenden Sinn.

In meinem eigenen Beitrag gehe ich von den Gelingensfragen aus, in die sich Menschen in ihrem – mit Anderen geteilten – Sterben hineingezogen erfahren können. In der Auseinandersetzung mit den Gelingensfragen möchte ich nicht den – meines Erachtens notwendigerweise zu kurz greifenden – Versuch unternehmen, durch rationale Überlegung allgemeingültiges Orientierungswissen zur Beantwortung der Fragen nach dem Gelingen des Lebens im Sterben zu erreichen. Ich nehme die Gelingensfragen vielmehr zum Anlass, um – in Gestalt einer verstehenden Sympathieethik – nach dem sozio-kulturell verankerten Sterbensethos zu fragen, das sich von den Gelingensfragen affizieren lässt und sich mit ihnen auseinandersetzt. Das gesuchte Sterbensethos finde ich in der existenziellen Grundhaltung der – von Eigenliebe zu unterscheidenden – Selbstliebe: in der unter Freund_innen ausgeübten Haltung, im Sterben das eigene Lieben zu lieben bzw. von den konkreten Ereignissen und Begegnungen des Liebens her zu sterben. Um das sozio-kulturell verankerte Sterbensethos der Selbstliebe näher zu verstehen, arbeite ich das Verständnis ‚personalen Sterbens' heraus, das es seinerseits in Anspruch nimmt; und bemühe mich darum, die Orientierungsfunktion, die Freiheitspotentiale und den ‚eudämonistischen' Einsatz einzusehen, die es dem personalen Sterben eröffnet. In normativer Hinsicht ist es mir mit meinem verstehenden Ansatz darum zu tun, im politischen Disput der Gegenwart über die Gestalt unseres künftigen Sterbensethos Verantwortung für den Erhalt der existenziellen Grundhaltung zu übernehmen, in Selbstliebe zu sterben.

Den Abschluss des Schwerpunkts zum gelingenden Sterben bildet Héctor Wittwers Auseinandersetzung mit der These von einer notwendigen ‚Fragmentiertheit' des menschlichen Lebens. In seinem Aufsatz leistet Héctor Wittwer eine sprachanalytische Kritik dieser These, auf die in der Gegenwart häufig zurückgegriffen wird, um Einspruch gegen Forderungen nach Selbstoptimierung zu erheben. Den Gedanken, dass unser Leben aufgrund unserer Sterblichkeit notwendigerweise ein ‚Fragment' bzw. ein ‚Torso' bleiben müsse, untersucht Héctor Wittwer in zwei Varianten. Zunächst geht er von der geläufigen Verwendung des Wortes ‚Fragment' als Bruchstück eines nicht mehr vorhandenen oder unvollendeten Ganzen eines künstlerischen Werks aus – um nachzuweisen, dass sich das Wort in diesem Verständnis nicht auf menschliches Leben anwenden lasse, da sich das Verhältnis eines Menschen zu seinem Leben nicht nach Analogie des Verhältnisses eines Künstlers zum Fragment seines Werks verstehen lasse. In einem zweiten Schritt widersetzt er sich einer in der Diskussion über gelingendes Leben sehr einflussreichen, obgleich nicht-geläufigen Verwendung des Wortes ‚Fragment'. Um sich Tendenzen zu einer ‚Optimierung' des Lebens und Sterbens entgegenzustellen, werde auf dieses Wort zur Bezeichnung nicht des ‚Unvollendetseins', sondern der ‚Unvollkommenheit' menschlichen Lebens zurückgegriffen. Héctor Wittwer hält den Gedanken der ‚Unvollkommenheit' menschlichen Lebens – dass menschliches Leben „zumindest teilweise zum Scheitern verurteilt" sei – inhaltlich für richtig, den Begriff des ‚Fragments' jedoch für ungeeignet, um diesen Gedanken auszudrücken. Nach seiner üblichen Bedeutung könne ein ‚Fragment' nämlich gerade in seiner unvollendeten Gestalt als vollkommen erfahren werden. Einsprüche gegen Forderungen nach Selbstoptimierung sollten sich deswegen eines Rückgriffs auf die Begriffe des ‚Fragments' bzw. der ‚Fragmentierung' enthalten.

Auch wenn die zweite Gruppe von Autor_innen das dialogische Miteinander mit Anderen meist mit ins Auge gefasst hat, hat sie den Fokus ihrer Auseinandersetzung auf den individuellen Sterbensprozess gesetzt. Eine dritte Gruppe von Aufsätzen rückt nun die Frage nach einer *gelingenden Begleitung beim Sterben und über den Tod hinaus* ins Zentrum. Dabei werden am Prozess der geteilten Begleitung die Perspektiven sowohl der Begleiteten als auch der

Begleitenden ins Auge gefasst und die Angehörigen von Sterbenden sowohl als begleitende als auch als ihrerseits professionell begleitete Akteure angesprochen. Mit seinem Bemühen um die Initiierung einer Diskussion über gelingende Sterbebegleitung verfolgt der Band nicht das Ziel, einen Überblick über die sog. ‚Euthanasie'- bzw. ‚Sterbehilfe'-Debatte zu leisten. Zum einen ist diese Diskussion seit Jahren an anderen Stellen breit geführt worden und kann in ihren Verästelungen im vorliegenden Band nicht einmal annähernd vorgestellt werden. Zum anderen kreist diese Diskussion primär um den Sonderfall des ‚Helfens zum Sterben' – auch wenn in ihr immer wieder Stimmen laut werden, die ebendiese begriffliche Einschränkung der ‚Sterbehilfe' kritisch hinterfragen. Um eine fundierte Auseinandersetzung mit der Frage nach einer gelingenden ‚Hilfe beim Sterben' zu leisten, will der Band gegenüber diesen Verengungen die gesamte Breite ihrer unterschiedlichen Formen ins Auge fassen und den Blick zugleich über den Tod hinaus weiten. Dabei ist die Frage nach Selbstbestimmung im Sterben – um deren Ausdeutung die Diskussion über die ‚Hilfe zum Sterben' kreist – in den versammelten Aufsätzen präsent, die das Motiv teilen, paternalistische Tendenzen innerhalb der Theorie und der Praxis der Hilfe und Begleitung zu unterlaufen.

Claudia Bausewein und Annette Hilt setzen sich aus den Perspektiven der Palliativmedizin bzw. der Medizinethik mit der Sterbebegleitung auseinander, die die Vertreter_innen der Gesundheitsberufe und die Patient_innen miteinander ausüben. Claudia Bausewein skizziert aus der Perspektive der Palliativmedizin das Verständnis und die Praktiken der Sterbebegleitung, die ihr Fach bestimmen. In ihrem Aufsatz geht sie von der ärztlichen Praxis aus, die Cicely Saunders – die Begründerin der modernen Hospizbewegung und Palliativmedizin – wiedererinnert habe: der Praxis, Leiden zu lindern und die Situation von Schwerkranken und Sterbenden zu verbessern. Im Zentrum dieser ärztlichen Praxis findet Claudia Bausewein das – ebenfalls von Cicely Saunders geprägte – Konzept des ‚Total Pain': den ganzheitlichen Begriff des Schmerzes, der neben körper-leiblichen auch seelische und spirituelle Aspekte umfasse. Seelisches und spirituelles Leid, das schwer kranke und sterbende Menschen erfahren können, findet sie insbesondere in den Erfahrungen, sich vom ‚eigenen Selbst', den Anderen und ‚der Welt' getrennt zu fühlen und von Fragen nach dem Sinn der Erkrankung und des eigenen Lebens eingeholt zu werden. Sinn könne im Kontext des Leidens demgegenüber – insbesondere getragen von Beziehungen – in Erfahrungen der Verbundenheit mit dem eigenen Selbst und Anderen sowie des Friedens im Hier und Jetzt erlebt werden. Die Praxis der Sterbebegleitung, die in der modernen Palliativmedizin ausgeübt wird, stellt Claudia Bausewein als einen Prozess vor, den die Begleiteten – Patient_innen sowie ihren Angehörigen – und die Begleitenden miteinander durchleben. Die Aufgabe der Professionellen bestehe im geteilten Prozess der Sterbebegleitung darin, in Respekt vor und Achtsamkeit für die Sterbenden die ‚zweite Stimme' zu spielen: da zu sein, auch in schwer aushaltbaren Situationen dabei zu bleiben und zuzuhören.

In Ergänzung zu Claudia Bausewein skizziert Annette Hilt – aus einer insbesondere durch die ‚medizinische Anthropologie' von Viktor von Weizsäcker geschulten, medizinethischen Perspektive – eine von Ärzt_innen und Patient_innen miteinander auszuübende *ars moriendi*. Die existenzielle Herausforderung, der sich diese moderne *ars moriendi* stelle, findet Annette Hilt in der Angst vor dem Tod. Dabei versteht sie die Angst vor dem Tod – in Abgrenzung gegen das abstrakte Wissen von der eigenen Endlichkeit – als eine spezifische Form der Erfahrung und der Gestaltung der endlichen Zeit: als die Erfahrung des Widerstands zum Leben-Können und den Versuch, diesen Widerstand in die Lebensgestaltung einzubegreifen. Das Ziel einer modernen *ars moriendi* bestehe nun darin, im Ausgang von der Todesangst eine existenzielle Grundhaltung auszubilden, „dem Tod einen Platz im Leben und im Sterben zu geben". Von diesem Ziel her versteht Annette Hilt die *ars moriendi* als eine dialogisch geteilte Erkenntnispraxis, in der Ärzt_innen und Patient_innen miteinander die Rahmenbedingungen für eine Verwirklichung von Freiheit im Sterben ausloten. Der geteilte Erkenntnisprozess, der am Erleben der Patient_innen, ihrer Lebensgeschichte und ihren Erfahrungsressourcen beim Annehmen bzw. Ablehnen von Schmerzen Maß nehme, sei jeder Behandlungsentscheidung vorgeordnet. Das ärztliche Handeln sei innerhalb dieser dialogischen Praxis nicht darauf ausgerichtet, die Kranken gesund zu machen, sondern letztere auf dem ihnen individuell aufgegebenen Weg und bei der Gewichtung ihrer Ängste, Wünsche und Hoffnungen zu unterstützen. In der Ausübung dieser therapeutischen Aufgaben sei von Ärzt_innen der Takt der Gegenseitigkeit mit den Patient_innen sowie ein Sich-Öffnen für den geteilten Prozess der Begleitung gefordert.

Andreas Kruse und Maria Wasner konzentrieren sich in ihren Texten auf die Demenzerkrankung als einer besonderen Herausforderung, die sich an das Gelingen des Sterbens und der Sterbebegleitung richten kann. Andreas Kruse fragt aus gerontologischer Perspektive nach einer guten Begleitung von Demenzkranken. Die Anforderungen, die sich an eine gute Begleitung von Demenzkranken richten, entwickelt er in der Verschränkung von anthropologischen und ethischen Überlegungen. In der Ausarbeitung seiner anthropologischen Theorie über das Leben mit Demenz greift Andreas Kruse sowohl auf empirische Forschungsergebnisse als auch auf philosophische Ansätze zu einer integrativen Theorie personalen Lebens zurück. In ethischer Hinsicht nimmt Andreas Kruse in seiner Auseinandersetzung mit einer guten Begleitung von Demenzkranken ein vielschichtiges Verständnis menschlicher Würde in Anspruch, das neben deren anthropologischen Quellen u. a. auch das Selbstverständnis, die Erfahrungen und die Rechte der Individuen berücksichtigt. Vor dem Hintergrund dieser anthropologischen und ethischen Überlegungen skizziert Andreas Kruse einen Maßstab gelingender Begleitung: das Aufrechterhalten eines emotional tragfähigen Kontakts, in dem – in den unterschiedlichen Stadien der Erkrankung – differenzierte Antworten auf die körperliche, kognitive und emotionale Verletzbarkeit von Demenzkranken gegeben werden können. Darüber hinaus vermittelt er – in Auseinandersetzung mit den jüngsten Empfehlungen der deutschen Alzheimer-Gesellschaft – eine Vielzahl von konkreten Hinweisen zur praktischen Ausgestaltung einer von diesen Maßstäben orientierten Begleitung von Demenzkranken im Sterben.

In Ergänzung zu den Überlegungen von Andreas Kruse blickt Maria Wasner – aus der Perspektive der Sozialen Arbeit in ‚Palliative Care' – auf die Herausforderungen, die eine Demenzerkrankung für die Sterbebegleiter_innen bedeutet. Dabei setzte sie den Fokus ihrer Ausführungen auf die Belastungen, denen pflegende Angehörige ausgesetzt sind. Nicht nur werde die Perspektive der Angehörigen weiterhin noch oft übersehen; auch ließen sich die Bedingungen, unter denen Demenzkranke gegenwärtig sterben, nur zusammen mit den Lebensbedingungen ihrer Angehörigen verbessern. Aus diesem Grund gelte es, Angehörige mit Beginn der Diagnosestellung mitzubegleiten. Maria Wasner unterscheidet zwischen pflegerischen, psychischen und sozialen Belastungen, denen pflegende Angehörige ausgesetzt sind. Hilfreiche Ansätze der Begleitung von pflegenden Angehörigen findet sie gegenwärtig insbesondere in Entlastungsangeboten, in Formen gesamtgesellschaftlicher Wertschätzung, in Beratung, Aufklärung und psychosozialer Begleitung.

Jean-Pierre Wils weitet in seinem Text den Blick über den Tod hinaus und fragt – aus einer kulturphilosophischen Perspektive in der Ethik – nach dem Gelingen des Totengedenkens. Er geht von der zeitdiagnostischen Beobachtung einer ‚Verwilderung des Gedenkens' aus: dass es sozio-kulturell in der Gegenwart nicht nur keine Deutungshoheit mehr gebe, die das Totengedenken „homogenisiert", sondern dass letzteres v. a. ins Schwanken zwischen „Über-Nähe" zu und Distanzierung von den Toten geraten sei. Vor dem Hintergrund dieser Gegenwartdiagnose fragt Jean-Pierre Wils nach den Funktionen, die das Totengedenken den Einzelnen und der Gemeinschaft leiste. Auf der Ebene des unmittelbaren Miteinanders stifte es Begegnungen mit dem Tod und den Toten: Begegnungen, die die Toten vor dem vollständigen ‚Unsichtbar-Werden' und ‚Verstummen' bewahren und die Hinterbliebenen zugleich ‚reifen' lassen. Sozio-kulturell leiste der gemeinsame ‚Kampf gegen das Vergessen' eine zentrale Funktion bei der Ausbildung der Gegenwart zu einem ‚politischen Kollektiv'. Dabei kann das Totengedenken diese Funktionen – wie Jean-Pierre Wils betont – nicht rein innerpsychisch erfüllen, sondern sei auf Orte der Erinnerung angewiesen. Den Einzelnen dienten die Räume der Totenerinnerung als Stützen für die individuelle Erinnerung; der

Gemeinschaft vermittelten sie kulturelle Kohärenz, indem die Toten besucht werden können und dergestalt nicht aus dem kulturellen Gedächtnis herausfallen.

Als Abschluss der Diskussion über gelingende ‚Hilfe beim Sterben' bringt der Band zwei kritische Beträge, die aus medizinethischer Perspektive die Herausforderungen reflektieren, die sich in der Gegenwart an das Bemühen um eine Theorie und eine Praxis nicht-paternalistischer Sterbebegleitung stellen. Nina Streeck ist es in ihrem Aufsatz um die Reflexion und die kritische Auseinandersetzung mit dem Ideal nicht-paternalistischer Sterbebegleitung zu tun, das in der Gegenwart sowohl die Hospiz- als auch die ‚Sterbehilfe'-Bewegung in all ihrer Unterschiedlichkeit anleitet: dem Ideal, den ‚eigenen Tod' und keinen sozio-kulturell vorgegebenen Tod zu sterben. Sie untersucht, wie das ‚Ideal' des ‚eigenen Todes' medial präsentiert und in die Praxis übersetzt wird und greift dabei auf hermeneutische und empirische Forschungsmethoden zurück: sie befragt populäre Sterberatgeber, weitere Dokumente aus dem Kontext der Hospiz- bzw. der ‚Sterbehilfe'-Bewegung und stellt die Ergebnisse einer sozialwissenschaftlichen Beobachtungsstudie im Hospiz vor. In ihrer Forschung zeigt sie, dass sich das Ideal, den ‚eigenen Tod' zu sterben – durch seine mediale Verbreitung, seine Institutionalisierung und seine Aneignung durch die Zurückbleibenden –, Gefahr läuft, sich in eine Norm zu verkehren, wie zu sterben sei. Dieses normalisierende ‚Leitbild' guten Sterbens könne nun seinerseits – gerade im Widerspruch zu seiner ursprünglichen, befreienden Stoßrichtung – „zwingenden Charakter entfalten".

Martin Hähnel blickt in seinem Aufsatz auf die Schwierigkeiten, von denen Versuche eingeholt werden, um willen einer nicht-paternalistischen Sterbebegleitung den Willen von Menschen zu bestimmen, weiterzuleben bzw. in einer bestimmten Form weiterzuleben. In seinen Überlegungen tritt Martin Hähnel dafür ein, dass sich das Wollen von Menschen in Grenzsituationen des Lebens von außen über kein exklusives Kriterium bestimmen lasse. Um diese These einzuholen, setzt Martin Hähnel an zwei Aspekten der Grenzsituationen menschlichen Lebens an. Zum einen blickt er – in kritischer Auseinandersetzung mit dem Begriff des ‚unerträglichen Leids' – auf die subjektiven Zusammenhänge zwischen dem Erleben von Leid und dem Willen weiterzuleben. Beides greife ineinander. Aus diesem Grund könne das Erleben von Leid nicht isoliert als objektivierbarer Maßstab in Anspruch genommen werden, um von außen den Willen, in Grenzsituationen weiterzuleben, zu bemessen. Zum anderen fasst Martin Hähnel in dialogischer Hinsicht die Schwierigkeiten ins Auge, das aktuelle Wollen von Menschen in Grenzsituationen an seinem Ausdruck zu verstehen. Er macht darauf aufmerksam, dass das Wollen, das Menschen in Grenzsituationen körper-leiblich ausdrücken, mit dem Willen kollidieren könne, den sie zu früheren Zeitpunkten in ihrem Leben sprachlich – etwa in Form einer

‚Patientenverfügung' – ausgedrückt haben. In kritischer Auseinandersetzung mit dem Begriff des ‚natürlichen Willens' zeigt Martin Hähnel, dass wir über keinen allgemeingültigen Maßstab verfügen, um die unterschiedlichen Ausdrucksweisen zu gewichten und auf diese Weise belastbares Wissen über den Willen der Sterbenden zu erreichen.

Den Abschluss des Bandes bilden drei Aufsätze, die sich mit Aspekten der Frage nach einer *guten politischen Ordnung der ‚Sterbehilfe'* auseinandersetzen. Wiederum setzt der Band einen anderen Fokus als die seit vielen Jahren in der Rechtsphilosophie breit geführte Debatte über die rechtliche Ordnung der ‚Euthanasie'. Zum einen weitet der Band abermals den Blick über die ‚Hilfe zum Sterben' aus und fasst auch die Formen der ‚Hilfe beim Sterben' bzw. der Sterbebegleitung ins Auge, die in Altenpflegeeinrichtungen bzw. der Hospizbewegung und der Palliativmedizin geleistet werden. Zum anderen konzentriert er sich auf die gesetzlichen Regelungen, die in Deutschland in den letzten Jahren diskutiert und verabschiedet worden sind. Zur Diskussion stellt er dabei sowohl die sozio-kulturelle Umsetzung gesetzlicher Regelungen als auch die normativen Quellen, von denen letztere ihrerseits zehren. Dabei können im begrenzten Rahmen des vorliegenden Bandes nur vereinzelte Schlaglichter auf die aktuelle Rechtsordnung der ‚Hilfe beim' und ‚zum Sterben' geworfen werden.

Hermann Brandenburg, Heike Baranzke und Heike Kautz setzen sich in ihrem Text – aus der Perspektive der gerontologischen Pflege – mit der soziokulturellen Verwirklichung eines zentralen Anliegens des Gesetzes zur Verbesserung der Hospiz- und Palliativversorgung in Deutschland aus dem Jahr 2015 auseinander: der Kooperation von Altenpflegeeinrichtungen und Hospiz- und Palliativdiensten. Die Autor_innen sehen in der gesetzlich geforderten Kooperation die Chance, die professionelle Sterbebegleitung zu verbessern. Die Pflegeheime können nach Einschätzung der Autor_innen insbesondere von der Praxis der ‚personzentrierten' Begleitung von Sterbenden lernen, die in der Hospizbewegung ausgeübt werde. Vor dem Hintergrund der gegenwärtigen Bedingungen der stationären Altenpflege auf der einen Seite und der geschichtlichen Ausgestaltung von Hospizbewegung und Palliativmedizin in Deutschland auf der anderen Seite unterstreichen die Autor_innen allerdings, dass das Gelingen der gesetzlich geforderten Kooperation vom Durchlaufen wechselseitiger Lernprozesse abhänge. Um eine ‚personenzentrierte' Sterbebegleitung im Sinne der Hospizbewegung leisten zu können, sei von den Pflegeeinrichtungen eine grundlegende Erneuerung – in Gestalt etwa der Einrichtung einer Palliativstation, breit angelegter Weiterbildungsmaßnahmen und einer dauerhaften Vernetzung mit dem örtlichen Hospizverein – von Nöten. Umgekehrt hätte die Hospizbewegung, die Demenzkranke noch immer weitestgehend aus der

Begleitung ausschlösse, auch vom Wissen der Pflegeeinrichtungen zu lernen. Um den geforderten Lernprozess durchlaufen zu können, seien Pflegeeinrichtungen und Hospizbewegung schließlich miteinander auf gesamtgesellschaftliche Unterstützung – insbesondere bei der Verbesserung der Fachkräfteausbildung sowie bei der Verankerung der Pflegeeinrichtungen in der Zivilgesellschaft – angewiesen.

Roland Kipke und Markus Rothhaar setzen sich mit den normativen Quellen auseinander, aus denen sich die politische Diskussion und rechtlichen Regelungen der ‚Hilfe zum Sterben' – in ihren unterschiedlichen Gestalten der ‚aktiven' und ‚passiven Sterbehilfe' sowie der Beihilfe zum Suizid – speisen. Roland Kipke konzentriert sich in seinem Beitrag auf die Suizidbeihilfe. Innerhalb des politischen Streits über die gesetzliche Regelung der Beihilfe zum Suizid setzt er sich kritisch mit der Haltung auseinander, die den politischen Liberalismus im Sinne der ‚Wertneutralität' ausdeutet: dass eine ethische Bewertung des Suizids nur die individuelle oder gemeinschaftlich geteilte Lebensführung orientieren dürfe, die allgemein verbindliche, rechtliche Ordnung der Suizidassistenz dagegen ‚wertneutral' von einem Standpunkt der ‚Unparteilichkeit' begründet werden müsse. In kritischer Überprüfung eines Gesetzesvorschlages, den Gian Domenico Borasio, Ralf Jox, Jochen Taupitz und Urban Wiesing 2014 ausgearbeitet haben, führt Roland Kipke exemplarisch vor Augen, dass sich eine ‚wertneutrale' Begründung der rechtlichen Regelung von Suizidassistenz nicht durchhalten lasse. Bei der Abgrenzung des Personenkreises, der Suizidbeihilfe empfangen bzw. spenden dürfe, griffen die genannten Autoren – im Widerspruch zu ihrer Selbstverpflichtung auf ‚Wertneutralität' – unter der Hand nämlich ihrerseits auf ethische Wertungen zurück. Da sich das Prinzip der ‚Wertneutralität' in der rechtlichen Regelung von Suizidbeihilfe nicht umsetzen lasse, seien gesetzliche Regelungen der Suizidassistenz nicht per se durch ihr Gründen in – unterschiedlichen – ethischen Werturteilen delegitimiert. Im Sinne eines selbstreflektierten Liberalismus fordert Roland Kipke, sich in der Begründung der rechtlichen Regelungen von Suizidassistenz nicht am Maßstab der ‚Wertneutralität' zu orientieren, sondern vielmehr einen transparenten Umgang mit den eigenen ethischen Wertungen zu pflegen.

Gegenüber Roland Kipke weitet Markus Rothhaar den Blick auf das gesamte Spektrum der ‚Hilfe zum Sterben'. Im letzten Text des Bandes zeigt er, dass in Gestalt des ‚Lebensschutzes' ein Rechtsprinzip in die zeitgenössische Verfassungsrechtsdogmatik und das alltägliche Rechtsverständnis hineinwirkt, das der vor-modernen Tradition des Naturrechts entstamme. In kritischer Auseinandersetzung mit wirkmächtigen Versuchen zu einer Unterscheidung zwischen ‚aktiver' und ‚passiver Sterbehilfe' führt Markus Rothhaar vor Augen, dass das naturrechtliche Prinzip des ‚Lebensschutzes' innerhalb des liberal-kontraktualistischen Rechtsmodells, das seit der Neuzeit vorherrscht und vom Prinzip der Selbstbestimmung orientiert werde, opak bleiben müsse. Da das Prinzip des ‚Lebensschutzes' gleichwohl weiterhin in der Verfassungsrechtsdogmatik und der Lebenswelt verankert sei, werde in der politischen Debatte und in den rechtlichen Regelungen der ‚Sterbehilfe' auf Hilfskonstruktionen aus dem Straf- und insbesonders aus dem Zivilrecht – wie dem ‚mutmaßlichen' bzw. dem ‚natürlichen Willen' – zurückgegriffen. Diese seien jedoch ihrerseits mit grundlegenden Problemen behaftet. Aufgrund der Schwierigkeiten, von denen solche Versuche eingeholt würden, die Prinzipien des ‚Lebensschutzes' und der ‚Selbstbestimmung' miteinander rein ‚additiv' zu verknüpfen, seien die anthropologischen Grundlagen der rechtlichen Regelungen der ‚Sterbehilfe' neu zu überdenken. Dabei gelte es, die genuine Teleologie des Lebens, die Kontinuität von Subjektivität und Leben sowie die Eigenständigkeit der Subjektivität zu reflektieren. Erst auf diese Weise ließe sich das Rechtsprinzip des ‚Lebensschutzes' von seinen normativen Quellen her verstehen und in ein solches Verhältnis zum Rechtsprinzip der ‚Selbstbestimmung' setzen, das seiner inneren Normativität angemessen wäre.

Der vorliegende Band bildet den Auftaktband der Reihe „Grenzgänge. Studien in philosophischer Anthropologie", die ich zusammen mit Reiner Anselm und Martin Heinze aufbaue. An dieser Stelle möchte ich neben den Beiträger_innen zu diesem Band auch meinen beiden Mitherausgebern sowie den Vertreter_innen des wissenschaftlichen Beirats der Reihe und Frau Pirrotta vom de Gruyter-Verlag herzlich für die gute Zusammenarbeit bei der Konzeption der Reihe und der Gestaltung des vorliegenden Bandes danken. Der folgende, zweite Band, den Reiner Anselm und ich gemeinsam besorgen, wird an den Anfang des Lebens schauen und – als Komplement zu den vorliegenden Untersuchungen – nach dem Gelingen der Geburt fragen.

I Philosophische Ansätze zu einem nicht-reduktionistischen Verständnis menschlichen Sterbens

Hans-Peter Krüger
Menschliches Sterben aus Sicht der Philosophischen Anthropologie

Im Folgenden möchte ich mich aus Sicht der Philosophischen Anthropologie von Helmuth Plessner dem Thema des menschlichen Sterbens annähern. Das Sterben eines Lebewesens tritt normaler Weise, oder wie wir auch in der Umgangssprache sagen: natürlicher Weise, d. h., wenn keine außergewöhnlichen Umstände eintreten, erst am Ende eines Lebens ein, nachdem dieses Leben andere Perioden durchlaufen hat. Das Sterben gehört dann dem Leben an, aber derjenigen Lebensphase, die im Tod des Lebewesens endet. Daher beginne ich in einem ersten Schritt damit, das Sterben in die Entwicklungsperioden eines Lebens einzuordnen. Diese Einordnung unterstellt – naturphilosophisch gesehen – einen Lebensprozess im Ganzen und den Zugang zu diesem Lebensprozess. Dieser Frage gehe ich im zweiten Schritt nach: Was bedeutet ‚Leben' in einem weiten Sinne als Voraussetzung dafür, das Sterben als seine Endphase verstehen zu können? Im dritten Schritt ergänze ich das Lebensverständnis durch das Verständnis vom Tode, wie es in verschiedenen Redeweisen der Umgangssprache zum Ausdruck kommt. Ehemals lebende Körper, Leiber, können nun tot sein. Dann geht es um eine bestimmte empirische oder ganzheitliche Eigenschaft von Körpern. Aber das Tot-Sein unter Menschen wird auch personal vorgestellt, so dass der Tod im Narrativ menschlichen Lebens eine Art von Personenrolle zu übernehmen vermag. Diese Ausdrucksweisen im Lebens- und Todesverständnis verweisen auf eine weitere Voraussetzung, die im vierten Schritt eingeholt werden wird. Worin besteht die personale Spezifik der menschlichen Lebensform im Unterschied zu anderen Lebensformen? Wir nehmen an dem Geist einer Mitwelt teil, der eine Distanz gegenüber Körpern und Leibern ermöglicht, die jedoch selber des leiblichen Vollzuges bedarf. Nach dieser Einkreisung des Themas vom Sterben zwischen Leben und Tod für die Spezifik von Menschen als Personen lässt sich im fünften und letzten Schritt verstehen, dass das menschliche Sterben unter dem Primat der Bewahrung der Würde von Personen steht. Die Teilnahme am Prozess des Sterbens einer Person erfordert die Wahrung ihrer Würde, aber auch die der sie begleitenden und erinnernden Personen, in denen sie symbolisch fortlebt.

1 Das Sterben als vierte und letzte Entwicklungsperiode eines Lebens

Helmuth Plessner, der neben Max Scheler sicher wichtigste Autor der Philosophischen Anthropologie im 20. Jahrhundert, schreibt in seiner Naturphilosophie „Die Stufen des Organischen und der Mensch": „Der Tod will gestorben, nicht gelebt sein." (Plessner 1975, 149). Hier wird das Sterben als die vierte Entwicklungsperiode eines konkreten Lebensprozesses angesprochen, nämlich nach der Periode der Jugend, der Periode der Reife und der Periode des Alters. Diese vier Entwicklungsphasen seien insofern einem konkreten Lebensprozess *natürlich*, als sie nicht durch ihm äußere Gewalt verunmöglicht werden, sondern dem Potential entsprechen, das in diesem Prozess unter üblichen Umweltbedingungen aktualisiert werden kann. Das Sterben wird als eine Grenzphase thematisiert, die für das betroffene Lebewesen zwischen seinem Leben und seinem Tode liegt. In dieser Grenzphase, so die Phänomenbeschreibung, neige sich einerseits das Leben dem Tode zu und trete andererseits der Tod an das Leben heran, wodurch es sterbe. Man stelle sich dazu das Verdorren einer Pflanze, das Verenden eines Tieres, das Sterben eines Menschen vor. Was lebt, ist sterblich.

Um das Sterben verstehen zu können, dürfe man nicht den Tod zur ständigen Gegenkraft *innerhalb* des Lebens machen, so dass Leben nichts anderes als der permanente Kampf mit seinem ihm eigenen Widerpart, eben dem Tod, wäre. Dann wäre Leben im Ganzen schon immer und noch immer nichts weiter als Sterben. Es gäbe dann gar keinen wirklichen Anfang und kein wirkliches Ende eines konkreten Lebens, überhaupt keine Entwicklungsperioden desselben. Ein Leben, das nur die andere Seite des Todes wäre, hätte gar keine Erfüllung in sich. Der zur Verwurzelung des Todes im Leben entgegengesetzte Fehler könne darin bestehen, den Tod ganz außerhalb des Lebens zu verorten. Dadurch erscheine das Leben zwar als weniger gefährdet durch den Tod. Aber auch wenn man den Tod so vom Leben trenne und in dessen Jenseits verlege, müsse man konzedieren, dass das Leben selbst seine Negierung durch ihn erzwinge, indem es sich ihm zuneige. Indem es sich ihm zuneige, könne es von ihm überwältigt werden. Der Tod trete zwar von außen an das Leben *heran*, aber nicht allein dadurch *ein*. Das Eintreten des natürlichen Todes ist nicht *nur* eine dem Leben äußere Gewalt. Wäre dies der Fall, dann wäre das Sterben nichts weiter als eine von außen gewaltsame Überwältigung. Dann gäbe es überhaupt keinen *natürlichen* Tod, sondern nur gewaltsame Tötungen (siehe Plessner 1975, 150).

Das Sterben könne also weder *nur* auf eine dem Leben eigene Hinfälligkeit noch *allein* auf einen von außen kommenden Tod zurückgeführt werden. Vielmehr sei die Zwischenphase des Sterbens beides zugleich: Sie sei *sowohl* ein Sich-Neigen dieses Lebens in seiner Hinfälligkeit zu seinem Tode als *auch* ein Überwältigtwerden durch den Tod von außerhalb dieses Lebens. Wie alle Entwicklungsperioden des Lebens ist für Plessner auch die des Sterbens nicht *vollständig* zu rationalisieren. Sie bleibe in jedem konkreten Einzelfall auch ein irrationaler Bruch, ein *hiatus irrationalis*, nämlich in der Erfahrung des diskreten, d. h. nicht kontinuierlichen Qualitätswechsels. Insofern spricht Plessner von „Schicksalsformen des Lebens" (Plessner 1975, 154), unter die das lebendig Seiende tritt, ohne sie grundsätzlich außer Notwendigkeit setzen zu können. Was lebt, wird sterben.

Man dürfe diese Art und Weise von Notwendigkeit für nur lebendig Seiende nicht verwechseln mit einer naturwissenschaftlich fassbaren Notwendigkeit in der Vorgangsfolge der physikalischen Zeit. Indem aus einem qualitativen Potential zu leben Möglichkeiten aktualisiert werden, werden bestimmte Möglichkeiten realisiert und andere von der Realisierung ausgeschlossen. Im Erfolgsfalle wiederholt und verstärkt sich diese bestimmte Selektivität. Indem diese Möglichkeiten unter Ausschluss anderer Möglichkeiten verwirklicht werden, verfestigt sich diese bestimmte Selektivität. Sie hat auch rückwirkend für das Potential selber Folgen. Die immer wieder von ihrer Realisierung ausgeschlossenen Möglichkeiten verfallen in der Tendenz. Es gebe in der Reproduktion eines konkreten Lebensprozesses qualitative Veränderungen in der Relation zwischen seinem Werden und seinem Beharren. Während in der Jugend und Reife ein plastisches Wachstum überwiege, verfestige dieses Wachstum seine eigenen, erfolgreichen Resultate im Altern. „Entfaltung ist Verzicht auf die Möglichkeit und ihr Gewinn zugleich. Aber der Verlierende und der Gewinnende sind nicht mehr dieselben, zwischen ihnen liegt die Zeit: das Alter." (Plessner 1975, 169)

Das Lebewesen sterbe schließlich an der Erstarrung seiner Potentiale, sowohl der von der Verwirklichung ausgeschlossenen Möglichkeiten, die so verfielen, als auch der in der Realisierung erfolgreichen Möglichkeiten, die so gleichsam kristallin werden. Dieses konkrete Leben falle dann in seiner Erstarrung *hin*, seiner Hinfälligkeit anheim, und aus ihr, dieser Erstarrung, *heraus* in die Neigung zu sterben, in deren Starre es nicht mehr leben kann, ihm der Tod begegne.

> Das werdende Individuum gerät infolgedessen in ein doppeltes Missverhältnis zur Weite der Form, die ihm Spielraum und darin den Rahmen notwendig zu versäumender Möglichkeiten gibt, und zur Fülle seiner eigenen Potentialität, die es ihm gestattete, die gebotenen Möglichkeiten zu verwirklichen. (Plessner 1975, 215)

Nach dieser ersten naturphilosophischen Einordnung des Themas unter dem phänomenologischen Aspekt der Anschauung des Sterbens und dem hermeneutischen Aspekt, diese Anschauung verstehen zu lernen, möchte ich diesen eingeschlagenen Zugang nun weiter erläutern. Der Tod wolle gestorben, nicht gelebt sein. Das Sterben stelle die vierte und letzte Periode in einem konkreten Lebensprozess dar. Da liegen für diese Zwischenphase des Sterbens zwei Folgefragen nahe: Was bedeutet hier das vorausgesetzte Leben? Was meint hier der vorausgesetzte Tod?

2 Was bedeutet *Leben* als Voraussetzung der Sterbephase?

Plessner folgt Max Scheler darin, wie man überhaupt einen Zugang zum Leben gewinnen kann. Dieser Zugang sei verwehrt, solange man Entweder-Oder-Alternativen folge und an die Stelle der ganzheitlichen Betrachtung der Lebensphänomene ihre analytische Auflösung setze. Etwas muss nicht *entweder* physisch *oder* psychisch, *entweder* materiell *oder* geistig sein. Umgekehrt, was sich *sowohl* als physisch als *auch* als psychisch, was sich *sowohl* als materiell als *auch* als geistig darstelle, kandidiere dafür, auf eine *lebendige* Art und Weise zu sein. Damit integriert Lebendiges die Gegensätze von Physischem und Psychischem, von Materiellem und Geistigem in einem jeweiligen Ganzen. Man muss diese ganzheitliche Integration von Gegensätzen im Leben voraussetzen und wiedererlangen, wenn seine Analyse nicht selbst für das jeweilige Leben zerstörerische Folgen haben, sondern diesem Leben helfen soll. Wenn die Analyse hilfreich ist, werden ihre Resultate in den ganzheitlichen Charakter des betreffenden Lebens reintegriert. Das lebendige Ganze seiner Gegensätze stelle sich qualitativ von selbst dar, wenn man es sich selber zeigen lässt, statt es in falsche Entweder-Oder-Alternativen einzusperren (siehe Scheler 1986, 18–19, 38–43, 74–77).

Plessner hat diesen generellen Zugang zum Leben vor allem unter dem Fokus der Grenze konsequent durchgeführt. Demnach unterscheiden sich lebendige Körper von anorganischen Körpern dadurch, dass die lebendigen Körper ihre eigene Grenze zu ihrem Umfeld vollziehen (Plessner 1975, 103–105). Sie gehen in ihrem Verhalten aus sich heraus in ihr Umfeld und von dort zurück in sich: Sei es in Bewegungen und Sinnesempfindungen, sei es im Stoffwechsel und Energieaustauch, sei es in der Wahrnehmung und Reaktion auf das Wahrgenommene. Lebende Körper nehmen nicht nur einen physikalischen Raum ein, sondern behaupten ihn auch als ihre eigene Räumlichkeit, wenn sie sich auf Anderes in ihrem Umfeld einspielen: Sei es durch Kontaktaufnahme oder Kontaktvermeidung, durch Flucht, Kampf oder Paarung. Lebendige Körper sind sich auch in der ihnen eigenen Zeitlichkeit vorweg und zeitlich hinterher im Hinblick auf ihre Entwicklungsperioden, deren Reihenfolge auf natürliche Weise nicht übersprungen oder gar umgekehrt werden könne. Der Modus ihrer zeithaften Erfüllung hier und jetzt steht in den Modi der Erfüllungsrichtungen ihrer Zukunft und Vergangenheit. Lebende Körper prozessieren in einer ihnen immanenten Teleologie des Werdens und Beharrens. Sie folgen nicht nur der physikalischen Zeit, sondern auch der ihnen irreversiblen Zeithaftigkeit. Indem lebende Körper ihre eigene Grenze als Übergang zu ihrem Umfeld vollziehen, öffnen und schließen sie sich gegenüber Medien in ihrem Umfeld. Sie trennen und verbinden sich mit etwas in ihrem Umfeld nach ihrer eigenen Raum- und Zeithaftigkeit. Kurzum: Sie *positionieren* sich in ihrem Umfeld (Plessner 1975, 127–138, 171–184), auf das sie sich einspielen können müssen, das sich aber auch auf sie einspielen können muss. Diese gegenseitige Einspielung kann nur in einem Lebensprozess im Ganzen verstetigt werden, der über die einzelnen Lebewesen, von denen man in der Anschauung ausgeht, hinausführt, indem man ihrer Rolle in der Generationenfolge und in der Umwelt nachgeht.

Plessner rekonstruiert die funktionalen Korrelationen zwischen den Binnengliederungen lebender Körper, *Organisationsformen* genannt, und den Formen von Umwelt, als *Positionalitätsformen* bezeichnet. Leben kann nur in der Einheit zwischen Organismus und seiner Umwelt existieren, die Plessner *Lebenskreis* (Plessner 1975, 185–194) nennt. Solche Lebenskreise werden durch Lebensprozesse zu Lebenssphären als den Sphären der Einheit von Subjekt und Objekt entfaltet (ebd., 66–67). So führen offene Organisationsformen, die sich an die Medien ihres Umfeldes anschließen, zu pflanzlichen Lebensformen und geschlossene Organisationsformen, die sich gegenüber ihrer Umwelt selbstreferentiell abschließen, zu tierlichen Lebensformen. Für Plessner geschieht der Umschlag vom bewusstlosen zum bewussten Sein bereits in der Sphäre der Tiere (ebd., 249–261). Ähnlich wie Max Scheler zeigt auch er sich von der Richtigkeit des Nachweises der Schimpansen-Intelligenz überzeugt, den Wolfgang Köhler bereits 1917 auf Teneriffa erbracht hatte. Menschenaffen können die Erfüllung ihrer offenen Triebe erlernen, indem sie ihre Verhaltensprobleme intelligent lösen, d. h. durch eine plötzliche Einsicht in Feldverhalte, die sie instrumentell verwenden können. Sie können auch, je nach ihrem Gedächtnis für Antizipationen und Rückbezüge, ein leibliches Selbstbewusstsein in ihrer Gruppe, d. h. in ihren leiblichen Mitverhältnissen mit anderen, ausbilden. So zeigen Primaten und andere hoch entwickelte Säuger Hilfe, Trauer und Entsetzen angesichts des Sterbens und des Todes von Gruppenmitgliedern. Gleichwohl ist diese Art und Weise von leiblicher

Intelligenz und positiv-leiblicher Bindung nicht dasselbe wie der Geist, der die Spezifik der Mitwelt in der personalen Lebenssphäre von Menschen auszeichnet. Darauf komme ich im vierten und fünften Schritt zurück.

3 Was meint die Redeweise vom Tod in Bezug auf die Sterbephase?

In der Redeweise vom Tod muss man mindestens vier Formen unterscheiden, zunächst die zwischen dem klein geschriebenen und dem groß geschriebenen Tod, wobei sich auch je die Kleinschreibung und die Großschreibung doppeln. Zunächst zu seinen Kleinschreibungen. Man kann einem ehemals lebenden Körper die Eigenschaft prädizieren, nun tot zu sein. Um diese Zuschreibung einer Eigenschaft überprüfen zu können, braucht man eine Empirie und Kriterien, z. B. den Herzschlag, die Lungenbewegungen, bestimmte Reflexe, neuronale Aktivitäten, Totenflecken. Dass ein ehemals lebensfähiger Körper, ein Leib, nun tot ist, kann sich aber auch global darauf beziehen, dass seine ganze Vollzugsweise zu leben erloschen ist. Er scheint dann nicht nur anhand dieser oder jener empirischen Eigenschaft, tot zu sein, sondern er ist eben dies im Ganzen. Seine Vollzugsweise kommt irreversibel nicht mehr zurück. Wie die Prädikation spezieller Eigenschaften und die Beurteilung der ganzen Vollzugsweise miteinander zusammenhängen, liegt nicht offen zu Tage. Die Kulturgeschichte ist voll von der Befürchtung aller möglichen Scheintode. Dieser Zusammenhang ist indirekter Art und kann umstritten sein, wenn man an die historisch junge Identifikation der lebensweltlich allgemeinen Todeskriterien mit den speziellen Kriterien des Hirntodes denkt.

Der Tod als großgeschriebenes Substantiv in begrifflicher Form verallgemeinert viele, je konkrete Arten und Weisen, tot zu sein, zu Klassen oder Typen. Man darf über diese Verallgemeinerungen, die nützlich sein können, um Lebensbedingungen zu verbessern, nicht die konkreten Arten und Weisen zu sterben als Tätigkeit und Erleiden vergessen. Aber in dem Substantiv des Todes findet auch eine Personalisierung der Weisen, tot zu sein, statt: Der Tod wird so zum Gegenspieler des Lebens in ihm oder außerhalb des Lebens im Totenreich, in Analogie und Metapher zur Rolle von Personen. Er wird als allgemeines Schicksal der Sterblichen personal in den Narrativen vom Leben verkörpert. Die kollektive Phantasie spricht exemplarisch vom Sensenmann, vom Gevatter Tod.

Die vier verschiedenen Redeweisen davon, im empirischen Eigenschaftssinne oder im lebensweltlich-ganzheitlichen Sinne, tot zu sein, und dem Tod als Art unter Arten und als *persona* wie einer Geister-Maske in der narrativen Aufführung des menschlichen Lebens zu begegnen, müssen sich nicht von vornherein ausschließen. Jede Verwendungsweise hat ihre Kontexte, in denen sie sinnvoll sein kann. Problematisch wird es erst, wenn eine einzige Redeweise alle anderen unter Absehung von den Kontexten dominiert und einen metaphysischen Alleinvertretungsanspruch entwickelt. Lebensweltlich gesehen können die verschiedenen Redeweisen einander ergänzen im Umgang mit dem jeweiligen Phänomen. Der Arzt, der den Totenschein ausstellen muss, folgt einem anderen Geltungssinn als die Großmutter, die ihrer kleinen Enkelin verständlich zu machen versucht, was mit dem gerade verstorbenen Großvater geschehen ist.

Alle Redeweisen vom Tode und davon, tot zu sein, setzen einen geistigen Abstand von und Zugang zu den intendierten Phänomenen voraus. Dies gilt ebenso von den Ausdrucksweisen, ein Körper vollziehe Leben im Ganzen, habe die Eigenschaft lebendig zu sein, von der Kategorie und der Metapher des *Lebens*. Es gibt nur eine wichtige Asymmetrie, zumindest unter modernen Bedingungen des Common Senses, der sich nicht mehr einer einzigen Religion oder Weltanschauung unter Ausschluss aller anderen verpflichtet wissen kann. Jede Person unter Menschen kann glaubwürdig ihre eigene Lebenserfahrung artikulieren, schwerlich aber die Erfahrung ihres eigenen Todes unter Wahrheitsansprüchen berichten. Zwischen der Erfahrung des eigenen Lebens und des eigenen Todes liegen die Nahtoderfahrungen und die Erfahrungen vom Tode anderer Lebewesen, aber sie vermögen nicht, die angesprochene Asymmetrie zwischen lebendig und tot, dem Leben und dem Tod aus der Welt zu schaffen. Wir Moderne verstehen unter zivilisierten Bedingungen, d. h. ohne permanente Gewaltausübung, unsere Lebensführung im Ganzen vom Leben, nicht vom Tode her, weshalb schwere Gewalteinbrüche leicht zu traumatischen Störungen führen können. Sie werden zumindest als Störungen in der personalen Lebensführung, nicht als Schritte zur Befreiung von ihr, verstanden.

Gleichwohl besteht Plessner auf dem Unterschied zwischen dem, was die Erfahrung, lebendig oder tot zu sein, *ermöglicht,* und den *Resultaten* solcher sinnlichen Erfahrungen. Die Annahme der realen Möglichkeit, dass Lebendiges tot sein kann, folge aus der geistigen Distanz von Personen gegenüber anorganischen und lebenden Körpern. Geistige Gehalte müssen als solche nicht im physikalischen Sinne real oder im leiblichen Sinne als Richtungssinn zu verwirklichen sein. Geistige Gehalte können irreal, z. B. fiktiv, bleiben oder empirisch verschieden verwirklicht werden. Wer *ver*körpern kann, kann auch *ent*körpern, so Plessner in der Abhandlung „Die Frage nach der Conditio humana". „Nur der Mensch weiß, dass er sterben wird" (Plessner 1983, 209). Geistige Gehalte *ermöglichen* die Erfahrung im qualitativen Sinne. Man vermag rein geistig zwar zu wissen, dass jemand tot sein kann, aber *wirklich* verstanden hat man dies erst, wenn man es qualitativ durch die Sinnesmodalitäten hindurch erfahren hat. Da alle lebens- und todesbezogenen Erfahrungs- und Redeweisen die Spezifik des Menschseins voraussetzen, wende ich mich nun dieser Spezifik zu.

4 Zur Spezifik der personalen Lebenssphäre von Menschen

Da wir Menschen – als personale Lebewesen – anorganische Körper in der physikalischen Raumzeit erkennen können, und da wir lebendige Körper in ihrer leiblichen Raumhaftigkeit und leiblichen Zeithaftigkeit verstehen können, müssen wir selbst in einem Abstand von diesen anorganischen Körpern und in einer Distanz zu diesen lebendigen Körpern als solchen stehen können. Allerdings dürfen dieser Abstand und jene Distanz nicht so groß sein, dass wir von diesen Körpern nur getrennt bleiben. Uns müssen auch ein Kontakt und eine Verbindung mit ihnen wirklich möglich sein. Dies ist der Fall, da wir uns auch selbst als Lebewesen fühlen und unter den Aspekten, einen Körper zu haben und ein Leib zu sein, vergegenständlichen können. Es handelt sich also erneut um eine Grenze, die einerseits trennt, andererseits im Vollzug ihres Überganges verbindet. Plessner nennt diese wirkliche Ermöglichungsstruktur, die wir schon immer als personale Lebewesen in Anspruch nehmen, eine *exzentrische* Positionalitätsform.

Man kann diese *exzentrische* Positionalität einsehen lernen im Vergleich zu den bereits erwähnten Formen von leiblicher Intelligenz und leiblich positiver Bindung unter Menschenaffen. Als lebendiger Körper, d. h. als Leib, ist ein Schimpanse auf die Erfüllung seiner offenen Triebe durch intelligente Erfahrung ausgerichtet. Um zum Beispiel, wie bei Versuchen geschehen, die Frucht da oben an der Decke genießen zu können, was das Zentrum all seiner Verhaltensbemühungen hier und jetzt darstellt, muss er mindestens drei passende Kisten finden und richtig aufeinanderstapeln, um selber nicht abzustürzen. Um in das Zentrum seiner leiblichen Erfüllung, den Fruchtgenuss, zu gelangen, muss er Umwege als Mittel zum Ziel einbauen. Daraus ergibt sich eine *Konzentrik* von Feldverhalten um das Zentrum seiner Erfüllung herum, in denen auch noch ein Nahrungskonkurrent aus der eigenen Gruppe auftauchen könnte. Plessner hebt an der Schimpansen-Intelligenz hervor, dass sie positiv auf die leibliche Erfüllung als ihr Zentrum ausgerichtet bleibt und dafür einige Umwege an Vermittlungen in Kauf nimmt, aber bei sich auswachsenden Hindernissen und Störungen aufgibt. Ihr fehle „der Sinn fürs Negative" (Plessner 1975, 270), d. h., es fehlt der geistige Kontrast, dass der Raum und die Zeit *leere* Funktionsstellen für Massepunkte sein können. Die Schimpansen-Intelligenz bleibe Mittel zur positiven Erfüllung der ihr vorausgesetzten Leiblichkeit. Sie nehme an keinem überindividuellen Geist teil.

Eine geistige Vergegenständlichung würde z. B. die anorganischen Körper als Manifestationsweisen des Nichts, d. h. in der Leerheit von Raum und Zeit bestimmen. In dem, was man sinnlich wahrnimmt, kann sich ein zunächst unsichtbarer Gesetzeszusammenhang verbergen, z. B. der der Gravitationskraft. Dieser Sachverhalt ist von bestimmten empirischen Situationen ablösbar und auf andere empirische Situationen übertragbar. Auch eine geistige Thematisierung des anderen Gruppenmitglieds sähe anders aus: Der Artgenosse würde nicht auf seine leibliche Position im Ranking der Gruppe beschränkt wahrgenommen, sondern würde in seiner öffentlichen und privaten Personenrolle berücksichtigt werden. Personenrollen manifestieren sich aus dem Nirgendwo und Nirgendwann der leiblichen Erfüllung hier und jetzt. Sie orientieren sich an Idealem, z. B. daran, was für wen in welcher Situation gerecht wäre. Kurzum: Geist kann nicht einfach die Ausweitung der leiblichen *Kon*zentrik darstellen, sondern kommt durch eine – zur Konzentrik gegenläufige – *Ex*zentrierung der Verhaltensbildung zustande.

Eine *Person* stehe daher in der Verhaltensbildung *außerhalb* ihres organischen Körpers und *außerhalb* ihrer leiblichen Einheit mit der Umwelt, eben *exzentrisch* (Plessner 1975, 292). Sie steht in Relationen zu anderen Personen, mit denen sie den Geist einer *Mitwelt* teilt (ebd., 303). Insofern sie von diesem Exzentrum getragen wird, kann sie Körper und Leiber erfahren und erkennen lernen, darunter ihre eigene Körper-Leib-Differenz. Insoweit die Person ihren Organismus als Instrument im Handeln und als Medium im Ausdruck verwenden kann, *hat* sie ihn als *Körper*. Insofern die Person ihren Organismus nicht als Körper haben kann, sondern in ihrem lebendigen Vollzug mit ihm unersetzbar zusammenfällt, *ist* die Person *Leib*. Die menschliche Person kann nicht Engel werden, nicht ein rein geistiges Wesen. Ihre geistige Exzentrierung erfolgt aus der leiblichen Zentrierung heraus und bleibt an diese gebunden. Die Personalität ergibt mithin zwei Relationsreihen, einerseits die *inter*personalen Relationen in der horizontalen Mitwelt, die Plessner näher als Gemeinschafts- und Gesellschaftsformen ausführt (ebd., 343–345), und andererseits die *intra*personalen Relationen, die die vertikalen Beziehungen der Person zu sich als Körper und Leib in der *Außenwelt* (ebd., 294) und zu sich als durchzumachende Selbststellung und wahrzunehmende Gegenstandsstellung in der *Innenwelt* (ebd., 296) betrifft.

Die Vermittlung beider Relationsreihen erfordert die Verdoppelung der Person in ihre private und öffentliche Rolle. Eine Person steht durch ihre Rollen als Medien hindurch in Beziehungen zu anderen Personen und von diesen Anderen auf sich zurücklaufend zu sich, von Beziehungen der Verwandtschaft,

Nähe und Vertrautheit bis zu Relationen der Ferne, unvertrauter Andersartigkeit und Fremdheit. Die Person bildet sich im Spiel *in* Personenrollen und im Schauspiel *mit* Personenrollen als *homo ludens* aus (siehe Plessner 1983). Die Grenzen der Versuche, den Rollen gerecht zu werden, können in den Phänomenen des Lachens und Weinens erfahren werden. Man kann die personale Selbstbeherrschung angesichts zu vieler und sich widersprechender Verkörperungsmöglichkeiten verlieren, da alle diese Potentiale in der gegebenen Situation nicht angemessen wären. Dann fliegt gleichsam die Person in der exzentrischen Richtung des Lachens aus ihrer Körper-Leib-Differenz heraus in die Welt hinaus. Oder der Situation ist keine Möglichkeit personaler Selbstbeherrschung noch angemessen, weil jede in ihr sinnlos wäre. Dann sackt die Person in der rezentrierenden Richtung des Weinens in ihrem Leib und schließlich in ihrem Organismus zusammen. Im Lachen öffnet sich die Person exzentrisch der Welt, im Weinen schließt sie sich rezentrisch vor ihr ab (siehe Plessner 1982, 359–384). Wer wir sind, erfahren wir in solchen Grenzlagen, in denen wir die erlernte Selbstbeherrschung verlieren und uns in die Frage gestellt finden, wer wir sein können.

Was Plessner anfangs als die Entwicklungsphasen des Lebens im allgemeinen naturphilosophischen Sinne behandelt hat, unterliegt mithin im Falle des personalen Lebens von Menschen einer spezifischen Brechung und Verschränkung. Menschen stehen als Personen, d. h. im Geiste der Mitwelt, schon immer in einem Bruch mit Körpern und Leibern, können aber ohne Körper und Leiber nicht leben. Durch den Bruch ist ihre Verhaltensbildung in eine Fraglichkeit gestellt, auf die sie nicht abschließend, sondern in einem offenen Geschichtsprozess ihrer Lebensführung antworten, indem sie ihr Körperhaben und Leibsein verschränken. In diesem Prozess machen sie sich *künstlich* zu dem, was den Bruch zu überbrücken gestattet. Menschen verwenden Kultur und Techniken, um die Relationen, in die sie als Personen gestellt sind, zu vermitteln, was Plessner ihre *natürliche Künstlichkeit* nennt. Im offenen Geschichtsprozess erlernen sie, was sie überindividuell an geistig-kulturellen Intentionen teilen können. Sie habitualisieren diese Intentionen in der Generationenfolge, was den Nachwachsenden eine neue Unmittelbarkeit an qualitativer Erfahrung sichert, ohne gänzlich von vorne anfangen zu müssen. Plessner spricht von einer geschichtlich *vermittelten Unmittelbarkeit*. Dafür nehmen sie im Geschichtsprozess *utopische* Standorte in Anspruch, deren Zukunft zwischen der Nichtigkeit und der Transzendenz der Welt liegen (siehe Krüger 2017). Personale Lebensformen bedürfen einer religiösen oder geistigen Fundierung ihrer letzten Fraglichkeit, die im Angesicht der Kinder und Kindeskinder weit über die empirische Erfahrbarkeit hier und jetzt in die Zukunft hinausführt.

5 Wie lässt sich das menschliche Sterben unter dem Primat der Bewahrung personaler Würde verstehen?

Das personale Leben besteht in der geschichtlich stets erneuten Erfüllung von Integrationsaufgaben. Eine Person kann ihr Leben nur führen, indem sie – vertikal gesehen – Körperhaben und Leibsein verschränken kann. Dies geschieht horizontal, indem sie in den Relationen zu anderen Personen den Geist der Mitwelt teilen kann. Dieser Geist der Mitwelt wird seinerseits kulturhistorisch ausgelegt in Gemeinschafts- und Gesellschaftsformen. Das Sterben stellt die *Des*integration einer konkreten personalen Einheit von Körperhaben und Leibsein dar, wodurch diese Person ihre Rollen in Gemeinschaft und Gesellschaft nicht mehr auszuüben vermag. Die Integration der konkreten Person bricht auseinander, nicht zeitweilig und teilweise, wie man mit einer Krankheit leben kann, sondern *irreversibel* und *im Ganzen*. Diese konkrete Person braucht Hilfe, um in ihrem Verfall doch in Würde Abschied nehmen zu können von allem, was ihr im Leben wichtig war und ist. Dieses Abschieds bedürfen auch ihre konkreten Bezugspersonen, um sie in ihrer Mitwelt erinnern und symbolisch mit ihr fortleben zu können.

Wie kommt es zu dieser Orientierung der Philosophischen Anthropologie auf die Bewahrung der Würde schon im Leben, umso mehr im Sterben und über den Tod hinaus? – Ohne die Bewahrung der Würde kann sich nicht die *Individualität* eines personalen Lebensprozesses wirklich zeigen und in der Mitwelt angemessen tradiert werden. Eine Person muss im Lebensprozess als einer Generationenfolge vertretbar, austauschbar und ersetzbar sein. Ansonsten würde die Menschheit mit ihrem Tod aussterben. Aber sie ist als Individualität gerade *nicht* vertretbar, *nicht* austauschbar und *nicht* ersetzbar. Um diesen Konflikt, der im Sterben offen und dramatisch zu Tage tritt, verstehen zu können, müssen wir noch einmal auf die Einbettung der Person in der Mitwelt zurückgehen.

In der Mitwelt ist jede Person insoweit als vertretbares, austauschbares und ersetzbares Glied derselben gesetzt, als jede Person einen geistigen Gehalt mit anderen Personen teilen kann, sei es den eines Naturgesetzes oder den eines Sittengesetzes. In der gemeinschaftlichen und gesellschaftlichen Verwirklichung der Mitwelt wird jede Person tatsächlich insofern vertretbar, austauschbar und ersetzbar, als sie – wie jede andere auch – Personenrollen ausübt, die auch von anderen übernommen werden können. Insoweit hätte sie auch die andere Person werden können. Diese Vertretbarkeit, Austauschbarkeit und Ersetzbarkeit widersprechen aber der leiblichen Unvertretbarkeit, Nicht-Austauschbarkeit und Unersetzlichkeit jeder Person zumindest für sie selbst im Hier und Jetzt ihres Lebens.

Sie widersprechen auch der Unvertretbarkeit, Nicht-Austauschbarkeit und Unersetzlichkeit der Person in ihrem Vollzug der Einheit von Ich und Wir. Indem eine Person die Exzentrizität vollzieht, kann sie zwar Anderes als einen Gegenstand und Andere als Personen erkennen, nicht aber *gleichzeitig* ihren eigenen Vollzug. Sie erkennt den Vollzug ihrer *eigenen* Stellung in der Mitwelt in dem Vollzug der Stellung der *anderen* Person. Aber die andere Person steht nicht nur da, wo jede Person steht, sondern vollzieht die Verschränkung des Bruches auch auf individuell unvertretbare, nicht austauschbare und nicht ersetzbare Weise, von der dann meine Selbsterkenntnis abhängt. In der Liebe und anderen Weisen des Mitvollzuges wie der Freundschaft bedeuten mir andere Personen nicht gleichviel. Sie sind mir gerade in ihrer Individualität unvertretbar, nicht austauschbar und unersetzlich.

Insgesamt, so Plessner, wird nicht nur die Person von der Mitwelt getragen, sondern trägt auch die Person die Mitwelt, indem sie deren Geist je individuell trägt und leiblich vollzieht. Daher kann die Individualität der Person nicht nur als bloße Zufälligkeit und Nichtigkeit im Hinblick auf ihre geistige und tatsächliche Vertretbarkeit, Austauschbarkeit und Ersetzbarkeit gelebt werden. Sie bedarf einer Wertschätzung in der Lebensführung. Die Person muss ihre Individualität in den genannten Hinsichten der Verwirklichung von Mitwelt *un*vertretbar, *nicht* austauschbar und *un*ersetzbar machen können, auch um die Mitwelt als die Sphäre des Geistes zu erhalten.

Diesen Konflikt zwischen einerseits der Vertretbarkeit, Austauschbarkeit und Ersetzbarkeit jeder Person und andererseits der Unvertretbarkeit, Nicht-Austauschbarkeit und Unersetzlichkeit ihrer Individualität nennt Plessner die ontisch-ontologische „Zweideutigkeit" der Individualität von Personen (Plessner 1981, 61–64, 92). Eine Person lebe zwischen „dem Drang nach Offenbarung und Geltung" einerseits und „dem Drang nach Verhaltenheit" oder „Schamhaftigkeit" andererseits (ebd., 63), so in seinem Buch „Grenzen der Gemeinschaft". In dem Drang nach Offenbarung und Geltung kommt ihre Individualität in dem positiven Sinne ihrer Unvertretbarkeit, Nicht-Austauschbarkeit und Unersetzbarkeit aktiv zum Ausdruck. Ihr Sich-Exponieren kann im Hinblick auf Außerordentliches Glück und Pech haben, hinsichtlich gegebener Kulturstandards Erfolg und Misserfolg. Sie geht jedenfalls das Risiko des sich Hervortuns und der Lächerlichkeit ein, das Wagnis, dass ihre Potentialität auf das feststellbare Resultat ihrer Aktualität eingeschränkt wird. Der Gegen-Drang nach Verhaltenheit oder Schamhaftigkeit kommt dieser, die Person enthüllenden Festlegung und Feststellung zuvor. „Der doppeldeutige Charakter des Psychischen drängt zur Fixierung hin und zugleich von der Fixierung fort. Wir wollen uns sehen und gesehen werden, wie wir sind, und wir wollen ebenso uns verhüllen und ungekannt bleiben, denn hinter jeder Bestimmtheit unseres Seins schlummern die unsagbaren Möglichkeiten des Andersseins." (Ebd., 63) Aber die Konsequenz der Verhaltenheit oder Schamhaftigkeit führte – über den Schutz der „Potentialität" (ebd., 64) hinausgehend – in eine Zurückhaltung und Zurückgezogenheit, die in der eigenen Vertretbarkeit, Austauschbarkeit und Ersetzbarkeit untergehen kann. „Alles Psychische braucht diesen Umweg (in die Objektivation: HPK), um zu sich zu gelangen, es gewinnt sich nur, indem es sich verliert." (Ebd., 91)

Daher kommt alles auf die angemessene Proportion beider Verhaltungsrichtungen an. Wir richten unser Verhalten nach außen vor Anderen aus und kommen von ihnen auf uns selbst nach innen zurück. Die „Würde" (Plessner 1981, 75 f.) ist die Idee, die Ganzheit der Person in ihrer Lebensführung zu wahren. Die Würde einer Person wird verletzt, wenn man ihr das ganzheitliche Potential ihrer Lebensführung nimmt, indem man sie auf ihre Aktualität hier und jetzt reduziert.

Im Sterben entgleiten der betroffenen Person die physischen, psychischen und geistigen Möglichkeiten, ihre Würde und die Würde der anderen beteiligten Personen aktiv wahren zu können. Umso wichtiger und schwieriger ist in dieser Lebensphase die Solidarität anderer Personen mit der sterbenden. Menschliche Personen sind die Anderen, die anders als Körper und Leiber sind, ohne von Körpern und Leibern im Leben lassen zu können. Die Situationen der Sterbenden können zwischen überhöhtem Geltungsdrang und tiefer Scham angesichts der Ausfälle ihrer früher selbstverständlichen Vermögen wechseln. Verhaltenheit kann sich in starker Depressivität, Geltungsdrang in starker Aggressivität niederschlagen und verfestigen. Man kann diesen Wechsel zwischen Depressivität und Aggressivität angesichts der ausweglosen Lage nicht als frei gewollt verstehen. Die Begleitung einer Sterbenden kann nicht angemessen auf *dieselbe* Art und Weise antworten. Wir Begleiter sollten uns frei machen von im ersten Augenblick vielleicht naheliegenden, sowohl aggressiven als auch depressiven Impulsen.

Nahen Angehörigen des Sterbenden wird es schwerfallen, aus der *Einfühlung* mit seiner ganzen Person und aus der *Gefühlsansteckung* durch seine Gefühlszustände heraus zu gelangen. Sie bleiben unwillkürlich im Habitus Zeichen der Liebe. Aber für besonnene Hilfe in physischer, psychischer und geistiger Hinsicht ist die Haltung des Mitgefühls im engeren Sinne von Max Scheler entscheidend. Man versteht in diesem *Mitgefühl* die Lage der Sterbenden, indem man sich an ihre Stelle als Person versetzt. Aber die Gefühlslage der Sterbenden bleibt ihre, wird nicht die eigene Lage (Scheler 1985, 24). Ihre Gefühlszustände sind ihre, nicht die eigenen. Leibliche Verschmelzung mit dem Sterbenden hilft ihm gerade nicht, Mitgefühl mit ihm in seiner Lage aber sehr wohl. Es eröffnet Zugang nicht nur zu dem, was der Sterbenden aktuell fehlt und daher zu tun ist, sondern auch zu der Andersartigkeit des sterbenden Lebens, ohne es den eigenen Vorstellungen vom Leben zu unterwerfen. Ich hätte auch diese andere Person werden können. Ich erfahre mit ihr wirklich, wie ich sterben könnte.

Selbst im Sterben lüftet sich *nicht* endgültig das Geheimnis dieses persönlichen Lebens. Es entschwindet ein *individuum ineffabile*, das auch in den symbolgestützten Erinnerungen der Mitwelt so bleibt, wie es war: eine offene Frage, wie Plessner sagt. Sie öffnet sich erneut im Loslassen des eigenen Lebens, in dieser Neigung, aus ihm herauszufahren und dem eigenen Tod entgegen zu gehen.

Literatur

Krüger, Hans-Peter (2017): Die anthropologischen Grundgesetze als Abschluss der *Stufen*, in: ders. (Hg.): Helmuth Plessner: Die Stufen des Organischen und der Mensch, Berlin, 179–224.

Plessner, Helmuth (1975): Die Stufen des Organischen und der Mensch. Einleitung in die philosophische Anthropologie, Berlin.

Plessner, Helmuth (1981): Grenzen der Gemeinschaft. Eine Kritik des sozialen Radikalismus, in: ders.: Gesammelte Schriften, Bd. V, hg. von. Günter Dux/Odo Marquard/Elisabeth Ströker, Frankfurt a. M., 7–133.

Plessner, Helmuth (1982): Lachen und Weinen. Eine Untersuchung der Grenzen menschlichen Verhaltens, in: ders.: Gesammelte Schriften, Bd. VII, hg. von Günter Dux/Odo Marquard/ Elisabeth Ströker, Frankfurt a. M., 201–387.

Plessner, Helmuth (1983): Die Frage nach der Conditio humana, in: ders.: Gesammelte Schriften, Bd. VIII, hg. von Günter Dux/Odo Marquard/Elisabeth Ströker, Frankfurt a. M., 136–217.

Scheler, Max (1985): Wesen und Formen der Sympathie, hg. von Manfred S. Frings, Bonn.

Scheler, Max (1986): Die Stellung des Menschen im Kosmos, hg. von Manfred S. Frings, Bonn.

Andrea M. Esser

„Übrigens sterben immer die Anderen ... " – Kann man die eigene Sterblichkeit verstehen?

Für den Titel meines Essays habe ich ein Zitat von Marcel Duchamp gewählt: „D'ailleurs, c'est tóujours les autres, qui meurent" („Übrigens sterben immer die Anderen"). Diese Worte kann man auf Duchamps Grab im Cimetière Monumental de Rouen lesen (Duchamp 1994); sie wurden von ihm selbst formuliert und waren genau für diese Platzierung vorgesehen. Wenn man den Satz ganz wörtlich und ohne jede Ironie nimmt, wirkt er freilich etwas unsinnig. Es sind ja keineswegs immer ‚die Anderen', die sterben, denn wir wissen es sehr genau, dass *alle* Menschen sterben; so ist der Schluss nicht besonders schwer zu ziehen, dass auch *wir*, sofern wir doch Menschen sind, ebenfalls sterben werden. Wenn man dann noch ein wenig sprachphilosophische Überlegungen und Begriffsklärungen hinzunimmt, könnte man darüber hinaus einwenden, dass wir das ‚Sterben' ja doch – unter Umständen sogar bewusst – erleben. Denn der Begriff des Sterbens bezeichnet einen zeitlichen Prozess, nämlich den „unumkehrbaren, sich mehr oder weniger schnell vollziehenden Ausfall der Lebensfunktionen" (Baust 1988, 34). Dieser Prozess macht ohne Frage auch noch einen Abschnitt des Lebens aus, das daher nicht mit dem Sterben endet, sondern erst mit dem Tod. Als ‚Tod' ist sinnvollerweise wiederum genau der Zeitpunkt bezeichnet, in dem das Leben und so auch das Sterben aufhören und das ‚irreversible Ende' des Lebens erreicht ist. Diese Definition des Todes wird von vielen Philosoph_innen der gegenwärtigen Diskussion geteilt, und sie kann – wie jede Definition – ganz unabhängig von den jeweiligen Kriterien gelten, unter denen das faktische Eintreten des Todes festgestellt wird (also unabhängig davon, ob man das Hirntod-, Herztod- oder Ganztodkriterium zur Anwendung bringt, um den konkreten Zeitpunkt festzulegen, an dem der Tod eintritt).[1] Von dem so definierten Begriff des Todes zu unterscheiden wäre dann noch das, was ‚danach' kommt: das ‚Totsein'. So jedenfalls wird mitunter gesprochen, um den Zustand eines vormals lebendigen Organismus nach dem Eintreten des Todes zu bezeichnen. Entsprechend könnte man etwa sagen: „Meine Tante Ethel", um ein

---

[1] Unter der Anwendung des Hirntodkriteriums gilt der Tod als eingetreten, wenn ein ‚irreversibles Koma' diagnostiziert werden kann, d. h. wenn sämtliche (je nach konkreter Ausgestaltung des Hirntodkriteriums: die höheren) Hirnfunktionen vollständig und irreversibel ausgefallen sind (vgl. Collectif 1968).

Beispiel von Jay Rosenberg aufzunehmen, „hatte ein langes Leben und jetzt *ist* sie tot" (vgl. Rosenberg 1989, 41–43). Allerdings ist es durchaus fragwürdig, ob man überhaupt sinnvoll vom ‚Totsein' sprechen kann ... Wenn etwas, das einmal gelebt hat, ‚tot ist', dann ‚ist' es – also diese lebendige Existenz, Tante Ethel – strenggenommen ja gerade ‚nicht' mehr. Mit dem Tod ist die Existenz von Tante Ethel zu Ende gegangen und daher ‚ist' sie nach dem Tod nicht mehr da, sondern allenfalls noch ihr unbelebter Leichnam. Und weil Tante Ethel kein ‚Sein' mehr zukommt, kann ihr auch kein ʿTotseinʾ mehr zukommen; es gibt auch dieses ‚es' nichts mehr, dem man ein Sein (und daher auch nicht einmal das Oxymoron ‚Totsein') zusprechen könnte. Der ganze Zusammenhang wird gleich noch einmal komplizierter, wenn man sich die Frage stellt, wer oder was es denn nun eigentlich ‚ist', der oder das ‚nicht mehr ist' ...

Auf der Grundlage solcher begrifflichen Überlegungen könnte man sich auch Marcel Duchamps Satz nähern und sich fragen, ob er unter diesen Voraussetzungen noch zu verstehen ist. Man würde vor dem Hintergrund dieser Überlegungen Duchamps schöne Formulierung als einen Satz lesen, der eine wahre Aussage über einen objektiv beschreibbaren Sachverhalt aufzustellen beansprucht. Doch wenn er nach Maßgabe der gerade vorgenommenen Begriffsklärung auch korrekt sein soll, dann müssen wir ihn wohl umformulieren; und möglicherweise könnte dann eine erste Variante lauten: „Übrigens sind immer die Anderen tot" – denn wir wissen ja: das Sterben vollziehen wir noch selbst, da es zum Leben gehört. Aber auch dann, das habe ich bereits angedeutet, ließe sich durchaus noch einiges einwenden. Man könnte etwa fragen, wie es Jay Rosenberg getan hat, ob es eigentlich statthaft ist, dass wir jemandem, einer Person also, das ‚Totsein' als Prädikat zusprechen (vgl. Rosenberg 1983, 42). Wenn nämlich der Tod „das irreversible Ende aller Lebensfunktionen eines Organismus ist", wie es die Definition festlegt, dann schließt dieses irreversible Ende unweigerlich auch das Ende der Person ein; das Personsein nämlich hängt von der Existenz des Organismus ab und ist mit diesem untrennbar verbunden (vgl. Esser 2014). Deshalb sollten wir nicht nur die Rede von einer ‚toten Person' unterlassen, sondern auch nicht so sprechen, als sei der Tod eine Veränderung, die einer Person widerfahre, wie es etwa der Fall ist, wenn eine Person altert oder krank wird. Denn ‚der Tod' – so müsste man, wenn man die Definition ernst nimmt, korrekterweise sagen – ist keine Veränderung einer Person, sondern allenfalls ein „Werden dieser Person zu nichts" (vgl. Pardey 2002, 243–244). Nach dem Eintreten des Todes existiert ja keine Person mehr, die ‚tot ist', und der man das Prädikat ‚ist tot' noch sinnvollerweise zuschreiben könnte.

Begriffliche Klärungen dieser Art leisten viel Gutes. Sie befreien uns von manchen Verwirrungen wie etwa der zwischen Sterben, Tod und Totsein. Und sie bewahren uns vor Verführungen durch unsere Sprache, wenn etwa die personalisierende Rede von ‚den Toten' uns zu einem magisch-mythischen Denken verleitet, wonach die Toten in einer Weise weiterexistierten, die mit unserer Existenzweise vorgeblich noch irgendetwas gemein hat. Begriffliche Klärungen können aufdecken, wo es sich um zwar sprachlich mögliche, aber der Sache nach verfehlte Vorstellungen handelt; ihre Leistung ist aber nicht nur negativ: sie zeigen dadurch auch an, dass ‚der Tod' durchaus nicht gänzlich ‚unbegreiflich' oder der Erfahrung vollständig entzogen ist, sondern dass sich über ihn, ein wenig Begriffsklärung vorausgesetzt, durchaus klar denken und sprechen lässt.

An dem intendierten Sinn, auf den Duchamp mit seinem Satz abzielt, ist man mit diesen begrifflichen Überlegungen allerdings vorbeigegangen ... Warum? Nun, weil es sich bei Duchamps Worten gar nicht um einen beschreibenden Satz über die Sachverhalte Sterben, Tod und Totsein im Allgemeinen handelt, sondern um einen ästhetisch-praktischen Satz. Den Sinn dieser Art Sätze erfassen wir aber nicht, indem wir die allgemeine Bedeutung der Worte bestimmen, sondern erst, wenn wir ihn in einer weitergehenden Deutung interpretativ entfalten. Ein ästhetischer Satz gibt nämlich, wie jede ästhetische Darstellung, „viel zu denken auf", wie Kant es einmal in seiner „Kritik der Urteilskraft" formuliert hat (Kant 1968, 315); er verlangt von seinen Adressat_innen eine aktive interpretatorische Anstrengung, möglicherweise dabei auch eine Verständigung mit Anderen. Und die praktische Dimension eines Satzes begreifen wir erst, wenn wir uns klar machen, dass er eine bestimmte Handlung oder Haltung von uns verlangt. Dementsprechend könnte man sagen: Duchamps Satz beschreibt gar keinen objektiven Sachverhalt, sondern wendet sich als eine Aufforderung an (unbestimmte) Adressat_innen. Konstitutiv für eine angemessene Interpretation, um diese beiden Dimensionen des Satzes zu erschließen, ist dabei auch der Kontext, in dem der Satz steht. In diesem Fall: die Positionierung auf dem Grab seines Urhebers. Wenn man Duchamps Werk kennt, aber spätestens, wenn man diesen Kontext des Satzes miteinbezieht, kann einem deutlich werden, dass es sich um einen ironischen Satz handelt. Denn mit der, von Duchamp ja noch zu Lebzeiten festgelegten Platzierung auf seinem künftigen Grab, ist der Urheber des Satzes, ganz entgegen seiner eigenen Aussage und sofern er selbst gestorben ist, ja genau einer von den ‚Anderen' geworden, die sterben. Gleichwohl muss man aber doch auch zugestehen, dass Duchamp in einer gewissen Weise und in einem anderen als dem wörtlichen Sinne immer noch, nämlich in und durch seine Kunst, ‚lebendig' ist. So gesehen sterben tatsächlich nur ‚die Anderen', denn *ihm* ist es ja mit diesem Satz gelungen, zumindest in einem bestimmten Sinne ‚präsent' zu bleiben, trotzdem er gestorben ist, und den Sinn des Satzes sowie seine Rezeption nicht nur *trotz*, sondern sogar *durch* den eigenen Tod wesentlich zu prägen.

Um diese Form der Ironie, um dieses ‚Lachen im guten Sinne', ging es Duchamp in fast allen seinen Werken (vgl. Duchamp 1992, 106–107). Die Ironie sollte als ein ästhetisches Mittel praktisch wirken, um den in der Kunst wie im Leben so oft voreilig und allzu schnell fixierten Sinn von Sätzen, Werken, Begebenheiten in die Schwebe und damit auch wieder in den Focus der Aufmerksamkeit zu bringen. Die Betrachter_innen von Duchamps Werken sollten durch diese Ironie angeregt werden zu einem weitergehenden Reflexionsprozess; sie sollten subtil verführt werden, über die Sache, über das Verhältnis zu ihr und nicht zuletzt auch über die eigenen, bereits gefassten, aber unter Umständen nicht kritisch durchdachten Vorstellungen noch einmal nachzudenken. So gesehen lässt sich Duchamps Satz als eine ironische Variante des in unserer Kultur wohlbekannten und in vielen Kunstwerken dargestellten ‚memento mori' verstehen. Marcel Duchamp vermittelt wohl mit diesem Satz weniger ein Wissen oder eine Einsicht, sondern er richtet an uns eine Aufforderung zur Reflexion über die eigene Sterblichkeit; diese stößt er an, indem er auf ein allseits bekanntes und empirisch zweifellos gut abgesichertes Faktum – auf die Sterblichkeit des Menschen – mit einem ‚Übrigens' wie auf eine in Vergessenheit geratene Nebensächlichkeit hinweist. Nur dem ersten Anschein nach versichert er uns damit über eine Hoffnung, auf die wir mitunter in einer selbstvergessenen Lebensführung verfallen: dass es nämlich tatsächlich immer nur ‚die Anderen' sein könnten, die sterben. Doch dann führt er uns eben diese Hoffnung – sobald nämlich der Blick auf die Position und die Inschrift des verstorbenen Autors des Satzes fällt – in ihrer Lächerlichkeit vor.

Die allgemeine Tatsache, dass der Tod „das irreversible Ende eines Organismus und einer Person" ist, kennen wir alle. Dies können wir allen, die auf korrekten Begriffsgebrauch dringen, ohne weiteres zugestehen. Doch die weitergehende Bedeutung dieser Tatsache, dass auch wir selbst in dieser allgemeinen Tatsache mit eingeschlossen sind, können wir – ‚übrigens' – mitunter auch vergessen. Diese – offensichtlich weitergehende ästhetisch-praktische – Bedeutung des Todes scheint nicht untrennbar mit dem Wissen um die allgemeine Tatsache der menschlichen Sterblichkeit verbunden zu sein. Die weitergehende Bedeutung, d. h. die praktische Einsicht in die eigene Sterblichkeit, scheint sich aber auch nicht ohne weiteres als Resultat eines logischen Schlusses von der Sterblichkeit aller Menschen auf den einzelnen Menschen zu ergeben; denn den Schluss von der allgemeinen Sterblichkeit darauf, dass auch wir, als einzelne Menschen, sterblich sind, ziehen wir in der Regel mühelos; und dennoch kann die Konklusion offensichtlich in dem Sinne ‚vergessen' werden, dass sie in der Praxis unseres alltäglichen

Lebens aus dem Blick gerät und wir darin der Endlichkeit unseres Lebens keine Rechnung tragen, ja uns sogar in der höchst irrationalen Haltung einzurichten tendieren, dass die Sterblichkeit in concreto vielleicht doch nur ‚die Anderen' betreffen könnte.

Dass auch *wir* es jeweils sind, die sterben werden, ist aber möglicherweise gar kein Gegenstand des bloßen Wissens, sondern muss in einer ganz besonderen Weise erfasst und ‚verstanden' werden. Das ist eine wichtige Hypothese, auf die vor allem in literarischen Auseinandersetzungen mit dem Tod aufmerksam gemacht wird. Doch auch mit philosophischen Mitteln könnte man versuchen, das Phänomen des scheinbaren Vergessens einer wohlbekannten, für unser Dasein sogar konstitutiven und in praktischer Hinsicht folgenreichen Tatsache, wie sie der Tod ist, weiter aufzuklären. Wenn der Schluss von der Sterblichkeit des Menschen auf die eigene nicht ausreicht, um ein Bewusstsein oder Verstehen der eigenen Sterblichkeit zu erlangen, bedarf es dafür vielleicht eines – so würde ich es formulieren – Moduswechsels; zu diesem Verstehen müssen wohl, anders als im Falle allgemeines Wissens, noch weitere Dimensionen des menschlichen Daseins, wie etwa die emotionale, die leibliche, die soziale und kommunikative Dimension, miteinbezogen werden.[2] Um diesen besonderen Modus des Wissens oder eben besser: des Verstehens auch begrifflich etwas klarer zu erfassen, scheint man den Fokus der Untersuchung etwas erweitern zu müssen. Über die sprachphilosophische Begriffsanalyse hinaus könnte eine feinsinnige, phänomenologische Darstellung auch der anderen, eben genannten Dimensionen des Bewusstseins hilfreich sein.

Vielleicht lässt sich die Rede von einem Moduswechsel als ein situatives Geschehen erläutern und dieses als eine Situation rekonstruieren, in der eine komplexe, allgemein gewusste, aber in ihrer konkreten Bedeutsamkeit eben nicht, noch nicht oder nicht mehr verstandene Tatsache sich in einem einzigen Gefühl verdichtet und sich einem sozusagen ‚komprimiert' darstellt. Ernst Tugendhat hat, wie ich meine, eine solche Situation einmal sehr treffend rekonstruiert als eine, in der sich sämtliche stabile Gefühlsmuster und affektiv evaluative Einstellungen einer Person unter bestimmten und zufällig eintretenden Umständen zu *einem* Sinngehalt zusammenfügen (vgl. Tugendhat 2003, 90). Ich versuche im Folgenden diese Überlegung an einem literarischen Beispiel von Dolf Sternberger noch etwas zu verdeutlichen. Sternberger beschreibt in einem Essay nämlich ein plötzliches ‚Gewahrwerden' der eigenen Sterblichkeit in und mit einem Gefühl (Sternberger 1981, 11–17); und man könnte meines Erachtens dieses ‚plötzliche Gewahrwerden' mit Tugendhat als eine Zusammenfügung von Gefühlsmustern

---

[2] Zur leiblichen Dimension des menschlichen Todes vgl. Kersting 2017, 187–300.

und affektiv evaluativen Einstellungen einer Person „zu einem Sinngehalt" rekonstruieren. Auch Sternberger macht in seiner Darstellung nämlich deutlich, dass das plötzliche Gefühl ihn nur scheinbar von außen überfällt, und dass es auch nur dem ersten Anschein nach von etwas Fremden verursacht ist. Seine Darstellung dieses ‚Gewahrwerdens' – aber auch die genaue Beschreibung der Entstehung des damit verbundenen Gefühls lassen sich meines Erachtens als einen sehr treffenden Versuch begreifen, sowohl die emotionale Dimension als auch die kognitive Besonderheit eines Moduswechsels, der in das Verstehen hineinführt, deutlich zu machen.

Das Gefühl, von dem die Rede ist, wird als ein „alles veränderndes", das Behagen zunichte machendes, insofern also auch praktisch wirkungsvolles Gefühl beschrieben (Sternberger 1981, 13). Dieses Gefühl schießt in Sternbergers Darstellung wie ein feiner „scharfer Schnitt", wie ein „Stich" oder „Blitz" (Sternberger 1981, 13) in eine banale, alltägliche Situation. Es ist in diesem Fall die Situation, in der dem Icherzähler nach mehreren Versuchen das Binden einer Krawatte gelingt, genauer: das Binden eines von Sternberger offensichtlich schon lange, immer wieder versuchten und schwierigen Windsor-Knotens. In die Mitte der Freude, endlich einen „endgültigen" und „vollkommenen Knoten" zustande gebracht zu haben, überfällt ihn mit einem Mal ein Gefühl, das alles Behagen zunichtemacht und das die eben empfundene Freude und den Triumph verfinstert. In der anschließenden Selbstverständigung über dieses Gefühl fasst es Sternberger in die Worte: „Du wirst sterben!", „Ich werde sterben!" (Sternberger 1981, 13).

In den weiteren Schritten des Nachdenkens stellt er dann zwischen dem vorangehenden Behagen und dem einschießenden Schreck einen engen, ja sogar zwingenden Zusammenhang her und erhofft sich dadurch das plötzlich eingetretene Gefühl zu erklären: „Der Stich konnte gar keine Sekunde früher noch später auftreten. Er stach in diesen Gedanken des ‚immer' und des ‚endgültig' mitten hinein." (Sternberger 1981, 14).

Sternbergers Darstellung betont vor allem die Produktivität dieser Differenzerfahrung: durch die stichartige Kontrastierung verwandelt sich die allgemeine, scheinbar so natürliche Wahrheit der menschlichen Sterblichkeit plötzlich in eine persönliche Gewissheit. Und erst unter dieser modalen Veränderung kann die Zufriedenheit über den perfekten Windsor-Knoten im Nachhinein als ein möglicher Anlass für die schreckliche Gewissheit der eigenen Sterblichkeit gedeutet werden. In ganz ähnlicher Weise lässt die modale Veränderung auch den besonderen Status des allgemeinen Wissens um die Sterblichkeit des Menschen sichtbar werden: das allgemeine, vor dem Moduswechsel für sicher und selbstverständlich gehaltene, ja unproblematische objektive Wissen um ‚die' Sterblichkeit ‚des' Menschen wird mit dem Moduswechsel sowohl in seiner Abstraktheit als auch in seiner Unpersönlichkeit und damit: in seiner Begrenztheit auffällig. Die Sterblichkeit erweist sich im Moduswechsel als etwas, das zwar gewusst, aber nicht verstanden wurde, weil es keine emotionale Wirkung hatte und auch keinen praktischen Einfluss auf die eigene Lebensführung. Erst in und durch den Moduswechsel wird dem – nun: nicht ‚nur' Wissenden, sondern auch Verstehenden klar, so Sternberger: „Der Tod ist mir absolut fremd" (Sternberger 1981, 16). Und es wird für ihn mit einem Mal deutlich: „Wir betrügen uns, wenn wir glauben oder erkennen oder jedenfalls behaupten, der Tod sei natürlich. Mir ist er nicht natürlich. Uns ist der Tod nicht natürlich" (Sternberger 1981, 17).

Warum aber meint Sternberger, dass wir uns betrügen, wenn wir den Tod als etwas Natürliches darstellen, wenn wir so tun, als wenn er das natürliche Ende eines bestimmten Organismus sei? Warum betrügen wir uns seiner Ansicht nach, wenn wir die eingangs erwähnte, weithin anerkannte Definition des Todes annehmen und meinen, dass das, was der Tod ist, damit erschöpfend erfasst sei?

Sternberger führt sein Bedenken gegen die vermeintliche ‚Natürlichkeit' des Todes nicht weiter aus. Aber er scheint zu vermissen, dass wesentliche Bedeutungsdimensionen des Todes ausgeblendet werden, wenn wir ihn nur als ein allgemeines, ‚natürliches', vielleicht sogar, wie es die oben formulierte Definition nahelegt, biologisches Faktum darstellen. Das Ungenügen dieser Bestimmung als ‚etwas Natürliches', so könnte man Sternbergers Worte vielleicht deuten, liegt darin, dass der Tod damit insofern nur allgemein und abstrakt, nämlich als Resultat eines Naturgesetzes, bestimmt und eben auch nur als ein allgemeines Geschehen erfasst werden kann. Kurz: dass mit dieser Bestimmung der Tod auf eine ‚abstrakte Allgemeinheit' reduziert wird. Es mag etwas ungewohnt erscheinen, von der Reduktion auf Allgemeines zu sprechen. Wir sind daran gewöhnt, dass mit der Rede von ‚Reduktion' eine Verminderung, eine Restriktion angezeigt wird, dass also insofern etwas dadurch ‚weniger' wird. Nun scheint es aber so, als sei eine allgemeine Bestimmung und so auch das Allgemeine durchaus ‚mehr' als das Einzelne, das es ja unter sich begreift; entsprechend könnte man meinen, dass auch eine Abstraktion in jedem Fall ‚mehr' im Sinne von ‚sachhaltiger' sei als eine Konkretion oder als ein Bezug auf Besonderes und Einzelnes.

Um die Überlegung, dass der Bezug auf Allgemeines einer Reduktion gleichkommen kann, etwas deutlicher zu fassen, ist ein Gedanke Hegels hilfreich, in dem er sich mit der Rolle der Abstraktion und vor allem mit dem abstrakten Allgemeinen beschäftigt. Hegel hat diese Überlegung und die Schwierigkeiten, die er in diesem Zusammenhang erkennt, in seiner kleinen Schrift „Wer denkt abstrakt?" (Hegel 1986) feinsinnig vorgeführt:

Wer abstrahiert, löst seiner Ansicht nach eine bestimmte Qualität – sei es die Qualität eines Sachverhaltes, sei es die einer Person, sei es die eines Gegenstandes aus dem wirklichen Zusammenhang mit anderen Qualitäten, die dieser Sache zukommen; mit dieser Herauslösung werden zugleich alle anderen Qualitäten, die nicht dieser Qualität entsprechen, „vertilg[t]" (Hegel 1986, 578) und ausgeblendet. Das im wirklichen Zusammenhang Ver- und Gebundene, meint Hegel, wird auf diese Weise aus dem Zusammenhang mit anderem Wirklichen herausgerissen und verwandelt sich dadurch in ein „Geschiedenes" – und, so kann man ergänzen: in ein ‚vermeintlich Allgemeines'; vermeintlich, weil es nur dem Anschein nach auch noch die anderen Qualitäten der betreffenden Sache einschließt und sie angemessen repräsentiert.

Abstrakt im Hegelschen Sinne denkt beispielsweise, wer eine Sache nur unter ein einziges Prädikat fasst und sie ausschließlich dafür hält. „Der gemeine Mensch [...] verhält sich zu diesem [dem Bedienten] nur als zu einem Bedienten" (Hegel 1986, 580); „der gemeine Soldat gilt dem Offizier für dies Abstraktum eines prügelbaren Subjekts" (Hegel 1986, 581) – das sind Hegels Beispiele für abstraktes Denken. Ebenso verfällt die Marktfrau, die die Kundin „ganz allein unter das Verbrechen [subsumiert], daß sie die Eier faul gefunden hat" (Hegel 1986, 579) dem abstrakten Denken, wie auch „das gemeine Volk" von Hegel des abstrakten Denkens bezichtigt wird, sofern es ablehnt, etwa einem Mörder auch noch irgendeine gute Eigenschaft zuzuerkennen neben der, „daß er ein Mörder ist" (Hegel 1986, 578).

In Analogie zu Hegels Beispielen könnte man sagen, dass es auch ein Ausdruck abstrakten Denkens ist, wenn man den Tod auf Qualitäten reduziert, wie sie der Gemeinplatz des ‚großen Gleichmachers' ausspricht, oder wenn man zu seiner Bestimmung lediglich auf das natürliche Phänomen der ‚allgemeinen Sterblichkeit von Organismen' verweist. Mit diesen allgemeinen Bestimmungen abstrahiert man nämlich davon, dass der Tod eben immer auf das Sterben einer bestimmten Person unter bestimmten Umständen folgt, dass sich dieser Prozess höchst individuell vollzieht, und dass der Tod somit nicht nur das Ende eines, sondern immer auch das Ende eines bestimmten Lebens einer bestimmten Person ist – und dass ebendies eine wichtige Rolle spielt, weshalb es bei der Bestimmung des Todes und einer Beschäftigung mit ihm, sogar einer theoretischen, sehr wohl von Bedeutung ist.

Warum aber sollte man solche weitergehenden Bedeutungen mit einbeziehen, wenn man sich um eine Bestimmung des menschlichen Todes bemüht? Und weshalb stellt die Bestimmung des menschlichen Todes als einer abstrakten Allgemeinheit eine unangemessene Reduktion dar?

Unabhängig von Hegels philosophischem System und den damit verbundenen weitergehenden Überlegungen könnte man die diagnostizierte Unangemessenheit folgendermaßen zu begründen versuchen: eine bloß abstrakt allgemeine Bestimmung des menschlichen Todes ist unangemessen, weil Menschen Personen sind (vgl. Esser 2012). Eine Person ist nicht lediglich ein Angehöriger der Gattung ‚Mensch‘, sondern stellt den Ursprung und den Bezugspunkt eines individuell geführten und gestalteten Lebens dar. Der menschliche Tod ist daher immer der Tod einer individuellen Person und nicht nur der eines *tokens*, dessen Bestimmungen alle aus der Zugehörigkeit zu einem *type* gewonnen werden. ‚Der Tod‘ in einem personalen Lebenszusammenhang ist also kein Abstraktum, er ist nicht bloß das Ende eines Organismus oder einer Person, sondern er beendet ein jeweils bestimmtes und in besonderer Weise vollzogenes Leben. Dieses Leben schließt freilich auch ‚die Anderen‘, von denen sich Duchamp mit seinem ironischen Satz abzugrenzen scheint, mit ein. Denn der Tod einer Person ist auch das Ende einer vorangehenden gemeinschaftlichen, insofern praktischen Tätigkeit des sozialen Lebens (etwa mit Nahestehenden, Freunden und Kollegen) und er beendet auch die damit verbundenen Deutungsbemühungen um einen möglichen ‚Sinngehalt‘ dieser Tätigkeit; dadurch kommt dem Tod auch für diese Anderen – nolens volens – eine praktische Wirkung zu und dies erzwingt, bei seiner Bestimmung auch die ‚weitergehende‘ Bedeutung zu berücksichtigen.

In all diesen Qualitäten muss der Tod daher *auch* zur Darstellung gebracht werden, wenn seine Bestimmung nicht reduktiv geraten soll. Ohne eine Berücksichtigung dieser vorrangig praktischen Qualitäten hat ‚der‘ Tod – zumindest in Bezug auf ein von Personen individuell vollzogenen Lebens – eigentlich gar keine Bedeutung. Wenn man den Tod bloß begrifflich abstrakt bestimmt, so ‚ist‘ er strenggenommen nichts, ist er nur und lediglich das Ende eines Lebens und eine bloße Negation. Eine sachhaltige Bedeutung erhält er nur aus dem Bezug auf eine konkrete Person und ihr besonderes Leben. Auch mit der Abstraktion vom konkreten Sterben von Personen auf ‚die Sterblichkeit‘, auf das Sterben der Anderen, wird die individuelle Dimension des Todes zum Verschwinden gebracht. Auf diese Gedanken kann uns auch Duchamps Satz leiten, wenn wir uns klar machen, dass wir selbst, wie jetzt bereits Duchamp, eines Tages auch einer von ‚den Anderen‘ sein werden, und wir dann unter Umständen für Andere wiederum ebenfalls nur ‚ein Anderer‘ sind, der ‚auch‘ gestorben ist.

Erstaunlicherweise ist es diese abstrakte Darstellungsweise, in der der Tod in der gesellschaftlichen Kommunikation – und mag diese in Bezug auf den Tod auch noch so „geschwätzig" sein (Nassehi 2004)[3] – überwiegend präsent ist. Dass es „immer die Anderen sind, die sterben", ist ein Satz, der uns verdeutlichen

---

3 Den Topos der Geschwätzigkeit hat bereits Knoblauch (1996) verwendet.

kann, wie unwillkürlich sich für jeden von uns das Sterben des oder der Anderen in einen bloßen Fall allgemeiner Sterblichkeit verwandeln kann. Die irreduzible Individualität des bestimmten Anderen – sei es Marcel Duchamp, sei es die eines jeden beliebigen Adressaten des Satzes – verlangt hingegen danach, sich an die konkrete Bedeutung, die das Sterben und der Tod für eine bestimmte Person bereits angenommen hat, wieder heranzuarbeiten und sie gegen die angebliche Gemeinsamkeit, wie sie die abstrakte Darstellung des Todes suggerieren mag, also auch gegen den Gemeinplatz des Todes als ‚großen Gleichmacher' zu verteidigen – oder mit Sternberger und Tugendhat gesprochen: einen Moduswechsel zu vollziehen und die konkrete Bedeutung als solche mindestens mitzudenken, am besten noch: auch sprachlich angemessen zur Darstellung zu bringen.

Doch wie kann man diese Bedeutungsdimension des Todes zur Darstellung bringen oder auch nur vermitteln, wenn der Moduswechsel, auf den Sternberger und Tugendhat gleichermaßen hinweisen, doch etwas Momenthaftes und damit kaum Fassbares ist? Diese Frage leitet meiner Ansicht nach auf eine Dimension des Todes, die hier bislang (und durchaus auch in einigen philosophischen Untersuchungen des Todes) vernachlässigt worden ist: auf die leibliche Dimension des Todes. Der Prozess, der dem Tod vorausgeht, das Sterben, vollzieht sich leiblich. Und dieser Leib ist nicht irgendein Körper, sondern der Sterbeprozess erst macht diesen (deinen, meinen) Leib zu einem Körper, so dass er mit dem Tod zu einem Leichnam ‚wird'.

Dadurch, dass die Leibphilosophie in den letzten Jahren wieder Beachtung gefunden hat, ist auch der tote Leib, mehr allerdings noch der Leichnam, in der Ethik und in der Rechtsphilosophie ein Gegenstand der Diskussion geworden. Ich möchte daher vor diesem Hintergrund noch ein wenig darlegen, warum und in welcher Hinsicht die Dimension der Leiblichkeit für die philosophische Beschäftigung mit dem Tod und insbesondere für die Frage nach einer angemessenen Darstellung der verschiedenen Bedeutungsdimensionen des Todes wichtig sein könnte.

Den Moduswechsel vom allgemeinen Wissen um die Sterblichkeit des Menschen zum konkreten Verstehen des ‚Wir werden sterben' und des ‚Ich werde sterben' habe ich mit dem Begriff der Person (und in den beiden Sätzen: mit den entsprechenden Personalpronomina) in Verbindung gebracht. Der Begriff der Person steht in diesem Zusammenhang also nicht für eine Liste von ‚personalen' Kompetenzen, sondern zeigt die individuelle, praktische Wirklichkeit des menschlichen Lebens an. Ich verwende ihn in Abgrenzung zu der Bestimmung ‚Mensch', unter der man Personen, dann aber als Exemplare (Menschen) der Gattung (Mensch) eben auch begreifen kann. Die Rede vom menschlichen Körper oder auch seine bildliche Darstellung verweist auf ein Abstraktum: auf das von den individuellen Leibern ‚abgezogene', allgemeine Schema, das zum Beispiel zum Zwecke der wissenschaftlichen Erforschung oder einer medizinischen Beurteilung ‚objektiviert' wurde. Personen kann – etwa unter der Perspektive der Wissenschaft – auch ein Körper, besser gesagt: ein Körperschema zugeschrieben werden; sie existieren allerdings jeweils nur in einem Leib. Als Leib wird dann aber nicht etwa eine ‚äußere' und sterbliche Hülle dieser Person bezeichnet, oder etwas Anderes als diese Person, sondern genau die Weise, in der diese Person in die Existenz tritt und allein existieren kann. Ferner kann sich das, was wir ‚Person' nennen, auch nur durch einen Leib ausdrücken: in Bewegung, Mimik, lautlichen Artikulationen. Deshalb verstehen wir diesen leiblichen Ausdruck auch als unserer Person genuin und erfassen, ganz zu Recht, selbstverständlich auch den leiblichen Ausdruck anderer Individuen spontan als Äußerungen dieser Person.

Eine Person ‚hat' so gesehen nicht einen Leib, sondern sie ‚ist' im Leib als einer lebendigen Ganzheit. D. h. sie existiert untrennbar in seiner Materialität, in seiner räumlichen Ausdehnung und freilich auch Determination. Zwar wird ein ‚Kern', das Ich oder die Persönlichkeit im Alltagsverständnis als ein Zentrum der Person vorgestellt und verstanden; doch die wesentliche Bestimmung dieses vermeintlichen ‚Zentrums' ist es gerade, dass es nirgendwo in dieser lebendigen Ganzheit separat repräsentiert ist, dass es also auch nicht wie ein spezielles Organ zu denken ist, auch wenn es sich selbst dennoch von dem Leib und noch mehr von ihm als Körper als wesentlich unterschieden denken und vorstellen kann. Vor dem Hintergrund dieser Überlegung kann verständlich werden, dass wir den lebendigen Leib in einer bestimmten Weise als Ausdruck des Ich oder der Person verstehen. Warum ich den etwas altertümlichen Ausdruck ‚Leib' verwende, hat seinen Grund darin, dass ich auf einen Unterschied hinweisen möchte: nämlich auf den Unterschied zwischen dem Medium, in dem wir uns und etwas, das auf uns einwirkt, empfinden und an dem wir Empfindungen Anderer und Wirkungen auf sie wahrnehmen können, und dem, was wir Körper nennen.

Wir können unseren Leib durchaus auch als Körper darstellen, d. h. als einen – etwa nach den Kenntnissen der Medizin, Biologie, Chemie oder Physik schematisierten – Funktionszusammenhang. Wenn wir das tun, abstrahieren wir von den jeweils persönlichen und damit subjektiven Empfindungen des Leibes und konzentrieren uns auf das, was sich unter der schon erwähnten (und dann im konkreten Fall: einer bestimmten) Perspektive der Wissenschaft objektivieren lässt. Den Ausdruck ‚Körper' reserviere ich also für diese objektive und von der persönlichen Empfindungsqualität abstrahierende Darstellung des Leibes. Personen existieren leiblich, vollziehen ihr Leben leiblich. Daher auch der schöne, aber etwas aus der Mode gekommene Ausdruck: ‚Wie er leibt und lebt'.[4] Dieser Leib wird zu einem Körper, wenn man ihn unter wissenschaftlicher Perspektive auf die objektiven Funktionszusammenhänge hin reduziert, oder: wenn er stirbt. Der tote Leib, der Leichnam ist ein Körper. So jedenfalls könnte man den Zusammenhang oder besser, den Übergang zwischen Leib und Körper bzw. zwischen Leib und Leichnam beschreiben.

Mit dieser Rekonstruktion befände man sich durchaus in Einklang mit der heutigen philosophischen Diskussion über den Tod und den Status des menschlichen Leichnams. Man könnte reichlich argumentative Unterstützung bei einer ganzen Reihe von Autor_innen finden, die den Tod – entsprechend der schon erwähnten, gängigen Definition – als das „irreversible Ende eines Organismus" begreifen. Durchaus in Entsprechung zu den obigen Überlegungen dringen viele Autor_innen der philosophischen Thanatologie darauf, dass der Tod auch das irreversible Ende der Person einschließt. Nach dem Eintreten des Todes existiert demnach keine Person mehr, sondern nur mehr ein Leichnam, den man freilich nicht mit der Person identifizieren sollte. Jay Rosenberg, auf den ich oben schon hingewiesen habe, spricht etwa davon, dass sich die Person mit dem Tod in einen Leichnam „verwandle" und sich dadurch ein „Wechsel der Art"[5] vollziehe. Und Dieter Birnbacher hat diese Verwandlung des lebendigen Leibes in den toten Körper in der vielzitierten Wendung des „ontologischen Absturzes" (Birnbacher 1998, S. 927–932) zu fassen versucht. Gemeint ist damit eine tiefgreifende Veränderung des ontologischen Status, die der Leib durch den Eintritt des Todes erfährt. Er ‚wird' zu einem Leichnam und ist damit nur mehr eine ‚Sache'. Auch wenn diese Darstellung als begriffliche Rekonstruktion überzeugend und als Beschreibung des gegenwärtigen bundesdeutschen Rechtsstatus des Leichnams zumindest partiell korrekt ist, könnte man auf sie aber dennoch einen kritischen Blick werfen. Denn auch im Verhältnis von Leib und Körper bzw. Leib und Leichnam kann sich ein abstraktes Denken Bahn brechen. Zur weiteren Aufklärung dieses Verhältnisses sollten wir uns fragen, ob nicht auch in diesem Fall ein Moduswechsel erforderlich ist, wenn wir verstehen wollen, dass es nicht immer nur die Anderen sind, die sterben, sondern der Tod einen bestimmten, diesen individuellen (deinen, meinen) Leib zu einem Körper und damit zu einem Leichnam ‚werden' lässt. Auch diese Überlegung möchte ich an einem literarischen Beispiel demonstrieren, das ich Julian Barnes „Nichts, was man fürchten müsste" entnehme. Dort ist zu lesen:

---

[4] Zum Ausdruck „leiben" vgl. Deutsches Wörterbuch von Jacob Grimm und Wilhelm Grimm 1854–1960, Bd. 12, Sp. 594.
[5] Bei Rosenberg ist die Rede von „*metamorphosis*" und „change of *kind*" (Rosenberg 1983, 50; Herv. i. O.).

> „Als meine Mutter starb, fragte der Bestattungsunternehmer aus meinem Nachbardorf, ob die Familie sie noch einmal sehen wolle. Ich sagte Ja, mein Bruder Nein. Genauer gesagt lautete seine Antwort, als ich ihm die Frage telefonisch weitergab: „Um Gottes willen, nein. In dieser Hinsicht halte ich es mit Plato." Mir war der betreffende Text nicht sofort präsent. „Was sagt Plato denn?", fragte ich. „Dass ihm nichts daran liegt, sich Leichen anzusehen."
>
> Als ich dann allein in dem Bestattungsinstitut erschien – [...] –, erklärte der Inhaber entschuldigend: „Im Moment ist sie leider nur im Hinterzimmer." Ich sah ihn verständnislos an, und er erläuterte: „Sie liegt auf einer Rollbahre." Ohne nachzudenken, antwortete ich: „Ach, sie hat nie viel Wert auf Formalitäten gelegt", obwohl ich nicht behaupten konnte, ich hätte gewusst, was sie unter diesen Umständen gewollt oder nicht gewollt hätte. Sie lag in einem kleinen, sauberen Raum mit einem Kreuz an der Wand, tatsächlich auf einer Rollbahre [...]. Sie wirkte, nun ja, ausgesprochen tot: Die Augen geschlossen, der Mund leicht geöffnet, links etwas mehr als rechts, was genau ihre Art war – in aller Regel hatte sie eine Zigarette im rechten Mundwinkel und sprach aus dem linken, bis die Asche zu gefährlicher Länge anwuchs. (Barnes 2010, 18–19)

Man könnte zuerst einmal die Frage nach den verschiedenen Modi stellen, nach den verschiedenen Weisen also, in denen der menschliche Leichnam hier dargestellt wird und sich dabei fragen, ob und welche dieser Modi Ausdruck eines abstrakten Denkens im Hegelschen Sinne sein können und welcher einen personalen Modus erkennen lässt.

Ich betrachte zuerst die Äußerung des Bruders des Ich-Erzählers, Jonathan Barnes, der, wie im tatsächlichen Leben auch, Professor für Antike Philosophie ist. Er „hält es mit Plato". Man mag sich fragen, was daran reduktiv sein oder sogar einer abstrakten Bestimmung des menschlichen Leichnams Vorschub leisten könnte. Eine erste abstrakte Bestimmung liegt schon darin, dass der Sachverhalt, der Leichnam der Mutter, ausschließlich in der Reduktion auf das allgemeine Prädikat, auf die Klassenzugehörigkeit präsentiert wird: in der Formulierung im Plural, dass ihm nichts daran liege, „Leichen anzusehen", zeigt der Bruder dies an und blendet damit zugleich einen möglichen Persönlichkeitsbezug aus. Diese Darstellung löst den Gegenstand, ‚die Leiche', außerdem aus dem, wie Hegel es formulieren würde, ‚wirklichen' Zusammenhang der Geschichte der verstorbenen Person heraus. Wenn man die besondere Geschichte einbezöge, so würde deutlich, dass ein oder korrekter: der jeweilige Leichnam als Resultat aus einem individuell vollzogenen Sterbeprozesses einer bestimmten Person hervorgeht. Als solches trägt er auch noch die Spuren des vergangenen Lebens an oder in sich, die ihn wiederum als einen bestimmten Leichnam, wie im Fall der Erzählung: als den der Mutter, personalisieren. In der Darstellung als ‚Leiche' macht der Bruder diesen Zusammenhang nicht präsent. Weil in seiner Beschreibung des Leichnams der Status als Sache ohne Persönlichkeitsbezug dominiert, erscheinen die gesellschaftlichen Trauerrituale und Praxen oder der besondere rechtliche Schutz, dem der Leichnam untersteht, sowie weitergehende moralische Ansprüche, die den praktischen Umgang mit dem Leichnam regeln, als bloße Zugeständnisse an Traditionen, Gepflogenheiten. In der Summe wären die damit verbundenen Ansprüche dann doch nichts weiter als unbegründete, irrationale Befindlichkeiten. Diese Befindlichkeiten könnte man dann in Anbetracht des demgegenüber klar herausgearbeiteten ontologischen Status diesem nachordnen und sie im Falle konfligierender Ansprüche als zweitrangige berücksichtigen.

Insbesondere wenn es um die Frage nach der ‚Verwertung' des toten menschlichen Körpers geht, etwa zur Weiterverarbeitung des Gewebes oder der Entnahme von Organen im Rahmen von Transplantationen, trifft man häufig auf Darstellungen und Argumentationen eben dieser – reduktiven – Art. Durch sie erfolgen aber bereits Weichenstellungen sowohl für eine anschließende kritische Prüfung als auch für das darauffolgende Handeln. Werden etwa, wie in der aktuellen Diskussion um die rechtliche Neuregelung der Organspende, hirntote Menschen durchweg – abstrakt – als ‚Leichen' oder ‚Tote' bezeichnet, dann muten Bestimmungen, die sie dennoch personalisieren, eher befremdlich an. Zwar rufen solche abstrakten Darstellungen in der Kommunikation mit Angehörigen durchaus auch Widerstand und mitunter sogar Empörung hervor; die vorgeblich professionelle Perspektive beurteilt diese Reaktionen dann aber oft nur mehr als einen Ausdruck unaufgeklärter, emotionaler Betroffenheit. Doch dieses Urteil ist in meinen Augen und vor dem Hintergrund des angezeigten Moduswechsels schon auf Grund der Darstellung, von der das Urteil seinen Ausgang nimmt, nicht angemessen. Die Abwertung der traditionellen gesellschaftlichen Praxis und der Ansprüche der Nahestehenden kann nur deshalb gelingen, weil sie schon eine reduktive Darstellung zum Ausgang nimmt. Denn in einer reduktiven Darstellung sind all jene besonderen Dimensionen und Qualitäten bereits ausgeblendet, die der individuelle Prozess des Sterbens einschließen und die personale Bedeutung, die der menschliche Tod unter jeweils konkreten Umständen annimmt, besitzen kann.

Aus der Darstellung des Ich-Erzählers in Julian Barnes Roman kann man dagegen Hinweise darauf erkennen, dass und wie eine personale Erweiterung der versachlichenden Darstellung wichtig und vernünftig wäre. Eine solche sollte nicht nur die eine Bedeutung des menschlichen Leichnams herausstellen und die anderen diskreditieren, sondern gerade die gegenläufigen Bedeutungen, die mit dem Leichnam verbunden sind, in die Darstellung integrieren. Diese schließt dann einerseits die zweifellos richtige Feststellung ein, dass mit dem Tod das Leben einer Person irreversibel endet, sie berücksichtigt aber andererseits auch die in unserer Praxis fest etablierte Überzeugung, dass dennoch personale Bezüge hergestellt werden können, dass sie auch am Leichnam noch als Spuren fortbestehen und dass dieser personale Bezug in der gemeinschaftlichen Praxis zu achten ist.

Literarisch gelingt dem Autor dies durch die Darstellung eines praktisch-kommunikativen Zusammenhangs: durch das Gespräch zwischen Bestatter und Ich-Erzähler. Beide stellen sprachlich eine Kontinuität zwischen dem Leichnam und der verstorbenen Person her: „Im Moment ist *sie* leider nur im Hinterzimmer", „*Sie* lag in einem kleinen, sauberen Raum [...]". Der Erzähler weiß selbstverständlich, dass die Mutter eindeutig ‚tot' ist und nimmt dieses Wissen in seine Darstellung auf. Er personalisiert die Darstellung aber zugleich, indem er die Spuren früherer Gewohnheiten der Person hervorhebt, die noch sichtbar sind und die ihm die Person in Erinnerung bringen: „der Mund leicht geöffnet, links etwas mehr als rechts, was genau ihre Art war [...]". Damit integriert er in seine Darstellung den personalen Zusammenhang, d. h. er präsentiert den individuellen Prozess der Entstehung des Leichnams aus dem ehemals lebendigen Leib. Dass dies nicht irrational, sondern vernünftig ist, kann man einsehen, wenn man sich noch einmal in die Erinnerung ruft, dass die Präsenz einer Person nur in einem lebendigen Leib möglich ist und der Leib nicht etwas Anderes als diese Person ist, sondern genau die Weise, in der sie in die Existenz tritt. Die Ausdrucksverhältnisse des Leibes sind – zumindest für eine gewisse Zeit – auch am Leichnam noch präsent. Der sich fortwährend erneuernde Prozess der Lebendigkeit" (vgl. Hegel 1989, 375), dem sie entstammen, wird aber nicht mehr realisiert und so sind sie gleichsam in der Materie erstarrt. Die literarische Darstellung bringt die Einheit dieser beiden Bedeutungsdimensionen des Leichnams in der knappen Wendung zum Ausdruck: „Sie (personaler Bezug) wirkte, nun ja, ausgesprochen tot". Es ist der Leichnam seiner Mutter (denn: „*Sie* wirkte ja tot"), die jetzt *tot* ist (denn das feststellende Urteil trifft ja zweifellos zu), aber dieses Prädikat wird zugleich noch durch den praktischen Bezug erweitert, denn der Leichnam der Mutter *wirkt* auch tot – in der Differenz zu ihrem, nun nur noch erinnerten, lebendigen Leib. Um diese Einheit auch sprachlich angemessen darzustellen, ist nach Wendungen zu suchen, die dieser Kontinuität und Prozessualität Ausdruck verleihen. In der Tat schwingt schon im Ausdruck ‚Leichnam' ein gewisser personaler Bezug mit. Doch im konkreten kommunikativen Zusammenhang geht es darum, diesen Bezug auch in entsprechenden Formulierungen zur Darstellung zu bringen und die gewonnenen Einsichten nicht etwa durch andere, gegenläufige Bestimmungen zu konterkarieren. Vor dem Hintergrund der bisherigen Überlegungen scheint es mir weder angemessen, den Leichnam nur und vorrangig als eine Sache zu charakterisieren, noch aber, ihm den Status als Person uneingeschränkt zuzuschreiben. Als Alternative zu diesen beiden, gleichermaßen reduktiven Darstellungsweisen, könnte man sich darum bemühen, im sprachlichen Kontext die narrative Dimension mitzurepräsentieren, d. h. zum Ausdruck zu bringen, dass es sich bei einem

Leichnam um das Produkt eines personal vollzogenen Prozesses handelt, um einen ‚gestorbenen Leib' also. Darstellungen, die dieses Ziel verfolgen und die personale Verbindung aufzeigen, müssten meines Erachtens sogar der objektivierenden Rede von der ‚Leiche' und den ‚Leichen' aus begrifflichen Gründen vorgeordnet werden. Denn wenn auch ‚das Lebendige' nur als lebendiges Individuum real ist, dann gilt das entsprechend auch für den je individuellen Leib einer Person, der stirbt und mit Eintritt des Todes dann ein ‚gestorbener Leib' ist. Letzterer wäre so gesehen also gerade keine ‚Leiche', auch wenn er unter solchen Perspektiven, für die eine Abstraktion von der personalen Dimension konstitutiv ist – etwa wenn es um die Erörterung naturwissenschaftlicher Gesetze oder Strukturen des menschlichen Körpers im Allgemeinen geht –, so behandelt werden kann, als sei er das. Auch wenn es für diese Abstraktion durchaus rechtfertigende Gründe gibt, kann sie nicht per se Priorität gegenüber der personalisierenden Perspektive beanspruchen. Möglicherweise muss an sie sogar der Anspruch gerichtet werden (das aber wäre durch eine ethische Argumentation zu zeigen), dass sie den personalisierten Status des Leichnams zu berücksichtigen hat.

Ich habe mit Bedacht oben ein literarisches Beispiel gewählt, um die verschiedenen Darstellungsmodi zu demonstrieren. Eine ausschließlich begriffliche Erörterung kann dies meines Erachtens nicht in überzeugender Weise leisten, sondern ist notwendig von allgemeinen Überlegungen geprägt. Der Bezug auf das Allgemeine und allgemeine Gesetzmäßigkeiten ist in manchen Zusammenhängen ohne Frage ein Vorzug theoretischer Beschäftigung; in anderen Zusammenhängen aber stellt dieser Bezug eben auch ihre Grenze dar. Freilich können auch philosophische Theorien sich in allgemeinen Begriffen darüber aufklären, wo das eigene Denken und die eigene Darstellung konkreter Sachverhalte in dem von Hegel gemeinten Sinne abstrakt bleibt. Hegel hält es nicht nur für möglich, sondern sogar geboten, Verfahren zu entwickeln, um nach der kritischen Destruktion von problematischen Abstraktionen wieder zu konkreten Bedeutungen zu gelangen. Dabei helfen uns meines Erachtens aber insbesondere ästhetische Darstellungen – seien es solche der Literatur, seien es solche der darstellenden Künste. Ihr Vorzug ist es, dass sie in individuellen Darstellungen unsere Wahrnehmung und zugleich unser Denken zu allgemeinen, aber eben von den vielen Dimensionen der Wirklichkeit nicht abgeschotteten Einsichten leiten. Kunst nämlich ist beides, wie Duchamp nicht müde wurde zu betonen, „Auge und graue Substanz" (vgl. Duchamp 1994, 77), Wahrnehmung und Denken. Unter dieser Idee hergestellt und rezipiert, sind Kunstwerke nicht bloß Illustrationen oder Bebilderungen zu einem bestimmten Thema, und schon gar nicht korrekte oder inkorrekte Aussagen über objektive Sachverhalte. Sie können dann mehr (und sollten dies auch): nämlich als sinnlich verdichtete Reflexionen uns in ihrer Rezeption einen Moduswechsel abverlangen, der es uns ermöglicht, das zu verstehen, was wir bislang bloß wussten.

Literatur

Barnes, Julian (2010): Nichts, was man fürchten müsste, Köln.
Baust, Günter (1988): Sterben und Tod. Medizinische Aspekte, Berlin.
Birnbacher, Dieter (1998): Philosophisch-ethische Überlegungen zum Status des menschlichen Leichnams, in: Stefenelli, Norbert Stefenelli (Hg.): Körper ohne Leben. Begegnung und Umgang mit Toten, Wien 1998, 927–932. Revidierte Fassung in: Wellmer Hans-Konrat/ Bockenheimer-Lucius, Gisela (Hg.): Zum Umgang mit der Leiche in der Medizin/Handling of the human corpse in medicine. Lübeck 2000, 79–85.
Collectif (1968): A Definition of Irreversible Coma: Report of the Ad Hoc Committee of Harvard Medical School to Examine the Definition of Brain Death, in: Journal of the American Medical Association, 205(6), 85–88.
Deutsches Wörterbuch von Jacob Grimm und Wilhelm Grimm (1854–1960): Onlineausgabe des Trier Center for Digital Humanities der Universität Trier, in: http://woerterbuchnetz.de/cgi-bin/WBNetz/wbgui_py?sigle=DWB&lemma=leiben, besucht am 24.10.2018.
Duchamp, Marcel (1992): Interviews und Statements. Gesammelt, übersetzt & annotiert von Serge Stauffer, hg. von Ulrike Gauss, Stuttgart.
Duchamp, Marcel (1994): Die Schriften 1: Zu Lebzeiten veröffentliche Texte, hg. von Serge Stauffer, Zürich.
Esser, Andrea Marlen (2014): Personaler Tod – biologischer Tod, in: Holpert, Konrad/ Sautermeister, Jochen (Hg.): Organspende – Herausforderung für den Lebensschutz, München.
Esser, Andrea Marlen (2012): Menschen sterben als Personen, in: Dies./Kersting, Daniel/ Schäfer, Christoph (Hg.): Welchen Tod stirbt der Mensch?, Frankfurt a. Main.
Hegel, Georg Wilhelm Friedrich (1986): Wer denkt abstrakt? (1807), in: Ders.: Werke, Bd. 2, Jenaer Schriften 1801–1807, hg. von Eva Moldenhauer und Karl Markus Michel, Frankfurt a. Main, 575–582.
Hegel, Georg Wilhelm Friedrich (1989): Enzyklopädie der philosophischen Wissenschaften. (1830), in: Ders.: Werke, Bd. 8, hg. von Eva Moldenhauer und Karl Markus Michel, Frankfurt a. Main.
Kant, Immanuel (1968): Kritik der Urtheilskraft (1788), in: Kants Werke. Akademie-Textausgabe. Unveränderter photomechanischer Abdruck des Textes der von der Preußischen Akademie der Wissenschaften 1902 begonnenen Ausgabe von Kants gesammelten Schriften, Bd. 5, hg. von der Preußischen Akademie der Wissenschaften, Berlin, 165–485.
Kersting, Daniel (2017): Tod ohne Leitbild? Philosophische Untersuchungen zu einem integrativen Todeskonzept, Münster.
Knoblauch, Hubert (Hg. 1996): Kommunikative Lebenswelten und die Ethnographie einer geschwätzigen Gesellschaft, Konstanz.

Nassehi, Armin (2004): Worüber man nicht sprechen kann, darüber muss man schweigen: Über die Geschwätzigkeit des Todes in unserer Zeit, in: Liessmann, Konrad Paul (Hg.): Ruhm, Tod, Unsterblichkeit, Wien, 118–145.

Pardey, Ulrich (2002): Nichts, nichts und sonst nichts: Über einige sprachanalytische Fehler in Carnes Heidegger-Kritik, in: Mojsisch, Burkhard/Summerfell, Orrin F. (Hg.): Die Philosophie in ihren Disziplinen: Eine Einführung, Amsterdam/Philadelphia, 227–262.

Rosenberg, Jay (1983): Thinking Clearly about Death, Englewood.

Sternberger, Dolf (1981): Über den Tod, Frankfurt a. Main.

Tugendhat, Ernst (2003): Egozentrizität und Mystik: Eine anthropologische Studie, München.

II Das Gelingen des Sterbens in der Diskussion

Bernard N. Schumacher
Der Tod, eine anthropologische Offenbarung

> Ich wurde in eine Welt hineingeboren, die damit begann, vom Tod nichts mehr hören zu wollen und die heute an ihre Grenzen gestoßen ist, ohne zu verstehen, dass sie sich aus diesem Grund dazu verurteilt hat, nichts mehr von der Gnade zu hören.
>
> (Bobin 2012, 145f.)

„Von dieser Art wird von nun an die Beziehung sein, die der Mensch zum Tod unterhält", sagt sich der Dichter Christian Bobin zwischen zwei Besuchen bei seinem an Alzheimer erkrankten und in einem Pflegeheim untergebrachten Vater. „Was für eine merkwürdige Aussage!", mag ein Mensch des einundzwanzigsten Jahrhunderts denken. Sicherlich würde er der Idee zustimmen, dass sich die abendländische Kultur in dem Maße immer hartnäckiger weigert, vom Tod noch etwas zu hören, in dem sie versucht, seine Gegenwart auszumerzen und ihn in den Rang des Spektakels und der Fiktion abzuschieben. Zugleich würde er zugestehen, dass dieselbe Kultur verschiedene Versuche unternommen hat, den Tod zu zähmen, indem sie den eigenen Tod inszeniert, wobei das Begräbnis als letzter freier Akt eines Subjekts gilt. Er würde jedoch bestreiten, dass der erste Teil des Satzes, den der Dichter formuliert hat, vom zweiten untrennbar ist: wonach eine Kultur, die sich weigert, etwas vom Tod zu hören, für die Gnade oder, philosophisch gesprochen, für die Gabe in ihrer Unverdientheit nicht empfänglich sei. Was genau würde daraus, falls der Dichter Recht haben sollte, in anthropologischer und ethischer Sicht für die Existenz des Menschen folgen? Dieser Beitrag wird versuchen, diese Frage zu beantworten, indem er Licht auf den eigentlichen Sinn jener Existenz wirft.

Die Weigerung, etwas vom Tod hören zu wollen, kommt nicht etwa einer beiläufigen Einstellung gleich, die es dem Menschen ermöglichen würde, weiter zu existieren um die Welt zu verändern. Es handelt sich eher um die Weigerung, sich aus dem Gleichgewicht bringen zu lassen, sich als verwundbar, als außer Stande seiend zu erleben, die Kontrolle über seine eigene Existenz zu haben. Dieses beharrliche Schweigen, in das der Tod verbannt ist, bezieht seinen Ursprung aus zwei die zeitgenössische abendländische Kultur grundlegend durchdringenden Voraussetzungen, die einander auf paradoxe Weise entgegengesetzt sind, nämlich der Reduktion des Mysteriums auf ein zu lösendes Problem und der Reduktion der Freiheit auf die Befreiung von jeglicher Beschränkung und Bestimmung. Diese beiden Voraussetzungen machen drei Einstellungen zum Tod erklärbar, die eingenommen werden können, um sich durch ihn nicht aus der Fassung bringen zu lassen: den Rückzug in den

Elfenbeinturm, die Zähmung des unabwendbaren Todes und die Proklamation der Tötung des Todes. Ich werde im Folgenden entwickeln, worin diese drei Einstellungen bestehen. Im Anschluss werde ich die These vortragen, dass der Tod von einer tiefgreifenden anthropologischen Umkehrung kündet, nämlich der Umkehrung von der Aktivität des Subjekts in seine Passivität und der Kontrolle des Subjekts in seine Rezeptivität. Zuletzt werde ich darlegen, in welcher Weise der Tod ein Verständnis der menschlichen Freiheit offenbart, das durch eine besondere Verfügbarkeit und eine besondere Gabe charakterisiert ist.

1 Die Negation des Todes

1.1 Die Welt des Problems

Der heutige Mensch hat es sich zur Gewohnheit gemacht, die ihn umgebende Welt unter dem Blickwinkel eines Problems zu betrachten, zu dessen Lösung man mit Hilfe der Wissenschaft in der Lage ist oder sein wird. Dabei stellt sich die Welt für die Allianz von moderner Wissenschaft und Technik als ein zu kontrollierender Gegenstand dar, dessen sich der Mensch bemächtigen und den er beherrschen will. Ein Problem, führt Gabriel Marcel aus, ist das, was „ich [...] umfassen und mir unterwerfen kann" (Marcel 1992a, 228), was sich „detaillieren" (ebd., 217) lässt und was „einer bestimmten entsprechenden Technik unterstellbar [ist] (und sich von dort her definiert)" (ebd., 229). Die Auffassung der Welt als Problem ist von der Tendenz bestimmt, alles auf Funktionalität zu reduzieren, einschließlich der Ereignisse, die „den Lauf des Daseins durchbrechen – Geburt, Liebe, Tod [...]". Diese Ereignisse, zu denen auch der Tod gehört, werden, wie Marcel schreibt, einzig aus der Perspektive der „pseudowissenschaftliche[n] Kategorie des ‚ganz Natürlichen'" wahrgenommen, für die „die Ursache die Wirkung erklärt, d. h. restlos davon Rechenschaft gibt" (Marcel 1992b, 62). Eine solche ‚funktionale' Welt ist „voller Probleme" und „beseelt von dem Willen, dem Mysterium keinen Platz zu gönnen" (ebd.).

Der als Problem verstandene und des Mysteriums beraubte Tod des Menschen wird auf ein bloß natürliches, biologisches Ereignis reduziert, zu einem „Sturz ins Unbrauchbare, als absoluter ‚Abfall'" (ebd., 61), insofern er sich im Modus der dritten Person äußert. „Ein Toter", so stellt Vladimir Jankélévitch klar, „ist schnell ersetzbar. Das Leben stopft im gleichen Maße die Löcher zu. Alle Welt ist ersetzbar. Jemand geht dahin, ein anderer besetzt seinen Platz. Es ist der Tod in der dritten Person, der Tod irgend jemandes, ein von einer Embolie betroffener Passant ... Er ist der Tod ohne Geheimnis" (Jankélévitch

2003, 12). Dementsprechend wird der Tod auf die Dimension dessen reduziert, was sich erklären und kontrollieren lässt. „In einer Welt", so Marcel, „aus der unter dem verkarstenden Einfluß der Technik [...] auch der Tod auf[hörte], ein Geheimnis zu sein, würde er zur bloßen Tatsache, gleich der Zerstörung irgendeines Geräts" (Marcel 1952, 470 f.). Man könnte dies noch durch die Ergänzung verstärken, dass die Funktionsstörungen behoben werden können, ja sogar müssen, so dass das Gerät besser funktioniert.

1.2 Die Freiheit als Befreiung von äußerlichen Fesseln

Doch bleibt der Tod in dieser zur Dimension des Problems reduzierten Welt eine verunsichernde Wirklichkeit. Denn er bringt eines der zentralen Elemente der zeitgenössischen abendländischen Kultur in Gefahr – nämlich die zweite Voraussetzung, die die Gleichsetzung menschlicher Freiheit mit der Befreiung von jeglicher Bestimmung überhaupt verlangt. Der Tod wird mithin als der auf Abstand zu haltende, um nicht zu sagen als der zu bekämpfende Feind aufgefasst. Denn indem er den Menschen um seine Existenz bringt, stellt er jene Haltung infrage, die Freiheit aus sich selbst begründen will und sie so auffasst, als sei sie jeder vorgängigen Bestimmung enthoben und keiner Beschränkung unterworfen. Diese Konzeption von Freiheit verdanken wir Thomas Hobbes, der sie als Abwesenheit von Beschränkungen, als „die Abwesenheit äußerer Hindernisse" (Hobbes 1996, 107) definiert hat.

Diese Freiheit ist die Macht zu verneinen, die Macht jegliche Wirklichkeit von sich zu weisen, die ihr vorausgehen und die sie bestimmen würde, einschließlich der Wirklichkeit der menschlichen Natur oder des moralisch Guten, denn solcherlei Wirklichkeiten stünden in dem Verdacht, die Freiheit zu reduzieren. „[D]ie menschliche Freiheit", resümiert Jean-Paul Sartre, „[ist] nicht beschränkt durch eine Ordnung von Wahrheiten und Werten, die sich als ewige *Dinge*, als notwendige Strukturen des Seins unserer Zustimmung aufdrängen" (Sartre 1994, 115).[1] Von diesem Standpunkt aus gesehen ist es, damit der Mensch wirklich frei sein kann, unabdingbar, die diversen Beschränkungen, mit denen er konfrontiert ist, zu überwinden, seien sie nun natürlicher, biologischer oder moralischer Art.

Diese Vorstellung von Freiheit, die in der gegenwärtigen abendländischen Kultur sehr verbreitet ist, findet sich in zahlreichen Schattierungen wieder. In diesem Sinne wird das moderne Subjekt von dem Soziologen Alain Touraine

---

[1] Siehe auch ebd. : „[U]nsere Freiheit wird beschränkt allein durch die göttliche Freiheit".

als Schöpfer und als Verwandler seiner selbst definiert. Es sei ein „freier Schöpfer und ein Schöpfer der Freiheit" (Touraine 2015, 108), der es sich selbst schuldig sei, sich von allen natürlichen und moralischen Beschränkungen, die von außen kommen würden, zu befreien. Der Philosoph Hartmut Rosa überbietet diesen Gedanken sogar noch durch seine Behauptung, wonach das Herz des Projekts der Moderne in einem „Kampf für die Emanzipation von politischen, strukturellen und institutionellen Hindernissen für die Verwirklichung jener Autonomie" (Rosa 2013, 74) liege. Er insistiert: das Projekt der Moderne sei „das Bestreben, die Kräfte der Natur zu kontrollieren: Wenn dem Leben eine selbstbestimmte Form gegeben werden soll, müssen wir die uns von der Natur auferlegten ‚blinden' Einschränkungen angehen und mit Hilfe der modernen Wissenschaft, Technologie, Bildung und Wirtschaft überwinden" (ebd., 114). Diese Selbstbestimmung schließt „unsere[...] Körpermerkmale – unseres Geschlechts und unserer Gene" ein ; sie ist eine Selbstbestimmung, die „dem für die Moderne wesentlichen Impuls und Versprechen der Autonomie [folgt]" (ebd.), welches darin bestehe, „von äußerem Druck und externen Einschränkungen" (ebd., 117) befreit zu sein.

Das Herzstück der transhumanistischen Bewegung – der Abschluss des modernen Projekts der Befreiung der Menschheit mit Hilfe des technischen Denkens, das die Welt als ein zu lösendes Problem konzipiert – liegt im individualistischen Charakter der grenzenlosen Selbstverwandlung, die, wie Gilbert Hottois klar stellt, „eine von allen Schranken von definitiver oder unveränderlicher Form emanzipierten Freiheit" (Hottois 2014, 53) als Ideal hat. Der Gynäkologe Israël Nisand fasst dieses Ideal einer zuletzt von jeglicher Beschränkung befreiten Freiheit gut zusammen: das Ziel sei es, aus den durch die Natur auferlegten Grenzen „sich selber zu entkommen" (Nisand 2013, 15), und zwar durch eine Neuerrichtung oder besser: eine Neuschöpfung der Welt inklusive „jenes zerbrechlichen und wenig leistungsstarken Körpers", den der menschliche Körper, der Krankheit, Alterung und letzten Endes dem Tod unterworfen ist, darstellt. Jene Freiheit verheißt, „dass in der Schöpfung ein Geschöpf seine Wiederkehr feiern können wird, um sich selbst neu zu erfinden und sich als Schöpfer seiner selbst zu setzen" (ebd., 27), und um schließlich „in einem Genuss ohne Hemmung und Ende" (ebd., 30) zu leben. Diese Zeilen werfen ein Echo auf das, was Hannah Arendt bereits 1958 als Ideal des modernen Menschen beschrieben hat, sich von den Grenzen der Natur, einschließlich jener der als Gefängnis erlebten Erde zu emanzipieren, „um dem Gefängnis der Erde zu entrinnen" (Arendt 1969, 7). Es geht darum, nicht allein Gott zu verwerfen, sondern auch die Erde, die „die Mutter alles Lebendigen ist" (ebd., 8) – kurzum: sich von den inneren ökologischen Gesetzen der Natur zu emanzipieren. Das ultimative Ziel ist es, „den Bedingungen zu entrinnen, unter denen die Menschen das Leben empfangen haben" (ebd., 9), und zwar mit Blick auf die Schaffung eines neuen Menschen, der das Resultat von „Bedingungen [wäre], die er selbst schafft" (ebd.). Der Biologe Jacques Testart stellt das transhumanistische Projekt prägnant dar: es „trachte danach, an die Stelle der Evolution zu treten, um einen von den körperlichen Knechtschaften befreiten Menschen zu erbauen. Der Mensch wird auf diese Weise zum Schöpfer des Menschen" (Testart/Rousseaux 2018, 11).

Kurz gesagt kann man behaupten, dass das äußerste Ziel der Moderne, wenn man es nach dem Maß der Postmoderne misst, in der Ausräumung der vielfältigen Beschränkungen besteht, unter deren Zwang der leibliche Mensch lebt. Die Moderne strebt danach, den neuen Menschen heraufzuführen, der aus jeglicher ihm vorausgehenden und ihn bestimmenden Ordnung frei gelassen und der letztlich im vollen Sinne frei wäre, nämlich dank der Kontrolle über eine Welt, die zum Problem reduziert und den Zwecken unterworfen wäre, die die Freiheit vorgibt. „Der Mensch würde auf diese Weise allmächtig werden", schreibt Jean-François Braunstein, weil „alles ‚zu seiner Verfügung' steht" und „weil es zukünftig nichts Negatives und keine radikale Alterität geben würde" (Braunstein 2018, 381).

Unter den zahlreichen Fesseln der selbstbegründenden Freiheit, die eine große Rolle in der abendländischen Kultur der Gegenwart spielt, ragt eine ganz besonders hervor, die nicht aufhört, der Freiheit Sorgen zu bereiten: der Tod. Ist der Tod in letzter Instanz nicht durch seine konstante Anwesenheit eine Negation der Freiheit? Führt der sterbliche Charakter des Menschen nicht dazu, in der Freiheit nichts als hohle, sinnentleerte Rhetorik zu sehen? Der Wissenschaftler Aubrey de Grey, Mitgründer des Methusalem-Maus-Wettbewerbspreises und Anhänger des Transhumanismus, merkt an, dass „das andauernde Faktum des Todes jegliches Gerede über Freiheit letztlich zwecklos macht. Kühne Freiheitsbegriffe, die die Gewissheit des eigenen Aussterbens passiv hinnehmen, werden mehr und mehr als allzu leere Rhetorik angesehen" (de Grey 2013). Was diese „kühnen Begriffe" anbetrifft, seien hier nur zwei benannt, um anschließend das Vorhaben des Transhumanismus darzustellen.

2 Das Projekt der Kontrolle über den Tod

2.1 Sich in seinem Elfenbeinturm einigeln

Der erste Vorschlag, der vorgebracht worden ist, um sich durch den Tod nicht aus der Fassung bringen zu lassen, ist nicht neu: er ist den alten Stoikern entliehen und in jüngster Zeit neu durchdacht worden. Er bezieht sich auf die Einstellung, der zufolge man sich allein mit jenen Ereignissen, Vorstellungen und Begierden befassen sollte, die Gegenstände unserer Wahlmöglichkeiten, nämlich unseres kontrollierenden Willens sind. Was jene Phänomene und Gehalte betrifft, die letzterem entgehen, so solle man sich um sie nicht sorgen, sondern sich in ihre Wirklichkeit fügen. Dies gilt beispielsweise für die unaufhörlich verstreichende Zeit, für das Älterwerden und für den Tod, auf den der Wille keinen Zugriff hat. Der Philosoph André Comte-Sponville hält diese zentrale Idee treffend fest: das Subjekt „begehrt nichts als was von ihm (seinen Willensakten) abhängt oder was es kennt (das Wirkliche)" (Comte-Sponville 2000, 49), wodurch es eben jedwede Wirklichkeit ausschließt, die nicht von seinem Willen abhängt – alles das, was sich der Kontrolle durch den Willen entzieht, wie etwa der Tod oder Objekte des Begehrens, die es nicht aus eigener Kraft zu erreichen im Stande ist und die nicht zu Gegenständen seines Hoffens werden können. Es geht darum, sich einzig auf das zu konzentrieren, was „von Dir abhängt" (ebd., 48), am Ende also „von nichts anderem mehr abzuhängen als vom Universum" (Comte-Sponville 2006, 199), dessen Struktur ohnehin unveränderlich ist. Man ist es sich selbst schuldig, die Determinismen hinzunehmen, die dem menschlichen Leben eigentümlich sind, „das leidende, einsame, sterbliche Leben" (Comte-Sponville 2011, 686). Man muss davon ablassen, sich von Übeln, in Anbetracht derer wir ohnmächtig sind und auf die wir keinerlei Zugriff haben, aus der Fassung bringen zu lassen, um stattdessen in einer Gegenwart zu leben, über die wir Kontrolle haben. Diese Haltung des Ablassens erlaubt es, „frei zu sein, so notwendig und vollkommen frei" (ebd., 199), dass das Subjekt nichts mehr anficht, nicht einmal mehr der Tod. Die Entsagung des Begehrens nach Gegenständen, die sich dem kontrollierenden Willen entziehen, sowie der Entschluss, sich in seinem Elfenbeinturm zu verschanzen, sind ihrerseits der Angst geschuldet, nicht allein aus der Fassung gebracht zu werden, sondern vor allem nicht Herr über sich selber zu sein und sich einem anderen zu überlassen. Die Absage an den Tod, der hier als eine sich der Kontrolle durch das Subjekt entziehende Wirklichkeit verstanden wird, schreibt sich unter dem Strich aus der Voraussetzung her, dass der Kontrollverlust die Freiheit des Subjekts beschränken und in dieser Weise seiner Würde zuwiderlaufen würde. Anders gefasst: Die Würde des Subjekts ließe sich nur dadurch wahren, dass es selbst über die Art und Weise seines Sterbens entscheiden könnte.

2.2 Der Tod definiert das menschliche Lebewesen

Dem zweiten Vorschlag zufolge ist der Tod kein akzidentelles Ereignis, das von außen kommen würde; er ist die allerpersönlichste Seinsweise des Menschen. Oder, um es anders zu sagen: Das Faktum des Sterblichseins definiert das Subjekt. Der Tod ist, um die Begrifflichkeit des Philosophen Martin Heidegger aufzugreifen, die Möglichkeit schlechthin, die nicht überschritten werden kann. Der Tod wird hier als konstitutiv für den Menschen bestimmt: er muss sich diese Beziehung zum Tod zu eigen machen, wenn er im Vollsinn das sein will, was er ist – ein Sein-zum-Tode. Heidegger ist hier überaus klar: „Der Tod ist eine Seinsmöglichkeit, die je das Dasein selbst zu übernehmen hat" (Heidegger 1986, 250). Die Größe des Menschen liegt in der Übernahme seines Seins-zum-Tode, die die radikale Endlichkeit des Menschen auf eigentliche Weise annimmt. Levinas beschreibt diese Haltung als „eine höchste Helligkeit und ebendadurch eine höchste Mannhaftigkeit" (Levinas 2003, 43). Er fährt folgendermaßen fort: „Es ist die Übernahme der äußersten Möglichkeit der Existenz durch das *Dasein*, die genau alle anderen Möglichkeiten möglich macht, die folglich die Tatsache selbst, eine Möglichkeit zu ergreifen, das heißt die Aktivität und die Freiheit, möglich macht. Der Tod bei Heidegger ist Ereignis der Freiheit" (ebd., 43f.). Dem Tod auf mannhafte Weise und in einer Haltung der Eigentlichkeit ins Auge zu sehen, ist ein Akt uneingeschränkt tätiger Freiheit, die sich weigert, sich durch die Alterität des Todes entmündigen zu lassen.

2.3 Die Tötung des Todes

Wie wir bereits ausgeführt haben, sieht Aubrey de Grey in jenen Freiheitskonzeptionen, die den Tod passiv hinnehmen, nichts als eine leere Freiheitsrhetorik. Tatsächlich ist der Appell an die Freiheit vergebens, solange der Tod da ist. Damit der Mensch zuletzt vollends frei sein und das Projekt der Moderne Wirklichkeit werden kann, geht es darum, den Tod zu eliminieren. Dieser Vorschlag unterscheidet sich von den beiden vorangegangenen Haltungen durch seine Ablehnung des Defaitismus und der Passivität, die sie charakterisiert. Es handelt sich hier nicht mehr darum, sich durch den Rückzug in seinen Elfenbeinturm mit dem Tod abzufinden oder sich ihm auf mannhafte Weise auszusetzen, auf dass die Freiheit nicht durch den Tod beeinträchtigt werde. Im Gegenteil: Es geht darum, gegen ihn zu revoltieren. Diese Revolte hat nichts mit der verzweifelten Rebellion zu tun, die Albert Camus in *Der Mensch in der Revolte* in Szene setzt und die dazu bestimmt ist, die Absurdität der Existenz zu bannen, sondern viel eher mit einer veritablen Kriegserklärung, die darauf abzielt, das Problem des

Todes auszuradieren. Falls der Tod nicht besiegt werden sollte, würde das Leben keinen Sinn haben, stellt Camus lange vor Aubrey de Grey heraus: „Wenn nichts dauert, ist nichts gerechtfertigt: was stirbt, ist bar jedes Sinns. Gegen den Tod kämpfen, heißt den Sinn des Lebens fordern" (Camus 1982, 84).

Fortan besteht das Ziel in der radikalen Verneinung des Todes als jener für die Freiheit unüberschreitbaren Wirklichkeit, indem das Todesproblem mit den Mitteln der Wissenschaft und der Technologie angegangen wird, die in dieser Frage gern die Kontrolle an sich reißen. Der Romanautor Alan Harrington hat diese Tötung des Todes bereits 1969 auf den ersten Seiten seines Romans *The Immortalist* prägnant wiedergegeben:

> Der Tod ist eine Zumutung für die menschliche Rasse und nicht länger hinnehmbar. Männer und Frauen haben ihre Fähigkeit, sich mit ihrer eigenen Auslöschung abzufinden, so gut wie verloren; sie müssen nun dazu übergehen, diese Auslöschung körperlich zu überwinden. Kurzum, den Tod zu töten; der Sterblichkeit als einer bestimmten Konsequenz des Geborenwordenseins ein Ende zu bereiten. (Harrington 1969, 3)

Um dies zu tun, muss der Mensch eine Bekehrung durchlaufen: Da er nicht länger akzeptiert, dass bestimmte Determinismen der menschlichen Natur der Vernunft und dem Willen entgehen, ist es unabdingbar, sich eines neuen und radikalen Glaubens an die Technologie zu versichern, die der Welt des Problems zugehört und die im Stande wäre, den Menschen schließlich vom Tod als dem letzten Hindernis, dem seine Freiheit gegenübersteht, zu befreien:

> Dieser neue Glaube, den wir haben müssen, besteht darin, dass der Tod durch die uns zur Verfügung stehende Technologie in naher Zukunft besiegt werden kann. Dieser Glaube muss überdies die Idee einer Erlösung ganz mit der Medizintechnik verschweißen. Wir müssen die Götter des Zweifels und der Selbstbestrafung vertreiben. Unser neuer Glaube muss als sein Evangelium akzeptieren, dass die Erlösung mit der Medizintechnik zusammenhängt und mit nichts anderem; dass das Schicksal des Menschen vor allem von der richtigen Handhabung seiner technischen Leistungsfähigkeit abhängt; dass wir unsere Freiheit vom Tod nur technisch bewerkstelligen, dass wir sie nicht herbeibeten können; dass unsere Heilsbringer weiße Kittel tragen werden, und zwar nicht in Schutzanstalten, sondern in chemischen und biologischen Laboratorien. (ebd., 21)

Vierzig Jahre später bekräftigt der Chirurg Laurent Alexandre diese Vorstellung, indem er sich den transhumanistischen Glauben endgültig zu eigen macht: „Die Vorstellung, dass der Tod ein *zu lösendes Problem* und nicht etwa eine durch die Idee oder den göttlichen Willen *auferlegte Wirklichkeit* darstellt, wird sich durchsetzen" (Alexandre 2011, 12). Der Tod wird nicht länger als eine der Ordnung der Welt und dem menschlichen Lebewesen eigentümliche Notwendigkeit des organischen Lebens aufgefasst, sondern als ein unglücklicher Zwischenfall, den man mit Hilfe der Wissenschaft, die es „uns erlauben wird, unser Schicksal in die eigenen Hände zu nehmen" (ebd., 15), verhüten kann und muss. Testart fasst die Einstellung der Transhumanisten zum Tod wie folgt zusammen: „Für den Transhumanismus stellen unsere menschliche Bedingtheit, unsere Endlichkeit, unsere Schwächen und unsere Makel von nun an lediglich ein praktisches Problem dar, das seiner technischen Lösung harrt" (Testart/Rousseaux 2018, 11).

Wenn man den Tod abschaffen möchte, so begründet sich das in letzter Instanz aus dem Begehren, vollständig frei, d. h. im Sinne des modernen Projekts von jeglicher Bestimmung befreit zu sein. Der Tod stellt in der Tat, wie schon gesagt, das letzte Hindernis dar, das der Freiheit gegenübersteht und das unterbindet, dass wir uns „radikal selbst bestimmen" (Morin 1976, 348), wie Edgar Morin es gerne hätte. Gemäß Hottois, der nahezu ein halbes Jahrhundert nach Morin dazu Stellung genommen hat, würde die Abschaffung des Todes „eine von allen Schranken von definitiver oder unveränderlicher Form emanzipierte Freiheit" (Hottois 2014, 53) ermöglichen. Die Euthanasie des Todes würde das menschliche Lebewesen endlich frei machen, wie Mike Treder in einem Sammelband mit dem Titel „The Scientific Conquest of Death" erläutert: Das Versprechen, „für immer frei vom Kranksein, von Krankheit und körperlicher Behinderung zu leben", beinhaltet, dass wir schließlich „frei [sein werden], mit unserem Leben zu tun was immer wir wollen" (Treder 2004, 190). Die Befreiung von physischen, psychischen und intellektuellen Hindernissen wird es der Menschheit ermöglichen, jene absolute Freiheit, „die totale Beherrschung seiner selbst und der Welt" (Alexandre 2011, 15), wie Alexandre es ausdrückt, zu erlangen. Die Euthanasie des Todes wird den Menschen aus der „Knechtschaft unter einer grausamen und brutalen Natur" freisetzen. Sie wird es ihm ermöglichen, „sich der Natur zu entreißen" (ebd., 81), „sich der Tyrannei des Schicksals, der Natur zu entziehen" (ebd., 80), um zuletzt „über seine Zukunft zu entscheiden" (ebd., 81). Wir werden Götter sein, um ein weiteres Mal an den Romanautor Harrington anzuschließen:

> Was not tut, um nur eine Sache zu nennen, ist eine kühne neue Einstellung. Wir müssen aufhören, uns beim Kosmos zu entschuldigen und wir müssen bejahen, wer wir sind. Wir, die die Götter erfunden haben, können uns in sie verwandeln. Der Tod passt nicht länger in unsere Pläne. Sinnlose Auslöschung, wie sie für Tiere und Pflanzen noch nachvollziehbar angemessen ist, wird ungebührlich, wenn sie einer Spezies zugemutet wird, die die Fähigkeit besitzt, über den Sinn nachzudenken und sich um ihn zu sorgen. Vor fünftausend Jahren hat die Evolution menschlicher Intelligenz den Tod, wie wir ihn verstehen, unangemessen und obsolet gemacht. Heute, wo die fortgeschrittensten Spitzen der Menschheit nicht länger in der Lage sind zu tolerieren, dass sie eines Tages nicht mehr sein werden, muss entweder der Tod oder müssen *wir* obsolet werden.
>
> (Harrington 1969, 2003)

3 Der Tod als Offenbarung der Passivität des Subjekts

Die gegenwärtige abendländische Kultur zeichnet sich, wie wir bereits gesehen haben, durch die Reduktion des Wirklichen auf die Dimension des Problems aus, was es mit sich bringt, das Mysterium aus dem Gebiet des Wirklichen und der Rationalität auszuschließen; und dies gilt in besonderer Weise für den Tod. Nun ist das Mysterium aber nicht von der Art des Irrationalen oder eines Erkenntnismangels im Sinne dessen, „was unbekannt ist und von dem wir", wie Levinas ausführt, „nur die positive Bedeutung zu erheben bräuchten" (Levinas 2003, 19). Das Mysterium ist im Gegenteil integraler Bestandteil der Rationalität, obwohl es im selben Zug das vernünftige Subjekt dahin leitet, dasjenige, was es durch seine analytische Vernunft kontrolliert, d. h. seinen Kontrollwillen zu überschreiten. Ein Mysterium, so Marcel, ist etwas, „bei dem ich selbst engagiert bin und das folglich nur als eine Sphäre denkbar ist, *in der die Unterscheidung des In-mir und des Vor-mir ihre Bedeutung und Ihren Hauptwert verliert.*" (Marcel 1992a, 228 f.). Das Mysterium impliziert eine Seinsdimension, die größer ist als die, welche die rein kontrollierende, technische Vernunft konzipieren kann. Es handelt sich um eine vernunftgeleitete Erfassung „einer Realität, deren Wurzeln sich jenseits des eigentlich Problematischen einsenken" (Marcel 1992b, 68).[2] Oder um es in den Worten von Karl Jaspers zu sagen: „Wer kein Geheimnis mehr kennt, sucht nicht mehr. Philosophieren kennt mit der Grundbescheidung an den Grenzen der Wissensmöglichleiten die volle Offenheit für das an den Grenzen des Wissens sich unwißbar Zeigende. An diesen Grenzen hört zwar das Erkennen, aber nicht das Denken auf" (Jaspers 1973, 97). Mithin ist es tiefgehend reduktionistisch und eine Entstellung der Wirklichkeit in ihrer Tiefe, wenn man den Tod allein innerhalb der konzeptuellen Grenzen des Problembegriffs denkt. Der Tod in der Perspektive der ersten Person ist von folgender Art: „[Er] ist das große Mysterium" (Jankélévitch 2003, 28) Jankélévitch ergänzt, „daß das Geheimnis des Todes in sich selbst unsagbar und undurchsichtig, daß einzig der adjektivische Umkreis des Geheimnisses sagbar sei" (Jankélévitch 2005, 164), was sich auf die diversen Manifestationen jener Phänomene des Todes bezieht, die im Rahmen einer Problematisierung erfassbar sind.

---

[2] Siehe ebd., 66: „[E]in Mysterium ist ein Problem, das nach und nach auf seine eigenen Gegebenheiten übergreift, das sie erobert und sich dadurch gerade als einfaches Problem überschreitet".

Die Unterscheidung zwischen Problem und Mysterium ist in Verbindung mit der Frage nach dem Tod des Menschen keineswegs unbedeutend. Sie verweist in der Tat auf eine grundlegendere Reflexion, die sich auf einer anthropologischen Ebene verortet und der Intuition Bobins zu Grunde liegt, die im Motto am Anfang dieses Beitrages zitiert wurde. Die Behauptung, der Tod gehöre vollständig in die Kategorie eines Problems, impliziert eine totalitäre Definition der Vernunft in *dem* Sinne, als dass nach dieser Auffassung nichts existiert als das, was die Vernunft sich anzuverwandeln, zu absorbieren, im Sinne des ‚*cumprendere*' zu be-greifen, ‚in sich aufzunehmen', ‚sich vollkommen zu eigen zu machen' vermag. Das Wirkliche zu einem Problem zu reduzieren heißt – darauf kommt es an – jegliche radikale Andersheit zu negieren, zu der das Subjekt anders denn als kontrollierendes und tätiges Subjekt in Beziehung treten würde. Levinas hat diese Problematik, die im Herzen der abendländischen Debatte um den Tod steht, treffend wiedergegeben:

> Der Tod als Geheimnis aber hebt sich von der so verstandenen Erfahrung ab [‚Rückkehr des Objekts zum Subjekt']. Im Wissen ist jede Passivität durch die Mittlerschaft des Lichts Aktivität. Das Objekt, dem ich begegne, wird begriffen, und, kurz gesagt, durch mich konstruiert, während der Tod ein Ereignis ankündigt, dessen das Subjekt nicht mehr Subjekt ist. (Levinas 2003, 43)

Diese ‚Passivität' des Subjekts situiert sich nicht ausschließlich auf der Ebene der Vernunft, sondern zugleich auf der des Willens, wie wir noch sehen werden.

Levinas regt an, die Reflexion auf den Tod zu verlagern, indem er nicht, wie Heidegger, das Nichts des Todes zum Ausgangspunkt nimmt, sondern vielmehr „von einer Situation [ausgeht], in der etwas absolut Unerkennbares erscheint, absolut unerkennbar, das heißt fremd gegenüber jedem Licht, jedes Übernehmen einer Möglichkeit unmöglich machend, von einer Situation, in der jedoch wir selbst ergriffen werden" (ebd., 44). Der Tod ist in letzter Instanz kein zu lösendes Problem, sondern eine Wirklichkeit, die in die Ordnung des Mysteriums fällt und die eine fundamentale anthropologische Dimension offenbart. Der Umstand, dass der Tod von derselben Art wie das Unerkennbare und das Mysterium ist, bedeutet allerdings nicht, dass er der Vernunft fremd ist, sondern viel eher, dass er sich dem Versuch der Vernunft, zu kategorisieren, zu begreifen und zu besitzen, entzieht.

Der Ausgangspunkt der Reflexion von Levinas entspringt jener Erfahrung des rationalen Denkens, die darin liegt, dass das Subjekt aus sich heraus geht, um auf den Erkenntnisgegenstand zuzugehen und dass es vom Gegenstand her im selben Zug zu sich zurückkehrt, in dem es sich den Gegenstand angeeignet hat. Indem es unablässig zu sich selbst zurückkehrt und doch nicht im Stande ist, wirklich aus sich herauszutreten, erfährt das Subjekt die fundamentale

Einsamkeit, eine Situation, die Levinas als ein „An-sich-angekettet-Sein" bezeichnet. Diese „Notwendigkeit, sich mit sich selbst zu beschäftigen", nennt er „die Materialität des Subjekts" (ebd., 30). Diese Erfahrung sorgt dafür, dass das Subjekt „durch [s]ich selbst blockiert" (ebd., 31) und „in sich selbst verstrickt" (ebd., 40) ist. Die Welt des Problems schließt jegliche Alterität aus, da das Subjekt alles auf sich selbst zurückführt: „Und in diesem Sinne begegnet das Erkennen niemals etwas wirklich anderem" (ebd., 41). Um aus dieser Einsamkeit herauszukommen, muss sich das Subjekt von sich selbst losreißen. Aber wie? Auf ganz besondere Weise, nämlich durch den Tod.

Wenn sich der Tod dem Begreifen entzieht, so nicht deshalb, weil er einer Sphäre zugehören würde, die noch niemand durchmessen hat und aus der niemand wiedergekehrt ist, um uns zu sagen, wie es sich auswirkt, tot sein; sondern vielmehr, weil „die Beziehung zum Tod sich nicht im Licht vollziehen kann" (ebd., 43), d. h. in der erfüllten Erkenntnis seines Objekts, denn „das Subjekt [ist] in Beziehung [...] zu dem, was nicht von ihm kommt. Wir könnten auch sagen, daß es in Beziehung mit dem Geheimnis steht" (ebd.). Die Erfahrung, die das Subjekt im Angesicht des Todes macht, ist nicht die eines aktiven Subjekts, das eine Macht der Kontrolle über das Wirkliche ausübt, sondern die eines verwundbaren Subjekts, das die „Passivität" (ebd.) erfährt. Angesichts seines Todes entdeckt das Subjekt, dass „das Subjekt nicht mehr Subjekt ist" (ebd.); es ist nicht länger Herr über sich selbst noch auch Herr über die Welt durch die allmächtige Erkenntnis. „Mein Tod kommt aus einem Augenblick, über den ich, in welcher Form auch immer, meine Macht nicht ausüben kann" (Levinas 2014, 343). Der Tod lässt eine Wirklichkeit hervortreten, die sich der Erkenntnis und ihrer im Moment des Begreifens liegenden Reduktion auf sich selbst radikal entzieht; kurzum, diese Wirklichkeit entzieht sich jeglicher Bemächtigung. Der Tod – und das ist die prinzipielle These, die sich mit ihm verbindet – offenbart, dass „wir selbst ergriffen werden" (Levinas 2003, 44) .

Auf diese Weise kündet der Tod von einer tiefgreifenden anthropologischen Umkehrung: der Umkehrung der Aktivität des Subjekts in Passivität, seiner Kontrolle in Rezeptivität. Der Tod bezeichnet das Ende der Vermögen des Subjekts, das Ende des unabhängigen, des heideggerianisch mannhaften Subjekts. Der Tod offenbart dem Subjekt, dass es von seiner Macht entbunden ist, indem es ihm die ‚Erfahrung' zu Teil werden lässt, dass es nicht an den Schalthebeln seiner Existenz sitzt und dass es von einer radikalen Alterität ergriffen ist, die sich dem subjektiven Bestreben entzieht, sie zu kontrollieren. Diese Passivität in Bezug auf den Tod liegt nicht minder in dem Fall vor, in dem sich das Subjekt dazu entscheiden würde, sich das Leben zu nehmen.

Levinas zufolge offenbart der Tod, wie übrigens auch das Leiden und die Liebe, „daß wir von einem bestimmten Moment an *nicht mehr können können*", und „genau darin verliert das Subjekt seine eigentliche Herrschaft als Subjekt" (ebd., 47). Letzten Endes offenbart der Tod, „dass wir in Beziehung sind mit etwas absolut anderem" (ebd.), mit etwas, das unsere anfängliche Einsamkeit zerbricht. Das Subjekt macht im Angesicht des Todes die Erfahrung eines Ereignisses, das sich seinen Ansprüchen entzieht und „für das es reine Passivität ist, das absolut anders ist, in Bezug auf das es nicht mehr können kann" (ebd., 52). Levinas geht sogar so weit zu behaupten, dass die Beziehung zur Alterität einzig dann möglich wird, wenn sich das Subjekt in jener Situation des Nicht-mehr-Könnens befindet.

> [E]inzig ein Wesen, das durch das Leiden zum Zusammenkrapfen seiner Einsamkeit und in das Verhältnis zum Tod gelangt ist, [stellt sich] auf ein Gelände, auf dem das Verhältnis zum anderen möglich wird. Verhältnis zum anderen, das niemals der Sachverhalt sein wird, eine Möglichkeit zu ergreifen. (ebd., 48)

Dem ließe sich hinzufügen, dass dann, wenn sich das menschliche Lebewesen aus der Sicht der Vernunft, nämlich aus der Sicht der Kultur des Problems, in einer Sackgasse befindet, Hoffnung in einem fundamentalen, sich von der vernünftigen Zukunftsaussicht unterscheidenden Sinn herauszubilden vermag.

Die Beziehung zum Tod offenbart die Passivitätsdimension des Subjekts – die Anerkenntnis, dass eine Seinsdimension existiert, die der Freiheit vorgängig ist und diese bestimmt – in deren Innerem das Subjekt sich keinerlei Wahl mehr vorlegen kann, es sei denn die, sich der Zukunft zu öffnen, die sich jeglicher kontrollierenden, prädikativen Vernunft radikal entzieht. Der Tod ist, um Levinas' Worte zu verwenden, dasjenige, „was nicht ergriffen wird, was uns überfällt und sich unser bemächtigt" (ebd.). Obwohl er eine Alterität darstellt, bringt er die Entfremdung der Existenz des Subjekts mit sich, denn „im Tod wird [...] abstrahiert [...] von uns" (Levinas 2013, 89). Die Zerstörung der Person in dieser Welt macht die Behauptung möglich, dass der Tod, einschließlich des Tods des Suizidenten, stets eine gewaltsame Erfahrung ist. Der Tod ist ein Übel, weil er die leibliche Person ihrer Existenz beraubt; er impliziert den Umstand, „daß [sie] *aufhört*, zu sein" (Jankélévitch 2005, 492), und zwar in der Welt als solcher, und nicht einfach deshalb, weil er jemandem eine bestimmte Lebensqualität nimmt.

Man kann sich mithin fragen, ob eine spezifische Alterität existiert, die die Personalität wahrt. Eine solche Alterität offenbart sich Levinas zufolge in der Begegnung mit dem Antlitz des anderen. „Diese Situation ist das Verhältnis zu dem *anderen* [autrui], das Von-Angesicht-zu-Angesicht mit dem anderen, die Begegnung mit dem Antlitz, das zugleich den anderen gibt und entzieht. Das ‚übernommene' andere – das ist *der* andere" (Levinas 2003, 50). In der erotischen Relation, worin der andere eine Alterität bleibt, worin der andere nicht auf eine dem Subjekt bekannte Sache reduziert wird, erfährt das Subjekt, dass es nicht länger im Stande ist zu können – und zwar noch während es, dem Tod entgegen, in der Welt weiter existiert. Kurzum, das Antlitz des anderen offenbart in der erotischen Relation, dass sich die Welt nicht begreifen lässt, dass sie sich ganz im Gegenteil durch das Mysterium kennzeichnet. Das Antlitz lässt uns über jegliche vernünftige und willentliche Kontrolle hinausgehen.

4 Der Tod, die Offenbarung einer eigentlichen Freiheit

Paradoxerweise führt die Auffassung der Welt als Problem zur fortschreitenden Verdinglichung und Depersonalisierung des Menschen. Die ‚Welt des Problems' neigt in der Tat dazu, totalitär zu werden. Während diese Welt im kartesischen Programm ihren Machtbereich auf die uns umgebende körperliche Welt ausbreitet und uns „zu Herren und Eigentümern der Natur machen könnte" (Descartes 1960, 101), umfasst sie im Programm der Transhumanisten die Natur als Ganze einschließlich des Menschen, und zwar im Namen des Primats der unbestimmten und selbstgenügsamen Freiheit. Die Tatsache, dass die zeitgenössische Kultur immer stärker dazu neigt, die Welt unter dem Blickwinkel des Problems zu betrachten, bringt es mit sich, dass die menschliche Person selbst Gefahr läuft, sich in der Welt des Problems zu zersetzen, indem sie selbst ein Objekt unter anderen wird, dazu angetan, manipuliert und reifiziert, auf „eine Art Maschine" (Marcel 1950, 413) reduziert zu werden. Als Gegenstand von Wissenschaft und Technik wird die Person, wie Günther Anders hervorhebt, als „Rohstoff" (Anders 1986, 22) wahrgenommen, dessen Singularität getilgt würde. Sie wird ihrer Subjektivität, „jede[n] innere[n] Leben[s]" (Bernanos 1949, 131) beraubt, wie Georges Bernanos trefflich beobachtet hat, und als ein undifferenziertes, mithin auswechselbares Wesen betrachtet, das durch Eigenschaften charakterisiert ist, die dazu bestimmt sind, verbessert zu werden. Die Welt zu problematisieren, wie es der Transhumanismus tut, heißt, aus ihr die Sphäre des Mysteriums, der die subjektive Innerlichkeit der Person angehört, auszutreiben. So beschreibt Oliver Rey die Auflösung des Menschen in das, worüber er herrscht:

> In einer Welt, die ihrer Zwecke entleert und die darauf reduziert worden ist, nichts als das Reservoir von Mitteln im Dienst menschlicher Zweckmäßigkeiten zu sein, lösen sich diese Zweckmäßigkeiten ihrerseits auf – oder genauer: die einzige Zweckmäßigkeit, die übrig bleibt, ist die stetig gesteigerte Aufwendung von Mitteln, deren Bestandteil zu werden die Menschen selbst sich anschicken. (Rey 2018, 149)

Diese Welt des Problems führt ferner dazu, eine andere wesentliche Haltung des Menschen zum Verschwinden zu bringen, die die Existenz einer Realität voraussetzt, die sich jeglicher Kontrolle entzieht: die Kontemplation. Mit Recht hebt Marcel hervor, dass in der sich totalisierenden Welt des Problems die Möglichkeit der „Kontemplation dazu tendiert, sich auszulöschen – und zwar genau deshalb, weil das Existentielle im Inneren des Objektiven verschwindet" (Marcel 1950, 414). In der Welt des allseitig Natürlichen, wo das Lebendige jeglicher Finalität beraubt ist, „verzehren sich die Wunderkräfte" im Sinne von „*Wunder* und *wonder*" (Marcel 1992b, 62).

Die Reduktion des Wirklichen auf das, was dazu angetan ist, im Namen einer Befreiung der Freiheit von jeglichem Determinismus, von jeglicher Beschränkung – inklusive des Todes – beherrscht zu werden, impliziert in letzter Instanz die Ablehnung einer Grundhaltung der menschlichen Existenz: der des Erstaunens und des eigentlichen Präsentseins bei den Sachen. Man kontempliert eine Sache nicht im gleichen Sinne, wie man sie erforscht und analysiert, wie man versucht, sie zu erfassen, um sie zuletzt zu besitzen und zu kontrollieren. Man ist dann nicht länger in ihrer Gegenwart. Im Anschluss an Marcel lassen sich zwei verschiedene Haltungen voneinander abheben: jene des Erfassens und jene des Empfangens. „Das Erfassen gilt dem Gegenstand, das Empfangen wendet sich an die Präsenz; denn die Präsenz als solche könnte nicht erfasst oder eingefangen werden, ohne sogleich zerstört zu werden" (Marcel 1950, 414). Diese Präsenz zeichnet sich durch eine Öffnung auf das Wirkliche hin aus, durch eine rezeptive Ansprechbarkeit, ein stillschweigendes Vernehmen, ein In-Beziehung-Treten mit dem Wirklichen – sämtlich Haltungen, die nicht unter ein Verlangen nach Kontrolle fallen, sondern unter eine Fähigkeit, sich erstaunen und sich durch das ergreifen zu lassen, was sich ereignet, mithin durch die Mächtigkeit des Wirklichen, das der Ordnung des Mysteriums entspricht. Diese Präsenz bringt es zudem mit sich, dass das Wirkliche nicht mehr ausschließlich unter dem Blickwinkel einer zu erkennenden Gegebenheit, sondern dem einer Gegenwart aufgefasst wird, verstanden als eine Gabe, die sich jeglichem Willen zur Kontrolle entzieht. Überlassen wir das Wort Hermann Hesse, der wundervoll die Erfahrung des Alters beschreibt, das hier als Präsentsein bei der Gegenwarts-Gabe des Wirklichen erlebt wird, wie es sich demjenigen offenbart, der sich seines Willens zur Kontrolle begibt, um eine Haltung der Ansprechbarkeit, der Öffnung und des Vertrauens einzunehmen:

> Augenblicke des Entzückens und der Offenbarung [...]. Sie kommen überraschend [...] zur Reife dieser Augenblicke, in welchen im Bilde einer Landschaft, eines Baumes, eines Menschengesichtes, einer Blume [...] sich der Sinn und Wert alles Seins und Geschehens darbietet. [...] es bedeutete das Geheimnis des Seins, und es war schön, war Glück, war

Sinn, war Geschenk und Fund für den Schauenden. [...] das Erlebnis selbst war nur Erscheinung, Wunder, Geheimnis, so schön wie ernst, so hold wie unerbittlich.

(Hesse 1990, 57–65, 57–58, 62–63)

Unter der Bedingung, dass man ihn als Phänomen der Alterität bestimmt, offenbart der Tod, dass die Freiheit in letzter Auflösung weder selbstbegründend noch sich selbst genügend noch auf das Feld dessen, was sich beherrschen lässt, reduzierbar ist. Er offenbart, dass sich Freiheit durch eine kontinuierliche Relation mit dem Wirklichen auszeichnet, das, anstatt als ein Hindernis wahrgenommen zu werden, als eine primäre Gegebenheit empfangen wird, die sich ihrerseits unserem Willen radikal entzieht und die in die Ordnung der Gabe einschlägt. Die Hauptherausforderung besteht in der Überwindung jener Einstellung, die der Philosoph Michael Sandel beschreibt, nämlich der Einstellung des „Triumph[es] der Absichtlichkeit über das Geschenktsein, der Dominanz über die Ehrfurcht, des Formens über das Betrachten" (Sandel 2008, 107). Die Freiheit zur Beherrschung der Welt sowie in jüngerer Zeit der menschlichen Natur oder auch des Todes lässt eine irrige Vision der Freiheit erkennen, denn, so schlüsselt Sandel auf, „[s]ie [diese Vision der Freiheit] droht, unsere Wertschätzung des Lebens als Gabe zu verdrängen und uns nichts anzuerkennen und beachten zu lassen als unseren eigenen Willen" (ebd., 120). Von dieser Art ist die Intuition des Dichters in dem Motto, das diesem Beitrag vorangestellt worden ist. An anderer Stelle fasst Hannah Arendt gut zusammen, worauf die Anerkenntnis der anfänglichen Gabe der Existenz des Menschen mit ihren Grenzen, verstanden als dasjenige, „was ihm bei der Geburt als freie Gabe geschenkt war" (Arendt 1969, 9), implizit hinausläuft. Zu akzeptieren, dass sich der Tod meiner Kontrolle entzieht, impliziert zugleich, dass man akzeptiert, „das Leben als Gabe von unschätzbarer Großzügigkeit entgegenzunehmen" (Cheng 2013, 37), wie wiederum François Cheng unterstreicht. Jene Gabe also, die Sartre im Namen der sich selbst begründenden Freiheit verwirft: „Ich konnte nicht zulassen, daß man das Sein von außen empfängt" (Sartre 1965, 181).

Der in seinem Mysterium anerkannte Tod offenbart, wie weitgehend und ursprünglich das Subjekt passiv ist. Anders gesagt, die Existenz als solche ist nicht die Folge einer menschlichen Macht, sondern einer Gabe. Letztlich übt sich die Freiheit in Wirklichkeit gar nicht anders aus als dadurch, dass sie sich durch eine als Gabe und in letzter Instanz als Mysterium aufgefasste Wirklichkeit ergreifen lässt. Die Freiheit lässt es zu, sich jeglicher Kontrolle zu entledigen, um sich durch das Wirkliche ergreifen zu lassen, einschließlich der Wirklichkeit der Neigungen, die zu ihrer eigenen Struktur gehören, wofür der Wunsch, glücklich zu sein, ein gutes Beispiel bildet. Eine Bestärkung dieser Wirklichkeit findet man in der ökologischen Bewegung des einundzwanzigsten

Jahrhunderts, die den Gedanken bejaht, dass der Mensch – um nicht zu sterben – seinen Willen in Übereinstimmung mit den der Natur eigenen Zwecken neu ausrichtet. Er ist der Natur im Übrigen nicht fremd, da auch er Zwecken unterworfen ist, die ihr eigentümlich sind, sowohl in körperlicher Hinsicht als auch in einer sinnlichen und einer geistigen Hinsicht (mitsamt den Wünschen, die das impliziert). Dadurch, dass er sich mit diesem Umstand in Übereinstimmung bringt, verwirklicht sich der Mensch; indem er den Wünschen folgt, die dem Willen zukommen – und die sich der Wille nicht ausgesucht hat, sondern durch die Vermittlung der Vernunft entdeckt – empfängt sich der Mensch in seinem eigenen Mysterium. Anders gewendet: Im Fallenlassen jeglicher auf eine absolute Selbstbestimmung ausgerichteten Kontrolle liegt es, dass der Mensch eine eigentliche Freiheit erlangt, die die Anerkennung nicht nur der Welt, sondern auch seiner selbst als einer Gegebenheit einschließt, die der Grundlosigkeit der Gabe untersteht. Der Mensch ist weder Eigentümer seiner selbst noch Selbstbegründer noch auch Selbstgesetzgeber; er ist der Verwahrer eines empfangenen Lebens. Der Tod seinerseits offenbart, dass sich die äußerste Freiheit durch den Willen auszeichnet, sich durch eine noch ursprünglichere Dimension ergreifen zu lassen. Er zwingt zum Erstaunen und zur Kontemplation. In der Tat bestätigt die reale Konfrontation mit dem Tod – mithin eine Begegnung, die sich jedwedem Versuch einer Kontrolle entzieht – dass die menschliche Existenz kein zu lösendes Problem, sondern ein zu lebendes Mysterium darstellt. Im vollen Sinne lebt der Mensch erst dann, wenn er es wieder erlernt, durch das Wirkliche, dem er angehört, in einer Haltung der Rezeptivität und des Aufgebens jeglichen Kontrollwillens ansprechbar zu sein, um sich auf eine Seinsdimension hin zu öffnen, die ihm grundlos gegeben ist, wie wir insbesondere in Form der wahrhaften Liebe erfahren. Der Tod offenbart, dass der Mensch irgendwann nicht länger können kann: er ist dazu aufgerufen, sich frei auf eine Dimension des Seins hin zu öffnen, die er aus seinen eigenen Kräften und durch seinen eigenen Willen nicht zu beherrschen vermag. Er muss sich ihr öffnen, um sie zu empfangen wie eine Gabe, eine Gnade. Schließen wir mit einer Wiederaufnahme der Begriffe des Philosophen Josef Pieper: „Daß man nämlich nur das besitzt, was man losläßt, und daß einem verloren geht, was man zu behalten sucht – genau dies zu realisieren ist dem Menschen nun, im Augenblick des Todes, zum ersten und einzigen Mal abverlangt, aber auch ermöglicht und zugetraut: das eigene Leben nicht nur ‚der Intuition nach', nicht nur ‚in der guten Meinung' und nicht nur symbolisch und rhetorisch, sondern buchstäblich und wirklich zu verlieren – um es zu gewinnen" (Pieper 1997, 371).

Literatur

Alexandre, Laurent (2011): La Mort de la mort. Comment la technomédicine va bouleverser l'humanité, Paris.
Anders, Günther (1986): Einleitung. Die drei industriellen Revolutionen (1979), in: Die Antiquiertheit des Menschen. Band II: Über die Zerstörung des Lebens im Zeitalter der dritten industriellen Revolution, München, 15–33.
Arendt, Hannah (1969): Vita activa oder Vom tätigen Leben (1958), Stuttgart.
Bernanos, Georges (1949): Wider die Roboter (1945), Köln/Berlin.
Bobin, Christian (2012): La présence pure (1999), in: Ders.: La Présence pure et autres textes, Paris, Gallimard, 2012, 121–151.
Braunstein, Jean-François (2018): Le philosophie devenue folle. Le genre, l'animal, la mort, Paris.
Camus, Albert (1982): Der Mensch in der Revolte. Essays (1951), Reinbek bei Hamburg.
Cheng, François (2013): Cinq méditations sur la mort autrement dit sur la vie, Paris.
Comte-Sponville, André (2000): Le Bonheur, désespérément, Nantes.
Comte-Sponville, André (2006): L'Esprit de l'athéisme. Introduction à une spiritualité sans Dieu, Paris.
Comte-Sponville, André (2011): Traité du désespoir et de la béatitude (1984), Paris.
Descartes, René (1960): Von der Methode (1637), Hamburg.
Grey, Aubrey David Nicholas Jaspers de (2013): Immortality: Liberty's Final Frontier, März 2013, online unter http://www.libertarian.co.uk/lapubs/cultn/cultn027.pdf [zuletzt abgerufen am 24.06.2019].
Harrington, Alan (1969): The Immortalist, Millbrae/California.
Heidegger, Martin (1986): Sein und Zeit (1927), Tübingen.
Hesse, Hermann (1990): Einklang von Bewegung und Ruhe, in: Ders.: Mit der Reife wird man immer jünger. Betrachtungen und Gedichte über das Alter, hg. von Volker Michels, Frankfurt a. Main, 57–66.
Hobbes, Thomas (1996): Leviathan (1651), Hamburg.
Hottois, Gilbert (2014): Le transhumanisme est-il un humanisme?, Brüssel.
Jankélévitch, Vladimir (2003): Kann man den Tod denken? (1994), Wien.
Jankélévitch, Vladimir (2005): Der Tod (1977), Frankfurt a. Main.
Jaspers, Karl (1973): Einführung in die Philosophie (1950), München.
Levinas, Emmanuel (2003): Die Zeit und der Andere (1979), Hamburg.
Levinas, Emmanuel (2013): Gott, der Tod und die Zeit (1992), Wien.
Levinas, Emmanuel (2014): Totalität und Unendlichkeit. Versuch über die Exteriorität (1965), Freiburg im Breisgau/München.
Marcel, Gabriel (1952): Geheimnis des Seins (1951), Wien.
Marcel, Gabriel (1950): Le primat de l'existentiel. Sa portée éthique et religieuse, in: Actas del Primer Congreso Nacional de Filosofía (Mendoza, 1949). Band I, Buenos Aires, 408–415.
Marcel, Gabriel (1992a): Sein und Haben (1935), in: Ders.: Werkauswahl, Bd. II: Metaphysisches Tagebuch 1915–1943, Paderborn, 155–255.
Marcel, Gabriel (1992b): Das ontologische Geheimnis. Fragestellung und konkrete Zugänge (1949) in: Ders.: Werkauswahl, Bd. I: Hoffnung in einer zerbrochenen Welt? Vorlesungen und Aufsätze, Paderborn, 59–86.
Morin, Edgar (1976): L'Homme et la Mort (1970), Paris.

Nisand, Israël (2013): L'humanité arrive à une croisée de chemins, in: Mattei, Jean-François/ Ders.: Où va l'humanité?, Paris, 13–37.
Pieper, Josef (1997): Tod und Unsterblichkeit (1968), in: Ders.: Werke in acht Bänden. Band 5, Hamburg, 280–397.
Rey, Olivier (2018): Leurre et malheur du transhumanisme, Paris.
Rosa, Hartmut (2013): Beschleunigung und Entfremdung (2010), Frankfurt a. Main.
Sandel, Michael (2008): Plädoyer gegen die Perfektion. Ethik im Zeitalter der genetischen Technik (2007), Berlin.
Sartre, Jean-Paul (1965): Die Wörter (1964), Reinbek bei Hamburg.
Sartre, Jean-Paul (1994): Die cartesianische Freiheit (1947), in: Ders.: Gesammelte Werke. Philosophische Schriften I, Reinbek bei Hamburg.
Testart, Jacques/ Rousseaux, Agnès (2018): Au péril de l'humain. Les promesses suicidaires des transhumanistes, Paris.
Touraine, Alain (2015): Nous, sujets humains, Paris.
Treder, Mike (2004): Emancipation from Death, in: The Immortality Institute (Hg.): The Scientific Conquest of Death. Essays on Infinite Lifespans, Buenos Aires, 187–196.

Thomas Rentsch
Das Gelingen des Lebens im hohen Alter – Sieben Thesen

In der gesellschaftlichen Gegenwartsdiskussion ist in diesem Themenbereich der Gebrauch der Worte ‚Überalterung', ‚Rentnerschwemme' und sogar ‚Methusalem-Komplott' sehr weit verbreitet. Diese abschätzigen, hochproblematischen Wortgebräuche weisen indirekt auf die fundamentale Ungeklärtheit der tiefgreifenden Tatsache hin, dass wir aus vielen Gründen (Wohlstand, gute Versorgung, medizinischer Fortschritt) immer länger leben, immer älter werden. Dass dies eindeutig ‚mehr kostet', das ist evident. Es gilt aber an dieser Stelle bereits, aus Gründen des *common sense*, des ‚gesunden Menschenverstandes', an das Selbstverständliche zu erinnern: dass wir, auf jeden Fall die große Mehrheit der Menschen, gerne leben und sie sich freuen, noch länger gut leben zu können. Denn diese Lebensdimension betrifft nicht nur jeden von uns ganz zentral, sondern diese Dimension *sind wir selbst*, existenziell und irreduzibel. Und jeden/jede von uns gibt es nur *einmal*, nie vor, nie nach seinem/ihrem Leben. Diese Einmaligkeit und Einzigkeit, sie ist verbunden mit der praktischen Dimension der Menschenwürde. Und sie steht in extremem Kontrast zur herabwürdigenden Rede von der ‚Überalterung' und der Klage über die Kosten dieses Prozesses.

Hinzu kommt zur Problematik dieses Prozesses das sehr bestimmende gesamtgesellschaftliche Phänomen der *Individualisierung*, das auf internationaler, weltpolitischer Ebene mit den Phänomenen des Neonationalismus verbunden ist. Was gut ist für ihn, für sie, das sollte jeder/jede selbst für sich entscheiden. Wir können tun und lassen, was wir wollen, so die Botschaft einer ‚freien' Wirtschaft und der sich selbst steigernden liberalen Zivilgesellschaft. Diese gravierenden Prozesse gesellschaftlicher Transformation sind im Problembereich des Alterns verbunden mit den ständigen Fortschritten in der Medizin, gerade auch in der Gerontologie und Gerontopsychiatrie. Ebenso sind sie mit den fortschreitenden Transformationsprozessen der modernen, spätmodernen und postmodernen Gesellschaften verbunden, wobei schon diese Sprachbildungen wiederum auf die Offenheit, die Unabgeschlossenheit und vor allem die Nichtvorhersehbarkeit hinweisen, die die gegenwärtige Orientierungslosigkeit und verbreitete, vielfach wirksame Ungewissheit der Gesellschaften des Westens und ihrer Menschen prägen.

Die Prozesse der Individualisierung gehen einher mit der sich immer weiter steigernden Säkularisierung, mit dem Schwund der Bedeutung religiöser Bindungen und überhaupt mit dem Schwund kultureller Standards, kollektiver Bindungen und sozialer Gemeinschaften, wie sie die traditionellen und auch noch die modernen Gesellschaften über Jahrhunderte prägten, ja ausmachten.

Es ist nicht möglich, die Grundfrage nach einem gelingenden Altern in unserer Zeit ohne die Berücksichtigung dieser höchst relevanten soziokulturellen Entwicklungen zu klären und zu beantworten. Die Philosophie hat die Aufgabe, die anthropologischen, ethischen und moralischen Klärungen zu leisten, um diese so wichtige Frage für die Gegenwart angemessen und tragfähig zu reflektieren und Antworten auszuarbeiten. Aber dies geht nicht ‚von oben herab', sondern muss auch die gegenwärtigen sozialen, politischen, ökonomischen und kulturellen Aspekte dieser fundamentalen Problematik einbeziehen und kritisch reflektieren. Erst so wird die tiefgreifende philosophische Grundlagenreflexion in ihrer Bedeutung für unsere Gegenwart angemessen klar werden.

Im Folgenden werde ich zunächst versuchen, mit Kernthesen wesentliche praktische Aspekte der Grundfrage zu entwickeln. Ich habe diese Thesen bewusst sehr zugespitzt, pointiert formuliert, um die Grundlagenproblematik besonders deutlich zu machen. Wir benötigen später natürlich weitere Klärungen, Erläuterungen, Ausdifferenzierungen zu den Thesen, um sie in ihrer Bedeutung wirklich angemessen verstehen zu können. Die Thesen gehören zu einem ethisch-didaktischen Projekt, das wir als *Aufklärungsprojekt* über unser Altern und unsere Endlichkeit bezeichnen können.

1. *These*: Die Grundvoraussetzung des Gelingens des Lebens im hohen Alter ist aus praktisch-philosophischer, ethischer Perspektive das *Begreifen der eigenen Endlichkeit* und, damit verbunden, das Begreifen der tiefgreifenden Verklammerung von *Endlichkeit und Sinn*.

In der heutigen Zeit sich immer steigernder Geschwindigkeiten der Kommunikation durch Digitalisierung und weltweiter Vernetzung wird es immer wichtiger, die Bedeutung der eigenen endlichen und dadurch so kostbaren *Lebenszeit* lebensweltlich-konkret, lebenspraktisch und auch ganz alltäglich zu begreifen. Zu dieser konkreten Lebenszeit gehört bei angemessenem Verständnis eine irreduzible, unverzichtbare Tiefendimension, die wir nur begreifen, wenn wir die existentiellen und vor allem die interexistentiellen Dimensionen unserer Einmaligkeit, der Einzigartigkeit und Individualität unseres je eigenen Lebens in seiner zeitlichen Endlichkeit praktisch und ethisch verstehen.

Die philosophische Tradition hat dieses Phänomen der Tiefendimension unserer zeitlichen Endlichkeit und Einmaligkeit immer wieder thematisiert und immer neu zu erfassen versucht. Das gilt im Übrigen auch für die Kunst, die in Gemälden, in Gedichten, in Romanen und Kompositionen von Beginn an immer wieder versuchte, diese Einmaligkeit zu zeigen und zu vergegenwärtigen. In der spezifisch philosophischen Tradition der europäischen Vernunftgeschichte gehören zu diesem Urphänomen der zeitlichen Endlichkeit des menschlichen Lebens die grundlegenden Reflexionen und Analysen zur *Individualität* und insbesondere zu ihrer ‚Unsagbarkeit' (*individuum est ineffabile*) sowie diejenigen zur Zeit und insbesondere diejenigen zum Phänomen des *Augenblicks*. Auch hier begegnen wir wieder dem Urphänomen der engen Verbindung von Negativität und Sinnkonstitution (vgl. Rentsch 2000; 2011). Diese zeigt sich zeitlich in der Unwiederholbarkeit und Unwiederbringlichkeit, ja in der Unfassbarkeit des jeweiligen Augenblicks. Aber diese durchaus fundamentalphilosophischen Analysen dürfen nicht im abstrakten, theoretischen Raum verbleiben, sondern gerade sie müssen in ihrer praktischen, ethischen Bedeutung erfasst werden, in ihrer Tragweite für unsere soziale Praxis, z. B. im Blick auf Hilfe und Pflege. Dazu später.

2. *These*: Die erläuterte Grundvoraussetzung des Begreifens der eigenen Endlichkeit für das Gelingen des Lebens im hohen Alter wird noch einmal vertieft und radikalisiert dadurch, dass auch die im erläuterten Kontext sinnstiftende Dimension der Sterblichkeit, des Sterbens und des eigenen Todes zu begreifen ist.

Es muss nachvollzogen werden können, dass die Endlichkeit unserer Sinnerfahrungsmöglichkeiten stets bereits all unseren weiteren Möglichkeiten der Sinnerfahrung vorausgeht. Wir können dies bereits ganz konkret, realistisch verdeutlichen an unserer Geburt, dann an unserer frühen Kindheit. Vor unserer Geburt gab es uns nicht. Ich kenne niemanden, der dies bedauerte oder darunter leiden würde. Jedoch: *Mit* der Geburt, die uns völlig unverfügbar für uns geschieht, wird uns auf für uns einmalige, einzige Weise aller Sinn eröffnet, ja durchaus geschenkt, den wir im Werden zu uns selbst überhaupt erfahren werden und erfahren können. Bereits im Mutterleib begann unser Leben. Die Sinneröffnung der Geburt geht auch bereits allen Leiden, Schmerzen und Verlusten konstitutiv voraus, die uns später begegnen werden. Dass unser Leben endlich ist, dass es mit dem Altwerden, dem Sterben und schließlich mit dem Tod zuendegeht, diese existenziellen Urphänomene bestimmen indirekt bereits unser ganzes Leben, wie dies auch für unsere Geburt unumstößlich gilt. Durch diese *Endlichkeit* wird unser Leben so kostbar und so wertvoll, so unersetzlich. Auf diese Weise konstituiert sich auch, was in alltäglicher, verbreiteter Sprechweise als der ‚Ernst des Lebens' bezeichnet wird. Dieser ‚Ernst' ist wiederum unlöslich verklammert mit der Dimension, die wir als den ‚Sinn' unseres Lebens bezeichnen.

Dieses Wertvolle, Kostbare des je einzelnen, je eigenen Lebens bleibt nicht nur *trotz* Endlichkeit, Sterben und Tod wertvoll und kostbar, sondern dieser durchaus irreduzible Wert wird gerade *mit und durch* diese Endlichkeit allererst ermöglicht. Es gilt, diese Einsicht im höheren Alter begreifbar und nachvollziehbar zu machen. Ebenso gilt es, das fundamental Menschliche dieser Lebenssinndimension zu begreifen. So existenziell, individuell und einzig je mir meine eigene Endlichkeit und Sterblichkeit erscheint, mich ggf. belastet und bedrängt, so fundamental gilt: Diese existenzielle Grundsituation vereint *alle* Menschen zu *allen* Zeiten, sie betraf und betrifft *alle* in ihrem Leben, Denken und Handeln.

Ein weiterer Aspekt unserer Thematik ist im Blick auf die ersten zwei Thesen ganz wesentlich: Es geht in diesen Thesen auf gar keinen Fall um eine Beschönigung, gar um eine Verherrlichung, Idealisierung von Endlichkeit und Tod, um eine Verdrängung dessen, was wir ganz intuitiv und existenziell als negativ, als schlimm, ja als schrecklich wahrnehmen und empfinden. Sondern es geht gerade um ein Begreifen des *sinnkonstitutiven Ineinanders* von Endlichkeit, Tod und Sinn. Dies ist im Kontext der philosophischen Tradition ein *dialektisches* Verhältnis. Und dies besagt gerade: Wir können das Positive unserer Lebensvollzüge, unsere Lebensfähigkeit, unsere Leistungen, Freundschaft, Liebe, Partnerschaft, die Vielfalt der Generationen, all die sich uns eröffnenden Sinnperspektiven nur begreifen, wenn wir dieses dialektische Ineinander begreifen. Gerade durch dieses Ineinander sind uns wesentliche sinnvolle, sinnstiftende Handlungsmöglichkeiten allererst eröffnet: tiefe Gemeinsamkeit mit wechselseitigem Vertrauen, mit Hilfe, mit pflegender Gemeinsamkeit, alle Formen der Kindererziehung und der praktischen, moralischen, intergenerationellen Interpersonalität. Das alles hat nichts mit etwaiger Beschönigung oder Verdrängung des Schlimmen, des Leidens und der vielen gravierenden psychischen wie physischen Verletzlichkeiten des Menschen zu tun, mit denen wir alle konfrontiert sind, und dies gilt auch für das ganze Leben.

Das führt uns zur dritten These.

3. These: Zum gelingenden Leben im Alter und in der Hochaltrigkeit gehört und führt ein *ganzheitliches Lebensverständnis*.

Die noch geradezu ideologische Aufspaltung des *einen* menschlichen Lebens in den Dualismus: Kindheit, Jugend, Erwachsensein, Lebensmitte einerseits als gut, schön und positiv, demgegenüber Altern, Sterben und Tod andererseits als schlecht, unangenehm, negativ – diese Aufspaltung verkennt eben ideologisch die viel differenziertere und komplexe Wirklichkeit der menschlichen Lebensphasen. So schreit das Baby und hat vorbewusste Ängste, in der Pubertät muss mit Vielem auch gerungen werden, das Arbeitsleben kann, wie wir wissen, sehr stressig sein, demgegenüber kann das Altern mit Ruhe, Gelassenheit, entspanntem und erfülltem Rückblick – auch auf überstandene Krisen – und mit der Vertiefung von Interessen verbunden sein, für die früher kaum oder zu wenig Zeit war, so z. B. Kunst und Literatur, Urlaube, Reisen. Sehr verbreitet sind im Alltagsleben und in der öffentlichen Meinung, überhaupt in oberflächlichen Diskursen isolationistisch-reduktionistische Vereinseitigungen, die hinsichtlich des Alterns *sinndestruktiv* sind. Noch radikaler wird diese tendenziell dualistische Ideologie der verbreiteten öffentlichen Meinung dann hinsichtlich Sterben und Tod, wenn diese eben bloß isoliert, losgelöst vom ganzen Leben, gedacht und angesprochen werden. Wir müssen jedoch (und können auch) unsere Endlichkeit, auch unsere Sterblichkeit und unseren Tod nur im Blick auf das ganze Leben, auf die *Lebensganzheit* begreifen, denn auch diese geht allen einzelnen Lebenszeiten und Lebenserfahrungen voraus, und zwar ebenfalls sinnkonstitutiv. Eine ganzheitliche Sicht des Lebens erst ermöglicht es uns, dann auch einzelne Lebenszeiten im Gesamtzusammenhang wahrzunehmen und so auch angemessen, besser zu begreifen.

Diese Ganzheitlichkeit ist auch und gerade philosophisch, aber auch interdisziplinär im Verbund mit den Fachwissenschaften, immer zu beachten, um auch ein sinnvolles Verständnis des gelingenden Lebens im Altern und in der Hochaltrigkeit zu erreichen. Alle Aspekte, die praktischen, die ethischen, die moralischen, die politischen, die sozialen, die ökonomischen, die medizinischen, die gerontologischen, die gerontopsychiatrischen wie auch die palliativen Aspekte unseres Altwerdens müssen angemessen berücksichtigt werden.

Hinzu kommt mit der Dimension der Ganzheitlichkeit allerdings wiederum das bereits aufgezeigte dialektische Verhältnis, das Ineinander von Negativität und Sinn, von Unfassbarkeit und existenzieller Sinneröffnung. Denn wiederum zeigt sich: Natürlich gab und gibt es für jeden Menschen, der je gelebt hat oder der noch leben wird, das – sein – *ganzes* Leben. Aber sogleich wird deutlich: Auch diese Ganzheit, obwohl es sie ‚gibt' bzw. schließlich nach dem Ende jedes einzelnen Lebens einmal ‚geben' wird, auch sie ist und bleibt gleichwohl unfassbar, unerkennbar, unbegreiflich. Denn: Wer könnte auch nur *einen* Tag, ja *eine* Stunde seines Lebens in seiner/ihrer Komplexität erkennen, erfassen, erinnern? Stets erfassen wir lediglich Aspekte, bestimmte Eindrücke, für uns wichtigere Dimensionen eines Tages, einer Stunde. Und das gilt erst recht, schon extrem gesteigert, wenn wir auf einen Monat unseres Lebens oder auf ein gerade vergangenes Lebensjahr zurückblicken. Gegenwärtig sind uns jeweils einige wichtige Aspekte, Aspekte die uns – aus vielen spezifischen Gründen – haften geblieben sind, weil sie uns nahegingen, weil sie weiter wichtig für uns sind, weil sie für uns und unsere Partner weitreichende Bedeutung behalten.

Es wird sichtbar: Das *ganze*, unser je *ganzes* Leben ist fundamental sinnkonstitutiv für unsere gesamte Personalität und Individualität, und gleichermaßen gilt: Diese Ganzheit ist und bleibt uns entzogen, sie bleibt in ihrer intern komplexen Ganzheit unfassbar. Das wiederum stellt das skizzierte Aufklärungsprojekt der Aufklärung über das ganze Leben im Blick auf unseren Alternsprozess vor große Schwierigkeiten. Pointiert formuliert: Es muss begreiflich gemacht werden, dass zum vertieften und angemessenen Lebensverhältnis gerade auch das Begreifen des Unbegreiflichen gehört. Es ist ein erkenntnistheoretisches Urphänomen, dass das, was uns ganz besonders nahe ist bzw. zu sein scheint, uns in Wahrheit gerade besonders fern ist. Das war und ist im Übrigen gerade eine der wichtigsten Grundeinsichten der Philosophie seit ihrem Beginn. Sokrates lehrte: ich weiß, dass ich *nichts* weiß. Für Kant steht im Zentrum seiner Werke die Analyse der *Grenzen* unserer Erkenntnis. Für Wittgenstein schließlich geht es um die Herausarbeitung der *Grenzen* unserer Sprache. Diese Paradoxalität unserer Erkenntnissituation begegnet uns im Blick auf unser existenzielles Lebens- und Alternsverständnis nun ganz konkret, ganz praktisch wieder. Es gilt dennoch, zu begreifen, dass und wie wir mit dieser Paradoxalität gerade im Alternsprozess praktisch sinnvoll umgehen und leben können.

4. These: Das Begreifen des Alternsprozesses und die Voraussetzung eines gelingenden Lebens im Altern und in der Hochaltrigkeit ist wesentlich verbunden mit einem Begreifen unserer einmaligen *Individualität* und mit dem Begreifen unserer einmaligen *Lebenszeit* sowie mit einem vertieften Verständnis *beider* Urphänomene unserer existenziellen Grundsituation in ihrer sinnkonstitutiven *Verbindung*.

Im Folgenden sollen in der vierten These die ersten drei Thesen in ihrer tiefen Verbundenheit und Gleichursprünglichkeit analysiert werden. Erst so wird ihre existentielle, interexistenzielle und praktische, ethische Bedeutung und Tragweite noch besser in ihrer Tiefendimension verstehbar. In welchem *Verhältnis* stehen das Begreifen der eigenen Endlichkeit und ihres Sinns, das Begreifen der Sterblichkeit und des Todes und das ganzheitliche Lebensverständnis? Welche existenziellen Sinndimensionen erschließen sich in ihrer *Verbindung*, in ihrer *Gleichursprünglichkeit*? Letztere besagt systematisch, dass die drei Aspekte *irreduzibel* auf einander sowie *unverständlich* ohne einander, d. h. nur *wechselseitig* in, mit und durch einander angemessen verstehbar sind. Das existenzielle Selbstverständnis des Menschen und sein Lebensverständnis, so meine These, radikalisiert sich auf diese Weise nochmals. Die Aspekte dieser Radikalisierung sind die existenzielle *Individualität* und *Einzigartigkeit* jedes Menschen einerseits, unsere existenzielle *Einmaligkeit* und *Augenblicklichkeit andererseits*. Diese Aspekte lassen sich auch als stärker räumliche und stärker zeitliche Dimensionen verstehen. Aber nur in ihrem untrennbaren *Zusammenspiel* ergeben sie die unfassbar konkrete existenzielle Lebenswirklichkeit, in der und durch die wir diejenigen sind, die wir auf unhintergehbare und sinnkonstitutive Weise sind.

In früheren Untersuchungen habe ich unser Altern, diesen dynamischen Lebensprozess als *Werden zu sich selbst* charakterisiert (vgl. Rentsch 2000a), ebenso als *Radikalisierung der menschlichen Grundsituation* (vgl. ebd., 168–176). Die nun freigelegte Tiefendimension dieses Prozesses lässt sich als einzigartiger Individuationsprozess in der je augenblicklichen Lebenszeit begreifen. Es gilt, diese Tiefendimension in ihrem praktischen, ethischen, interexistentiellen Sinn zu erfassen, um ihre Bedeutung und Tragweite für die soziale Praxis auf allen Ebenen des Alternsprozesses konkret herauszuarbeiten und in einem sozialen Aufklärungsprojekt in Formen der Bildung und Erziehung zu überführen.

Es gilt in diesem Zusammenhang, zu begreifen und zu vermitteln, dass die Lebensganzheit, so missverständlich es wiederum klingt, eigentlich ‚immer da ist': In jedem Augenblick bin ich auch noch das Kind im Mutterleib, das ich dereinst war, das Baby bei der Geburt, meine Kindheit, mein gesamter bisheriger Lebensweg – denn ohne all diese konkreten Wirklichkeiten gäbe es mich jetzt, in diesem Augenblick nicht. Der abstrakte Titel dieses Urphänomens ist die je *personale Identität*. Und erst auf ihrer Basis werden auch all meine Zukunftsperspektiven überhaupt erst ermöglicht und eröffnet. In *diesem* Augenblick selbst einzigartiger Individuation, den es vorher niemals gab und den es später niemals mehr geben wird – in diesem einzigartigen Augenblick sind je wir selbst *immer*.

Was besagt diese Analyse praktisch? Es kann gut sein, dass meine bisherigen Kernthesen als existenzphilosophische Spezialuntersuchungen erscheinen, die extrem abstrakt, theoretisch und somit ‚abgehoben' vom konkreten, alltäglichen Leben sind, in das auch das Gelingen des Lebens im Altern ja gerade gehört. Jedoch: Das Gegenteil ist der Fall. Die Kernthesen und die Analysen betreffen gerade den Nerv, den Kern, das irreduzible Zentrum dieser alltäglichen Lebenspraxis, das Zentrum der existenziell-interexistenziell unhintergehbaren, ganz konkreten Alltäglichkeit, die je und je für alle, für jeden von uns gilt. Denn diese ist nur verstehbar als die aufgewiesene, *je augenblickliche Individuation*, die gleichwohl vorgängig für das *ganze* Leben eines jeden von uns sinnkonstitutiv ist.

Ihre praktische Bedeutung wird deutlich, wenn wir sie auf den Grundbegriff der *Menschenwürde* beziehen. Dann wird eine vertiefte Analyse dieses so wichtigen Grundbegriffes ermöglicht, der auch seine Konkretisierung ermöglicht. Im Zentrum unseres Grundgesetzes steht der Satz „Die Würde des Menschen ist unantastbar". Zunächst ist klar, dass diese Würde natürlich leider antastbar ist. Der Kernsatz soll besagen, *dass* die Würde letztlich durch nichts eliminiert werden kann, dass sie absolut und unbedingt gilt, immer. Der Satz proklamiert das, was Hans Joas als die ‚Sakralität der Person' bezeichnet hat, die ‚Religion der Menschheit oder der Humanität' in der Moderne nach der

Aufklärung und der Säkularisierung. Mit dieser Menschenwürde verbunden ist keineswegs eine „egozentrische Glorifizierung des eigenen Ichs", sondern es geht „um die menschliche Personalität als solche" (Joas 2011, 87) Zu ihr gehören unbedingt Sympathie, Empathie, Mitleid mit leidenden Mitmenschen, das Verlangen, den Leidenden zu helfen, das Eintreten, ja der Kampf um Gerechtigkeit für alle. Diese menschliche, mitmenschliche Personalität stiftet nach dem vielfachen Schwund der religiösen Formen der sozialen Integration die moralische Einheit eines Landes (Joas mit Durkheim ebd., 88).

Meine bisherigen Thesen sollen zugespitzt zeigen, dass die irreduzible Menschenwürde eben ganz konkret für jeden Augenblick in jeder Lebenssituation eröffnet wird, auf allen Ebenen der menschlichen Personalität. Das bedeutet praktisch, ethisch und sozial auch, dass diese Menschenwürde interpersonal auf allen Ebenen in jedem Augenblick gewahrt und gewürdigt werden muss. Und: Diese zeitlich-situationale Zuspitzung der Dimension der Würde ist keineswegs, wie es wieder erscheinen mag, trivial oder banal, sondern gerade im Gegenteil *fundamental*. Die normative, unbedingte Dimension der Würde und ihrer Achtung muss ganz konkret jede unserer Lebenssituationen prägen. Dass dies für das Gelingen unseres gesamten Lebens und insbesondere auch für das Gelingen des Lebens im hohen Alter konstitutiv ist, das scheint mir für unser sinnvolles Lebensverständnis sehr wichtig, ja grundlegend zu sein. So erschließt sich praktisch nämlich auf eine existenzielle, ethische, moralische und v. a. interpersonale Weise die Kostbarkeit jedes Augenblicks unseres Lebens und auch unseres konkreten Handelns, das ebenfalls nur in der jeweiligen Gegenwart möglich ist.

Auf diese Weise führt uns unsere Analyse der Verbindung von Individualisierung, einzigartiger, unwiederbringlicher Augenblicklichkeit und Menschenwürde zur praktischen Dimension unseres Lebens in seiner existentiellen und interexistentiellen *Tiefe*. Sie führt uns nicht zur *quantitativen* Länge des Lebens, so wertvoll sie sein kann, sondern sie führt uns zur *qualitativen* Tiefe unseres humanen, interpersonalen Lebens.

Diese Tiefe erschließt sich, wie wir wissen, in unserer Erfahrung der Liebe, der Freundschaft, bei grundlegenden Einsichten, bei weichenstellenden Ereignissen unseres Lebens, aber auch in Schmerz und Leiden, wenn wir unseren Mitmenschen helfen können, wenn wir selbst Hilfe und Solidarität erfahren. Unsere Untersuchung zeigt, dass diese je einmalige Sinneröffnung gerade durch die zeitliche Endlichkeit und Einmaligkeit unseres Lebens ermöglicht wird. Dass dieser Ernst des Lebens, diese Tiefe nicht verniedlicht und mit oberflächlichen Vorstellungen von Glück und Zufriedenheit verwechselt werden kann und darf, das muss klar sein, denn sie ist durchaus verbunden auch mit Leiden, Sterben und Tod. Es muss aus dieser Sinndimensionsanalyse die Frage folgen: Wie kann unser Leben, auch im hohen Alter, gelingen, wenn wir die Analyse mit Blick auf unsere alltägliche, konkrete Lebenspraxis grundlegend einbeziehen? Ich werde diese Frage im Folgenden mit drei weiteren Thesen nun im Blick auf unsere existenzielle, ethische, soziale und politische, *konkrete Praxis* zu beantworten versuchen.

5. These: Wir benötigen dringend die Einrichtung und Institutionalisierung eines gesamtgesellschaftlichen Bildungs- und Aufklärungsprojektes mit dem Titel und Ziel einer *Erziehung zum ganzen Leben*.

Dieses Projekt umfasst eben gerade auch die gesamte spätere Lebenszeit, das Gelingen des Lebens im Älterwerden, in der Hochaltrigkeit, angesichts von Hilfsbedürftigkeit, Krankheit, Sterben und Tod. Es ist für unsere bisherige Bildungs- und Aufklärungskultur seit ganz langer Zeit flächendeckend charakteristisch und prägend, dass im Bereich der Erziehung zum Leben das Projekt der Sexualaufklärung völlig im Zentrum stand und steht. Es geht darum, erwachsen zu werden, die Pubertät gut zu bewältigen, die eigene und die je andere Sexualität kennen und gesund gestalten zu lernen, auf jeden Fall tiefgreifende Gefahren und Fehler (z. B. Geschlechtskrankheiten oder ungewollte Schwangerschaften) auszuschließen. ‚Aufgeklärt' wurde eindeutig zum gelingenden Sexualleben. Dieser gesamte Ansatz stand im Einklang mit einem *common sense* der modernen westlichen Zivilisation, die Wohlstand, Wohlbefinden und ein gutes Leben des Konsums und Genusses anstrebte.

Demgegenüber gab es keinerlei Ansatz für eine Erziehung zum ganzen Leben. Die oberflächliche, verbreitete Meinung schien etwa zu sein: Wenn man dann erst mal erwachsen ist, läuft sowieso alles wie bekannt, dann muss jeder sowieso sehen, wie er zurechtkommt, das ergibt sich schon. Damit verbunden war und ist eine nicht bewusste Verdrängung der Dimensionen der zweiten Lebenshälfte, Altern, Sterblichkeit, Tod. Während in der Unterhaltungsindustrie in den Krimis ständig Mord und Totschlag zur Spannungssteigerung gegenwärtig waren und sind (im Fernsehen von morgens bis abends auf sehr vielen Sendern), wollte man in der Lebenswirklichkeit von Endlichkeit und Sterblichkeit möglichst nicht viel hören.

Es gilt nun, auch im Blick auf die sich steigernde Lebenszeit in unseren spätmodernen Gesellschaften (‚Überalterung'!), dieses evidente und eklatante Defizit zu überwinden. In den Schulen und Gymnasien sollte ein neues Fach zum ganzheitlichen Lebensverständnis eingeführt werden. Es könnten aber auch interdisziplinäre Kurse konzipiert werden. In Kooperation der Fächer Biologie und Philosophie/Ethik könnte das Aufklärungsprojekt auch realisiert werden.

Es müsste auf jeden Fall einen festen Ort im Ethikunterricht erhalten. Neben der Lektüre grundlegender Texte zum Altern (vgl. Rentsch/Vollmann 2017; Zimmermann/Kruse/Rentsch 2016; Kruse/Zimmermann/Rentsch 2012) könnten z. B. Besuche der Klassen in Altersheimen und Pflegeheimen organisiert werden. Die zentralen Themen der Hilfe und Pflege, der Sterbehilfe und des sinnvollen Umgangs mit Bedürftigkeit und Verletzlichkeit müssen Schwerpunkte des Unterrichts bilden. Auf diese Weise könnte das Projekt ‚Aufklärung zum ganzen Leben' institutionell in die öffentliche Bildung und Kommunikation einbezogen werden. Auch die Kooperation mit dem Geschichtsunterricht wäre denkbar, durch die die komplexen Formen der Kulturen des Alterns und Sterbens in der Geschichte und in anderen Lebensformen thematisiert werden könnten.

6. These: In gesellschaftskritischer Sicht darf das Altern weder verdrängt noch geringgeschätzt und gar ‚abgeschoben' werden. Es geht darum, dass unsere Gesellschaft Altern, Hochaltrigkeit und Hilfsbedürftigkeit in Hilfe und Pflege als zentrale soziale und humane Aufgabe begreift und wirklich angemessen umsetzt.

Ständig hören wir in den Berichten aus den Alten- und Pflegeheimen von schwerer Arbeitsüberlastung der Pflegerinnen und Pfleger. Sie berichten von extremem Stress, davon, dass sie kaum Zeit für die Einzelnen zu Pflegenden mit ihren oft gravierenden Beeinträchtigungen haben, dass sie von Raum zu Raum, von Bett zu Bett hetzen, um nur das Allernotwendigste für die Hilfsbedürftigen zu tun. Es ist vom ‚Pflegenotstand' die Rede. Diesen Notstand gilt es, auf allen sozialen, politischen, ökonomischen Ebenen dauerhaft und tragfähig zu überwinden. Es ist eine zentrale sozialpolitische Aufgabe, die in gesamtgesellschaftlicher Perspektive unbedingt in Angriff genommen werden muss. Die Pflegeberufe müssen aufgewertet werden. Es kann nicht sein, dass gerade humane und ethisch sehr wichtige Berufe geringgeschätzt und diskreditiert werden (vgl. den Beitrag von Brandenburg, Baratzke und Kautz im vorliegenden Band).

Wie steht es in einem wohlhabenden Land, das die Menschenwürde in seinem Grundgesetz bekennt, mit dieser Würde in der konkreten Praxis? Die Orientierung an der Menschenwürde muss für die konkrete Praxis der Hilfe und Pflege bedeuten, dass kein Mensch auf sein chronisches Kranksein, seine Behinderung und Hinfälligkeit reduziert werden darf. Er ist stets viel mehr als seine Krankheit, seine Behinderung und hat Anspruch darauf, als ganze Person wahrgenommen und behandelt zu werden. Chronisch Kranke, Schwerbehinderte und Hochaltrige leisten oft sogar mehr als fitte und junge, gesunde Menschen. Sie haben Anspruch auf eine Stärkung ihres Selbstbewusstseins und ihres Selbstvertrauens. Schließlich können Krankheit und Hochaltrigkeit Chancen der Lebensintensivierung, der

Lebensklärung und Lebensvertiefung eröffnen. Eine Sensibilität für den tatsächlichen Wert der menschlichen Lebensmöglichkeiten und des Menschseins kann gerade durch Einbuße und Verlust wachgerufen werden. Diese Aspekte sind für eine Klärung der Bedeutung der Dimension der Menschenwürde für die konkrete, alltägliche Lebenspraxis ganz wichtig.

7. These: Aus philosophischer Sicht muss die Grundfrage nach einem gelingenden Leben im Altern und im hohen Alter noch einmal mit weiterreichenden gesellschafts- und ideologiekritischen Aspekten der Gegenwartsdiskussion in Beziehung gesetzt werden.

Wir leben in den spät- bzw. postmodernen Gesellschaften in einer Zeit extremer Steigerungs- und Beschleunigungsprozesse auf allen Ebenen: insbesondere ökonomisch, technisch, digital, medial. Es gilt, in gesamtgesellschaftlich-politischer Perspektive nicht nur zu fragen: Wie können Alte und Hochaltrige mit diesen Prozessen umgehen und sie bewältigen?, sondern noch wichtiger ist die Frage: Was können und müssen alle Menschen der sich extrem steigernden und sich beschleunigenden Gesellschaften vom Alterungsprozess lernen, damit ihr Leben gelingt?

Sie können und müssen begreifen lernen, wie tief verbunden Endlichkeit, Vergänglichkeit, auch Verletzlichkeit, Hilfsbedürftigkeit und Sinn in der Wirklichkeit unserer konkreten Lebenspraxis immer waren und sind. Dies gilt von unserer Geburt an bis zu unserer späten Lebenszeit. Und dieses Bewusstsein von Vergänglichkeit und Sinn, von unserer Begrenztheit auf allen Ebenen unserer Praxis darf nicht dadurch in Vergessenheit geraten, dass wir älter werden, länger gesund leben und sogar viele technische Hilfsmittel und Lebenserleichterungen nutzen können.

Die ideologischen Utopien der Robotertechnologie und der Lebensverlängerung (‚anti-aging') bis hin zur Überwindung des Todes sollten auf keinen Fall eine Rolle in unseren konkreten Zukunftsplänen spielen. Im Gegenteil muss das Bewusstsein der Endlichkeit gerade unser Verhältnis zur Natur, zur zu erhaltenden Erde, zu unserem Lebensraum wandeln, transformieren und neu gestalten. Neu zu entdecken sind auf Grund meiner Thesen Sinndimensionen, die durch die rasenden technologischen Steigerungsprozesse vergessen werden und verloren zu gehen drohen: Es sind die existenziellen und interexistenziellen Sinndimensionen des Innehaltens, der Langsamkeit, der Ruhe, der entspannten Konzentration auf den Augenblick, des ruhigen Gesprächs und des gelassenen Miteinanderseins, um nur einige zu nennen. Den universalen, weltpolitischen Steigerungsprozessen, die dem allein effizienzökonomisch orientierten Weltkapitalismus funktional unterliegen, fehlen die humanen Sinndimensionen der Endlichkeit und der Tiefe des konkreten, augenblicklichen und individuellen Lebensvollzuges völlig. Dass diese Effizienzökonomie eingegrenzt und sozial wie ökologisch auf ein humanes Maß zurückbezogen werden muss, ist weltpolitisch die Aufgabe der Menschheit der nächsten Generationen. Auch die Klimakrise und die Naturzerstörung weisen auf dramatische Weise darauf hin, dass die Menschheit sich dringend auf ihre Endlichkeit und auf ihre Grenzen besinnen muss, um katastrophale Fehlentwicklungen zu verhindern, die schon zu lange im Gang sind. Das gilt auch für das extreme Bevölkerungswachstum. Als ich geboren wurde, gab es etwa zwei Milliarden Menschen. Mittlerweile, nach wenigen Jahrzehnten, steuert die Menschheit auf bald zehn Milliarden Menschen zu. Auch die Millionen Menschen, die weltweit auf der Flucht sind, verlangen dringend nach internationalen, weltpolitischen tragfähigen Hilfs- und Eingrenzungsprojekten. Auf allen diesen Ebenen gilt es, vom Alterungsprozess und von der menschlichen Endlichkeitsdimension zu lernen, um auf lange Sicht zu Maß und Mitte zurückzufinden. Der Machbarkeitsideologie der entgleisenden Spätmoderne muss philosophisch-kritisch mit dem Einbezug von Anthropologie, Ethik, Politik, Ökonomie und Ökologie ihre Grundlage entzogen werden, denn wir sind und bleiben die endlichen, alternden Lebewesen.

Literatur

Joas, Hans (2011): Die Sakralität der Person, Eine neue Genealogie der Menschenrechte, Frankfurt a. Main.
Kruse, Andreas/ Zimmermann, Harm-Peer/ Rentsch, Thomas (Hg. 2012): Gutes Leben im hohen Alter. Das Alter in seinen Entwicklungsmöglichkeiten und Entwicklungsgrenzen verstehen, Heidelberg.
Rentsch, Thomas (2000): Negativität und praktische Vernunft, Frankfurt a. Main.
Rentsch, Thomas (2000a): Altern als Werden zu sich selbst. Philosophische Anthropologie und Ethik der späten Lebenszeit, in: Ders.: Negativität und praktische Vernunft, Frankfurt a. Main, 151–179.
Rentsch, Thomas (2011): Transzendenz und Negativität. Religionsphilosophische und ästhetische Studien, Berlin/New York.
Rentsch, Thomas/ Vollmann, Morris (Hg. 2017): Gutes Leben im Alter. Die philosophischen Grundlagen, Stuttgart.
Zimmermann, Harm-Peer/ Kruse, Andreas/ Rentsch, Thomas (Hg. 2016): Kulturen des Alterns. Plädoyers für ein gutes Leben bis ins hohe Alter, Frankfurt a. Main/New York.

Thomas Fuchs
Versöhnung mit dem Ungelebten – Zum Gelingen des Lebens im Sterben

„Leben lässt sich nur rückwärts verstehen, muss aber vorwärts gelebt werden", trägt Kierkegaard 1843 in sein Tagebuch ein.[1] Es gibt wohl kaum jemanden, der nicht schon mit dieser Einsicht gerungen oder auch gehadert hätte. Das Leben kennt nun einmal keine Generalprobe, sondern es ist von Anfang bis Ende die erste und einzige Aufführung. Erst im Nachhinein lassen sich längerfristige Entwicklungen und Veränderungen erkennen, die Folgen von Entscheidungen beurteilen. Aber auch die Bilanzierung, die abwägende Bewertung des Erlebten und Gelebten ergibt sich erst aus dem Rückblick.

Während nun der Rückblick in den mittleren Lebensjahren meist die Funktion einer Zwischenbilanz hat, die das Erstrebte mit dem noch Erreichbaren abzugleichen sucht, oft auch zu ersten Abstrichen und Korrekturen zwingt, so erhebt sich im Alter zunehmend die Forderung, den eigenen Lebensentwurf mit der schließlich gewordenen Lebensgestalt in Einklang zu bringen. Je deutlicher sich die Begrenztheit des Lebens abzeichnet, desto mehr können sich einzelne Bewertungen zu einer umfassenden Lebensbilanz verbinden. Das gilt erst recht im Bewusstsein des nahenden Todes, sei es im hohen Alter oder bei einer tödlichen Krankheit.

Diese Bilanz bedeutet freilich nicht eine Art Kontorechnung, in der die positiven und die negativen Posten aufgelistet werden, um in der Summierung nach Möglichkeit schwarze Zahlen zu ergeben. Wir versuchen vielmehr, die ‚gute Gestalt' zu finden, wie es in der Sprache der Gestaltpsychologie heißt, also die Rundung des eigenen Lebens zu einem Bogen, der uns zumindest in gewissem Maß ein Gefühl von Stimmigkeit, womöglich auch Erfüllung oder sogar Ganzheit gibt, gerade indem er auch das Unvollendete und Unerfüllte zu integrieren vermag. Es geht also um die Erfahrung eines sinnvollen inneren Zusammenhangs der Lebensgeschichte, der sich auch als *Kohärenz* bezeichnen

---

[1] Das wörtliche Zitat lautet: „Es ist ganz wahr, was die Philosophie sagt, daß das Leben rückwärts verstanden werden muß. Aber darüber vergißt man den andern Satz, daß vorwärts gelebt werden muß" (Kierkegaard 1923, 203).

Anmerkung: Überarbeitete Version eines unter dem Titel „Das ungelebte Leben" in: M. Anderheiden, W. U. Eckart (Hrsg.) Handbuch Sterben und Menschenwürde (S. 495-510), Berlin, 2012 erschienenen Aufsatzes.

https://doi.org/10.1515/9783110599930-006

lässt. So sah der israelische Medizinsoziologe Aaron Antonovsky im „Kohärenzsinn", dem Gefühl der Sinnhaftigkeit des eigenen Lebens, die Grundlage dafür, dass Menschen auch unter widrigen Umständen wie Verfolgung oder Haft ihr psychisches Gleichgewicht zu bewahren vermögen (Antonovsky 1997). Auch das Gelingen des Lebens angesichts des Todes ist weniger abhängig vom äußeren Lebensablauf mit seinen Ereignissen, Höhen und Tiefen als von dem inneren Zusammenhang, den wir aus unseren Erinnerungen bilden, und in dem wir, ähnlich wie in einem Roman, die Leitmotive und den Bogen einer Geschichte erkennen können. Das Gelingen, das Vollenden liegt nicht in einem Abschluss, sondern in einem Ausblick auf das Ganze des Lebens, das wir uns zueignen, und mit dem wir uns identifizieren können.

Gegen dieses Streben nach Kohärenz jedoch erhebt sich Widerstand. Er geht aus von den Brüchen der Lebensentwicklung, von Scheitern und Misslingen, aber auch von den vielfältigen ungelebten Möglichkeiten, die an den Abzweigungen des Lebenslaufes vergeblich gewartet haben, und die sich nun zu Wort melden. Nagend, quälend, vorwurfsvoll erheben sie ihre Stimme, verweigern Zufriedenheit und Versöhnung. ‚Soll es das gewesen sein?' lautet die typische Frage, und sie kann einen alarmierenden Charakter erhalten, wenn die Einsicht unabweisbar wird, dass sich zentrale Erwartungen, Träume und Hoffnungen nicht mehr werden erfüllen lassen. Was genau ist dieses ungelebte Leben, und wie gehen wir mit ihm um? Wie gelingt das Leben im Sterben? Diesen Fragen gelten meine Überlegungen.

1 Ungelebtes Leben als Conditio humana

Der Begriff des ‚ungelebten Lebens' bezeichnet eine Erfahrung, in der zwischen grundlegenden Lebenswünschen und dem tatsächlich realisierten Leben ein Missverhältnis wahrgenommen und meist schmerzlich empfunden wird. Die gehegten Erwartungen und vorgestellten Möglichkeiten einerseits und das schließlich Verwirklichte und Erreichte andererseits gelangen nicht hinreichend zur Deckung. Es entsteht eine „kognitive Dissonanz" (Festinger 1978) oder Inkongruenz, die meist mit Gefühlen des Bedauerns, der Reue oder Bitterkeit verbunden ist.

Nun ist das ungelebte Leben zunächst die Folge der Entscheidungen und damit des impliziten oder expliziten Lebensentwurfs eines Menschen, dessen Realisierung notwendig andere Entwürfe ausschließen muss. Karl Jaspers sah die erste und unausweichliche Grundbedingung der Existenz darin, „dass ich *als Dasein immer in einer bestimmten Situation*, nicht allgemein als das Ganze der Möglichkeiten bin" (Jaspers 1973, 209). Wir sind zur Freiheit berufen oder auch verurteilt, wie Sartre es ausdrückte, und daher ständig genötigt, das Wirkliche aus dem Möglichen auszuwählen, gelebtes und ungelebtes Leben voneinander zu scheiden. Weil der Möglichkeiten aber immer ungleich mehr sind als sich verwirklichen lassen, übertrifft die Fülle des nicht Gelebten in ungeheurem Maße das kleine Reich des wirklich Gelebten. Unvermeidlich bleiben wir daher auch immer hinter unseren Möglichkeiten zurück und können mögliche Existenz nicht verwirklichen. Darin besteht der Gedanke der existenziellen Schuld: Wir bleiben uns selbst und anderen notwendig immer etwas schuldig.

Nun geht das einmal Verwirklichte aber doch als Erlebnis, Erfüllung, als Leistung oder als Werk in unsere gelebte Vergangenheit ein; es hat Bestand und erscheint in diesem Sinn wirklicher als das Ungelebte. Doch gerade weil es unverwirklicht blieb, kann das ungelebte Leben eine außerordentliche Wirkung entfalten. Aus der Psychologie ist der ‚Zeigarnik-Effekt' bekannt, wonach unerledigte, nicht zu Ende gebrachte Handlungen grundsätzlich eher erinnert werden als abgeschlossene (Zeigarnik 1927). Es ist nichts anderes als unser Kohärenzbedürfnis, das sich auch hier meldet. Das nur Begonnene oder Abgebrochene stört unsere Tendenz zur ‚guten', gerundeten Gestalt, erst recht das gar nicht Gewagte. Die einmal in den Blick getretenen, aber unverwirklichten Möglichkeiten bleiben latent gegenwärtig und virulent, sie begleiten das Leben wie ein mitlaufendes Negativ. So kann das Ungelebte zur Quelle von Insuffizienz-, Reue und Schuldgefühlen werden, aber auch von Hoffnungen, Sehnsüchten und Wünschen, die in die Zukunft weisen. „Die unmöglichen Träume und Pläne", so schreibt Viktor von Weizsäcker, „die nie getanen Taten, sind sie nicht wirksamer als alles, [...] was geschehen ist?" (v. Weizsäcker 1950, 179). Von Weizsäcker ging so weit, Krankheiten in erster Linie auf das ‚ungelebte Leben', die verworfenen oder versäumten Möglichkeiten, die ausgebliebenen Reifungsschritte zurückzuführen, die sich in der Erkrankung manifestierten und nachzuholen seien (ders. 1956, 249 f). Ich gebe dafür ein psychiatrisches Beispiel:

> Ein 64-jähriger Patient erkrankte ein halbes Jahr nach seiner Pensionierung an einer schweren Depression. Er stammte aus einfachen Verhältnissen und aus einer überwiegend kränklichen Familie, von der er selbst etwas verächtlich berichtete. Er selbst hatte es durch härteste Arbeit und äußersten Ehrgeiz zum Personalleiter eines großen Unternehmens gebracht. Der Beruf hatte für ihn immer an oberster Stelle gestanden, worunter Familie und Partnerschaft litten. Er war in 45 Berufsjahren nur zehn Tage krank gewesen. Bereits das Ende der Berufslaufbahn hatte ihm sehr zu schaffen gemacht. Unmittelbarer Auslöser der Erkrankung war die Extraktion dreier Zähne. Die Depression war gekennzeichnet vom Gefühl des Zerfalls. Alle Kraft, so klagte der Patient, sei verschwunden, Arme und Beine gehorchten

ihm nicht mehr. Er habe Raubbau an seiner Gesundheit betrieben, sich nicht um seine Familie gekümmert, und erhalte nun die Quittung dafür.

Der Lebensentwurf des Patienten war durch eine rigide Leistungsorientierung auf Kosten der mitmenschlichen Beziehungen und Lebensfreude charakterisiert – fortwährend schloss er wertvolle Lebensmöglichkeiten aus, sammelte ungelebtes Leben an. Die Pensionierung jedoch beendete diesen unnachgiebig verfolgten Lebensentwurf, und die Zahnentfernung brachte dem Patienten mit einem Mal die immer verdrängte, ja an anderen verachtete Verletzlichkeit seiner Existenz zu Bewusstsein. Nun forderte das Ungelebte seinen Tribut.

2 Formen des ungelebten Lebens

Wir haben jetzt einen ersten Eindruck davon erhalten, dass merkwürdigerweise gerade das Nicht-Geschehene, das im Leben Ausgesparte eine besondere Bedeutung und Wirksamkeit erhalten kann. Betrachten wir nun näher, in welchen Formen sich das ungelebte Leben manifestiert.

Eine erste Unterscheidungsmöglichkeit gewinnen wir aus der Art und Weise, wie sich das Ungelebte vom Gelebten geschieden hat. Das kann zunächst auf einer *Versagung* beruhen, nämlich wenn äußere Umstände, Widerstände, eigenes Unvermögen oder auch Krankheit die Erfüllung eines Lebenswunsches verwehren. Es kann sich aber auch um einen aktiv geleisteten *Verzicht* handeln, bei dem man eine attraktive Möglichkeit zugunsten einer höherwertigen verwarf, auch wenn dies schwerfiel. Und es kann schließlich ein *Versäumnis* sein, wenn nämlich trotz bestehender Gelegenheit im entscheidenden Augenblick nicht zugegriffen wurde. Oft kann die Möglichkeit zu einem späteren Zeitpunkt in einer anderen Form wieder aufgegriffen und dann doch noch realisiert werden. Ein *Verpassen* wäre dann das endgültige Versäumnis, die unwiederbringlich verlorene Gelegenheit (vgl. Zacher 1988, 59 ff).

Daraus ergeben sich unterschiedliche Weisen, wie das Ungelebte in der Erinnerung virulent werden kann. Die äußere *Versagung* wird, wenn sie zentrale Wünsche betrifft und als zu schmerzlich empfunden wird, eher zur Anklage gegen andere, gegen die Gesellschaft, das Schicksal oder auch gegen Gott führen. Der *Verzicht* hingegen geht auf den eigenen Entschluss zurück und führt häufiger, wenngleich auch nicht notwendig zu einem Einverständnis. Denn freilich kann auch der Verzichtende nicht sicher sein, ob sich seine Entscheidung am Ende nicht doch als Fehlgriff erweist, oder ob sich seine Prioritäten und Werte verändern. Dann kann der Einstellungswandel zu einer Neubewertung und Bereuung führen, in der Folge womöglich in eine resignative Bitterkeit.

> Zu verzichten sei der Leitspruch ihrer Erziehung gewesen, meinte eine Patientin, die wegen depressiver Verstimmungen eine Psychotherapie begann. Sie sei von ihrer Volksschullehrerin unterstützt worden, eine höhere Schulbildung anzustreben. Ihre Mutter aber wünschte, sie möge doch darauf verzichten, da man sie zuhause nicht entbehren könne. Damals habe sie eingewilligt und sich ihren Verzicht als Tugend zugutegehalten. Heute bereue sie die vergebene Chance. Wenn sie noch einmal jung wäre, würde sie ihre Ansprüche ganz anders vertreten. (ebd., 69)

Zu den heftigsten Selbstanklagen kann das *Versäumnis* führen, denn hier vermag sich der Betreffende des Vorwurfs schwer zu erwehren, er habe der Situation nicht die rechte Aufmerksamkeit zugewandt, seine Prioritäten nicht richtig bedacht, zu lange gezaudert usw. Daher werden im Lebensrückblick unterlassene Handlungen auch weit mehr bedauert als vollzogene Handlungen.[2] Je uneindeutiger dabei die Entscheidung war, und je größer die damit verbundene innere Ambivalenz, desto höher die Wahrscheinlichkeit, sie später zu bereuen, weil sich der Gedanke nicht mehr abschütteln lässt, man hätte doch schon im Moment der Entscheidung gewusst, dass sie nicht die richtige sei.

Hier haben alle ‚hätte ich doch ...' und ‚wäre ich doch ...' ihre Wurzel – die Sätze des Irrealis der Vergangenheit, die häufig in depressiv gefärbte Selbstanklagen übergehen. Freilich kann man dem so mit sich Hadernden entgegenhalten, er wünsche im Nachhinein, ein anderer gewesen zu sein als er damals nun einmal war, und das sei offenkundig nicht nur selbstquälerisch, sondern auch ganz unvernünftig – hinterher wisse man es eben immer besser. Das Argument wird nicht viel ausrichten, zumal das Hadern mit dem Versäumnis oft gar nicht nur auf dem unerfüllten Wunsch beruht, sondern auch auf einem Selbstideal der Perfektion, dessen Verfehlung mit unerbittlicher Schärfe als Versagen gegeißelt wird: Man hätte es eben ‚besser wissen müssen'. Psychotherapeutisch ist es meist hilfreicher, darauf zu verweisen, was durch diese rückwärtsgerichteten Selbstanklagen verhindert wird, nämlich die *gegenwärtigen* Möglichkeiten zu erkennen und zu ergreifen. Jeder Tag des Haderns fügt ja dem ungelebten Leben nur einen weiteren Tag hinzu und schafft Anlass zu neuer, künftiger Reue. Solange das Versäumte aber nicht endgültig verpasst ist, bleibt die Möglichkeit des Nachholens in veränderter Form, auf einer neuen Stufe, und oft mit tieferer Einsicht.

---

[2] In einer Untersuchung von Gilovich und Medvec (1995) zu Gegenständen des Bedauerns oder Bereuens bedauerten die Befragten zu 84 % Nicht-Handlungen und nur zu 16 % Handlungen.

3 Das unvollendete Selbst

Doch es gibt noch eine andere, schwerer erkennbare Form des Ungelebten, die sich nicht an einzelnen Versäumnissen oder Misserfolgen festmachen lässt. Es geht um das grundlegendere Empfinden, nicht mit sich im Reinen zu sein, nicht wirklich authentisch, sondern am eigenen Leben vorbei zu leben. Eine Ahnung davon kann schon in mittleren Lebensjahren aufkommen. „Gegen meinen Willen", so Gerhard Warlich, der 41-jährige Durchschnittsheld in Wilhelm Genazinos Roman „Das Glück in glücksfernen Zeiten", „beschleicht mich das vertrauteste Unbehagen: Dass mein Leben nicht so bleiben kann wie es ist. Groteskerweise bin ich im Großen und Ganzen mit unseren Verhältnissen zufrieden, das heißt mit unserer Wohnung, mit meinem Einkommen, mit meinen quasi ehelichen Verhältnissen [...]. Dennoch habe ich den Eindruck, dass die ganze Zeit eine unhaltbare Sache abläuft: mein Leben" (Genazino 2009, 8).

Das ungelebte Leben hängt offenbar nicht nur an einzelnen, nicht realisierten Chancen und Gelegenheiten. Eine tiefere Form der Lebensverfehlung kann darin bestehen, den eigenen Entwicklungsmöglichkeiten und Bedürfnissen nicht wirklich gerecht zu werden, aus Ängstlichkeit dem eigenen Leben auszuweichen. Die resultierende Diskrepanz wird als latentes Unbehagen erfahren, das sich zur Selbstentfremdung und schließlich zur manifesten Lebenskrise steigern kann, wenn sich die mangelnde Kongruenz – die ‚Lebenslüge' – nicht mehr verdrängen lässt. Wie Kierkegaard und Heidegger gezeigt haben, geht ein solches Empfinden von Inkongruenz im Grunde bereits zurück auf den latenten Vorgriff auf den eigenen Tod: Er beleuchtet das Leben gleichsam ‚sub specie finitudinis', unter dem harten Licht der Endlichkeit, und macht die verdrängten Möglichkeiten und Unentschiedenheiten des Lebensentwurfs sichtbar.

Nimmt diese Selbstentfremdung zu, dann wird die Zeit des eigenen Lebens nicht mehr als wachsende und erfüllende, sondern im Gegenteil als unaufhaltsam und leer verrinnende Lebenszeit erfahren. Manche Menschen geraten in regelrechte Panik aus Furcht zu sterben, ohne überhaupt richtig gelebt zu haben. Tolstojs Iwan Iljitsch, ein karrieristischer Jurist, der ein selbstzufriedenes, egozentrisches Leben führt, erkrankt mit 45 Jahren an einer tödlichen Krankheit und erkennt angesichts des Todes, dass er sein Leben nicht wirklich gelebt hat. „Alles, was ihm einst Freude zu sein schien", so schreibt Tolstoj, „schmolz vor seinen Augen zusammen und verwandelte sich in etwas Nichtiges und oft Widerwärtiges" (Tolstoj 1975, 72) – „Und wenn wirklich mein Leben nicht das richtige gewesen ist? Ihm kam der Gedanke, dass das, was ihm bisher noch als vollkommen unmöglich erschienen war: Er hätte so gelebt, wie er nicht hätte leben sollen – dass das die Wahrheit sei" (ebd., 77). Verzweifelt klammert Iljitsch sich an die letzten Lebenshoffnungen, die jedoch unerbittlich zerrinnen.

Nun ist die Angst vor der Verfehlung des eigenen Selbst, vor der missglückten Selbstverwirklichung historisch jüngeren Datums. Sie lässt sich als eine säkularisierte Form der alten Angst vor dem letzten Strafgericht verstehen, das noch die vormoderne Kultur umgetrieben hatte. Dem Individuum der Spätmoderne geht es nicht mehr um eine moralische oder religiöse Schuld, die im Jenseits beglichen werden muss, sondern um das, was man sich selbst im Diesseits schuldig bleibt, also um die existenzielle Schuld. Die Brisanz des ungelebten Lebens hat insofern auch mit dem Kampf gegen die Endlichkeit zu tun, den unsere Kultur seit der Neuzeit führt. Mit der schwindenden Einbettung des Menschen in übergreifende, kollektive und religiöse Zusammenhänge wurde das eine, kurze Leben unerhört kostbar und die Individuation, die Selbstverwirklichung zu einer immer wichtigeren Aufgabe. Das Individuum gewinnt dabei zwar die Freiheit, sich selbst zu bestimmen, ja vermeintlich selbst zu erschaffen, aber sein Risiko ist es, an dieser Selbsterschaffung zu scheitern. Es kann dann auch nicht mehr in den anderen fortleben, es ist unersetzbar.

Hans Blumenberg hat von einer Schere gesprochen, die sich in der Moderne zwischen der begrenzten Lebenszeit und der unbegrenzten Weltzeit auftut: Im Tod werden wir aus der gemeinsamen Zeit verstoßen, und sie geht ungerührt über uns hinweg – eine Gewissheit, die eine mindestens so schwere Bürde darstellt wie der Gedanke an die fatale Kürze des Lebens. Die Kluft wird so bedrohlich, dass das Individuum darüber in Angst und Panik gerät, das Wertvollste und Wichtigste im Leben zu versäumen. Im Wettlauf mit dem Tod versucht es, „Zeit zu gewinnen, um mehr von der Welt zu haben" (Blumenberg 1986, 73). Darin liegt wohl ein zentrales Motiv für den Zwang zur Beschleunigung, der die westliche Gesellschaft charakterisiert. Er entspringt nicht nur einer technischen und ökonomischen Dynamik, sondern letztlich auch dem illusionären Wunsch, dem Tod mehr Zeit abjagen und in der knappen Frist möglichst zwei oder drei Leben unterbringen zu können. Das Sinnbild ist die ‚Deadline', die letzte Frist, die letzte Möglichkeit vor dem Tod.

Doch das Leben lässt sich nicht betrügen. Je mehr davon eingefangen werden soll, desto mehr nimmt gleichzeitig das ungelebte, das versäumte und vor allem das nicht *gegenwärtig* gelebte Leben zu. Denn die Gegenwart wird latent entwertet durch das, was ihr noch abgeht. Es bleibt immer weniger Zeit für immer mehr Möglichkeiten und Wünsche, die die ‚Multioptionsgesellschaft' suggeriert. Früheren Generationen boten sich weitaus weniger Chancen und Lebenswege; für die meisten Menschen spiegelte sich in ihrem Leben das ihrer Eltern. Heute hingegen gilt die ständige Erweiterung der Wahlmöglichkeiten als zentraler gesellschaftlicher Wert. Je mehr Optionen den Individuen aber tatsächlich oder vermeintlich zur Verfügung stehen, desto mehr müssen sie im Augenblick der Entscheidung aufgeben. Wenn unbegrenzt vieles vorstellbar und verfügbar ist, dann ist jede Entscheidung für nur *eine* der Möglichkeiten immer schon zu teuer bezahlt. Die Erwartungen können maßlos werden – umso mehr wird sich aber auch das Bedauern über unerfüllte Träume steigern. Für das Individuum mit potenziell grenzenlosen Vervollkommnungs- und Erlebniserwartungen kommt der Tod immer zu früh.

Durch den Versuch, Lebenszeit zu gewinnen, nimmt also das ungelebte Leben paradoxerweise eher noch zu. Ja, die Selbstverfehlung kann gerade darin liegen, im Ergreifen und Fallenlassen immer neuer Möglichkeiten das eigentliche Leben zu versäumen, statt es zu gewinnen. Beschleunigung bedeutet mangelnde Zentrierung, eine unruhige Aufenthaltslosigkeit, eine zielstrebige Ziellosigkeit. Doch auch ohne solche Beschleunigungsversuche muss das Streben nach Entfaltung und Verwirklichung des Selbst notwendig an schmerzliche Grenzen stoßen. In seinem Roman „Nachtzug nach Lissabon" stellt Peter Bieri die Frage, die gewissermaßen das Leitmotiv seines Romans abgibt: „Wenn es so ist, dass wir nur einen kleinen Teil von dem leben können, was in uns ist – was geschieht mit dem Rest?" (Bieri als Mercier 2004, 58). Es ist wohl eine der Grundfragen des Menschen in der Moderne.

In dem Roman wacht Jorge, ein gut 50-jähriger Apotheker, eines Nachts mit Todesangst auf. Er hat geträumt, dass er auf der Bühne vor seinem neuen Steinway-Flügel saß und nicht zu spielen wusste. Den Flügel hatte er vor kurzem gekauft, um irgendwann noch seinen Traum zu verwirklichen, Klavierspielen zu lernen. „Ich wachte auf und wusste plötzlich: Auf dem Flügel so spielen zu können, wie er es verdient – das liegt nicht mehr in der Reichweite meines Lebens [...]. Und nun habe ich solche Angst" (ebd., 238).

> Der Flügel – seit heute Nacht erinnert er mich daran, dass es Dinge gibt, die ich nicht mehr rechtzeitig werde tun können [...]. Es geht nicht um unwichtige kleine Freuden und flüchtige Genüsse [...]. Es geht um Dinge, die man zu tun und zu erleben wünscht, weil erst sie das eigene, dieses ganz besondere Leben *ganz* machen würden und weil ohne sie das Leben unvollständig bliebe, ein Torso und bloßes Fragment. (ebd., 239)

Es ist die Antizipation, „dass das Leben unabgeschlossen bleiben werde, bruchstückhaft und ohne die erhoffte Stimmigkeit. Dieses Wissen, das sei das Schlimme – die Angst vor dem Tod eben" (ebd.) – *„Und so könnte man die Angst vor dem Tod beschreiben als die Angst, nicht der werden zu können, auf den hin man sich angelegt hat"* (ebd., 243; Hvhb. v. Vf., T. F.).

Unbewusst, so heißt es im Roman weiter, leben wir immer auf eine solche Ganzheit hin, so dass jeder Augenblick, der uns als lebendiger gelingt, seine Lebendigkeit daraus bezieht, dass er ein Stück in dem Puzzle jener unerkannten

Ganzheit darstellt. Wenn nun aber die Gewissheit über uns hereinbricht, dass sie nie mehr zu erreichen sein wird, so wissen wir plötzlich nicht mehr, wie wir die verbleibende Zeit leben sollen. Das ist der Grund für eine sonderbare, erschütternde Erfahrung, die manche todgeweihten Patienten machen: „dass sie mit ihrer Zeit, wiewohl sie so knapp geworden ist, nichts mehr anzufangen wissen" (ebd.).

Mit der Gewissheit des bevorstehenden Todes verändert sich die Zeitlichkeit radikal, und die Bilanz der Selbstrealisierung spitzt sich zu. Zuvor galt alles noch ‚bis auf Weiteres' – noch gab es Möglichkeiten, noch blieb künftiges Leben, das dem Bisherigen das Fehlende hinzufügen, auch das Missglückte in einem neuen, milderen Licht erscheinen lassen konnte. Doch je näher wir dem Tod kommen, desto mehr schwinden diese tatsächlichen oder illusionären Möglichkeiten. Endlichkeit bedeutet auch End*gültigkeit*; Levinas bezeichnete den Tod als die „Unmöglichkeit jeder Möglichkeit" (Levinas 1987, 73, 402). Der Sterbende *hat* keine Zeit mehr, sondern er *ist* selbst seine Zeit geworden; sein Leben ist nahezu gänzlich zu Vergangenheit geronnen. Das Werden wird gleichsam vom Gewordensein überwältigt.

Sicher, der Tod mag kommen, wenn das Dasein lebenssatt geworden ist durch die Fülle des Verwirklichten und Erlebten. „Je entschiedener vollendet wurde", so schreibt Jaspers, „je mehr die Möglichkeit sich verzehrt hat nicht zugunsten des Versäumens, sondern der Wirklichkeit, desto näher kommt die Existenz der Haltung, als Dasein gern zu sterben" (Jaspers 1973, 228). Der Schrecken des Todes aber nimmt zu „in dem Maße als ich nicht gelebt, d. h. nicht entschieden habe und darum kein Sein des Selbst gewann" (ebd.). Die Angst vor dem Tod, so zeigen auch entsprechende Untersuchungen, steigt in dem Maß, als zentrale Möglichkeiten endgültig versagt blieben, versäumt oder verfehlt wurden. Dann droht der Tod selbst die noch verbleibende Zeit in den Strudel der Entwertung und Sinnlosigkeit zu reißen.

4 Der Umgang mit dem ungelebten Leben

Das Ungelebte, dem wir uns nun von verschiedener Seite her angenähert haben, kann also das Gelingen des Lebens im Sterben zentral gefährden. Wie aber gehen wir dann in der letzten Lebensphase damit um – sei es als Angehörige, als Ärzte, Therapeuten oder als früher oder später selbst Betroffene? Dieser Frage gilt der zweite Teil meiner Überlegungen.

Zunächst gilt es für die Helfer, die Möglichkeit einer *depressiven Erkrankung* im Auge zu behalten, die gegebenenfalls adäquat behandelt werden muss.

Denn so wie eine negative Lebensbilanzierung in Selbstanklagen, Selbstentwertung und schließlich in eine Depression münden kann, so geht die Depression umgekehrt mit maßlosen, quälenden Selbstvorwürfen einher, die auch der Umgebung des Kranken eine gänzlich verzerrte Sicht seines Lebens vortäuschen können. Manches vermeintlich berechtigte und unerbittliche Hadern mit dem eigenen Leben verschwindet wie ein dunkler Schatten, sobald die zugrundeliegende Depression richtig behandelt wird.

Nicht weniger ist hervorzuheben, was *psychotherapeutisch* getan werden kann, um den Lebensrückblick eines Menschen zu begleiten und zu unterstützen. Oft lässt sich das auf den ersten Blick Versäumte oder Misslungene in einen neuen Zusammenhang einbetten, so dass es von einem übergeordneten Gesichtspunkt aus in einem anderen, milderen Licht erscheint. Häufig werden Soll und Haben ganz ungleich gewichtet, und der Blick muss auf das trotz aller schwierigen Bedingungen auch Bewältigte und Erreichte gelenkt werden. Belastende biographische Ereignisse oder Versäumnisse werden nicht geleugnet, aber im Kontext der Lebensgeschichte neu bewertet. Das schließt die Trauer über Missglücktes und Verlorenes durchaus mit ein, sie wird aber verbunden mit der Anerkennung des Erreichten und Geglückten.

Bei all dem geht es darum, eine Haltung einerseits der Aufrichtigkeit, andererseits der Akzeptanz, Milde und Gerechtigkeit dem eigenen früheren Selbst gegenüber zu fördern: *Aufrichtigkeit*, weil es auch im letzten Lebensabschnitt noch zahlreiche Möglichkeiten gibt, unerledigte Geschäfte doch noch zu einem Abschluss zu bringen, Konflikte zu bereinigen und sich mit anderen zu versöhnen; *Akzeptanz und Milde*, weil das größte Hindernis gegenüber der Versöhnung mit dem eigenen Leben oft perfektionistische Selbstansprüche sind. Sie lassen keinen Spielraum für Schwächen, Fehler oder Versäumnisse zu und können zu erbarmungslosen und wütenden Anklägern werden. Diesen Zorn gilt es umzuwandeln in Nachsicht und Mitgefühl mit sich selbst. Wir sind unvollkommene Wesen in einer unvollkommenen Welt. Dies zu erkennen und sich darin mit anderen verbunden zu fühlen, kann auch angesichts des ungelebten Lebens einen Trost bedeuten.

Eine weitere therapeutische Überlegung gilt dem nicht unproblematischen Konzept der Selbstverwirklichung. Er suggeriert ja so etwas wie ein ‚eigentliches' oder ‚wahres' Selbst, einen vorgegebenen Wesenskern der Person, der zur Erscheinung gebracht und realisiert oder aber verfehlt werden kann – im letzteren Fall gleichbedeutend mit einer fatalen Lebensbilanz. Es handelt sich dabei im Grunde um eine Art von säkularisierter Prädestinationslehre, wonach das Individuum eine ureigene und wesensmäßige Bestimmung hat, der es gerecht zu werden gilt – die

Herkunft dieses Modells aus der Romantik und dem Persönlichkeitskult des 19. Jahrhunderts ist offensichtlich.[3]

Doch wir sollten das Selbst nicht als eine feststehende Größe oder Entelechie betrachten, die verwirklicht oder verfehlt werden kann. Vielmehr ist das biographische, sich in der Lebensgeschichte zunehmend artikulierende Selbst ein immer wieder neu erzähltes, ein ‚narratives Selbst'. Diese Erzählung, unsere Lebensgeschichte schreibt sich eher improvisierend fort, und es gibt keinen allwissenden Autor, der unsere Geschichte oder Identität schon vorentworfen hätte. Selbstverwirklichung wäre dann allenfalls zu verstehen als die zunehmende Entfaltung von Möglichkeiten, die sich aus der je wechselnden Konstellation von eigenen Potenzialen und den Situationen der Umwelt ergeben – eine Entfaltung, die als mehr oder weniger stimmig erlebt werden kann, auch wenn sie immer andere Möglichkeiten ausschließt. Diese Geschichte aber kann zu jedem Zeitpunkt noch verändert, neu angeeignet oder neu erzählt werden, und daher ist eine Versöhnung mit dem Ungelebten bis zur letzten Lebensstunde möglich.

Doch alle diese Hilfen und Überlegungen werden vielen Menschen die bohrende Frage nich hinreichend beantworten, die Peter Bieri in seinem Roman gestellt hat. Was, wenn sich das Leben nicht zu einem Ganzen runden will, wenn sich die ‚gute Gestalt' nicht mehr herstellen lässt? Was wird aus den unverwirklichten, ungelebten Anteilen des Selbst? – Hier bleiben letztlich nur persönliche Antworten, und ich versuche wenigstens drei Grundtypen solcher Antworten zu nennen.

(1) Die *erste Möglichkeit* ist das schonungslose, ungeschminkte Anerkennen: Ja, das war es. Ich gebe das Blatt meiner Biographie ab; so habe ich mein Leben geschrieben, mehr war mir in der begrenzten Zeit nicht möglich. Gemessen an den vielen Gedanken, Ideen und Worten, die ungeschrieben blieben, bleibt es eine Skizze, ein Essay, ein Versuch. Aber es ist mein Leben, und ich verantworte es. Damit kann eine eher bescheidene, aber auch eine tapfere, trotzige oder heroische Haltung verbunden sein. Die Forderung des Existenzialismus, dem Tod ohne Tröstung durch illusionäre Jenseitshoffnungen unerschrocken ins Auge zu blicken, im Bewusstsein, das Leben aus eigener Freiheit und Verantwortlichkeit so und nicht anders gewählt zu haben, ist freilich nicht jedermanns Sache. In diesem Verzicht auf Trost und Erleichterung, in der unumwundenen Annahme des Todes kann der Sterbende gleichwohl eine besondere Würde realisieren, ja

---

3 Vgl. hierzu die eingehende Studie von Schlette (2013). – Auch bei Goethe findet sich bereits der Gedanke der ‚Entelechie' als des Wesenskerns der Person, der nach Realisierung strebt.

selbst noch im ohnmächtigen, aber dennoch ungebrochenen Protest gegen diese unerbittliche Bedingung der Existenz.

(2) Die *zweite Möglichkeit* möchte ich die ‚Erweiterung des Selbst' nennen. Darauf zielen vor allem die Antworten der religiösen Traditionen auf das Problem des Unvollendeten und Unerfüllten im Leben. Das individuelle Leben für sich betrachtet *kann* sich aus dieser Sicht gar nicht zu einem Ganzen vollenden, nicht nur, weil es zeitlich begrenzt, sondern weil es *wesenhaft unvollständig* ist. Es besteht gar nicht für sich, sondern entstammt einem übergreifenden Zusammenhang, in dem es alleine seine Ganzheit wiedergewinnen kann.

Dieses Umgreifende, wie Jaspers es nannte, kann in verschiedener Weise gesehen werden. Den frühesten transzendenten Zusammenhang der Menschheit stellt die Ahnenwelt dar, der der Einzelne entstammt, und in die er wieder zurückkehrt. In eher säkularisierter Form finden wir diese Idee noch immer in dem Bestreben, sich selbst in den Strom der Tradition der Familie und der Nachkommen zu stellen. „Geschlagen ziehen wir nach Haus, unsre Enkel fechten's besser aus" – so trösteten sich die aufständischen Bauern im 16. Jahrhundert über das Scheitern ihrer Hoffnungen hinweg. Auch in der Übernahme der Verantwortung für die nachfolgenden Generationen, in der Anteilnahme an deren Lebensweg relativiert sich das eigene Selbst, denn etwas von ihm lebt und wirkt in ihnen weiter und gewinnt so an Ganzheit. Es ist die Haltung der „Generativität", die es nach Erikson im Alter einzuüben gilt (Erikson 1973, 117 f.) – im Bewusstsein, dass die anderen immer auch Möglichkeiten für mich mitleben und so womöglich realisieren können, was mir verwehrt bleiben wird.

In spezifisch religiöser Weise kann die Erweiterung des Selbst in den *Jenseitserwartungen* vorweggenommen werden, sei es als Wiedergeburt mit dem Neubeginn der Möglichkeiten, sei es als Eingehen ins Göttliche, das dem Selbst sein Ganzwerden verleiht. Selbst ein Mensch, der sich in seinen Anlagen und Möglichkeiten so reich entfalten konnte wie Goethe, erlebte sich nicht als vollendet und glaubte aus seinem rastlosen Tätigsein geradezu das Recht darauf ableiten zu können, dies müsse sich in künftigen Existenzformen fortsetzen.[4] Darin zeigt sich, dass das Bewusstsein des noch nicht gelebten Lebens nicht vom Grad der Realisierung abhängen muss. In der Idee der Wiedergeburt findet das Individuum eine tröstliche Antwort auf das Problem des Ungelebten, und nicht zufällig gewinnt dieser Glaube in einer Zeit der Individualisierung immer mehr Anhänger.

---

4 „Die Überzeugung unserer Fortdauer entspringt mir aus dem Begriff der Tätigkeit; denn wenn ich bis an mein Ende rastlos wirke, so ist die Natur verpflichtet, mir eine andere Form des Daseins anzuweisen, wenn die jetzige meinen Geist nicht ferner auszuhalten vermag." (J. W. von Goethe, Brief an Eckermann, 4. Februar 1829).

Demgegenüber erscheint die Hoffnung auf die göttliche Gnade, die das Unvollendete vollenden und das Unerfüllte erfüllen wird, vielen schon beinahe als naiv. In einer gleichwohl berührenden Weise hat Werner von Bergengruen diesem Gedanken 1942 in seinem Gedicht von der „Himmlischen Rechenkunst" Ausdruck verliehen (Bergengruen 1950, 20):

> Was dem Herzen sich verwehrte
> Lass es schwinden unbewegt.
> Allenthalben das Entbehrte
> Wird Dir mystisch zugelegt.
>
> Liebt doch Gott die leeren Hände
> Und der Mangel wird Gewinn,
> Immerdar enthüllt das Ende
> Sich als strahlender Beginn.

Vom geschärften Bewusstsein für das Fragmentarische des Lebens in dieser Zeit legen auch die Worte Dietrich Bonhoeffers Zeugnis ab, die er 1944 im Gefängnis schrieb:

> Unser Leben hat fragmentarischen Charakter [...] Es kommt wohl nur darauf an, ob man dem Fragment unseres Lebens noch ansieht, wie das Ganze eigentlich angelegt und gedacht war und aus welchem Material es besteht. Es gibt schließlich Fragmente [...], die bedeutsam sind auf Jahrhunderte hinaus, weil ihre Vollendung nur eine göttliche Sache sein kann, also Fragmente, die Fragmente sein müssen – ich denke z. B. an die Kunst der Fuge. Wenn unser Leben auch nur ein entferntester Abglanz eines solchen Fragmentes ist, in dem wenigstens eine kurze Zeit lang die [...] verschiedenen Themata zusammenstimmen, und in dem der große Kontrapunkt vom Anfang bis zum Ende durchgehalten wird, so dass schließlich nach dem Abbruch höchstens noch der Choral ‚Vor deinen Thron tret' ich allhier' – intoniert werden kann, dann wollen wir uns auch über unser fragmentarisches Leben nicht beklagen, sondern sogar daran froh werden.[5]
> (Bonhoeffer 1977, 257f)

Ein Fragment – das kann der Überrest eines ursprünglich Ganzen und nun Zerbrochenen sein, etwa der Torso oder die Ruine; aber eben auch das unvollendet gebliebene Werk eines Künstlers, das *noch nicht* zu Ende Geführte, das gerade als solches auf eine mögliche Gestaltung und Vollendung verweist. Fragment in Bonhoeffers Sinn ist also ein Gebilde zugleich aus Vergangenheit und Zukunft, aus Verlust und Scheitern ebenso wie aus Möglichkeit und Hoffnung. Das Leben ist ein Fragment, das heißt: es ist nicht selbst das Ganze, sondern verweist auf das Umgreifende, durch das es allein vollendet werden kann.

---

5 Bachs „Kunst der Fuge" wurde mit dem genannten Choral tradiert.

(3) Damit gelangen wir aber noch zu einer *dritten Möglichkeit*. Sie liegt im Aufgehen des Selbst im Umgreifenden der Gegenwart. Es ist letztlich die mystische Antwort auf das Problem des ungelebten Lebens. Wenn der Tod die verfließende Lebenszeit radikal abbricht, könnte er dann nicht den Anstoß zu einer radikalen Umwendung geben, nämlich von der Zukunft hin zum jetzigen Augenblick? Wenn die Zukunft nicht mehr von langer Dauer ist, kann dann die Gegenwart der zeitliche Modus der Ewigkeit sein, so dass sie gleichsam vertikal zur vergehenden Zeit steht?

Viele Patienten mit einer Krebserkrankung berichten, dass sie durch ihre Krankheit gelernt haben, intensiver in der Gegenwart zu leben. Eine Patientin schreibt:

> In der Vergangenheit fühlte ich immer einmal lebhaft, dass ich nur eine Zuschauerin war, die das Drama des Lebens von den Kulissen aus betrachtete, immer in der Hoffnung [...], dass ich eines Tages selbst auf der Bühne stehen würde. Das Leben erschien mir nur wie eine Probe für das ‚wirkliche Leben' vor mir. Aber was, wenn der Tod eintritt, bevor das wirkliche Leben begonnen hat?" – Und sie schließt daraus: „Das Leben vor mir ist vielleicht sehr kurz. Aber es ist wertvoll, vergeude es nicht! Mach jeden Tag das Beste daraus, in der Art, die Du schätzt! Überprüfe Deine Werte! Schiebe nichts vor Dir her!
>
> (Yalom 1989, S. 214f)

Im Bewusstsein des Todes wächst die Wertschätzung für die ‚Dinge des Lebens', für Alltäglichkeiten und Schönheiten selbst unscheinbarer Art. Der dunkle Hintergrund des Todes vermag gleichsam die Farben des Lebens zum Leuchten bringen. Kulturen und Techniken der Achtsamkeit, die zunehmend auch in die Psychotherapie Eingang gefunden haben, sind nicht nur der langjährigen Meditationspraxis vorbehalten, sondern lassen sich auch in der letzten Lebensphase noch einüben (vgl. Huppertz 2009). Sie fördern die Sensibilität und Wachheit für die unmittelbare Gegenwart, die aufmerksame und liebevolle Zuwendung zu den Dingen ebenso wie zu den anderen. Damit unterstützen sie eine Haltung der Selbstrelativierung und Selbstüberschreitung, die auch den Gedanken an das Ungelebte ihre Schärfe nimmt.

In der Gegenwart eröffnet sich schließlich eine Dimension des Sinns, der nicht zu berechnen oder zu beschreiben, sondern nur unmittelbar zu erleben ist. Er kann seine Quelle gerade in der Erfahrung der Unvollständigkeit, der Bruchstückhaftigkeit, ja der Leere haben, insofern sie als Möglichkeit, als Verweisung auf Ganzheit erfahren wird: Die Leere enthält an sich schon die mögliche Erfüllung als ihr Komplement. So erlebt Iwan Iljitsch den Tod am Ende als Befreiung, als Erwachen von den Illusionen seines Lebens, die Schopenhauer und die indische Philosophie als ‚Schleier der Maja' bezeichnen: „Ja, es war alles nichts, sagte er zu sich, doch das hat nichts zu bedeuten. Aus dem Nichts kann ein Etwas werden" (Tolstoj 1975, 80).

Der herannahende Tod scheint zunächst alles in seine Nichtigkeit hineinzuziehen. Doch er eröffnet noch eine andere Möglichkeit. Gerade das letzte Mal, die letzte Wanderung an einem Frühlingsmorgen, die Aussprache mit einem Menschen nach langer Zwietracht, die letzte gemeinsame Mahlzeit mit einem Freund – all das kann den unzerstörbaren Geschmack des Lebens selbst annehmen. In dem Erlebnis dieses letzten Beisammenseins kann sich, so schreibt Robert Spaemann, das Gefühl für eine Kostbarkeit verbergen, die das Ereignis dem Sog der Vergänglichkeit entreißt:

> Ein Gefühl ‚Es ist gut so', das sich durch das bevorstehende Ende des Lebens [...] nicht bedroht sieht, sondern dadurch überhaupt erst erwacht. (Spaemann 1996, 129)

Diese Gültigkeit wird auch durch den Fortgang der Weltzeit nicht aufgehoben:

> Es ist gut und wird gut bleiben, dass dieser flüchtige Augenblick war [...]. Die Nichtigkeit des in der Zeit Untergehenden verwandelt sich in Kostbarkeit." Sinn ist diese „im Bewusstsein der Endlichkeit gehärtete Bedeutsamkeit. (ebd., 128)

Dies sind die mystischen Antworten auf die Frage nach dem ungelebten Leben. Einen bleibenden Ausdruck haben sie in Buddhas Parabel von der Beere gefunden, die am Schluss dieser selbst fragmentarischen Überlegungen stehen soll (vgl. Reps 2008, 40):

> Ein Mann, der über eine Ebene reiste, stieß auf einen Tiger. Er floh, den Tiger auf seinen Fersen. Da tat sich vor ihm ein Abgrund auf. In seiner Not suchte er Halt an der Wurzel eines wilden Weinstocks und schwang sich über die Kante. Der Tiger beschnupperte ihn von oben. Zitternd schaute der Mann hinab, wo weit unten ein anderer Tiger darauf wartete, ihn zu fressen. Nur der Wein hielt ihn noch. Doch nun sah er zu seinem Schrecken zwei Mäuse, eine weiße und eine schwarze, die sich daran machten, nach und nach die Weinwurzel durchzunagen. In diesem Augenblick erblickte der Mann eine saftige Erdbeere neben sich. Während er sich mit der einen Hand am Wein festhielt, pflückte er mit der anderen die Erdbeere. Wie süß sie schmeckte!

Literatur

Antonovsky, Aaron (1997): Salutogenese. Zur Entmystifizierung der Gesundheit, Tübingen.
Bergengruen, W. (1950): Die heile Welt. Gedichte, München.
Bieri, Peter (als Pascal Mercier) (2004): Nachtzug nach Lissabon, München.
Blumenberg, Hans (1986): Lebenszeit und Weltzeit, Frankfurt a. Main.
Erikson, Erik H. (1973): Identität und Lebenszyklus, Frankfurt a. Main.
Festinger, Leon (1978): Theorie der kognitiven Dissonanz, Bern.
Genazino, Wilhelm (2009): Das Glück in glücksfernen Zeiten, München.

Gilovich, Thomas/ Medvec,Victoria H. (1995): The Experience of Regret: What, When, and Why, in: Psychological Review 102, 379–395.
Gronemeyer, Marianne (1993): Das Leben als letzte Gelegenheit. Sicherheitsbedürfnisse und Zeitknappheit, Darmstadt.
Huppertz, M. (2009) Achtsamkeit. Befreiung zur Gegenwart, Paderborn.
Jaspers, Karl (1973): Philosophie II, Existenzerhellung, Berlin/Heidelberg/New York.
Jaspers, Karl (1984): Der philosophische Glaube angesichts der Offenbarung, München, Zürich.
Kierkegaard, Søren (1923): Die Tagebücher, Bd. 1. Deutsch von Theodor Haecker, Innsbruck.
Levinas, Emmanuel (1987): Totalität und Unendlichkeit. Versuch über die Exteriorität, Freiburg.
Schlette, Magnus (2013): Die Idee der Selbstverwirklichung. Zur Grammatik des modernen Individualismus, Frankfurt a. Main, New York.
Spaemann, Robert (1996): Personen. Versuche über den Unterschied von ‚etwas' und ‚jemand', Stuttgart.
Tolstoj, Lew (1975): Der Tod des Iwan Iljitsch, in: Ders.: Die großen Erzählungen, Frankfurt a. Main.
Weizsäcker, Victor v. (1950): Diesseits und Jenseits der Medizin, Stuttgart.
Weizsäcker, Victor v. (1956): Pathosophie, Göttingen.
Weizsäcker, Victor v. (1986): Der Gestaltkreis. Theorie der Einheit von Wahrnehmung und Bewegung, Stuttgart.
Yalom, Irvin (1989): Existenzielle Psychotherapie, Köln.
Zacher, Albert (1988): Kategorien der Lebensgeschichte, Berlin/Heidelberg/New York.
Zeigarnik, Bluma (1927): Über das Behalten von erledigten und unerledigten Handlungen, in: Psychologische Forschung 9, 1–85.

Olivia Mitscherlich-Schönherr
Das Lieben im Sterben – Eine verstehende Liebesethik des Sterbens in Selbstliebe

1 Methodologische Vorüberlegungen zu einer verstehenden Liebesethik des Sterbens in Selbstliebe

Bereits an der Vielzahl der Therapieangebote am Lebensende können sich Fragen nach einem gelingenden Sterben entzünden: Fragen, wie wir miteinander bis zuletzt ein gutes, glückliches und von Sinn erfülltes Leben führen können, wie sich Gutheit, Glück und Sinnerfüllung in unserem Sterben zueinander verhalten. „Will, muss, darf ich all die therapeutischen Möglichkeiten in Anspruch nehmen, die mir die moderne Intensivmedizin am Lebensende zur Verfügung stellt" – mögen sich etwa Sterbende fragen, an denen eine schwere Erkrankung diagnostiziert worden ist. Vor Fragen nach dem Gelingen des Sterbens können wir aber auch diesseits der Intensivmedizin durch die Erfahrung des bald bevorstehenden Todes gestellt werden: etwa vor Fragen nach den Formen unseres Abschieds von dem Leben, das wir mit Anderen geführt haben. Und Fragen nach dem Gelingen des Lebens im Sterben können sich schließlich nicht nur den Sterbenden selbst, sondern auch Menschen stellen, die Sterbende begleiten: im Sterben und über deren Tod hinaus. Menschen, die ihren Vater im Sterben begleiten und darin zugleich als dessen Kinder mitsterben, mögen etwa von den Fragen eingeholt werden: „Kann, darf, muss ich die Konflikte, die wir nie geführt haben, jetzt – da er im Sterben liegt – nachholen, oder steht jetzt anderes an?" Oder: „Wie sollen wir uns jetzt, da er an starker Demenz erkrankt ist, aber oft einen zufriedenen Eindruck erweckt, zu seinem früher wiederholt und eindeutig geäußerten Wunsch verhalten, im Falle einer dementiellen Erkrankung aktive Sterbehilfe zu erhalten?"

Wie kann man sich philosophisch zum Komplex der Fragen nach dem Gelingen des individuellen und dialogisch geteilten Lebens im Sterben verhalten? Meines Erachtens fordern die Fragen nach einem gelingenden Sterben die philosophische Ethik heraus. Ganz offensichtlich formen die Gelingensfragen nämlich im eigentlichen Sinne ethische Fragen. Sie ziehen in eine philosophische Auseinandersetzung mit einem guten Leben bis zuletzt hinein. Zugleich widersetzen sie sich einer ‚Auflösung' mit theoretischen Mitteln. Dies zeigt ein Blick auf ‚präskriptive Ansätze' der philosophischen Sterbensethik, die sich um allgemeingültiges Wissen zu ihrer

Beantwortung bemühen – und bei der Erfüllung ihrer eigenen Wissensansprüche zu kurz greifen. ‚Präskriptive Ansätze' entwerfen – substanzialistische oder subjektivistische – Theorien eines guten Sterbens, um dieses allgemeingültige Wissen auf die Einzelfälle des individuellen Sterbens bzw. auf die besonderen Herausforderungen ‚anzuwenden',[1] vor die Menschen in ihrem tatsächlichen Sterben gestellt werden. Dabei streiten die Vertreter_innen eines biologistischen bzw. ethischen Naturalismus[2] oder eines liberalen Subjektivismus darüber, ob eine allgemeingültige Theorie des guten Sterbens in normativer Hinsicht an der Natürlichkeit bzw. der personalen Form menschlichen Sterbens oder an der individuellen Selbstbestimmung der Sterbenden Maß nehmen soll. Ansätze eines biologistischen Naturalismus (vgl. etwa Schockenhoff 2001; Böhme 2017, 37 f.) erheben das ‚natürliche', nicht technisch manipulierte Sterben zum Maßstab des ‚eigentlich' menschlichen Sterbens – und werden dabei von den Schwierigkeiten eingeholt, dass ihre Vorstellungen des ‚natürlichen' Sterbens ihrerseits ethisch bzw. soziokulturell durchdrungen sind.[3] Gegenüber ihren ‚naturalistischen' Kontrahent_innen verfügen Vertreter_innen eines ethischen Naturalismus (vgl. exemplarisch Foot 1990; Spaemann 2013) über den Vorzug, die ethische Durchdringung des Sterbens bewusst zu übernehmen – wenn sie ethisch geformtes, ‚personales Sterben' in Abgrenzung zu bloßem „Verenden" zum Maßstab guten Sterbens erheben.[4] In diesem Sinne tritt etwa Robert Spaemann dafür ein, dass

---

[1] Zur Kritik am Gedanken der ‚Anwendung' von allgemeinen Prinzipien auf Sonderprobleme in der Medizinethik vgl. Rehbock 2005, 51 ff.

[2] Zur Unterscheidung zwischen einem biologistischen und ethischen Naturalismus vgl. McDowell 2002.

[3] Das Problem, dass die Vorstellungen eines ‚natürlichen Sterbens' von ethischen Vorstellungen des guten Sterbens durchdrungen sind, tritt u. a. an Fragen der Abgrenzung des ‚natürlichen' vom ‚künstlich' manipulierten Sterben hervor. Es ist nämlich nicht ohne weiteres einsichtig, wie sich unter all den unterschiedlichen medizinischen Eingriffen am Lebensende die Eingriffe auszeichnen ließen, die das Leben ‚künstlich' verlängern – sind (zumindest: bisher) doch alle therapeutischen Eingriffe auf die Behandlung einer bestimmten Erkrankung und nicht auf die Verlängerung des ‚bloßen' Lebens ausgerichtet.

[4] Auf die ethische Durchdringung der menschlichen Natur insistiert u. a. Philippa Foot in ihrer Auseinandersetzung mit der Gutheit von Euthanasie (vgl. Foot 1990). Um zu untersuchen, ob Akte der Euthanasie gut sein können, fragt sie danach, ob das Sterben den Sterbenden „zugute kommen" könne, da es für sie besser sei als weiterzuleben (ebd., 285). Um diese Frage rational zu entscheiden, verlangt sie als Maßstab der Beurteilung anthropologisches Wissen über den inhärenten Wert des Lebens. Sie wendet sich gegen die biologistische Vorstellung – die sie bei Thomas Nagel (vgl. Nagel 2012) findet –, dass das bloße „Am-Leben-Sein" (Foot 1990, 289) ein Gut bilde, und tritt dafür ein, dass menschliches Leben (und Weiterleben) erst in seiner ethischen Durchdringung – bzw. unter der Bedingung, dass es „einen bestimmten Normalitätsstandard erfüllt" (ebd., 296) – für die betroffene Person wertvoll sei. Im Rückgriff auf diesen

„Sterben *als Akt der Hingabe des Lebens* [...] ein[en] wesentlich personale[n] Akt" ausmache, der „nicht jedem im buchstäblichen Sinn vergönnt" sei (Spaemann 1996, 131; Herv.; OMS). In der Auszeichnung des ‚personalen Sterbens' – gegenüber einem bloßen „Verenden" (ebd.) – blenden die Vertreter_innen eines ethischen Naturalismus jedoch auf methodischer Ebene ihre eigene zeitliche Positioniertheit aus. Sie übersehen, dass sie in Gestalt ihrer anthropologischen Theorien Akte philosophischer Selbsterkenntnis *inmitten des Lebens* und nicht an einem archimedischen Standpunkt der Wahrheitserkenntnis ausüben – und darin an eigene, sozio-kulturelle Vorannahmen gebunden sind, die auf ihre anthropologischen Theorien über die personale Form menschlichen Sterbens und damit zugleich auf ihre ethischen Theorien über gutes Sterben durchschlagen.[5] Gegenüber diesen substanzialistischen Ansätzen – eines biologistischen oder ethischen Naturalismus – verfügen Ansätze eines liberalen Individualismus (vgl. exemplarisch Bieri 2013, 346–373) über den Vorzug, um die Positionierung von Theorien des Guten im Leben zu wissen. Aus dieser Einsicht ziehen sie die Konsequenz, nicht das genuin menschliche Sterben, sondern selbstbestimmt gefällte Urteile über gutes Sterben zum normativem Maßstab zu erheben und ein gutes Sterben in einer Sterbensphase zu finden, die – wie Bieri schreibt – „zu dem Leben, das sie abschließt, *passen* sollte" (ebd., 347). In solchen positiven Ausdeutungen eines guten Sterbens nehmen sie das Wissen um die eigene Zeitlichkeit jedoch nicht ernst genug. Ihr Wissen von der Zeitlichkeit der Vorstellungen des guten Sterbens bleibt noch ein abstraktes,

---

„Normalitätstandard" menschlichen Lebens will sie im Weiteren zwischen solchen Formen des Sterbens und der Euthanasie unterscheiden, die den Sterbenden „zugute kommen", und solchen, die ihnen nicht „zugute kommen".

5 Gegenüber Spaemann ließe sich in diesem Sinne der Einwand erheben, dass er über keinen Erkenntnisstandpunkt verfügt, um allgemeingültiges Wissen über die Substanz des Mensch- bzw. Person-Seins zu erreichen – um in Anschluss daran das als „Akt der Hingabe des Lebens" (Spaemann 1996, 131) ausgeübte Sterben als ‚personales Sterben' auszuzeichnen und alle anderen Formen des Sterbens als bloßes „Verenden" (ebd.) aus dem Kreis des ‚personalen Sterbens' zu verbannen. Der Einwand, die Geschichtlichkeit der eigenen, anthropologischen Vorannahmen abzublenden, betrifft auch Philippa Foot: ihre Haltung, auf den „Normalitätstandard" (Foot 1990, 296) personalen Lebens als Maßstab zurückzugreifen, um die Frage rational zu entscheiden, ob Akte der Euthanasie den Sterbenden „zugute kommen" (ebd., 289). Es ist dunkel, von welchem Erkenntnistandpunkt aus sie Wissen über diese „Normalitätsstandards" menschlichen Lebens erreichen könnte, unterhalb derer ein menschliches Weiterleben keinen Wert mehr hätte. Angesichts der Grenzen der menschlichen Erkenntnis drängt sich der Eindruck auf, dass Foot und Spaemann ihre eigenen Werturteile über ein gutes Leben bzw. Sterben zum „Normalitätsstandard" (Foot 1990, 296) bzw. zum allein ‚personalen Sterben' erheben – und damit kein philosophisches Wissen, sondern allein ‚polemische Begriffe' im politischen Streit über gutes Sterben erreichen.

bloß „allgemeines Wissen" (vgl. Esser im vorliegenden Band), da die Vertreter_innen eines liberalen Individualismus die Zeitlichkeit auf der Ebene der inhaltlichen Ausdeutung des guten Sterbens berücksichtigen, nicht jedoch als methodische Herausforderung *an ihr eigenes Philosophieren* verstehen. Sie blenden das erkenntnistheoretische Problem ab, dass auch sie ihr Ideal eines guten, da authentischen Sterbens des ‚eigenen Todes' *inmitten* der Zeit entwerfen und damit im politischen Streit über gutes Sterben verharren – und kein philosophisches Wissen, sondern allein einen ‚politischen Begriff' des guten Sterbens erreichen. In all ihrer Unterschiedlichkeit teilen ‚präskriptive Ansätze' der philosophischen Sterbensethik mit anderen Worten die Schwäche, die Zeitlichkeit ihres eigenen Philosophierens mindestens auf methodischer Ebene nicht ernst genug zu nehmen – weshalb sie an der Erfüllung ihres gemeinsamen Anspruchs scheitern, allgemeingültiges *Wissen* zur Beantwortung der Fragen nach einem guten bzw. gelingenden Sterben zu vermitteln.

Der Umstand, dass sich die Gelingensfragen im Rückgriff auf Ansätze einer ‚präskriptiven' Ethik des Sterbens nicht rational beantworten lassen, ändert nichts an ihrer philosophischen Relevanz. Angesichts der Dringlichkeit, mit der die Fragen nach dem Gelingen des Sterbens in der Lebenswelt auftreten können, lassen sie sich nicht als leer oder irrelevant zurückweisen. Zugleich lassen sie sich auch nicht aus dem Bereich der philosophischen Ethik – in der nach *rationaler* Orientierung gestrebt wird – in den Bereich privater Meinungen oder in die Psychotherapie verbannen. Solch ein ‚philosophischer Bann' scheitert nicht zuletzt daran, seinerseits eine Spielart des liberalen Individualismus – dass jede_r nur selbst wissen könne, wie sie oder er sterben wolle – und damit eine ethische Position *im* Streit über gutes Sterben auszumachen. Da wir sie nicht losbekommen, gilt es die Vorannahme zu überdenken, dass eine rationale Auseinandersetzung mit diesen Fragen die Gestalt einer ‚präskriptiven Ethik' annehmen müsse. Meinerseits möchte ich für einen Perspektivwechsel in der Sterbensethik plädieren: von einem ‚präskriptiven' Typus zu einem ‚verstehenden' Typus der Sterbensethik. In Gestalt des von mir favorisierten, ‚verstehenden' Ansatzes ziehe ich die Konsequenz aus dem Wissen um meine eigene Zeitlichkeit bzw. um meine eigene geschichtliche Positionierung. In der Übernahme meiner eigenen Geschichtlichkeit nehme ich die skizzierten Fragen nach einem gelingenden Sterben nicht zum Ausgangspunkt, um allgemeingültiges Wissen zu ihrer Beantwortung zu erreichen. Vielmehr nehme ich mein Affiziert-Werden durch diese Fragen zum Ausgangspunkt, um ‚hinter' sie zurückzufragen und das *ethos* ins Auge zu fassen, für das diese Fragen zugänglich werden. Mir ist es mit anderen Worten nicht darum zu tun, eine bestimmte, existenzielle Grundhaltung im Sterben zum Sterben *durch rationale Überlegung* als Sterbensethos *anzuempfehlen,* das das individuelle Sterben gelingen lasse;

vielmehr ist es mir darum zu tun, das sozio-kulturell verankerte Sterbensethos zu *verstehen*, das wir ausüben, wenn wir uns von den Fragen nach einem gelingenden Sterben affizieren lassen und uns mit ihnen auseinandersetzen. Das gesuchte Sterbensethos finde ich in der existenziellen Grundhaltung eines Sterbens in – von Anderen getragener – Selbstliebe.

Normativ wird mein Ansatz einer verstehenden Liebesethik des Sterbens gerade in seiner geschichtlichen Positionierung.[6] Ich stelle mich darin nämlich nicht nur in eine geschichtliche Tradition, sondern positioniere mich mit meiner Deutung dieser Tradition im *gegenwärtigen Konflikt* über die ethische Grundhaltung, die unser Sterben *künftig* orientieren soll. Dabei ist es mir in diesem Konflikt um keinen bloßen Konservatismus zu tun: nicht um die Haltung, für das Sterbensethos einzutreten, an das ich mich kontingenterweise als mein eigenes *ethos* gebunden weiß. Vielmehr geht es mir im gegenwärtigen Konflikt um die künftige Gestalt unseres Sterbensethos darum, für eine bestimmte *Ausdeutung* unseres geschichtlich tradierten Sterbensethos Verantwortung zu übernehmen, die spezifische Formen der Orientierung, der Befreiung und der Sinnstiftung eröffnet. Dabei bietet der Ansatz einer positionierten, verstehenden Sterbensethik meines Erachtens – gegenüber den ‚präskriptiven Ansätzen' – auch den Vorteil, die Fragen nach dem Gelingen des Sterbens nicht zum Verschwinden zu bringen. Während es den präskriptiven Theorien mit ihren Versuchen zu allgemeingültigen Antworten nämlich um eine Auflösung der Gelingensfragen zu tun ist, halte ich sie für theoretisch unauflösbar und möchte mich zusammen mit dem Selbstliebeethos, das sich im Sterben von den Fragen nach seinem Gelingen affizieren lässt, auch für die existenzielle Relevanz ebendieser Fragen einsetzen. Gerade indem ich mich einer letztgültigen Beantwortung enthalte, kann ich die Gelingensfragen mit anderen Worten als Fragehorizont meiner eigenen, philosophischen Auseinandersetzung präsent halten.

Die verstehende Ethik eines Sterbens in Selbstliebe umfasst meinem Verständnis nach vier Erkenntnisschritte, die meinem Text seine Gliederung vorgeben. In einem ersten Schritt möchte ich auf das *ethos* der Selbstliebe blicken, zu dem das Sich-Ansprechen-Lassen durch und das Sich-Auseinandersetzen mitden Fragen nach dem Gelingen des Sterbens gehören. In einem zweiten Erkenntnisschritt- möchte ich das Verständnis des ‚personalen Sterbens' reflektieren, das der Selbstliebeethos in Anspruch nimmt, wenn er als Sterbensethos ausgeübt wird. In einem

---

6 In eine ähnliche Richtung weist der Ansatz einer „affirmativen Genealogie", den Hans Joas vertritt; vgl. Joas 2015, 147–203.

dritten Schritt werde ich nach den Funktionen fragen – Orientierung zu stiften und Potentiale der Freiheit und des Glücks zu eröffnen –, die das Sterbensethos der Selbstliebe dem personalen Sterben erfüllt. In einem vierten und letzten Schritt möchte ich schließlich auf den normativen Einsatz meiner Anstrengungen um eine positionierte, verstehende Sterbensethik zurückkommen.[7]

2 Das sozio-kulturelle *ethos* der Selbstliebe

Im ersten Schritt meiner Überlegungen möchte ich das *ethos* der Selbstliebe bergen, das ‚hinter' dem Sich-Ansprechen-Lassen durch die Fragen nach einem gelingenden Sterben steht, von denen ich in meinem Text ausgegangen bin. Zu diesem Zweck werde ich an diesem *ethos* auf sein geschichtliches Entstanden-Sein, seine inhaltliche Bestimmung, die Praktiken zu seiner Verwirklichung und auf seine Träger_innen blicken. Dabei nehme ich als ‚Vorverständnis' die Auffassung von Selbstliebe als einer *existenziellen Grundhaltung* bzw. als eines *ethos* in Anspruch, *das eigene Lieben zu lieben* (vgl. Frankfurt 2005, 92). In dieser Ausrichtung auf das eigene Lieben unterscheidet sich Selbstliebe von Eigenliebe, die Selbst- oder Idealbildern, eigenen Eigenschaften, Fähigkeiten gilt.

Als ein sozio-kulturell verankertes *ethos* ist die – sich gegen Eigenliebe abgrenzende – Selbstliebe geschichtlich entstanden. Sie speist sich aus der Tradition des ‚hörenden Herzens'. Die ersten Darstellungen des ‚hörenden Herzens' finden sich in der Bibel und bei den Kirchvätern, die sich ihrerseits wiederum – in ambivalenter Weise – auf die alt-ägyptische Herzensauffassung beziehen (vgl. Fuchs 1995; Seifert 1995; Assmann 1996). Seit seinen ersten biblischen Darstellungen werden an diesem *ethos* sowohl die prinzipielle Offenheit bzw. das existenzielle Sich-Öffnen für das individuell Aufgegebene als auch seine dialogische Anlage betont; in biblischer Terminologie: die Verschränkung von Selbst-, Gottes- und Nächstenliebe. Dabei wird das *ethos* des ‚hörenden Herzens' zugleich – im Sinne der begrifflichen Unterscheidung von Selbst- und Eigenliebe – von der Haltung eines ‚verstockten', ‚ruhelosen', ‚versteinerten' oder ‚in sich gekrümmten Herzens' unterschieden (vgl. Seifert 1995; Høystad 2006, 59–81). Die differenzierteste, philosophische Reflexion des *ethos* eines

---

[7] Eine ähnliche Verschränkung von Geschichtsphilosophie, Anthropologie und politischer Philosophie findet sich in dem Ansatz einer ‚Philosophischen Anthropologie', den Helmuth Plessner entwickelt hat; vgl. insb. Plessner 1981, 201–221. Um dessen Rekonstruktion bemühe ich mich in Mitscherlich 2007.

‚hörenden Herzens' als Selbstliebe leistet in der Moderne Max Scheler (vgl. Scheler 2000a, 353f.). Die Unterscheidung von Selbst- und Eigenliebe findet sich in der Neuzeit allerdings bereits – unter den Begriffen des ‚amour de soi-même' und des ‚amour-propre' – bei Jean-Jacques Rousseau (vgl. Rousseau 1971, 212: Fußnote).

Inhaltlich lässt sich die existenzielle Grundhaltung der Selbstliebe im Ausgang von ihrer Intentionalität erläutern: der Bejahung des eigenen Liebens. Unter dem ‚eigenen Lieben' – als dem Objekt der Selbstliebe – verstehe ich Ereignisse der Liebe.[8] Diese Ereignisse bilden meinem Verständnis nach spezifische Ereignisse der Begegnung: solche Begegnungen, in denen „das Wirkliche" – in den Worten von Robert Spaemann – für das liebende Subjekt „wirklich wird" (vgl. Spaemann 1989, 124f.). Auf Subjekt-Seite werden die Begegnungen der Liebe durch Akte des erotischen Sich-Öffnens für das Begegnende ermöglicht: für die entgegentretenden Wertverhalte bzw. – wie Max Scheler schreibt – für die „Welt [...] von ihrer Wertseite her" (Scheler 1927, 266).[9] Dass das Wirkliche in den Ereignissen der Liebe für das liebende Subjekt „wirklich wird", meint damit, dass das – sich erotisch öffnende – Subjekt in den Begegnungen der Liebe von den ihm entgegentretenden Wertverhalten affiziert wird. So verstehen und bejahen etwa Freund_innen einander in Begegnungen der Freundschaft wechselseitig in ihrem in sich wertvollen Person-Sein (vgl. Mitscherlich-Schönherr 2011a).

Im Ausgang von dem Verständnis des ‚eigenen Liebens' als Ereignissen der Liebe lässt sich nun Selbstliebe als *ethos* erläutern, die Ereignisse der Liebe – als ihr Objekt – zu lieben. Indem in Selbstliebe die Ereignisse der Liebe bejaht

---

[8] An dieser Stelle grenze ich mich von Frankfurt ab, der das ‚eigene Lieben', auf das sich die Selbstliebe bezieht, in subjektiven Akten des Sich-Sorgens finden will (vgl. Frankfurt 2005, 47). Um eine kritische Auseinandersetzung mit Frankfurts subjektivistischer Auffassung der Liebe, die ihn ganz von der Verfasstheit des Geliebten abstrahieren lässt, habe ich mich in meiner Habilitationsschrift bemüht; vgl. Mitscherlich-Schönherr 2019. Sein subjektivistisches Verständnis der Liebe erster Ordnung schlägt insofern auf sein Verständnis der Selbstliebe durch, als er letztere nur formal als ‚entschlossenes Lieben' auffassen kann: „Entschlossen zu sein *heißt*, sich selbst zu lieben" (Frankfurt 2005, 103). Er kann damit nicht zwischen ‚entschlossener' Eigenliebe und ‚entschlossener' Selbstliebe unterscheiden.

[9] Vorausgesetzt ist in dieser Auffassung, dass die konkreten Lebenssituationen, in denen wir uns leiblich vorfinden und in deren Horizont wir unser Leben Schritt für Schritt vollziehen, keine wertneutralen Sachverhalte, keine Ansammlung unzusammenhängender Daten darstellen. In diesem Sinne schreibt etwa Thomas Fuchs, dass „der wahrgenommene Umraum [...] niemals neutral [ist], sondern erfüllt von Anmutungen, ‚Aufforderungscharakteren' oder ‚Valenzen'" (Fuchs 2018, 194).

werden, wird das erotische Erleben in diesen Ereignissen als Lebensorientierung stiftende Erfahrung übernommen: von den begegnenden Wertverhalten individuell angesprochen und in konkrete Lebensakte – des Erleidens, Schauens, Genießens, Handelns – hineingezogen zu werden. Selbstliebe stellt sich damit als das *ethos* dar, die Ereignisse der Liebe als Orientierung stiftende Ereignisse zu bejahen und von ihnen her zu leben. In seiner Ausrichtung an den – in das Leben ‚einbrechenden' – Liebesereignissen grenzt sich das *rückhaltlose ethos* der Selbstliebe von der ‚Eigenliebe' ab: von der Haltung, das Leben im *Rückgriff* auf das Eigene, Alt-Vertraute – die eigenen ‚Lebensmuster', Werturteile, Lebenspläne – zu führen.[10] So kann in einem Leben in Selbstliebe etwa die leibliche Erfahrung, dass die eigenen Lebenskräfte versiegen, als konkrete Aufforderung verstanden werden, hier und jetzt vom eigenen Leben Abschied zu nehmen. Oder es kann – um ein weiteres Beispiel zu nennen – im Erleben einer schweren Erkrankung des Vaters das konkrete ‚Gebot der Stunde' erkannt werden, miteinander den – vielleicht: letzten – Erdbeerkuchen zu genießen. Im Sinne solcher konkreten Lebensorientierung unterstreicht Scheler, dass in den ‚Forderungen der Stunde', die das *ethos* der Selbstliebe übernimmt, die „individuelle Bestimmung" begegnet (vgl. Scheler 2000a, 353): das individuell, hier und jetzt aufgegebene Mensch-Sein.[11] Als Lieben des eigenen Liebens macht Selbstliebe folglich die existenzielle Lebenshaltung der Achtsamkeit aus, sich immer aufs Neue in die Ausübung des individuell aufgegebenen Mensch-Seins hineinziehen zu lassen, das in den konkreten ‚Forderungen der Stunde' begegnet.

Vor dem Hintergrund dieser Skizze seiner inhaltlichen Bestimmung möchte ich nun auf die Handlungen blicken, in denen das *ethos* der Selbstliebe im individuellen Leben ausgeübt wird. Ich finde sie in einer Praxis, die ich in Anschluss an einen – wirkmächtig von Ignatius von Loyola aufgegriffenen –

---

10 Zu der philosophischen Diskussion, die sich kritisch mit der von John Rawls aufgebrachten Vorstellung eines ‚Lebensplans' auseinandersetzt, den es – um willen eines gelingenden Lebens – zu verwirklichen gelte, vgl. Mitscherlich-Schönherr 2011b.
11 Die ‚individuelle Bestimmung' bzw. das individuell aufgegebene Mensch-Sein und das *ethos* der Selbstliebe stehen in unauflöslicher Korrelation. Nur für eine Haltung der Selbstliebe, die die Ereignisse des Liebens als ‚Orientierungsmarken' der Lebensführung übernimmt, werden die ‚Forderungen der Stunde' zugänglich, die sich an die Person in ihrer individuellen Besonderheit richten und in denen diese dem ihr individuell aufgegebenen Mensch-Sein begegnet. Propositionales Wissen lässt sich von der eigenen Bestimmung – etwa als ‚Philosophin' oder ‚Mutter' – nicht erreichen, da hierfür ein archimedischer Standpunkt der Wahrheitserkenntnis gefordert wäre, der inmitten des zeitlichen Lebens entzogen ist. Alle Versuche, Allgemeinaussagen über die eigene Bestimmung zu treffen, kippen deswegen notwendigerweise in Formen der Eigenliebe: in Idealbilder vom eigenen Selbst ohne Wahrheitswert.

Paulinischen Begriff als ‚Unterscheidung der Geister' bezeichnen möchte (vgl. 1. Kor 12,10; Ignatius 2015; Niederbacher 2019). Die Praxis, ‚die Geister' zu scheiden, ist von einer Einsicht in das Funktionieren der Lebensschemata getragen, die wir im Laufe unseres Lebens – verschränkt in unsere soziokulturelle Mitwelt – übernommen haben. Sie entspringt der Einsicht, dass die Lebensschemata, unter denen wir in der Gegenwart leben, zweifacher Natur sein können. Diese können Schemata formen, die uns dazu befähigen, uns für das uns hier und jetzt individuell Begegnende zu öffnen; sie können aber auch Schemata bilden, die uns in Werturteile, Ängste und Ressentiments verstricken, die wir in der Vergangenheit ausgebildet haben und uns in der Gegenwart gerade blind für das Begegnende machen. Diese Schemata werden als ‚Geister' in besagter Praxis geschieden. Dabei lässt sich in Anschluss an Ignatius lernen, dass das Unterscheiden auch leibliche und seelische Aspekte berücksichtigt (vgl. Niederbacher 2019): Stimmungen und leibliche „Resonanzphänomene" (vgl. Fuchs 2018, 232 f.), die ‚die Geister' begleiten, die hier und jetzt in uns wirken. Als Betätigung von Selbstliebe zeichnet sich das Unterscheiden nun dadurch aus, hier und jetzt – in den konkreten Lebenssituationen – das erotische Sich-Öffnen für das Begegnende zu bejahen und die eigenen Verstrickungen in Ängste und Ressentiments zurückzuweisen. Im Unterscheiden wird in den konkreten Lebenssituationen das *ethos* der Selbstliebe ausgeübt, ‚rückhaltlos' von den Ereignissen der Liebe her zu leben und die eigene Lebensführung immer aufs Neue an den konkreten ‚Forderungen der Stunde' auszurichten. Als ein eindrückliches Beispiel einer Handlung, im Sterben ‚die Geister' zu scheiden, ließe sich an die Akte denken, die persönlichen Dokumente, Unterlagen, Hinterlassenschaften und Beziehungen zu ordnen, die viele Menschen in Vorahnung ihres bevorstehenden Todes in ihren letzten Lebensmonaten ausüben.

Abschließend lassen sich nun sowohl die Form als auch die Träger_innen der Unterscheidungspraxis der Selbstliebe ins Auge fassen. Ich möchte dafür eintreten, dass es sich beim Unterscheiden in Selbstliebe von seiner formalen Anlage her um eine dialogisch ‚*geteilte*' Handlung handelt, die *Freund_innen* miteinander ausüben.[12] Dass das Unterscheiden in Selbstliebe nicht im Monolog praktiziert werden kann, zeigt ein Blick auf seine Subjekte bzw. Träger_innen. Im Monolog würde diese Praxis nämlich immer an einem bestimmten Punkt in einer individuellen Lebensgeschichte ausgeübt und

---

[12] Einen guten Überblick über die zeitgenössische Diskussion über die ‚geteilte Handlung' findet sich bei Schmid/Schweikard 2009; um ein theoretisches Verständnis der Freundschaft und deren Funktion für das Gelingen des individuellen Lebens habe ich mich in meiner Habilitationsschrift bemüht; vgl. Mitscherlich-Schönherr 2019.

bliebe damit notwendigerweise dem Geworden-Sein des- oder derjenigen verschuldet, der oder die sie ausübt: mitsamt all den Werturteilen, Ressentiments und Ängsten, die in der eigenen Vergangenheit ausgebildet worden sind. Positioniert an einem bestimmten Punkt in einer Lebensgeschichte liefe das monologische Unterscheiden damit immer Gefahr, sich in die Betätigung nicht von Selbst-, sondern von Eigenliebe zu verkehren: in ein Bejahen des Alt-Vertrauten und ein Zurückweisen der zugemuteten Erneuerungen durch das hier und jetzt individuell Geforderte. Der Gefahr unterliegt die Unterscheidungspraxis nicht, wenn sie im Dialog zwischen Freund_innen – an unterschiedlichen Orten und vor dem Hintergrund verschiedener Lebensgeschichten – ausgeübt wird. Zwischen Freund_innen formt das Unterscheiden eine dialogisch geteilte Praxis, in deren Betätigung die Freund_innen wechselseitig ihr Lieben mit-lieben: miteinander ihr liebendes Sich-Öffnen bejahen und ihre Verstrickungen in ihr Geworden-Sein zurückweisen. In diesem Sinne betont Scheler, dass es „sehr wohl sein [kann], daß ein anderer etwa meine individuelle Bestimmung adäquater erkennt, als ich sie selber erkenne; und es kann auch sein, daß mir ein anderer bei ihrer Verwirklichung tatkräftig mithilft, sie zu erreichen" (ebd., 352). In der Ausübung des dialogischen Mit-Liebens, in dem die Liebe zu sich selbst und zu den Anderen ineinandergreifen, setzen die Freund_innen einander wechselseitig immer aufs Neue dazu in Stand, die von ihnen individuell zu leistenden Unterscheidungsakte zu vollziehen: sich noch den eigenen Verstrickungen zu entwinden, die im ‚toten Winkel' ihrer monologischen Selbstverständigung stehen, und zusammen mit dieser erotischen Selbst-Entgrenzung das eigene, erotische Affiziert-Werden durch das hier und jetzt individuell Aufgegebene als Orientierungsereignis zu übernehmen. In der Lebensphase des Alters können wir beispielsweise verstrickt in berufliche Anerkennungskämpfe auf die Unterstützung durch Freund_innen angewiesen sein, um die ‚Zeichen der Zeit' zu verstehen, dass es hier und jetzt für uns individuell ansteht, unseren Ausstieg aus dem aktiven Berufsleben vorzubereiten und zu gestalten.

Zusammenfassend lässt sich am Ende dieses ersten Erkenntnisschritts Selbstliebe als das – in einer dialogischen Unterscheidungspraxis ausgeübte – *ethos* festhalten, von den Ereignissen der Liebe her zu leben und das darin individuell aufgegebene Mensch-Sein zu übernehmen. Offen ist damit an dieser Stelle noch, welche Funktion Selbstliebe dem Sterben leistet und welcher Status den – eingangs angeführten – Fragen nach einem gelingenden Sterben beim Unterscheiden im Sterben zukommt. Diesen Fragen sollen sich die beiden folgenden Abschnitte meines Aufsatzes annehmen.

3 Der ‚Reflexionsbegriff' des ‚personalen Sterbens', auf den sich Selbstliebe als Sterbensethos bezieht

Um die Funktion einzusehen, die Selbstliebe dem Sterben leistet, sei zunächst ein Blick auf das menschliche Sterben geworfen. Dabei stellt sich mir die Herausforderung, keinen ‚naturalistischen Überstürzungen' zu unterliegen und mit der Einsicht ernstzumachen, die ich gegenüber den substanzialistischen Ansätzen einer präskriptiven Sterbensethik geltend gemacht habe: dass wir inmitten des Lebens kein Wissen von der ‚eigentlichen' Natur unseres Sterbens ‚hinter' dessen sozio-kulturellen Erscheinungsweisen erreichen können. In der Auseinandersetzung mit der Verfasstheit des menschlichen Sterbens möchte ich dieser Anforderung entsprechen, indem ich meinen verstehenden Ansatz fortsetze – und in der Übernahme meiner geschichtlichen Gebundenheit an dieses *ethos* – nach dem Verständnis menschlichen Sterbens frage, das das Selbstliebeethos seinerseits bestimmt: nach dem anthropologischen ‚Reflexionsbegriff', den Selbstliebe ihrerseits in Anspruch nimmt, wenn sie menschliches Sterben anspricht.[13] Ich werde dafür eintreten, dass das Sterben bei der Ausübung von Selbstliebe als ‚personales Sterben' bzw. als Sterben ‚unter der personalen Lebensform' angesprochen wird.

Solch ein ‚verstehendes' Vorgehen, das die eigene Geschichtlichkeit bewusst übernimmt, läuft freilich immer Gefahr, in einen ‚Immanentismus' zu kippen: aus dem ‚Inneren' eines sozio-kulturell verankerten *ethos* zwar sowohl dessen ‚Reflexionsbegriff' des ‚Mensch-Seins' als auch die Funktionen einsehen

---

[13] Unter anderem greifen Theda Rehbock, Michael Quante, Oliver Müller und Daniel Kersting zur Bezeichnung des Status der ‚menschlichen Natur' in der biomedizinischen Ethik auf den Ausdruck des ‚Reflexionsbegriffs' zurück, den Kant von Begriffen abgrenzt, die dem Gegenstand entlehnt sind. In diesem von Kant geprägten Verständnis fordert Rehbock, „den Personbegriff als anthropologischen Reflexionsbegriff [zu] verstehen, der sich nicht in einem *ontologischen* Sinne (direkt) auf die aktuellen oder potentiellen *Eigenschaften* bezieht, sondern in einem *transzendentalen* Sinne auf den *begrifflich-kategorialen Rahmen* oder auf die *begriffliche Grammatik* (Wittgenstein) unserer Erfahrung bzw. unserer Rede von uns selbst." (Rehbock 2005, 295; vgl. auch Quante 2006, 129 ff.; Kersting 2017, 162 f.). Analog dazu greifen Volker Schürmann und Matthias Wunsch auf den von Helmuth Plessner geprägten Ausdruck des ‚Prinzips der Ansprechbarkeit' zur Bezeichnung des begrifflichen Schemas zurück, „das immer schon in Gebrauch ist, wenn man den Menschen wohlbestimmt als Menschen anspricht" (Schürmann 1997, 348). Dieses ‚Prinzip der Ansprechbarkeit' grenzt Wunsch von dem ‚Konstitutionsprinzip' ab, das „bestimmen [würde], was den Menschen allererst zum Menschen macht" (Wunsch 2014, 222).

zu können, die die ethische Grundhaltung den eigenen Vorstellungen und Praktiken des ‚Mensch-Seins' leistet – nicht mehr jedoch den Bezug zum *tatsächlich* stattfindenden Mensch-Sein ins Auge fassen zu können. Es läuft mit anderen Worten Gefahr, im Eigenen zu kreisen, sich gegen jedes ‚außen' abzuriegeln und sich damit zugleich gegen jede Überprüfung am *tatsächlich* zu durchlebenden Mensch-Sein zu immunisieren. Dieser Gefahr möchte ich abermals nicht durch Flucht in Naturalismen, sondern ‚von innen' aus dem Horizont der sozio-kulturell vermittelten Erscheinungen menschlichen Sterbens begegnen. Um mich idiosynkratischen Vorstellungen zu entwinden, greife ich bei der Rekonstruktion des ‚Reflexionsbegriffs' ‚personalen Sterbens' zunächst auf das Wissen über menschliches Sterben zurück, das gegenwärtig interdisziplinär zur Verfügung steht.[14] Für sich genommen kann solch eine Haltung der Wissenschaftlichkeit eine ideologische Schließung des rekonstruierten Begriffs jedoch nicht verhindern. Auch ein von den interdisziplinären Debatten informierter Begriff kann geteilten Vorurteilen verpflichtet bleiben und auf diese Weise den Bezug zum bzw. den Blick auf das tatsächliche Sterben gerade verstellen. Die Gefahr einer ideologischen Schließung muss meines Erachtens vielmehr darüber hinaus auch bei der inhaltlichen Rekonstruktion des in Anspruch genommenen ‚Reflexionsbegriffs' gebannt werden. Am rekonstruierten Begriff des ‚personalen Sterbens' muss sich mit anderen Worten sein Bezug zum tatsächlichen Sterben aufweisen lassen. Um dieser Anforderung zu entsprechen, möchte ich den ‚Reflexionsbegriff' des ‚personalen Sterbens' nicht isoliert, als abstrakten Begriff, sondern vielmehr als angewendeten, in Lebenszusammenhänge eingebetteten Begriff ins Auge fassen: als einen Begriff, der im Unterscheiden in Selbstliebe verwendet wird. Im Unterscheiden wird der Begriff des ‚personalen Sterbens' nicht in Anspruch genommen, um „allgemeines Wissen" von menschlichen Sterben überhaupt, sondern vielmehr um „praktisches Wissen" (vgl. Esser im vorliegenden Band) von dem tatsächlichen Sterben zu erreichen, dem die Subjekte dieser Praxis hier und jetzt ausgesetzt sind. Innerhalb der Praxis, ‚die Geister' zu unterscheiden, die in den konkreten Situationen in uns wirken, ist es wiederum nicht Zweck des besagten Begriffs, das tatsächliche Sterben anzueignen und in die eigene Lebensführung zu integrieren, sondern in seiner Unvorhersehbarkeit und Unvordenklichkeit zu erfassen. Um bei meiner Rekonstruktion ideologische Schließungen zu vermeiden, möchte ich mit

---

14 In eine ähnliche Richtung weist meines Erachtens die Forderung, in einen ‚anthropologischen Reflexionsbegriff' das zu „integrier[en], was wir aus der historischen Erfahrung über die ‚Natur des Menschen' wissen", die Dieter Birnbacher an eine Ethik richtet, die „eine Chance [haben soll], die konkrete Wirklichkeit zu prägen und nicht nur Bildungsgut zu bleiben" (Birnbacher 2008, 66).

anderen Worten einsehen, inwiefern sich der Begriff des ‚personalen Sterbens' von seiner inhaltlichen Anlage her dazu eignet, die Funktion zu erfüllen, die ihm das Unterscheiden selbst zuspricht: in den konkreten Sterbenssituationen zum Verständnis des tatsächlichen Sterbens in seiner Unvorhersehbarkeit und Unvordenklichkeit zu befähigen. Meines Erachtens kann der Begriff des ‚personalen Sterbens' diesem Anspruch genügen, da er sich inhaltlich als ein integrativer, in sich gebrochener Begriff rekonstruieren lässt. Diese These möchte ich im Folgenden näher ausführen.

Als ein integrativer, in sich gebrochener Begriff lässt sich ‚personales Sterben' in Anschluss an zeitgenössische Ansätze zu einer Thanatologie in der Tradition von Helmuth Plessners ‚Philosophischer Anthropologie' erläutern (vgl. insb. Krüger im vorliegenden Band; Kersting 2017). Dabei wird ‚personales Sterben' als Sterben unter der ‚personalen Form' des Lebens verstanden; und die ‚personale Form', unter der gelebt und gestorben wird, wird wiederum als ein heterogenes Verhältnis gedeutet, das Menschen inmitten *und* jenseits ihres eigenen Körperleibs zu sich und dem Widerfahrenden einnehmen (vgl. Plessner 1975, 288–308; Krüger 2017, 180–185). Sterben unter der ‚personalen Lebensform' wird negativ von reduktionistischen Vorstellungen abgegrenzt, die es auf den körperlichen Verfall, auf das seelische „Vorlaufen" in den Tod (vgl. Heidegger 1993, 266) oder auf den geistigen „Akt der Hingabe des Lebens" (Spaemann 1996, 131) reduzieren.[15] Jenseits solcher Reduktionismen wird es vielmehr in seiner ‚Doppelaspektivität' als ein ‚integrativer' Sterbensprozess angesprochen (vgl. Kersting 2017, insb. 294f.; 301ff.): als ein integrativer Sterbensprozess, der mit Anderen in *und* außerhalb des eigenen Körperleibs erlitten, durchlebt und gestaltet wird. ‚Personales Sterben' wird dergestalt nicht nur als „funktionale biologische Desintegration" (Eckart 2012, 19) erklärt, sondern zugleich auch als leibliches und seelisches Erleben der Sterbenden verstanden. In leiblicher Hinsicht wird es als Erleben des Niedergangs der eigenen Lebenskräfte ins Auge gefasst, das sich am ‚Befinden' des Siechtums entzündet, in dem die organische Desintegration ‚gesamtleiblich' zum Ausdruck kommt (vgl. Fuchs 2018, 216). In seelischer Hinsicht wird es als Hineingerufen-Werden in den Abschied vom eigenen Leben (vgl. Theunissen 1991, 211ff.) in den Blick genommen: als ein Aufgefordert-Werden zum Abschied, der von den Erfahrungen ausgeht, dass die eigene Lebensgegenwart zwischen der wachsenden Vergangenheit und der schrumpfenden Zukunft „zusammengepreßt" (Scheler 2000b, 20) werde. Dabei

---

15 Eine ausführliche Kritik an dualistischen – biologistischen oder mentalistischen – Ansätzen des Todes aus der Perspektive von Helmuth Plessner leistet Daniel Kersting; vgl. Kersting 2017, 51–132.

kann der Abschied vom Leben sowohl den Abschied vom Leben als Ganzen als auch unterschiedliche ‚Einzelabschiede' von einzelnen Aspekten und Phasen des eigenen Lebens meinen. Und in geistiger Hinsicht wird das Sterben unter der ‚personalen Lebensform' als Sterben von den Anderen her, in den Anderen und mit den Anderen reflektiert. In den dialogischen Nahbeziehungen wird es sowohl als Sterben in den Anderen als auch als das Gestorben-Werden durch die Anderen verstanden: als Sterben in unseren Vorfahren – insbesondere als das Sterben als Kinder und Enkel im Sterben unserer Eltern, Großeltern – sowie als das Gestorben-Werden durch unsere Hinterbliebenen sowie die nachfolgenden Generationen in Gestalt von Beerdigung, Totengedenken und Vergessen-Werden (vgl. insb. Rehbock 2012; Kersting 2017, 209–227; Wils im vorliegenden Band). In sozio-kultureller Hinsicht wird das ‚personale Sterben' schließlich als gemeinsames Sterben begriffen, das wir miteinander in Form von geteilten Bildern und Rollen des Sterbens und des Todes gestalten. Im Unterschied zu reduktionistischen Verkürzungen wird im Unterscheiden in Selbstliebe ‚personales Sterben' folglich in seiner körper-leiblich-seelisch-geistigen Vielschichtigkeit angesprochen. In dieser Adressierung wird nicht nur die Unergründlichkeit ‚personalen Sterbens' gegenüber ideologischen Verkürzungen offen-, sondern damit zugleich auch die Fremdheit des Todes festgehalten: des Todes, der dem Leben weder zugehört, noch in ihm angeeignet werden kann, sondern dessen Sich-Ereignen am Ende des Lebens im Sterben allein vorbereitet wird (vgl. Krüger und Schumacher im vorliegenden Band).

In seiner Komplexität integriert der Begriff des ‚personalen Sterbens' nicht nur die unterschiedlichen Aspekte, in denen Personen miteinander sterben. In diesem Begriff wird zugleich die Heterogenität der unterschiedlichen Aspekte des Sterbens festgehalten. Das Sterben wird als ein Prozess begriffen, dessen Richtung durch keine seiner einzelnen Aspekte festgelegt ist: weder durch die biologischen Prozesse der organischen ‚Desintegration', noch durch das leiblich oder seelisch unmittelbar durchzumachende Erleben – des Niedergangs der eigenen Lebenskräfte oder des Hineingerufen-Werdens in Akte des Abschieds –, noch durch sozio-kulturelle Bilder und Rollen guten Sterbens. In seiner Heterogenität wird das Sterben inmitten *und* jenseits des je eigenen Körperleibs vielmehr gegenüber begrifflichen Bestimmungen offengehalten, die notwendigerweise einseitig bzw. reduktionistisch sind. Das ‚personale Sterben' wird damit als ein rückhaltloser Prozess konzeptualisiert, den es nur in individueller Gestalt ‚gibt': als der besondere Sterbensprozess, der pathisch zu durchleiden und aktiv mitzuvollziehen ist und in dessen konkreten Sterbenssituationen die Prinzipien und Schemata ergriffen werden, die ihn orientieren. In eben dieser Rückhaltlosigkeit kann das individuelle Sterben von den – eingangs erwähnten – Gelingensfragen eingeholt werden.

Vor dem Hintergrund dieser inhaltlichen Rekonstruktion des ‚personalen Sterbens' als eines vieldimensionalen, rückhaltlosen Sterbens in individueller Gestalt möchte ich nun zur Verwendung dieses Begriffs in der Ausübung von Selbstliebe zurückkommen. Jetzt lässt sich verstehen, inwiefern dieser Begriff der Unterscheidungspraxis als Prinzip dient, um inmitten der konkreten Sterbenssituationen das tatsächliche Sterben in seiner Unvorhersehbarkeit und Unvordenkbarkeit zu adressieren. In seiner Heterogenität unterläuft dieser Begriff nämlich nicht nur ideologische Schließungen: die Verabsolutierungen von einzelnen Aspekten des körperlichen oder seelischen Sterbens zur Substanz oder Bestimmung ‚personalen Sterbens', die den Zugang zu allen anderen Aspekten des menschlichen Sterbens verstellen. Indem er inhaltlich die Substanz des ‚personalen Sterbens' gegenüber theoretischen Festlegungen offenhält, kann dieser Begriff als Instrument des Sich-Öffnens fungieren, das den Zugang zum widerfahrenden Sterben erschließt. Dergestalt kann er der Unterscheidungspraxis als Instrument dienen, um das tatsächliche, sich in konkreten Sterbenssituationen ereignende Sterben zu erfassen: das tatsächliche Sterben, das den Subjekten dieser Praxis hier und jetzt widerfährt und in dem sie den konkreten Anforderungen begegnen, die ihren Mitvollzug des Sterbens orientieren. In seiner integrativen Anlage öffnet der Begriff des ‚personalen Sterbens' den Blick dabei für das gesamte Spektrum des in den konkreten Sterbenssituationen widerfahrenden und – in Akten des Erleidens, Genießens, Schauens, Handelns – mitzuvollziehenden Sterbens vom Sterben in Anderen über das Sterben als öffentlicher und privater Person bis hin zum körper-leiblichen Sterben. Damit lässt sich nun schließlich auch verstehen, dass das Sterben einer Haltung der Selbstliebe seinerseits als konkrete Forderung der Stunde begegnen kann. Indem sich die Subjekte des Unterscheidens nämlich mit Hilfe des ‚Reflexionsbegriffs' des ‚personalen Sterbens' inmitten des Sterbens für das Erleben des tatsächlichen Sterbens öffnen, ‚gilt' das Sterben, das sie erfahren, ihnen selbst. In Gestalt des tatsächlichen Sterbens verstehen sie ‚ihr' Sterben: das Sterben, das sie miteinander erleiden und deren Mitvollzug und Gestaltung ihnen aufgegeben ist.

4 Das vom dialogischen *ethos* der Selbstliebe orientierte Sterben

Vor dem Hintergrund ihres ‚Reflexionsbegriffs' des ‚personalen Sterbens' möchte ich Selbstliebe nun als *ethos* in den Blick nehmen, das im Sterben ausgeübt wird. Dabei ist es mir – dies sei nochmals betont – nicht darum zu tun, Selbstliebe als

Sterbensethos durch rationale Argumentation anzuempfehlen: als ein *ethos*, das es anzunehmen gelte, *damit* das eigene Sterben gelinge. Solch ein Vorgehen entbehrte nämlich nicht nur – wie zu Beginn meines Aufsatzes erwähnt – eines allgemeingültigen Maßstabs des Gelingens; indem es Selbstliebe auf ein Instrument für gelingendes Sterben reduzierte, wirkte es darüber hinaus zugleich an deren Zerstörung als Sterbensethos mit. Demgegenüber möchte ich mich weiterhin normativer Ansprüche enthalten und in Fortsetzung meines verstehenden Ansatzes ‚von innen' heraus nach den genuinen Funktionen fragen, die dieses Sterbensethos dem individuellen Sterben von Personen leistet. Genauer möchte ich im Folgenden zunächst die ‚Unterscheidung der Geister' als Praxis der Sterbensorientierung skizzieren, um in Anschluss daran die Freiheits- und Gelingenspotentiale zu reflektieren, die diese Sterbensorientierung vermittelt.

Blicken wir also zunächst auf das Unterscheiden als Praxis der Orientierung des Sterbens im Sterben. Als Sterbensethos zielt diese Praxis auf die Unterscheidung zwischen den Lebensschemata, die die konkreten Situationen des Sterbens ordnen: zwischen den Schemata, unter denen sich Sterbende – unterstützt von Anderen – für die Gebote der Stunde öffnen, die ihnen hier und jetzt begegnen auf der einen Seite, und den Schemata auf der anderen Seite, unter denen sie sich ihren Verstrickungen in Werturteile über ein gutes Sterben, in Ängste und Ressentiments überlassen.[16] Im Unterscheiden werden die verschiedenen Affektionen, die die konkreten Sterbenssituationen durchherrschen, in ihrem erotischen Status untersucht, übernommen bzw. zurückgewiesen. Das Unterscheiden in Selbstliebe kann in den unterschiedlichen Phasen eines besonderen Sterbensprozesses dazu befähigen, im Geflecht

---

16 Im Sinne des ‚Ausscheidens' der Idealbilder guten Sterbens ist ein Sterben, in dem ‚die Geister' in Selbstliebe unterschieden werden, ein ‚Sterben ohne Leitbild', wie dies Daniel Kersting in der zeitgenössischen Diskussion fordert (vgl. Kersting 2017). Kersting deutet ein ‚Sterben ohne Leitbilder' als ein ‚reflektierendes Urteilen' im Sterben, in dessen Vollzug immer aufs Neue die Zementierung von ‚Leitbildern' unterlaufen werde (vgl. ebd., 301ff.). Meines Erachtens stößt diese Deutung auf zwei Grenzen. Zum einen kann Kersting mit seiner Deutung als ‚reflektierendes Urteilen' Formen eines sub-rationalen Unterlaufens von ‚Zementierungen' nicht in den Blick nehmen, die Sterbende bis zuletzt zusammen mit Sterbebegleiter_innen ausüben können. Zu denken wäre in diesem Zusammenhang etwa an Fälle dementieller Erkrankung, in denen die Sterbende – unterstützt von Anderen – das unter Umständen lang gehegte ‚Leitbild' eines ‚selbstbestimmten Sterbens' fahrenlassen. Zum anderen kann Kersting mit dieser Deutung, den positiven Aspekt einer Sterbensorientierung nicht ins Auge fassen, der mit einem ‚Ausscheiden' von ‚Leitbildern' im Kontext der Unterscheidungspraxis einhergeht: die erotischen Begegnungen als Orientierungsereignisse zu bejahen, denen wir zuteilwerden, da wir nicht nur urteilende Subjekte, sondern zugleich auch leiblich verfasste und erotisch ansprechbare und angesprochene Personen sind.

verschiedenster Anforderungen den Aufruf zum Sterben überhaupt zu hören,[17] oder den Aufruf zu einer besonderen Gestalt des Sterbens zu verstehen und ihm zu entsprechen.

Der Aufruf zum Sterben, der im Unterscheiden allererst hörbar wird, kann die unterschiedlichen Aspekte und Phasen des Sterbens betreffen. Menschen, die sich – unterstützt von Anderen – für das ihnen Begegnende öffnen, können sich durch das bevorstehende Sterben der Großeltern oder Eltern dazu aufgefordert erfahren, ihrerseits Abschied von zentralen Aspekten ihres Lebens zu nehmen: vom eigenen Leben als Enkelkind, Tochter oder Sohn, das ihnen – mindestens in der bisher ausgeübten Weise – mit dem Ableben der Großeltern oder Eltern unwiederbringlich verloren geht. Dabei kann das Unterscheiden etwa die Gestalt annehmen, sich im Kräftediagramm aus beruflichen und familiären Verpflichtungen dem Mühlrad der Alltagsgeschäfte zu entwinden und im Siechtum des eigenen Vaters das Gebot der Stunde zu verstehen, dessen Sterben mitzusterben. Angesichts einer anstehenden Verrentung können sich Menschen – die sich öffnen – darüber hinaus herausgefordert erleben, ihr berufliches bzw. öffentliches Leben aufzugeben. Dabei können diese Aufrufe zum Abschied-Nehmen einhergehen mit Aufrufen zur Neuausrichtung des eigenen Lebens innerhalb der verbleibenden Möglichkeiten. Und schließlich können sich sowohl die Sterbenden – durch das Versiegen der eigenen Lebenskräfte – als auch ihre Angehörigen – durch das Ableben der Verstorbenen – aufgefordert erfahren, vom Leben als Ganzen Abschied zu nehmen.

Neben dem Aufruf zum Sterben überhaupt, kann im Unterscheiden auch die Vielzahl von Gestalten, Formen und Rollen gehört werden, in denen im Laufe des Sterbensprozesses zu sterben ist. Dabei kann die Unterscheidungspraxis an den Gelingensfragen ansetzen, von denen ich ausgegangen bin. Ebenso wie alle anderen Forderungen, denen sich Sterbende in den konkreten Situationen ihres Sterbens ausgesetzt erfahren, werden die Gelingensfragen im Unterscheiden in Bezug auf die Quellen untersucht, aus denen sie sich speisen. Diese Praxis beantwortet die genannten Gelingensfragen folglich mit anderen Fragen: „Was sind das für Ansprüche, die hier und jetzt an mich bzw. an uns ergehen? Werde ich, werden wir in Gestalt dieser Ansprüche in das mir bzw. uns aufgegebene Sterben hineingezogen? Oder unterliege ich darin nur den Konsequenzen meines eigenen Geworden-Seins: den Verpflichtungen, die aus bestimmten Idealen des Sterbens resultieren, die ich – z. T. sozio-kulturell vermittelt – in der Vergangenheit ausgebildet habe? Wenn ich z. B. wünsche, angesichts seines

---

[17] In diesem Sinne befähigt Selbstliebe jenseits des ‚allgemeinen Wissens' über die menschliche Sterblichkeit zum ‚praktischen Wissen' vom individuell aufgegebenen Sterben (vgl. Esser im vorliegenden Band).

herannahenden Todes Konflikte aus der Vergangenheit mit meinem im Sterben liegenden Vater noch einmal anzusprechen, werde ich dann von den immer selben Mechanismen getrieben, in die wir seit langem miteinander verstrickt sind? Oder begegne ich darin einem Gebot der Stunde, dem ich zu entsprechen habe – wenn ich mir und uns nicht untreu werden will?" Die Unterscheidungspraxis vermittelt folglich Orientierung im Sterben, indem sie die Gelingensfragen nicht theoretisch beantwortet, sondern ‚hinter' sie zurücktritt, ihren erotischen Quellen nachspürt – um das im Augenblick Gebotene aus ihnen herauszuhören und Schritt für Schritt von den Ereignissen der Liebe her zu sterben.[18]

In der Ausübung dieses *ethos* der Achtsamkeit sind Sterbende in den verschiedenen Phasen ihres individuellen Sterbens auf die Unterstützung durch Andere – insbesondere durch Freund_innen, Angehörige, Arbeitskolleg_innen sowie durch Vertreter_innen der Gesundheitsberufe – angewiesen (vgl. Bausewein, Hilt, Kruse im vorliegenden Band). Sie können der Anderen bedürfen, um ihr Hineingerufen-Werden in die unterschiedlichen Abschiede, die anstehenden Neuausrichtungen ihres Lebens im Sterben zu verstehen, mitzuvollziehen und zu gestalten, oder sich auch nur für das emotionale Erleben der Wertverhalte zu öffnen, die ihnen hier und jetzt in einzelnen Augenblicken des Sterbens entgegentreten. Dabei kann die Unterstützung durch Andere das ganze Spektrum vom freundschaftlichen Rat über Da-Sein und Mit-Durchleben, die Körperpflege und die Organisation des

---

18 In ihrer Betonung des Sich-Ausrichtens an sinnstiftenden Ereignissen mag meine Deutung eines Sterbens in Selbstliebe an das „mystische" Sterbensethos erinnern, für das sich Ernst Tugendhat einsetzt (vgl. Tugendhat 2003, 88–110; 2006). Auch Tugendhat unterstreicht an dem uns sozio-kulturell zur Verfügung stehenden Sterbensethos die Hingabe. Im Unterschied zu mir deutet er letztere allerdings als Hingabe an die eigene Vernichtung im Sterben (vgl. Tugendhat 2003, 107). Für solch eine mystische Haltung werde gerade in der Vernichtung des eigenen, selbstbestimmt geführten Lebens ein Sinn erfahrbar, der nicht selbst hervorgebracht, nicht selbst hervorzubringen sei (vgl. Tugendhat 2006, 52). Das Problem von Tugendhats *ethos* der Mystik besteht meines Erachtens in seinem Tragizismus. Inmitten des Lebens kennt Tugendhat allein eine Haltung der „Selbstzentiertheit" (Tugendhat 2006, 53) bzw. „Egozentrizität" (Tugendhat 2003, 108): eine Haltung der Eigenliebe, ‚hinter' die alltäglichen Einzelbelange zurückzutreten, um – im Rückgriff auf Werturteile bzw. Ideale des guten Lebens – dem Leben als Ganzen Bedeutung zu verleihen (vgl. ebd., 46–64; 88–108). Eine Überwindung der ‚Selbstzentrierung' wird für Tugendhat allein von der Zerstörung der menschlichen Lebensführung durch den unmittelbar bevorstehenden Tod möglich gemacht. Als Bedingung der Möglichkeit, widerfahrenden Sinn zu erleben, willige das mystische Sterbensethos in die individuell bevorstehende Zerstörung ein. Mit dieser ‚Feier der Zerstörung' bleibt Tugendhat jedoch nicht nur der Blindheit für Selbstliebe inmitten des Lebens verschuldet, die er – begrifflich – mit Eigenliebe gleichsetzt (vgl. Tugendhat 2006, 52); mit seiner Verengung der Hingabe an Sinnereignisse auf die Hingabe an die eigene Zerstörung hypostasiert er den Tod damit zugleich zur Quelle alles widerfahrenden Sinns.

Lebensalltags bis hin zur Stellvertretung bei Entscheidungen über therapeutische Behandlungsoptionen am Lebensende umfassen. Mindestens in einer Hinsicht werden wir alle am Ende des Lebens auf das Lieben unseres Liebens durch Andere angewiesen sein: bei der Ausübung unseres ‚Gestorben'- bzw. ‚Verabschiedet-Werdens': des Abschieds von dem besonderen Leben, das wir nach unserem Ableben gelebt haben werden (vgl. Jean-Pierre Wils im vorliegenden Band). Auch wenn uns die Fragilität im Sterben in besonderer Weise auf die Unterstützung durch Andere angewiesen sein lässt, sollte vor dem Hintergrund meiner bisherigen Überlegungen zugleich deutlich geworden sein, dass sich die Angewiesenheit auf Andere bei der Ausübung von Selbstliebe im Sterben gegenüber früheren Lebensphasen allein graduell, nicht jedoch prinzipiell unterscheidet.

Im Ausgang von ihrer Orientierungsfunktion lassen sich nun die Freiheits- und Glückspotentiale einsehen, die das Unterscheiden im Sterben eröffnet. Indem das individuelle Sterben in den konkreten Sterbenssituationen unterstützt von Freund_innen immer aufs Neue an dem hier und jetzt Gebotenen orientiert wird, ist es in einem spezifischen Verständnis selbstbestimmt und von Sinn erfüllt: nämlich bestimmt und erfüllt von der besonderen Bestimmung bzw. dem besonderen Selbst- oder Mensch-Sein, um die bzw. um das es individuell in diesem Augenblick geht. Dabei hat die Selbstbestimmung, die das Unterscheiden in Selbstliebe dem Sterben eröffnet, nichts mit aktiver Lebensplanung zu tun – die in der Konfrontation mit dem Tod notwendigerweise zu kurz greifen muss (vgl. Schumacher im vorliegenden Band). Seine Selbst-Bestimmung findet dieses pathische *ethos* der Selbstliebe nicht im Bestimmen über das eigene Sterben, sondern im Sich-Formen-Lassen durch das Mensch- oder Selbst-Sein, das in den einzelnen Situationen des Sterbens in Gestalt von konkreten ‚Geboten' aufgegeben ist. Dergestalt ist diese Form der Selbst-Bestimmung auch nicht von der Fähigkeit der Sterbenden abhängig, sich auf sich selbst beziehen zu können. Wenn Sterbende von Anderen im Lieben ihres Liebens ausreichend und richtig unterstützt werden, dann können sie vielmehr bis zuletzt und über den möglichen Verlust ihrer Fähigkeit zu aktiver Selbstbestimmung hinaus von dem ihnen hier und jetzt aufgegebenen Mensch-Sein her leben: in Ausübung der Akte des Erleidens, Genießens, Handelns oder Schauens, um die es für sie hier und jetzt geht (vgl. Kruse im vorliegenden Band). Analog dazu ist der widerfahrende Sinn, von dem sich das Sterben in Selbstliebe erfüllt erfahren kann, von den Bedeutungen zu unterscheiden, die im Laufe des Lebens als ‚eigenes Mensch-Sein' bzw. als eigene ‚Lebensmuster' hervorgebracht werden – und die notwendigerweise am eigenen Anspruch scheitern müssen, noch das Leben zu erfüllen, *in* dem sie hervorgebracht werden (vgl. Spaemann 1996, 127 f.). Im Unterschied zur Verwirklichung eines Sterbensplans vermittelt das Unterscheiden in Selbstliebe dem Sterben ein ‚kairotisches' Gelingen im Augenblick: das Erfüllt-Werden von konkreten

Wertverhalten, die hier und jetzt begegnen und den Sterbenden in ihrer individuellen Besonderheit gelten. Dabei wird das ‚kairotische' Gelingen des Sterbens nicht *direkt* als Zweck verfolgt.[19] Die Erfüllung der Gegenwart macht vielmehr ein ‚Beiwerk' aus. Sie stellt das sich im Unterscheiden ‚nebenbei' ein, das seinerseits darauf ausgerichtet ist, das individuelle Sterben an den konkreten Ereignissen des Liebens auszurichten: am Affiziert-Werden von konkreten Forderungen der Stunde, sowohl unterschiedliche Formen des Abschieds zu nehmen als auch seelisch oder leiblich präsente Wertverhalte etwa der Schönheit eines gehörten Musikstücks, des Angenehmen einer gespürten Berührung oder des Wohlgeschmacks einer verkosteten Speise zu erleben bzw. zu genießen (vgl. Kruse im vorliegenden Band).[20] Zusammenfassend lässt sich damit festhalten, dass das sozio-kulturelle *ethos* eines Sterbens in Selbstliebe, Sterben in seiner tatsächlichen Gestalt adressiert und Sterbenden die Freiheitsspielräume eröffnet, in der Gegenwart nicht bedingt durch das eigene Geworden-Sein, sondern orientiert vom eigenen Lieben – und dergestalt selbstbestimmt und eingelassen in Sinnzusammenhänge – zu sterben.

Zum Schluss sei ein kurzer Ausblick auf die politische Ordnung des gesamtgesellschaftlichen Gefüges geworfen, die ein Sterben in geteilter Selbstliebe seinerseits trägt. Dass eine verstehende Sterbensethik sich einer politischen Theorie über die gesamtgesellschaftlichen Bedingungen nicht enthalten kann, unter denen tatsächlich gestorben wird, schuldet sich dem Umstand, dass Sterbende und deren Begleitpersonen miteinander nicht im ‚luftleeren Raum' sterben: nie *nur* Sterbende bzw. *nur* Sterbebegleiter_innen, sondern immer auch Andere und Anderes sind. Sowohl die Weisen, in denen über Sterben und gutes Sterben gesprochen wird, als auch die gesellschaftlichen Verhältnisse, unter denen gestorben wird, können die Macht entwickeln, ein Sterben in dialogisch geteilter Selbstliebe zu behindern oder zu verstellen. Das dialogische Sterbensethos der Selbstliebe kann nicht nur von einer politischen Ordnung, die von Krieg und Verfolgung geprägt ist, sondern auch von sozio-kulturellen Normen des Sterbens sowie von Formen gesamtgesellschaftlicher Entsolidarisierung bedroht werden. Positiv gewendet heißt dies, dass Sterbende – damit sie

---

19 In dem Moment, in dem die ‚kairotische Erfüllung' direkt verfolgt wird, schlägt Selbstliebe dagegen in Eigenliebe um, die in der ‚Erfüllung' ihr Ideal guten Lebens findet und der es in ihrer Lebensplanung darum zu tun ist, dieses Ideal – um willen des Gelingens ihres Lebens – im Leben zu realisieren.

20 In seiner Orientierung an den Begegnungen der Liebe enthält sich das Selbstliebethos nicht nur der Lebensplanung, sondern damit zugleich auch deren Kategorien des ‚Fertig-Werdens', ‚Unfertig-Bleibens' bzw. der ‚Fragmentierung'; zur Kritik an diesen Begriffen vgl. Wittwer im vorliegenden Band.

unterstützt von ihren Anderen von den Ereignissen der Liebe her sterben können – auf eine politische Ordnung des gesamtgesellschaftlichen Gefüges angewiesen sind, die sie zur Ausübung dieses Sterbensethos befähigt (vgl. Nussbaum 2010, 218-309). Ohne dies im Rahmen des vorliegenden Aufsatzes näher ausführen zu können, sei darauf hingewiesen, dass diese Ausgestaltungen einer Kultur der Sorge um sich selbst und die Anderen das gesamte Spektrum des gesamtgesellschaftlichen Gefüges durchdringen müsste: vom Arbeits- und Sozialrecht über die Forschungs- und Gesundheitspolitik, die Organisation des Gesundheitswesens, insbesondere die gelebte Sorgepraxis in den Pflegeeinrichtungen und der Hospizbewegung, bis hinein in die demokratischen Verfahren der Teilhabe und den öffentlichen und akademischen Diskurs (vgl. Bausewein/Kruse/Wasner sowie Brandenburg/Baranzke/Kautz im vorliegenden Band).

5 Der normative Einsatz meiner verstehenden Liebesethik des Sterbens

Im letzten Teil meines Textes möchte ich den normativen Einsatz meiner eigenen Bemühungen um eine verstehende Liebesethik des Sterbens in den Blick nehmen. Mein bisheriges, verstehendes Vorgehen mag sich als ‚wertneutrale Wiedergabe' eines Sterbensethos darstellen, das uns sozio-kulturell prägt. Wie eingangs erwähnt bilden meine Überlegungen jedoch in ihrer geschichtlichen Positionierung kein ‚rein' theoretisches Unternehmen. Mit meinem verstehenden Ansatz spreche ich in den Konflikt der Gegenwart über das Sterbensethos hinein, das unser Sterben künftig orientieren soll – um für dessen Ausdeutung und Praxis als eines Sterbens in geteilter Selbstliebe einzutreten. Um die normative Stoßrichtung meines positionierten, verstehenden Ansatzes zu schärfen, möchte ich deswegen zum Schluss meiner Überlegungen auf den Konflikt blicken, in dem ich mich zu Wort melde.

Der Konflikt über gutes Sterben, in dem in der Gegenwart inner- und außerakademisch über die künftige Ausgestaltung unseres Sterbensethos gestritten wird, ist von den Positionen eines liberalen Individualismus und eines konservativen Substanzialismus bestimmt, die ich eingangs in methodischer Hinsicht als Ausgestaltungen einer ‚präskriptiven' Sterbensethik vorgestellt habe.[21] Nun möchte ich sie in ihrem normativen Einsatz in den Blick nehmen:

---

[21] Exemplarisch sei für die Position des liberalen Individualismus auf Peter Bieri und für die Position des konservativen Substanzialismus auf Robert Spaemann und Eberhard Schockenhoff

als Ausdeutungen unseres Sterbensethos. Beide Ansätze sind meines Erachtens reduktionistisch und laufen aufgrund ihrer geteilten Reduktionismen Gefahr, Tendenzen der Normalisierung auszubilden. Beide Parteien, die die zeitgenössische Diskussion über gutes Sterben dominieren, treten für eine Auffassung unseres Sterbensethos als einer existenziellen Grundhaltung ein, sich im Sterben an *Idealen des Sterbens zu orientieren*: an Idealen, die die Sterbenden dazu in Stand setzen sollen, ihren ‚*eigenen Tod' zu sterben*. In konservativ-substanzialistischer Lesart stellen sich der ‚eigene Tod' als der genuin menschliche Tod und das ethische Ideal, den ‚eigenen Tod' zu sterben, als Ideal eines genuin menschlichen – natürlichen oder personalen – Sterbens dar (vgl. etwa Spaemann 1996, 131). Das Sterbensethos, das das individuelle Sterben orientieren soll, verstehen die Vertreter_innen dieser Position dementsprechend als Haltung, sich im Sterben am Ideal des spezifisch menschlichen Sterbens zu orientieren. Mit dieser Orientierung am Ideal eines genuin menschlichen Sterbens verbinden sie das Versprechen, einen guten, da substanziell-eigenen Tod zu sterben: den Tod, der den Sterbenden qua ihres Menschen-Seins ‚eigen' ist – und der durch keine Kulturtechniken der Sterbehilfe oder der ‚künstlichen' Lebensverlängerung ‚entfremdet' ist.[22] In liberal-individualistischer Lesart stellen sich der ‚eigene Tod' als die individuelle Vorstellung von einem guten Sterben und das ethische Ideal, den ‚eigenen Tod' zu sterben, als das Ideal eines von diesen individuellen Werturteilen angeleiteten Sterbens dar (vgl. Bieri 2013, 346 ff.). Das Sterbensethos, das das individuelle Sterben orientieren soll, verstehen die Vertreter_innen dieser Position dementsprechend als Haltung, im Sterben entschlossen die individuellen Werturteile über ein gutes Sterben zu übernehmen. Mit dieser Haltung der Entschlossenheit verbinden sie das Versprechen, einen individuell-eigenen Tod zu sterben: den Tod, der zum individuellen Geworden-Sein der Sterbenden „pass[t]" (ebd., 347) – und der ihnen nicht durch sozio-kulturelle Rollen und Normen des Sterbens ‚von außen' aufgezwungen ist.

Die Positionen, die den zeitgenössischen Streit über gutes Sterben dominieren, teilen damit die Grundannahme, dass ethische Orientierung im Sterben in einer Orientierung an einem Ideal des Sterbens bestehe, die die Sterbenden – im Sinne Rilkes – ihren ‚eigenen Tod' sterben lasse. Indem beide Konfliktparteien

---

verwiesen, mit denen ich mich zu Beginn meiner Überlegungen bereits auseinandergesetzt habe; vgl. Bieri 2013, 346–373; Schockenhoff 2001; Spaemann 1996, 131 ff.; ders. 2013.

22 Negativ drückt Eberhard Schockenhoff diese Haltung mit der Bemerkung aus, dass die „künstliche Verlängerung des Lebens um jeden Preis und die bewusste Beschleunigung des Todes [...] darin überein[stimmen], daß sie der Annahme des *eigenen* Todes ausweichen" (Schockenhoff 2001, 8 f.; Herv. OMS; vgl. auch Spaemann 2013, 40).

Sterbensorientierung als Orientierung durch Ideale des guten Sterbens auffassen, schließen sie Sterbensorientierung mit der Orientierung durch *Werturteile* über gutes Sterben kurz. Meiner Ansicht nach ist diese – von den Kontrahent_innen geteilte – Auffassung eines von Idealen orientierten Sterbens des ‚eigenen Todes' sowohl in anthropologischer als auch in temporaler Hinsicht reduktionistisch. In anthropologischer Hinsicht blendet der rationalistische Kurzschluss von Sterbensorientierung mit der Orientierung durch Ideale die Möglichkeit einer erotischen Sterbensorientierung ab: das Orientiert-Werden durch konkrete Gebote der Stunde, von denen sich Menschen affiziert erfahren können, wenn sie sich erotisch – unter Umständen gerade in Preisgabe ihrer bisher gehegten Werturteile über gutes Sterben – für das Begegnende öffnen. In temporaler Hinsicht ist die Deutung von Sterbensorientierung als Orientierung an Werturteilen oder Idealen – die ihrerseits in der Vergangenheit ausgebildet worden sind – reduktionistisch, da sie das Orientiert-Werden ‚von vorne' übersehen: durch das in die Gegenwart Einbrechende bzw. in ihr Widerfahrende.

Vor dem Hintergrund ihrer Reduktionismen lassen sich nun die normalisierenden Tendenzen überblicken, von denen ein von – substanzialistischen oder individualistischen – Idealen orientiertes Sterben des ‚eigenen Todes' eingeholt werden kann. In seiner ‚Vergangenheitsfixiertheit' kann das von Idealen orientierte Sterben zu Formen der ‚Normalisierung' sowohl im Selbstverhältnis der Sterbenden als auch in der Beziehung von Sterbenden und Sterbebegleiter_innen führen. In ihrem Verhältnis zu sich selbst können sich Sterbende durch die Orientierung an Idealen eines Sterbens des ‚eigenen Todes' in *Abhängigkeit* von ihrem eigenen Geworden-Sein verstricken. Das Ideal des ‚eigenen Todes' wird dann – mit Daniel Kersting gesprochen – zu einem „fixen und unverrückbaren Leitbild", zu dem sich die Einzelnen selbst „nicht noch einmal verhalten können" (Kersting 2017, 282). Innerhalb des individuellen Sterbens bildet das zum ‚Leitbild' gesteigerte Ideal ein Schema, das den Sterbenden den Zugang zu dem ihnen individuell hier und jetzt ‚Gebotenen' nicht ermöglicht, sondern gerade verstellt (vgl. Fuchs im vorliegenden Band).[23] Als Beispiel eines individualistischen ‚Leitbildes' ließe sich etwa an das ‚Leitbild' eines intellektuellen Lebens – mitsamt der darin enthaltenen Vorbehalte gegenüber einem ‚unreflektierten' In-den-Tag-Leben – denken, das im Laufe eines Gelehrtenlebens ausgebildet worden ist. Dieses ‚Leitbild' kann einem Menschen, der mit der Diagnose einer Demenzerkrankung konfrontiert wird, die ihm bevorstehende Zukunft nur mehr

---

23 Mit den verschiedenen Formen der Abhängigkeit vom eigenen Geworden-Sein, die sich in unterschiedlichen Wünschen nach Suizid geltend machen können, habe ich mich in Mitscherlich-Schönherr 2017 beschäftigt.

als entwürdigende Zerstörung erfahren lassen und ihm zugleich den Blick für die Lebensakte verstellen, um die es für ihn hier und jetzt eigentlich gehen mag: etwa sich um eine gute Betreuung zu kümmern, die es ihm künftig ermöglichen könnte, Formen der Erfüllung im Augenblick zu erleben, die ihm dann – noch oder erstmalig – möglich sein werden. Als Beispiel für die Abhängigkeit vom eigenen Geworden-Sein, in die die substanzialistische Orientierung am ‚Leitbild' des spezifisch menschlichen Sterbens kippen kann, ließe sich etwa an das – noch bis vor kurzem verbreitete – Sich-Versagen von starken Schmerzmitteln im Sterben zu denken: ein Sich-Versagen von medikamentöser Hilfe, die die Sterbenden möglicherweise allererst dazu befähigt hätte, die Akte des Abschied-Nehmens auszuüben, die ihnen hier und jetzt eigentlich aufgegeben waren.[24]

Das Sich-Orientieren im Sterben an Idealen kann darüber hinaus auch im dialogisch geteilten Verhältnis von Sterbenden und Sterbebegleiter_innen zu Formen der ‚Normalisierung' führen: zur *Abhängigkeit* vom geteilten Geworden-Sein, das sich in den ‚Leitbildern' der Sterbebegleitung kondensiert. In diesem Fall bildet das Ideal ein Schema, das in der Sterbebegleitung Begegnungen und Unterstützung in Liebe nicht ermöglicht, sondern gerade verstellt: die Sterbebegleiter_innen blind für das macht, was die Sterbenden bei der Ausübung von Selbstliebe eigentlich bräuchten – und was sich nur einem liebenden Blick zeigt (vgl. Streeck im vorliegenden Band). Angesichts dieser geteilten Schwäche ist es denn auch nicht verwunderlich, dass sich die Vertreter_innen eines liberalen Subjektivismus und eines konservativen Substanzialismus insbesondere in der Diskussion über ‚Sterbehilfe' wechselseitig vorwerfen, Formen der Normalisierung zu begünstigen (vgl. Bieri 2013, 350–370; Spaemann 2013, 30–36).

Abschließend lässt sich nun der normative Einsatz meines positionierten, verstehenden Ansatzes in der Sterbensethik überblicken. In kritischer Absicht ist es mir darum zu tun, den seit Jahren währenden Konflikt zwischen den Positionen eines konservativen Substanzialismus und eines liberalen Individualismus (vgl. Rothhaar im vorliegenden Band) zu unterlaufen. Nicht nur teilen die Konfliktparteien über ihre ideologischen Gräben hinweg – wie gerade ausgeführt – die Deutung unseres Sterbensethos als eines von Idealen angeleitetes Sterbens des ‚eigenen Todes'. Vor allem läuft ihre geteilte Auffassung eines von Idealen orientierten Sterbens – aufgrund ihrer anthropologischen und temporalen Reduktionismen – Gefahr, Tendenzen der Normalisierung auszubilden.

---

[24] Dabei sei in Bezug auf beide Fälle – mit Verweis auf meine obigen Überlegungen – daran zu erinnern, dass sich dasjenige, worum es hier und jetzt *eigentlich* geht, nicht einer ‚nüchternen', wertneutralen, sondern vielmehr allein einer Haltung der Liebe zeigt: der Liebe zum eigenen oder zum fremden Lieben.

Indem ich mit meinem verstehenden Ansatz in die gegenwärtige Diskussion über gutes Sterben hineinspreche, verfolge ich in affirmativer Absicht das Ziel, für den Erhalt einer Ausgestaltung unseres Sterbensethos Verantwortung zu übernehmen, die im zeitgenössischen Konflikt über gutes Sterben überhört zu werden droht: seiner Deutung als *ethos* geteilter Selbstliebe, das gerade nicht von Idealen oder ‚Leitbildern' orientiert wird, die es im Sterben zu verwirklichen gelte, sondern darauf zielt, zusammen mit Anderen bis zuletzt von den konkreten Ereignissen der Liebe her zu sterben. In der Orientierung an den Ereignissen der Liebe unterläuft diese Ausgestaltung unseres Sterbensethos nicht nur die Gefahr, von der ein von Idealen orientiertes Sterben eingeholt werden kann, Tendenzen der Normalisierung auszubilden; im Unterschied zu letzterem kann sie darüber hinaus aufgrund ihrer dialogischen Anlage bis zuletzt und über einen möglichen Verlust der Fähigkeiten zu Selbstbewusstsein und Selbstbestimmung hinaus zusammen mit Anderen ausgeübt werden. Um theoretisch für das Sterben in Selbstliebe einzustehen, habe ich den Versuch unternommen, dieses geteilte *ethos* als eine Ausgestaltung des uns soziokulturell zur Verfügung stehenden Sterbensethos sichtbar zu machen und in seinen Orientierungsleistungen, Freiheits- und Glückspotentialen auszuleuchten. Neben dem theoretischen Beistand, um den ich mich im vorliegenden Text bemüht habe, ist der künftige Fortbestand dieses Sterbensethos freilich auch auf gesellschaftspolitische Unterstützung angewiesen: auf den Erhalt und Ausbau einer gesamtgesellschaftlichen Sorgekultur, die uns lebensweltlich in Stand setzt, miteinander in geteilter Selbstliebe zu sterben.

Literatur

Assmann, Jan (1996): Zur Geschichte des Herzens im Alten Ägypten, in: Berkemer, Georg/ Rappe, Guido (Hg.): Das Herz im Kulturvergleich, Berlin, 143–172.
Bausewein, Claudia: Die Begleitung beim Sterben durch die Palliativmedizin, im vorliegenden Band.
Bieri, Peter (2013): Eine Art zu leben. Über die Vielfalt menschlicher Würde, Frankfurt a. Main.
Birnbacher, Dieter (2008): Was leistet die ‚Natur des Menschen' für die ethische Orientierung? In: Maio, Giovanni/ Clausen, Jens/ Müller, Oliver (Hg.): Mensch ohne Maß? Reichweite und Grenzen anthropologischer Argumente in der biomedizinischen Ethik, Freiburg/ München, 58–78.
Böhme, Gernot (2017): Leibsein als Aufgabe. Leibphilosophie in pragmatischer Hinsicht, Zug.
Brandenburg, Hermann/ Baranzke, Heike/ Kautz, Heike: Stationäre Altenpflege und hospizlich-palliative Sterbebegleitung in Deutschland. Einander kennenlernen – voneinander lernen – miteinander gestalten, im vorliegenden Band.
Eckart, Wolfgang (2012): ‚Sterben': Ereignis und Prozess, in: Andersheiden, Michael/ Eckart, Wolfgang Uwe (Hg.): Handbuch Sterben und Menschenwürde, Bd. 1, Berlin, 19–30.

Esser, Andrea: „Übrigens sterben immer die Anderen ... " – Kann man die eigene Sterblichkeit verstehen? Im vorliegenden Band.

Foot, Philippa (1990): Euthanasie, in: Leist, Anton (Hg.): Um Leben und Tod. Moralische Probleme bei Abtreibung, künstlicher Befruchtung, Euthanasie und Selbstmord, Frankfurt a. Main, 285–317.

Frankfurt, Harry (2005): Gründe der Liebe, Frankfurt a. Main.

Fuchs, Thomas (1995): „Gewogen und zu leicht befunden". Herz und Gewissen, in: Hahn, Susanne (Hg.): Herz. Das menschliche Herz. Der herzliche Mensch, Dresden/ Basel, 31–48.

Fuchs, Thomas (2018): Leib – Raum – Person. Entwurf einer phänomenologischen Anthropologie, Stuttgart.

Fuchs, Thomas: Versöhnung mit dem Ungelebten. Zum Gelingen des Lebens im Sterben, im vorliegenden Band.

Heidegger, Martin (1993): Sein und Zeit, Tübingen.

Hilt, Annette: Grenzfragen und Freiräume – Gedanken zu einer zeitgenössischen *ars moriendi*, im vorliegenden Band.

Høystad, Ole Martin (2006): Kulturgeschichte des Herzens. Von der Antike zur Gegenwart, Köln.

Ignatius von Loyola (2015): Die Exerzitien, Einsiedeln.

Joas, Hans (2015): Die Sakralität der Person, Eine neue Genealogie der Menschenrechte, Berlin.

Kersting, Daniel (2017): Tod ohne Leitbild? Philosophische Untersuchungen in einem integrativen Todeskonzept, Paderborn.

Krüger, Hans-Peter (2017): Die anthropologischen Grundgesetze als Abschluss der *Stufen*, in: Ders. (Hg.): Helmuth Plessner: Die Stufen des Organischen und der Mensch, Berlin, 179–224.

Krüger, Hans-Peter: Menschliches Sterben aus Sicht der Philosophischen Anthropologie, im vorliegenden Band.

Kruse, Andreas: Demenz als Herausforderung an gelingendes Sterben, im vorliegenden Band.

McDowell, John (2002): Zwei Arten von Naturalismus, in: Ders.: Wert und Wirklichkeit. Aufsätze zur Moralphilosophie, Frankfurt a. Main, 30–73.

Mitscherlich, Olivia (2007): Natur *und* Geschichte. Helmuth Plessners in sich gebrochene Lebensphilosophie, Berlin.

Mitscherlich-Schönherr, Olivia (2011a): Die Erkenntnis der Liebe, in: http://epub.ub.uni-muenchen.de/12503.

Mitscherlich-Schönherr, Olivia (2011b): Glück und Zeit. Erfüllte Zeit und gelingendes Leben, In: Thomae, Dieter/ Henning, Christoph/Mitscherlich-Schönherr, Olivia (Hg.): Glück ein interdisziplinäres Handbuch, Stuttgart, 63–75.

Mitscherlich-Schönherr, Olivia (2017): Kann Suizid im Alter oder angesichts schwerer Erkrankung eine Form guten Sterbens darstellen? In: http://www.ethikjournal.de/filead min/user_upload/ethikjournal/Texte_Ausgabe_2_12-2017/Mitscherlich-Schoenherr_Sui zid_im_hohen_Alter_EthikJournal_4_2017-2.pdf.

Mitscherlich-Schönherr, Olivia (2019): Die Wirklichkeit der Liebe, Habilitationsschrift, Veröffentlichung in Vorbereitung.

Nagel, Thomas (2012): Der Tod, in: Ders.: Letzte Fragen Mortal Questions, Hamburg, 17–28.

Niederbacher, Bruno (2019): Der ganze Mensch in der spirituellen Erfahrung: Erkenntnis durch Imagination, Emotionen und Wünsche in den geistlichen Übungen des Ignatius von

Loyola, in: Frick, Eckhard und Maidl, Lydia (Hg.): Offen – Verbunden – Grenzüberschreitend. Spirituelle Erfahrung in philosophischer Perspektive, Berlin (im Erscheinen).

Nussbaum, Martha (2010): Die Grenzen der Gerechtigkeit – Behinderung, Nationalität und Spezieszugehörigkeit, Frankfurt a. Main.

Plessner, Helmuth (1975): Die Stufen des Organischen und der Mensch. Einleitung in die philosophische Anthropologie, Berlin/New York.

Plessner, Helmuth (1981): Macht und menschliche Natur, in: Ders.: Gesammelte Schriften, Bd. V, Frankfurt a. Main, 135–233.

Quante, Michael (2006): Ein stereoskopischer Blick? Lebenswissenschaften, Philosophie des Geistes und der Begriff der Natur, in: Sturma, Dieter (Hg.): Philosophie und Neurowissenschaften, Frankfurt a. Main, 124–145.

Rawls, John (1975): Eine Theorie der Gerechtigkeit, Frankfurt a. Main.

Rehbock, Theda (2005): Personsein in Grenzsituationen. Zur Kritik der Ethik medizinischen Handelns, Paderborn.

Rehbock, Theda (2012): Person über den Tod hinaus? Zum moralischen Status der Toten, in: Esser, Andrea/ Kersting, Daniel/Schäfer, Christoph (Hg.): Welchen Tod stirbt der Mensch? Philosophische Kontroversen zur Definition und Bedeutung des Todes, Frankfurt a. Main/New York, 143–178.

Rothhaar, Markus: Behandlungsentscheidungen am Lebensende: eine rechtsphilosophische Perspektive, im vorliegenden Band.

Rousseau, Jean-Jacques (1971): Discours sur l'origine et les fondements de l'inégalité parmi les hommes, Paris.

Scheler, Max (1923): Wesen und Formen der Sympathie, Bonn.

Scheler, Max (1927): Der Formalismus in der Ethik und die materiale Wertethik, Halle.

Scheler, Max (2000a): Ordo amoris, in: Schriften aus dem Nachlass, Bd. I: Zur Ethik und Erkenntnistheorie, hg. von Manfred S. Frings, Bonn, 345–376.

Scheler, Max (2000b): Tod und Fortleben, in: Schriften aus dem Nachlass, Bd. I: Zur Ethik und Erkenntnistheorie, hg. von Manfred S. Frings, Bonn, 9–64.

Schlingensief, Christoph (2009): So schön wie hier kann's im Himmel gar nicht sein! Tagebuch einer Krebserkrankung, München.

Schmid, Hans-Bernhard/Schweikard, David P. (2009): Kollektive Intentionalität. Eine Debatte über die Grundlagen des Sozialen, Berlin.

Schockenhoff, Eberhard (2001): Aus Mitleid töten? Der Auftrag des medizinischen Sterbebeistands aus ethischer Sicht, in: Kirche und Gesellschaft 283, 3–16.

Schürmann, Volker (1997): Unergründlichkeit und Kritik-Begriff. Plessners Politische Anthropologie als Absage am die Schulphilosophie, in: Deutsche Zeitschrift für Philosophie 45, 345–361.

Schumacher, Bernard: Der Tod – eine anthropologische Offenbarung, im vorliegenden Band.

Seifert, Siegfried (1995): „Erforsche mich, Gott, und erfahre mein Herz...". Das Herz in Theologie und Frömmigkeit, in: Hahn, Susanne (Hg.): Herz. Das menschliche Herz. Der herzliche Mensch, Dresden/ Basel, 103–114.

Spaemann, Robert (1989): Glück und Wohlwollen. Versuch über Ethik, Stuttgart.

Spaemann, Robert (1996): Personen. Versuche über den Unterschied zwischen ‚etwas' und ‚jemand', Stuttgart.

Spaemann, Robert (2013): Die Vernünftigkeit eines Tabus, in: Ders./ Wannenwetsch, Bernd: Guter schneller Tod? Von der Kunst, menschenwürdig zu sterben, Basel.

Streeck, Nina: Der eigene Tod. Anfragen an ein populäres Sterbensideal, im vorliegenden Band.
Theunissen, Michael (1991): Negative Theologie der Zeit, Frankfurt a. Main.
Tugendhat, Ernst (2003): Egozentrik und Mystik. Eine anthropologische Studie, München.
Tugendhat, Ernst (2006): Über den Tod, Frankfurt a. Main.
Wasner, Maria: Sterben mit Demenz – Herausforderungen für Angehörige und professionell Begleitende, im vorliegenden Band.
Wils, Jean-Pierre: Über eine Ethik des Sterbens hinaus – Anmerkungen über das Nachleben der Toten, im vorliegenden Band.
Wittwer, Héctor: Ist das menschliche Leben notwendigerweise fragmentarisch? Überlegungen im Hinblick auf die Frage nach dem gelingenden Sterben, im vorliegenden Band.
Wunsch, Matthias (2014): Fragen nach dem Menschen, Frankfurt a. Main.

Héctor Wittwer
Ist unser Leben notwendigerweise fragmentarisch, weil wir sterben müssen?

1 Einleitung

In Todesanzeigen heißt es oft, der Verstorbene sei ‚viel zu früh' von uns gegangen. Dabei soll die Formulierung ‚zu früh' wohl bedeuten, dass der Verstorbene einen späteren Tod verdient gehabt oder benötigt hätte, um sein Leben zu *vollenden*. Wie es scheint, müssen solche Urteile auf der Annahme beruhen, dass es einen ‚richtigen Zeitpunkt' für den menschlichen Tod gibt, denn ‚zu früh' kann etwas nur geschehen, wenn es einen geeigneten Zeitpunkt für dieses Ereignis gibt. Wenn es aber einen ‚richtigen Zeitpunkt' für den Tod gibt, dann scheint daraus zu folgen, dass dieser auf zweierlei Weise verfehlt werden kann: Falls ein Mensch vor dem richtigen Zeitpunkt stirbt, endet sein Leben ‚zu früh'; überlebt er ihn hingegen, dann stirbt er ‚zu spät'. Tatsächlich liest oder hört man aber niemals, dass ein Mensch ‚zu spät' gestorben sei (außer bei Nietzsche).[1] Vielmehr besagt die geläufige Meinung, auf welcher die gängige Formulierung in den Traueranzeigen beruht, dass ein Mensch zwar zu früh, aber nicht zu spät sterben kann. Mehr noch: Tatsächlich ende das Leben der meisten Menschen vorzeitig. Somit besteht im Hinblick auf die Bewertung des Todeszeitpunkts eine bemerkenswerte *Asymmetrie*: Während es vielen als ausgemacht gilt, dass Menschen zu früh sterben können und dass dies die Regel sei, ist die Auffassung, dass der Tod eines Menschen auch zu spät eintreten kann, offenbar nicht verbreitet.

Wie lässt sich diese asymmetrische Beurteilung erklären? Eine nahe liegende Erklärung besteht in der Annahme, dass das Leben eines Menschen auf ein mögliches *Ziel* hinauslaufe. Über dieses Ziel hinauszugehen sei unmöglich, weil dieses Ziel zugleich den *letzten möglichen Endpunkt* des Lebens bilde. Deshalb könne das Leben zwar vor dem Erreichen des Ziels, aber nicht danach

---

1 Nietzsche lässt seinen Zarathustra sagen: „Viele sterben zu spät, und einige sterben zu früh. Noch klingt fremd die Lehre: ‚Stirb zur rechten Zeit!'" (Nietzsche 1990, 64) Da die literarische Figur des Zarathustra als Antipode zu den Konventionen und der tradierten Moral in der zweiten Hälfte des 19. Jahrhunderts konzipiert worden ist, dürfte sich Nietzsche darüber im Klaren gewesen sein, dass diese Auffassung über den Zeitpunkt des Todes der herrschenden Meinung entgegengesetzt war.

enden. Bildhaft gesprochen, gleiche unser Leben dem Beschreiten eines Weges, der ein Ende hat. Der Einzelne könne seinen Gang vor dem Ende des Wegs beenden, er könne das Ende vielleicht in seltenen Fällen sogar erreichen; niemals aber könne er *auf diesem Weg* über dessen Ende hinausgelangen. Wiederum bildhaft gesprochen, gleiche unser Leben der Lektüre eines Romans. Diese könne man vorzeitig abbrechen oder vollenden; niemals aber könne man über das Ende hinaus lesen, weil nach dem Ende nichts mehr kommt.

Die Annahme, dass jedes menschliche Leben auf ein Ziel im Sinne eines letzten möglichen Endpunkts hinausläuft, bietet eine plausible Erklärung für die asymmetrische Beurteilung des Todeszeitpunkts. Damit ist allerdings noch nichts darüber gesagt, ob diese Annahme selbst wahr ist. Diese Frage soll im Mittelpunkt der folgenden Überlegungen stehen. Dabei beschränke ich mich auf eine bestimmte Variante dieser Annahme, weil diese in den gegenwärtigen theoretischen Äußerungen über den menschlichen Tod des Öfteren vorkommt. Diese Variante besagt, dass unser Leben *notwendigerweise fragmentarisch* ist, weil wir sterben werden.[2] Das Ziel des vorliegenden Beitrags besteht darin zu prüfen, ob die These vom „notwendig fragmentarischen Charakter unseres Lebens" (Luther 1991, 271) haltbar ist. Um diese Frage beantworten zu können, muss in einem ersten Schritt geklärt werden, ob und wie sich der Begriff des Fragments überhaupt auf das menschliche Leben beziehen lässt.

Dabei werde ich der Prüfung der These vom fragmentarischen Charakter unseres Daseins zunächst die *geläufige* Bedeutung des Wortes „Fragment" zugrunde legen, d. h. die Bedeutung, die in Wörterbüchern und Lexika verzeichnet ist (Abschnitt 2). Es gibt allerdings eine Variante der hier zu prüfenden These, die auf einer *abweichenden* Bedeutung des Wortes „Fragment" beruht. Mit dieser, meiner Meinung nach irreführenden Verwendung des Wortes werde ich mich später auseinandersetzen (vgl. unten Abschnitt 5).

2 Der Begriff ‚Fragment' im Hinblick auf das menschliche Leben

Im weiten Sinne bezeichnet der Begriff ‚Fragment' das Bruchstück eines Ganzen, im engeren Sinne das Bruchstück eines Kunstwerks oder eines Textes.

---

[2] In die theoretische Debatte eingeführt wurde die These vom notwendig fragmentarischen Charakter unseres Lebens durch den Theologen Henning Luther (Luther 1991). Seine Auffassung ist innerhalb der Praktischen Theologie intensiv rezipiert worden (Hürlimann 1992; Balz 2011; Findl-Ludescher 2013; Jung 2014; Fechner 2015).

Gemäß der einschlägigen Erläuterung des Wortes in Wahrigs *Wörterbuch der deutsche Sprache* kann es dafür, dass statt des Ganzen nur ein Teil vorliegt, zwei verschiedene Gründe geben. Diesen Gründen entsprechen *zwei Arten von Fragmenten*: „**1** *übrig gebliebener Teil eines nicht mehr vorhandenen Ganzen*; [...] **2** *unvollendetes literarisches od. musikalisches Werk*" (Wahrig 2012, 370). In manchen Fällen existierte das Ganze einst in vollendeter Form. Aufgrund bestimmter Ereignisse ist dieses Ganze jedoch teilweise zerstört worden, sodass nur noch Teile übrig geblieben sind. Beispielsweise sind einige Texte der antiken Philosophie, die einmal in vollständiger Form existierten, nur teilweise überliefert worden. In Bezug auf solche Fälle kann man von Fragmenten als *Überbleibseln eines Ganzen* sprechen. In anderen Fällen ist es dem Autor oder Künstler hingegen nicht gelungen, das Werk zu vollenden. Er hat nur einen Teil des geplanten Ganzen geschaffen. Bekannte Beispiele für diese Konstellation sind Franz Kafkas drei Romanfragmente „Das Schloss", „Der Prozess" und „Der Verschollene". Anders als bei der ersten Art von Fragmenten hat das Ganze, auf das sich der Ausdruck ‚Bruchstück' hier bezieht, niemals existiert. Im Unterschied zu dem ersten Typ des Fragments handelt es sich bei derartigen Bruchstücken also nicht um Überbleibsel eines früher existierenden Ganzen, sondern um *Teile eines unvollendeten Ganzen*.

Offensichtlich kann sich die Behauptung, unser Leben sei notwendigerweise fragmentarisch, nur auf die zweite Art von Fragmenten beziehen. Bei bildlichen oder räumlichen Gegenständen ist es möglich, dass ein Teil eines bereits bestehenden Ganzen zerstört wird, bei zeitlichen Gegenständen hingegen nicht. Es ist möglich, dass ein Teil eines fertigen Manuskripts durch einen Brand zerstört wird; es ist hingegen unmöglich, dass ein menschliches Leben zunächst als ein Ganzes gelebt wird und dass dann ein Teil dieses Lebens nachträglich ‚verlorengeht', sodass nur noch ein anderer Teil als Fragment im Sinne eines zeitlichen Überbleibsels ‚übrigbleibt'. Weil dies so ist, kann mit der Rede vom fragmentarischen Charakter unseres Lebens nur gemeint sein, dass unser Leben stets Teil eines unvollendeten Ganzen ist, also eines zeitlichen Ganzen, das niemals realisiert worden ist.

Von welcher Art muss das Ganze, von dem unser Leben angeblich nur ein Bruchstück ist, sein? Hier gilt der *Grundsatz der Gleichartigkeit von Teilen und Ganzem*. Ein räumliches Teil kann nur zu einem räumlichen Ganzen gehören, ein musikalisches Bruchstück nur zu einem musikalischen Ganzen, usw. usf. Demnach kann ein Leben nur das Fragment eines längeren Lebens sein. Das gedachte Ganze, zu dem sich ein menschliches Leben wie ein Fragment verhält, ist somit ein mögliches vollendetes Leben, das bis zu seinem Ende hätte erlebt werden können, aber vorzeitig beendet wurde. Mit anderen Worten kann das *wirkliche* Leben eines Menschen nur dann ein Fragment sein, wenn es ein *mögliches* längeres Leben desselben Menschen hätte geben können, das nicht verwirklicht wurde. Diese Feststellung mag trivial erscheinen. Wie sich im nächsten Abschnitt zeigen wird, ist sie jedoch im Hinblick auf die Plausibilität der These vom notwendig fragmentarischen Charakter des menschlichen Lebens von zentraler Bedeutung.

Als erstes Zwischenergebnis kann zweierlei festgehalten werden. Da es unmöglich ist, dass unser Leben notwendigerweise ein Überbleibsel eines bereits vollendeten Lebens ist, kann die These vom fragmentarischen Charakters des menschlichen Lebens erstens nur besagen, dass unser Leben in dem Sinne fragmentarisch ist, dass es stets Bestandteil eines unvollendeten Ganzen ist. Zweitens hat sich ergeben, dass es sich bei diesem nicht realisierten Ganzen um ein längeres menschliches Leben handeln muss, das möglich war, aber nicht gänzlich verwirklicht wurde.

Was es mit der Rede vom Leben als Fragment auf sich hat, lässt sich noch genauer bestimmten, wenn man sich dem Begriff der *Analogie* zuwendet. Die Übertragung des Begriffs ‚Fragment' auf unser Dasein beruht ja offenbar auf der Annahme einer Analogie zwischen Kunstwerken und Texten auf der einen Seite und dem menschlichen Leben auf der anderen Seite. Nun ist es ein wesentliches Merkmal jeder Analogie, dass die Entitäten, die sich analog zueinander verhalten, *nicht identisch* sind. Wären sie identisch, bedürfte es keiner Analogie. Eine Analogie ist keine Beziehung der Identität; vielmehr liegt eine Analogie dann vor, wenn sich zwei oder mehr Entitäten der einen Art genauso zueinander verhalten wie zwei oder mehr Entitäten einer anderen Art (Tetens 2006, 171ff). Daher darf die These vom fragmentarischen Charakter unseres Lebens selbstverständlich nicht so verstanden werden, dass jedes menschliche Leben Bruchstück eines Kunstwerks oder eines Textes *ist*. Stattdessen muss sie – wohlwollend interpretiert – so gedeutet werden, dass sich jedes wirkliche menschliche Leben so zu einem nicht gänzlich verwirklichten längeren Leben verhält wie ein Fragment im wörtlichen Sinne zu einem Kunstwerk oder zu einem Text.

Die Feststellung, dass die Elemente einer Analogiebeziehung nicht identisch sind, impliziert, dass sie sich *nicht in jeder Hinsicht* gleich zueinander verhalten. Bekanntlich hat jede Analogie ihre Grenzen. Die Behauptung, dass sich A und B analog zu C und D verhalten, besagt stets, dass das Verhältnis zwischen A und B in gewissen Hinsichten genauso beschaffen ist wie das Verhältnis zwischen C und D, in anderen Hinsichten jedoch nicht. Für das Verständnis der These vom fragmentarischen Charakters unseres Daseins ist es unabdingbar, dass genau angegeben wird, *in welchen Hinsichten* sich unser wirkliches Leben zu einem nicht verwirklichten längeren Leben genauso verhält wie ein Fragment zu einem vollendeten Kunstwerk. Dabei ist ein Aspekt unverzichtbar. Die Rede von einem Fragment ist nur dann sinnvoll, wenn das, was als

Fragment bezeichnet wird, Teil eines wirklichen oder möglichen *größeren* Ganzen ist. Wie bereits gezeigt wurde, kann es sich bei diesem Ganzen in Bezug auf unser Dasein nicht um ein bereits abgeschlossenes, wirkliches Leben, sondern nur um ein nicht abgeschlossenes, mögliches Leben handeln. Die Ganzheit dieses nicht verwirklichten, längeren Lebens besteht dann aber *nur in der gedanklichen Antizipation*. Das längere Leben, von dem unser wirkliches Leben angeblich ein Fragment ist, muss also zumindest *als Plan* gedanklich vorweggenommen worden sein. Und in dieser Hinsicht muss es dem Fragment im wörtlichen Sinne gleichen. So wie ein Text nur dann ein Fragment ist, wenn seine Schöpferin beabsichtigt hatte, einen längeren Text zu schreiben, von dem jener Text nur ein Teil sein sollte, so kann auch das menschliche Leben nur dann richtigerweise als Fragment bezeichnet werden, wenn der Mensch, um dessen Leben es geht, die Absicht hatte, ein längeres Leben zu führen, von dem die Zeit, die er tatsächlich gelebt hat, nur ein Bestandteil sein sollte.

Wenn sich zeigen ließe, dass sich Fragmente im strikten Sinne und menschliche Leben in dieser Hinsicht tatsächlich gleichen, dann wäre dies für den Nachweis einer Analogie zwischen wissenschaftlichen oder künstlerischen Fragmenten auf der einen Seite und menschlichen Leben auf der anderen Seite hinreichend, und zwar ungeachtet der Tatsache, dass das Verhältnis zwischen dem kürzeren wirklichen und dem möglichen längeren Leben offenbar nicht in jeder Hinsicht genauso beschaffen ist wie das Verhältnis zwischen Fragment und Kunstwerk oder Text. Für das Bestehen einer Analogie ist dies nicht erforderlich. Zu prüfen ist somit, ob sich Leben und Kunstwerk tatsächlich in der genannten Hinsicht gleichen. Dies soll im nächsten Schritt geschehen.

3 Besteht eine Analogie zwischen Fragmenten im wörtlichen Sinne und menschlichen Leben?

Bei der kritischen Prüfung der These vom fragmentarischen Charakter unseres Daseins ist zu beachten, dass es sich bei ihr um eine Behauptung der *Notwendigkeit* handelt.[3] Die These lautet nicht nur, dass das Leben mancher Menschen *kontingenterweise* fragmentarisch ist. Diese Behauptung wäre ja mit der Annahme vereinbar, dass es anderen Menschen gelingen kann, ein nicht fragmentarisches Leben zu führen. Stattdessen haben wir es hier mit einer anthropologischen

---

[3] Henning Luther spricht ausdrücklich vom „notwendig fragmentarischen Charakter unseres Lebens" (Luther 1991, 271).

Behauptung zu tun, d. h. mit einer These über ein wesentliches Merkmal des menschlichen Daseins. Unabhängig davon, wie die oder der Einzelne ihr oder sein Leben führt – so ließe sich die These erläutern –, wird dieses Leben im Moment des Todes ein Fragment geblieben sein. Anders gesagt, ist der fragmentarische Charakter unseres Lebens unser aller unausweichliches Schicksal.

Es lässt sich jedoch leicht zeigen, dass die These vom notwendig fragmentarischen Charakter des menschlichen Lebens falsch ist, weil sie auf einem *Selbstwiderspruch* beruht. Der Einwand besteht aus folgenden Schritten:

1 Wie bereits dargelegt wurde, kann das wirkliche Leben eines Menschen nur dann ein Fragment sein, wenn es als Teil eines möglichen längeren Lebens, das nicht gänzlich verwirklicht wurde, betrachtet werden kann.
2 Dieses mögliche längere Leben muss *endlich* sein, weil es ansonsten kein abgeschlossenes Ganzes bilden würde. Die Annahme eines früher existierenden oder gedanklich antizipierten, zukünftigen Ganzen ist aber Voraussetzung dafür, dass etwas korrekt als Fragment bezeichnet werden kann.
3 Da das aufgrund des frühen Todes nicht gänzlich verwirklichte längere Leben möglich gewesen sein muss, hätte der verstorbene Mensch dieses längere Leben führen können.
4 Wenn der Verstorbene erst am Ende des möglichen längeren Lebens gestorben wäre, dann wäre laut Voraussetzung sein Leben vollendet, d. h. nicht fragmentarisch gewesen.
5 Also ist ein nicht fragmentarisches menschliches Leben möglich.

Der Selbstwiderspruch besteht darin, dass einerseits angenommen werden muss, dass ein endliches, nicht fragmentarisches Leben möglich ist, weil ohne diese Voraussetzung nicht erklärt werden kann, warum das wirkliche Leben nur ein Fragment war. Andererseits besagt aber die These, dass jedes menschliche Leben fragmentarisch bleiben muss. Wendet man diese These auf das antizipierte längere Leben an, tritt der Widerspruch deutlich zutage. Das nicht gänzlich verwirklichte längere Leben muss einerseits als vollendetes Ganzes gedacht werden, andererseits soll es gemäß der These selbst wiederum fragmentarisch sein.

Weil der soeben entwickelte Einwand schlagend ist, könnte die Auseinandersetzung mit der These vom notwendig fragmentarischen Charakter unseres Lebens an dieser Stelle beendet werden. Es erscheint mir jedoch fruchtbarer, es nicht bei der bloßen Widerlegung der These zu belassen, sondern der Frage nachzugehen, warum die Analogie zwischen Fragmenten und dem menschlichen Leben irreführend ist.

Die Behauptung, dass unser Leben notwendigerweise fragmentarisch ist, weil wir sterben werden, impliziert, dass unser Leben in einer Hinsicht Kunstwerken und Texten *gleicht* und dass es sich in anderer Hinsicht von ihnen *unterscheidet*. Einerseits wird angenommen, dass die menschliche Lebensführung genauso wie das Schaffen eines Kunstwerks und das Verfassen eines Textes darauf abzielt, *ein sinnvolles Ganzes* zu schaffen. Unser Leben teile also mit der künstlerischen und literarischen Tätigkeit das Streben nach der Hervorbringung einer Einheit, die etwas zum Ausdruck bringen soll. Auf der anderen Seite unterscheide sich die Lebensführung darin von Kunst und Literatur, dass das Streben nach der Schaffung eines sinnvollen Ganzen, von dem soeben die Rede war, im Fall des menschlichen Lebens zum Scheitern verurteilt sei, während es bei Kunstwerken und Texten durchaus gelingen kann. Offensichtlich gibt es Kunstwerke und abgeschlossene Texte. Mehr noch: Die Behauptung, dass der Versuch, ein Kunstwerk zu schaffen oder einen Text zu verfassen, notwendigerweise scheitern müsse, dass also jedes Bild, jede Komposition, jede Aneinanderreihung von Sätzen notwendigerweise fragmentarisch bleiben müsse, ist aus dem gleichen Grunde selbstwidersprüchlich wie die These vom notwendig fragmentarischen Charakter unseres Lebens: Die Existenz von Fragmenten ist nur dann möglich, wenn es vollendete Ganze geben kann, zu denen jene sich als Bruchstücke verhalten.

Festzuhalten ist jedoch, dass die hier zu prüfende Behauptung auf der Annahme beruht, dass die menschliche Lebensführung dem Schaffen von Kunstwerken und dem Verfassen von Texten darin gleicht, dass alle diese Tätigkeiten darauf abzielen, *ein Ganzes hervorzubringen, bei dem alle Teile so miteinander verbunden sind, dass das Ganze sinnvoll ist.* Diese Annahme ist in Bezug auf unsere Lebensführung aus verschiedenen Gründen fragwürdig. Im Folgenden sollen ohne Anspruch auf Vollständigkeit drei dieser Gründe genannt und erläutert werden. Dabei sollen jeweils die Unterschiede zwischen dem Führen eines Lebens einerseits und der künstlerischen und literarischen Tätigkeit andererseits betont werden.

Die Unverfügbarkeit des Anfangs: Sowohl für Kunstwerke als auch für Texte gilt, dass ihr Autor sie grundsätzlich vom Anfang bis zum Ende gestalten kann.[4] Ein Bildhauer kann eine Skulptur vom ersten bis zum letzten Arbeitsschritt selbst herstellen. Eine Schriftstellerin beginnt einen Roman, indem sie den ersten Satz schreibt, usw. Dieser Anfang beruht erstens auf der Entscheidung, dass jetzt, d. h. zu einem bestimmten Zeitpunkt überhaupt dieses oder jenes Werk geschaffen werden soll. Zweitens muss der Künstler bereits eine bestimmte, möglicherweise noch vage, aber doch hinreichend klare Vorstellung

---

4 Ich beschränke mich hier auf den Standardfall. Damit soll nicht bestritten werden, dass es dem Autor oder der Autorin unter besonderen Umständen nicht möglich ist, das Kunstwerk oder den Text zu beginnen oder zu beenden. Denkbar ist etwa, dass ein Maler das Werk eines anderen vollendet, weil dieser verstorben ist.

davon haben, wie sein Werk beschaffen sein soll, damit er mit der Arbeit beginnen kann. Ein Romanautor muss beispielsweise Figuren einführen, damit sich eine Handlung entspinnen kann. – Es liegt auf der Hand, dass sich diese Beschreibung nicht auf ein menschliches Leben übertragen lässt. Kein Mensch kann sich dafür entscheiden, dass er zu diesem oder jenem Zeitpunkt gezeugt oder geboren wird. Der Anfang unseres Lebens gehört nicht zu den Dingen, die in unserer Macht stehen. Unsere Existenz verdanken wir anderen Menschen, die sich entweder dafür entschieden haben, ein Kind zu zeugen, oder sich gedankenlos fortgepflanzt haben. In jedem Fall kann kein Mensch darüber entscheiden, wann und wo sein Leben beginnt. Während es dem Autor einer Erzählung oder eines Romans freisteht, in welcher Epoche und an welchem Ort er seine Gestalten leben lässt, können wirkliche Menschen jeweils nur im Nachhinein feststellen, dass sie dann und dann an diesem oder jenem Ort zur Welt gekommen sind. Vielleicht sind einige von ihnen mit dieser raum-zeitlichen Lokalisierung ihres Lebens unzufrieden. Es gibt z. B. Zeitgenossen, die behaupten, dass sie lieber im 17. oder 18. Jahrhundert gelebt hätten. Ändern können sie daran nichts.

Sofern Texte oder Kunstwerke, wie etwa Opern oder Filme, eine Handlung darstellen, sind der Zeitpunkt des Beginns und die Auswahl und Beschaffenheit der Figuren konstitutiv für die Besonderheit des Werks. Es handelt sich bei ihnen nicht um unwesentliche Eigenschaften, die man auch verändern könnte, ohne die Aussage des Werkes grundsätzlich zu verändern, sondern um wesentliche Merkmale ihres Inhalts. Daher ist die Tatsache, dass Menschen niemals über den Anfang ihres Lebens entscheiden können, im Hinblick auf die vermeintliche Analogie zwischen dem menschlichen Dasein und einem Fragment von erheblicher Relevanz. Wie könnte eine Handlung, in der ich die Hauptgestalt bin, ein von mir geschaffenes Fragment sein, obwohl ich weder den Ort und die Zeit noch den Schauplatz des Geschehens festlegen kann?

Die Vorgegebenheit der eigenen Persönlichkeit: Ähnlich wie mit dem Anfang der Handlung verhält es sich mit ihren Figuren. Auch in dieser Hinsicht gelangt die angenommene Analogie zwischen Kunst und Leben bald an ihre Grenzen. Der Künstlerin sind, abgesehen von den Grenzen ihrer Einbildungskraft, bei der Erfindung ihrer Figuren keine Grenzen gesetzt. Sie kann sie nach ihrem Belieben schaffen und formen. Sie bestimmt über ihren Charakter, ihr Temperament, ihre körperliche Statur, ihre Diktion und alle weiteren denkbaren Merkmale eines Menschen. Natürlich steht es ihr auch frei, die Beschreibung ihrer Figuren absichtlich unvollständig zu lassen, um ihre Leserinnen und Leser dazu anzuregen, sich selbst ein Bild von den literarischen Gestalten zu machen. Doch auch in einem solchen Fall hatte sie zumindest die Möglichkeit, jede ihrer Figuren nach ihrer eigenen Vorstellung zu formen.

Auch in dieser Hinsicht ist der Gegensatz zu unserem Leben augenfällig. Die Eigenschaften, die unsere Individualität ausmachen, sind uns zum großen Teil vorgegeben. Mein Geschlecht, meine Haar- und meine Augenfarbe, meine Körpergröße und selbst meine Begabungen sind überwiegend durch mein Erbgut festgelegt, teilweise sicherlich auch durch die Umstände meiner Kindheit und Jugend beeinflusst worden. Das Gleiche gilt für mein Temperament und meinen Charakter. Wir sind nicht die Urheber unserer Persönlichkeit, und es steht nicht in unserer Macht, sie gemäß unseren Wünschen zu verändern. Bekanntlich sind viele Menschen mit manchen Zügen ihrer Persönlichkeit oder mit einigen ihrer körperlichen Merkmale unzufrieden. Manche Menschen leiden unter ihrer Schüchternheit, andere unter ihrem cholerischen Temperament. Manche bedauern, dass ihnen bestimmte Begabungen fehlen, andere hadern mit ihrem Charakter. Ändern können wir uns nur in sehr geringem Maße. Zum großen Teil entdecken wir unsere körperlichen und geistigen Merkmale im Verlauf des Lebens als Tatsachen, die wir nicht ändern können. Diese Vorgegebenheit der Persönlichkeit beschränkt sich übrigens nicht auf uns selbst. Sie betrifft auch die Menschen, die unser Leben mittelbar oder unmittelbar beeinflussen, also etwa die Eltern, den Partner oder die Partnerin, die Geschwister und die Kinder, Nachbarn, Kollegen, Freunde oder auch die Regierenden.

Wiederum zeigt sich, dass die Analogie zwischen Lebensführung und Fragment verfehlt ist. Wenn ich keinen oder nur einen zu vernachlässigenden Einfluss auf die Beschaffenheit der in ihr vorkommenden Figuren habe, dann kann es sich bei einer Geschichte nicht um ein von mir geschaffenes Fragment handeln. Sofern man unbefangen an den Vergleich zwischen Fragmenten auf der einen Seite und menschlichen Schicksalen auf der anderen Seite herangeht, fallen nicht die Gemeinsamkeiten, sondern vielmehr die Unterschiede ins Auge. In dem einen Fall werden Figuren erfunden oder realen Menschen frei nachempfunden, in dem andern Fall finden Menschen sich selbst und andere mit ihrer jeweiligen Persönlichkeit als Tatsachen vor. Während in dem einen Fall die Figuren frei gestaltet werden können, widersetzen sie sich in dem anderen Fall der willkürlichen Veränderung.

Die Bedeutung der Widerfahrnisse für das menschliche Leben: Die Reihe der Unterschiede zwischen Fragmenten und menschlichen Lebensläufen könnte noch lange fortgesetzt werden. Auf diese ermüdende Aufzählung und Darstellung soll hier jedoch verzichtet werden. Es genügt, noch eine dritte Hinsicht anzuführen, in der sich unser Leben von Fragmenten grundsätzlich unterscheidet. Der Einfachheit halber beschränke ich mich dabei auf literarische Werke, in denen Geschichten über Menschen erzählt werden, weil diese sich am leichtesten in Bezug zu einem menschlichen Leben setzen lassen. Der Autor eines literarischen Werkes ist vom Anfang bis zum Ende *Herr über das Geschehen*. Er allein entscheidet darüber, was seine Figuren tun und lassen, und auch darüber, was ihnen zustößt. Weil dies so ist, kann er die Geschichte so, wie es ihm beliebt, bis zum Ende erzählen. Anders als im wirklichen Leben kann nichts dazwischenkommen. Nachdem beispielsweise Tolstoi sich dafür entschieden hatte, dass Anna Karenina zuerst ihren Mann verlassen würde, um mit Wronski zusammenzuleben, und dass ihr Leben später tragisch durch einen Suizid enden würde, konnte der so geplante Lauf der Dinge durch kein äußeres Widerfahrnis durchkreuzt werden. Nur Tolstoi selbst hätte Annas Geschichte ändern können.

Es bedarf keiner weit ausgreifenden Ausführungen, um darzulegen, dass unser Leben nicht in der gleichen Weise geplant werden kann, und zwar deshalb nicht, weil es wesentlich durch *Widerfahrnisse* beeinflusst wird und weil einige dieser Widerfahrnisse, selbst wenn man im Voraus mit ihnen rechnen wollte, sich nicht absehen lassen. Ein einziges bekanntes Beispiel soll hier als Illustration genügen. Mit dem so genannten *Fall der Berliner Mauer* hatten noch 1988 nicht einmal Experten gerechnet. Für die meisten Betroffenen und Beobachter kam dieses Ereignis völlig überraschend. Mit Ausnahme der wenigen Politiker, welche die Grenzöffnung beschlossen hatten, war der Fall der Mauer für alle von ihr Betroffenen ein bloßes Widerfahrnis, noch dazu eines, mit dem sie nicht hätten rechnen können. Die Lebensläufe vieler Menschen in Ost- und Westdeutschland sind durch dieses unvorhersehbare historische Ereignis entscheidend beeinflusst worden. Wie viele Lebenspläne wurden vereitelt, wie viele Karrieren beendet! Wie vielen Menschen boten sich auf der anderen Seite Möglichkeiten, von denen sie nicht zu träumen gewagt hätten! Es kann kein Zweifel daran bestehen, dass die Öffnung der deutsch-deutschen Grenze am 9. November 1989 für viele Menschen von schicksalhafter Bedeutung war. Für viele Menschen war dieses Ereignis ein lebensentscheidendes Widerfahrnis.

Wenn man die beiden Beispiele miteinander vergleicht, auf der einen Seite Tolstois freie und aktive Gestaltung des literarischen Schicksals von Anna Karenina und auf der anderen Seite den von den meisten Menschen nicht vorhergesehenen und passiv erlebten Fall der Berliner Mauer, dann wird sofort deutlich, dass sich literarische Texte, seien es nun Fragmente oder vollendete Werke, im Hinblick auf die Gestaltungsmöglichkeiten der in den Geschichten vorkommenden Figuren grundsätzlich von menschlichen Lebensläufen unterscheiden. Kein Mensch steht zu seinem eigenen Leben im gleichen Verhältnis wie ein Autor zum Leben seiner Figuren. Kein Mensch ist imstande, sein eigenes zukünftiges Leben so frei zu gestalten und zu planen, wie es ein Autor mit dem Leben seiner Figuren tun kann.

Das Gleiche gilt übrigens für Auffassungen, die mit der These vom notwendigen fragmentarischen Charakter unseres Daseins eine gewisse Verwandtschaft aufweisen. So wird unser Leben gelegentlich mit einer *Skizze*, der keine Ausführung folgen kann, gleichgesetzt. Wenn ein Mensch, so heißt es etwa bei Milan Kundera, nur einmal leben kann, dann ist das so, als ob ein Künstler nur eine Skizze zu einem Bild anfertigen könnte, aber nicht mehr dazu käme, das Bild selbst zu malen.[5] Ähnlich verhält es sich mit der bis in die Antike zurückzuverfolgenden Analogie zwischen dem menschlichen Leben und der *Rolle in einem Theaterstück*. Wie sich im Detail nachweisen ließe, sind diese Analogien ebenso irreführend wie die Analogie zwischen menschlichen Leben und Fragment.

Fasst man die hier angestellten Überlegungen zusammen, so ergibt sich ein *Ergebnis*, das für die Anhänger der These vom notwendig fragmentarischen Charakter unseres Lebens geradezu niederschmetternd sein muss: Der Vergleich zwischen dem Verhältnis eines Autors oder Künstlers zu einem von ihm geschaffenen Fragment und dem Verhältnis eines Menschen zu seinem Leben hat gezeigt, dass zwischen ihnen keine erkennbaren Gemeinsamkeiten, sondern vielmehr wesentliche Unterschiede bestehen. Es ist nicht erkennbar, in welcher Hinsicht sich ein Fragment und ein menschliches Leben gleichen könnten. Die These, dass unser Leben notwendigerweise fragmentarisch ist, weil wir sterben werden, hat sich als falsch erwiesen. Unser Leben ist kein Fragment, und es verhält sich auch nicht zu einem möglichen längeren Leben wie ein Fragment zu einem zwar geplanten, aber nicht vollendeten Kunstwerk oder Text.

Man könnte es bei diesem eindeutigen Resultat belassen, man kann aber auch noch einen Schritt weitergehen, indem man die Frage stellt, woher die Intuition, dass unser Leben fragmentarisch ist, rührt. Oft beruhen falsche philosophische Überzeugungen auf richtigen Beobachtungen. So könnte es sich auch in diesem Fall verhalten. Es könnte sein, dass die Vermutung, dass das menschliche Leben immer oder in der Regel unvollendet erscheint, weil es durch den Tod beendet wird, zutrifft, dass aber die richtige Erklärung für diese Tatsache nicht darin besteht, dass unser Leben einem Fragment gleicht. Die

---

5 „Man kann nie wissen, was man wollen soll, weil man nur ein Leben hat, das man weder mit früheren Leben vergleichen noch in späteren korrigieren kann. [...] Es ist unmöglich zu überprüfen, welche Entscheidung die richtige ist, weil es keine Vergleiche gibt. Man erlebt alles unmittelbar, zum ersten Mal und ohne Vorbereitung. Wie ein Schauspieler, der auf die Bühne kommt, ohne vorher je geprobt zu haben. Was aber kann das Leben wert sein, wenn die erste Probe für das Leben schon das Leben selber ist? Aus diesem Grunde gleicht das Leben immer einer Skizze. Auch ‚Skizze' ist nicht das richtige Wort, weil Skizze immer ein Entwurf zu etwas ist, die Vorbereitung eines Bildes, während die Skizze unseres Lebens eine Skizze von nichts ist, ein Entwurf ohne Bild." (Kundera 1984, 11f). – Die paradoxe Formulierung „Entwurf ohne Bild" zeigt, dass die Rede vom Leben als einer Skizze irreführend ist, weil beim Versuch, das Verhältnis zwischen Skizze und Bild auf das menschliche Leben zu übertragen, schnell deutlich wird, dass dies nicht gelingen kann.

Frage nach einer alternativen Erklärung für den Anschein der Unvollständigkeit des Lebens soll jedoch vorerst zurückgestellt werden. Nach einem kurzen, aber hoffentlich erhellenden Exkurs zum Begriff der Lebenskunst soll zuvor die Version der These vom notwendig fragmentarischen Charakter unseres Lebens behandelt werden, die nicht auf der geläufigen, sondern auf einer abweichenden Bedeutung des Wortes ‚Fragment' beruht.

4 Exkurs: Der Begriff der Lebenskunst und seine Relevanz für die These vom notwendig fragmentarischen Charakter unseres Lebens

Es ist offensichtlich, dass die These, unser Leben sei notwendigerweise fragmentarisch, gewisse Berührungspunkte mit der Idee der *Lebenskunst* aufweist. In beiden Fällen wird eine Analogie zwischen Kunst und Leben angenommen. Zwar unterscheiden sich die beiden Lehren darin, dass gemäß der These vom fragmentarischen Charakter unseres Lebens ein menschliches Leben nicht vollendet werden kann, während diese Möglichkeit innerhalb der Philosophie der Lebenskunst nicht bestritten wird. Ungeachtet dieses Unterschieds stimmen die beiden Lehren darin überein, dass es grundsätzlich möglich ist, das eigene Leben wie ein Kunstwerk oder einen Text zu gestalten. Es verwundert daher nicht, dass innerhalb der philosophischen Debatten, die in den letzten Jahrzehnten über die Möglichkeit einer Lebenskunst geführt worden sind, die Probleme, die im vorigen Abschnitt erörtert worden sind, im Mittelpunkt des Interesses stehen. Insbesondere ist strittig, ob und gegebenenfalls inwieweit ein Mensch sein eigenes Leben wie ein *Material* gestalten kann und ob und inwieweit wir die *Autoren* unserer Lebensgeschichte sein können. Die Kritik an den neueren Lehren von der Lebenskunst weist einige bemerkenswerte Übereinstimmungen mit den hier vorgetragenen Einwänden gegen die These vom fragmentarischen Charakter unseres Daseins auf. Dies soll im Folgenden exemplarisch dargelegt werden. Möglicherweise können die Bedenken, die gegenüber der Möglichkeit einer Lebenskunst ins Feld geführt werden, der Kritik an der Behauptung, dass unser Leben fragmentarisch sein müsse, weil wir sterben werden, weitere Plausibilität verleihen.

Jeder Versuch, die neueren Theorien der Lebenskunst in Kürze zu charakterisieren, ist mit der Schwierigkeit konfrontiert, dass es in der Philosophie der Gegenwart keine einheitliche Vorstellung davon gibt, was Lebenskunst ist oder sein sollte. Wenn man stark vereinfacht, lassen sich drei verschiedene

Auffassungen unterscheiden. (i) Einige Autoren knüpfen an die aus der Antike stammenden Motive der *Sorge um sich* und des *gelingenden Lebens* an. Wenn sie von Lebenskunst sprechen, dann beziehen sie sich auf ein Wissen davon, wie ein Leben gelingen kann, auf bestimmte Regeln oder Techniken der Lebensführung.[6] Man kann diesen Begriff als den *ethischen* Begriff der Lebenskunst bezeichnen. Dieser weist zwei wichtige Merkmale auf. Erstens hat der Wortbestandteil ‚Kunst' in dem Kompositum ‚Lebenskunst' hier nicht die gleiche Bedeutung wie der heutzutage geläufige Begriff der Kunst, der sich beispielsweise auf die Malerei, die Musik oder die Schauspielerei bezieht. Insbesondere impliziert die Rede von der Lebenskunst im Sinne des gelingenden Lebens nicht, dass alle Menschen Künstler sind oder dass das Leben selbst ein Kunstwerk sein könnte. (ii) Andere Autoren verwenden den Begriff der Lebenskunst vor allem im *ästhetischen* Sinne. Ihr zentraler Gedanke lautet, dass das menschliche Leben wie ein Kunstwerk gestaltet werden könne. Dieser Gedanke der *Ästhetisierung des Daseins* ist besonders durch Michel Foucaults späte Schriften inspiriert worden (Foucault 2007). Kennzeichnend für die ästhetische Auffassung der Lebenskunst sind zwei Annahmen. Erstens könnten und sollten das eigene Leben und das eigene ‚Selbst' nach Analogie eines Kunstwerks gestaltet werden. Zweitens sei das einzige angemessene Kriterium für das Gelingen eines Lebens ein ästhetisches. So heißt es etwa bei Richard Shusterman, „daß ästhetische Überlegungen wesentlich sind – oder es sein sollten – und letztendlich unerläßlich dafür, wie wir uns entscheiden, unser Leben zu führen und zu formen und wie wir beurteilen, was ein gutes Leben ist" (Shusterman 1994, 211). Das Ästhetische wird hier „als das eigentliche ethische Ideal" (ebd.) aufgestellt und das Ethische auf das Ästhetische zurückgeführt. Eine ähnliche Auffassung findet sich bei Alexander Nehamas (Nehamas 2007, 149 ff). (iii) Schließlich sind Autoren zu nennen, die zwischen der ethischen und der ästhetischen Auffassung der Lebenskunst changieren oder die beide miteinander verknüpfen wollen. Der bekannteste Vertreter dieser Variante der Philosophie der Lebenskunst im deutschsprachigen Raum ist Wilhelm Schmid

---

6 Rainer Marten beispielsweise setzt Lebenskunst geradezu mit dem gelingenden Leben gleich: „Gelingendes Leben, [...] erfordert Kunst, ist eine Kunst. [...] Gelingendes Leben – das ist das einzigartige Werk der Lebenskunst, das ist Lebenskunst in praxi" (Marten 1993, 9). Lebenskunst sei „keine theoriegeleitete Praxis, sondern die Praxis des gelingender Lebens selbst" (A. a.O., 10). – Ein weiterer Vertreter der ethischen Auffassung der Lebenskunst ist Malte Hossenfelder (Hossenfelder 2004). Im Anschluss an den antiken Begriff *téchne* versteht Hossenfelder unter „Lebenskunst" eine Fertigkeit sowie das zugehörige Regelsystem: „Im selben Sinne möchte ich von Lebenskunst sprechen, beschränke mich aber auf den theoretischen Teil, sodass meine Frage ist, ob sich ein System von Regeln aufstellen lässt, nach dem jeder ein gutes Leben führen kann." (A. a.O., 384).

(Schmid 1998). Dieser Autor will einerseits an die antiken Elemente der Lehre von der Lebenskunst anknüpfen, wie beispielsweise an das sokratisch-platonische Motiv der Sorge um sich selbst (a. a.O., 50 f). Andererseits will er die Lebenskunst ausdrücklich den Künsten im modernen Sinne des Wortes zuordnen (a. a.O., 74 ff).

Es liegt auf der Hand, dass der *ethische* Begriff der Lebenskunst erstens im Hinblick auf die Frage nach dem fragmentarischen Charakter unseres Lebens nicht von Interesse und zweitens in Bezug auf die Vergleichbarkeit von Leben und Kunst unproblematisch ist. Da die ethische Auffassung der Lebenskunst nicht auf der Annahme einer Analogie zwischen Kunstwerken und dem menschlichen Leben beruht, kann sie hier außer Acht gelassen werden. Anders verhält es sich mit der *ästhetischen* Variante der Lehre von der Lebenskunst. Sie teilt mit der These vom notwendig fragmentarischen Charakter des menschlichen Daseins die Voraussetzung, dass der Mensch zumindest versuchen könne, sein Leben in Analogie zu einem Kunstwerk oder einem Text als ein sinnvolles Ganzes zu gestalten. Aufgrund dieser Übereinstimmung ist die Kritik an der ästhetischen Deutung des Begriffs der Lebenskunst aufschlussreich für das Thema des vorliegenden Beitrags.

Gegen die These, dass das Leben als Kunstwerk oder zumindest wie ein Kunstwerk gestaltet werden kann, sind u. a. folgende zwei Einwände vorgetragen worden. Erstens wird darauf hingewiesen, dass die Rede von der ‚Selbstgestaltung' auf der irrigen Annahme beruht, dass ein Mensch sich selbst so behandeln könne wie ein Künstler sein Material. Während die Auswahl des Materials dem Künstler freistehe, sei jeder Mensch für sich selbst zunächst einmal etwas *Vorgegebenes*, das er nicht nach Belieben formen könne (Kersting 2007, 32; Thomä 2007, 248 ff).[7] Diese Kritik entspricht den ersten beiden Einwänden, die hier gegen die Rede vom fragmentarischen Charakter unseres Lebens ins Feld geführt worden sind: dem Einwand der Unverfügbarkeit des Anfangs und dem Einwand der Vorgegebenheit der eigenen Persönlichkeit.

Von mehreren Autoren wird zweitens eingewandt, dass niemand zu sich selbst und zu seinem Leben die *Perspektive des äußeren Beobachters*, die für die *Rezeption* von Kunstwerken konstitutiv sei, einnehmen könne. Da jeder Mensch in sein Leben verstrickt sei, könne er diesen Abstand zu sich nicht gewinnen. Wir könnten uns gar nicht so mit uns selbst konfrontieren wie mit einem Kunstwerk (Seel 1996, 21). Der Blick von außen auf das eigene Leben,

---

[7] Thomä zufolge ist es beispielsweise „abwegig, den Umgang mit dem ‚Eigenleben' des Lebens nur in der Form der *poietischen Selbstbeziehung*, also der Selbsterfindung oder Selbstherstellung vorzusehen. Dies ist dem Verhältnis zum eigenen Körper unangemessen" (Thomä 2007, 251).

der beispielsweise bei Wilhelm Schmid eine wichtige Rolle spiele, sei uns versagt (Langbehn 2007, 201ff). Dieser Einwand lässt sich auf die These vom fragmentarischen Charakter unseres Lebens übertragen. Damit ein Mensch sein wirkliches Leben als Fragment eines möglichen längeren Lebens begreifen kann, muss er einen vollständigen Überblick jenes bereits gelebten Lebens haben – diese Voraussetzung ist aber offensichtlich nicht erfüllt. Kein Mensch kann sich an die ersten Monate seines Lebens erinnern. Jeder Mensch vergisst vieles von dem, was er in den darauffolgenden Jahren getan und erlitten hat. Die Annahme, dass wir eine vollständige Kenntnis unseres bisher gelebten Lebens haben könnten, ist in Anbetracht der Unzulänglichkeit und Fehlbarkeit des menschlichen Gedächtnisses ausgesprochen unrealistisch.

Auf diesen Einwand ließe sich erwidern, dass man die *ontologische* Frage, ob jedes menschliche Leben ein Fragment *sei*, unterscheiden müsse von der *epistemologischen* Frage, ob ein Mensch sein eigenes Lebens als Fragment *begreifen* oder *rezipieren* könne, und dass der ontische Status des menschlichen Lebens unabhängig von dessen epistemischer Zugänglichkeit sei. Das Leben könne auch dann ein Fragment sein, wenn der einzelne Mensch prinzipiell außerstande sei, dies zu begreifen. Diese Replik beruht jedoch auf der verfehlten Voraussetzung, dass sich die beiden genannten Fragen unabhängig voneinander beantworten lassen. Tatsächlich verhält es sich vielmehr so, dass sie untrennbar miteinander zusammenhängen. Dies zeigt der folgende Gedankengang. Nehmen wir an, es werde behauptet, dass der Text, den die Person X verfasst hat, ein von X geschaffenes Fragment sei. Auf Nachfrage stellt sich jedoch heraus, dass X den Anfang des Textes gar nicht kennt. Wenn sie wissen will, wie die Geschichte beginnt, muss sie andere Menschen befragen und sich auf deren Zeugnis verlassen. Darüber hinaus weist der Text viele Passagen auf, die X nicht kennt, weil ihr die angeblich von ihr selbst verfasste Geschichte nicht vollständig bekannt ist. Es dürfte außer Frage stehen, dass man unter diesen Umständen nicht sinnvollerweise davon sprechen kann, dass der Text ein von X geschaffenes Fragment ist, weil offenbar bestimmte Teile des Textes gar nicht von X stammen. Es ist aber unstrittig, dass *die Autorschaft* von X eine notwendige Bedingung dafür ist, dass etwas als ein von X hervorgebrachtes Fragment bezeichnet werden darf. Somit hängt die Beantwortung der ontologischen Frage, ob ein Gegenstand ein Fragment ist, zumindest teilweise davon ab, ob die Person, welcher der Gegenstand als Fragment zugeschrieben werden soll, diesen Gegenstand als Fragment auffassen kann. Da nun kein Mensch imstande ist, sein gesamtes bisher er- und gelebtes Leben zu überblicken, ist die epistemologische Bedingung dafür, dass sein Leben ein Fragment sein könnte, nicht erfüllt.

Wie diese knappen Ausführungen belegen, werden die Vorbehalte gegenüber der These vom notwendig fragmentarischen Charakter des menschlichen Lebens durch die Kritik an der Idee der Lebenskunst untermauert.

5 Die These vom „Leben als Fragment" bei Henning Luther: eine irreführende Behauptung

Bislang lag der Kritik an der These vom fragmentarischen Charakter unseres Daseins die Voraussetzung zugrunde, dass der Begriff des Fragments im Rahmen dieser These mit seiner üblichen, lexikographisch erfassten Bedeutung verwendet wird. Nun wurde aber bereits in der Einleitung darauf hingewiesen, dass eine einflussreiche Version der These auf einem Verständnis des Wortes ‚Fragment' beruht, welches vom allgemeinen Sprachverständnis abweicht. Daraus folgt, dass die Auseinandersetzung mit der Behauptung, dass unser Leben notwendigerweise fragmentarisch sei, so lange unvollständig ist, wie die soeben genannte Variante der These nicht in die kritische Prüfung einbezogen wird. Dies soll im Folgenden geschehen. Dabei beziehe ich mich auf den von dem Theologen Henning Luther verfassten, einflussreichen Aufsatz „Leben als Fragment" aus dem Jahr 1991.

Luthers Ausgangspunkt ist das Ideal der *Vollkommenheit*: „Das Ideal der Vollkommenheit fasziniert uns" (Luther 1991, 262). Ohne dafür ausdrücklich einen Grund zu nennen, verknüpft der Autor dieses Ideal der Vollkommenheit mit dem Ziel der *Ganzheit*. Beide werden in einem Atemzug genannt, beiden stellt er seine Vorstellung vom Leben als Fragment gegenüber: „Gegen das Ideal der Ganzheit und Vollkommenheit möchte ich die Vorstellung vom *Fragment* ins Spiel bringen" (a. a. O., 263). Erst später wird deutlich, warum Luther Ganzheit und Vollkommenheit im Kontext seiner Überlegungen zwar unterscheidet, aber nicht voneinander trennt. Der Grund dafür liegt in seinem ungewöhnlichen Verständnis des Begriffs ‚Fragment': „Das Fragment bezeichnet das Unvollendete und Unvollkommene, das, was noch nicht oder nicht mehr ‚ganz' ist" (a. a. O., 266). Andere Autoren sind ihm darin gefolgt (Fechner 2015; Baltz-Otto 2011; Findl-Ludescher 2013; Jung 2014).[8] Diese Vermengung der

---

[8] So trägt etwa Kristian Fechners Vortrag „Leben als Fragment?" den Untertitel „Gegen den Zwang zur Vollkommenheit" (Fechner 2015). Die Formel vom Leben als Fragment wird bei Fechner nicht nur dem „Mythos von der Ganzheitlichkeit" (a. a. O., 3), sondern auch der „Tyrannei gelingenden Lebens" (a. a. O., 4) gegenübergestellt. Somit wird das Fragmentarische nicht nur mit Unvollständigkeit, sondern auch mit Misslingen in Verbindung gebracht.

beiden Aspekte *Unvollendetsein* und *Unvollkommenheit* ist jedoch problematisch, weil sie nicht mit der Bedeutung übereinstimmt, die das Wort ‚Fragment' im üblichen Verständnis hat.[9]

Zweifellos ist jedes Fragment *in einer bestimmten Hinsicht* nicht nur unvollendet, sondern auch unvollkommen: Es ist deshalb unvollkommen, *weil* und *insofern* es unvollständig ist, obwohl es Teil eines größeren Ganzen war oder sein sollte. Diese Unvollkommenheit *als* Unvollständigkeit ist in der Tat konstitutiv für Fragmente. Allerdings fügt hier der Verweis auf die Unvollkommenheit der Feststellung der Unvollständigkeit nichts hinzu, weil sich diese Unvollkommenheit in der Unvollständigkeit erschöpft. In einer anderen Hinsicht, nämlich in Bezug auf seine *künstlerische oder literarische Qualität* ist es jedoch durchaus möglich, dass ein Fragment gelungen, schön, bewundernswert oder gar vollkommen ist. Als Teil eines früher existierenden oder gedanklich antizipierten Werks oder Textes stellt ein Fragment ein in sich *vollständig* bearbeitetes Material dar. Dies unterscheidet Fragmente von *Entwürfen, und deshalb sollte man Fragmente und Entw*ürfe nicht – wie es Luther offenbar tut – einander angleichen.[10] Diese wichtige Eigenschaft von Fragmenten lässt sich anhand von Beispielen illustrieren. Kafkas bereits erwähnte Romanfragmente werden von vielen Leserinnen und Lesern und ebenso von zahlreichen Literaturkritikern und -wissenschaftlern außerordentlich geschätzt, obwohl sie nicht vollendet wurden. Die Wertschätzung bezieht sich dabei auf die literarische Qualität der Fragmente als solcher. Bei „Das Schloss" oder „Der Prozess" handelt es sich offenbar ungeachtet der Tatsache, dass Kafka die geplanten Romane nicht fertiggestellt hat, um außerordentlich gelungene Texte. In dieser Hinsicht sind diese Fragmente zweifellos nicht mangelhaft.

Dass Fragmente in Bezug auf ihre literarische oder musikalische Qualität makellos sein können, lässt sich nicht nur an realen, sondern auch an fiktiven

---

9 Die Vermengung der genannten beiden Aspekte findet sich nicht nur bei Henning Luther selbst, sondern auch bei Autorinnen und Autoren, die seine These affirmativ rezipiert haben. So heißt es etwa bei Ursula Baltz-Otto: „Ein Fragment scheint unvollkommen, unvollständig, noch nicht fertig, bedarf der Vollendung. Wenn ich über einen Menschen sage, er sei ein Fragment, kann ich ihn verunsichern und entmutigen. Will ich nicht lieber das Vollkommene, das Ganze?" (Baltz-Otto 2011). Wie bei Luther wird hier fälschlicherweise suggeriert, dass ein notwendiger Zusammenhang zwischen Ganzheit und Vollkommenheit einerseits und zwischen Unvollständigkeit und Unvollkommenheit andererseits besteht.

10 Bezeichnend für diese Tendenz, nicht zwischen Fragmenten und Entwürfen zu unterscheiden, ist die Tatsache, dass Luther als Beleg für seine These vom notwendig fragmentarischen Charakter unseres Lebens u. a. ein Zitat aus Christa Wolfs Erzählung „Kein Ort. Nirgends" anführt: „Begreifen wir, daß wir ein Entwurf sind – vielleicht, um verworfen, vielleicht, um wieder aufgegriffen zu werden, darauf haben wir keinen Einfluß." (Luther 1991, 265)

Beispielen verdeutlichen. Angenommen, dass einige der allgemein als Meisterwerke anerkannten Schöpfungen *nur unvollständig erhalten geblieben wären*: Würde dies etwas daran ändern, dass die erhaltenen Teile von herausragender Güte sind? Wohl kaum. Auch wenn nur Bruchstücke von Bachs „Suiten für Violoncello", Mozarts „Zauberflöte" oder Shakespeares „Sonetten" erhalten wären, würde dies der Schönheit der Überbleibsel, wenn man sie nur für sich betrachtet, keinen Abbruch tun. Wäre nur die erste von Bachs sechs Cellosuiten überliefert worden, würde das nichts daran ändern, dass die erste Suite eine großartige Schöpfung ist. Das Gleiche gilt für die Annahme, dass ein Meisterwerk *nicht vollendet worden wäre*. Wenn Shakespeare gestorben wäre, bevor die Reihe seiner Sonette vollständig war, würde es sich bei denjenigen Sonetten, die er verfasst hätte, dennoch um großartige Dichtungen handeln. Unvollständigkeit schließt also keineswegs notwendigerweise Unvollkommenheit oder Mangelhaftigkeit ein, ebenso wenig wie ein Werk, nur weil es vollendet wurde, auch gelungen sein müsste. Bekanntlich existieren Tausende von mittelmäßigen und schlechten Romanen, Gedichten und Musikstücken, die vollendet wurden.

Wie diese Überlegungen zeigen, besteht zwischen den beiden Aspekten, *Vollendetsein* versus *Unvollendetsein* und *Gelungensein* versus *Nichtgelungensein*, keinesfalls ein notwendiger Zusammenhang. Das Vollendete kann gelungen oder misslungen sein und das Unvollendete ebenso. Das Gelungene kann vollendet sein oder unvollendet bleiben und das Misslungene ebenso. Daraus folgt, dass auch in Bezug auf das menschliche Leben zwischen der Frage, ob es gelungen oder misslungen ist, und der Frage, ob es vollendet wurde oder unvollendet blieb, unterschieden werden muss.

Darüber hinaus stellt Henning Luthers Verwendung des Begriffs ‚Fragment' eine Abweichung vom üblichen Sprachgebrauch dar, die irreführend ist. Wenn es ihm – wie ich vermute – darum ging, gegen die gegenwärtige Tendenz zur Selbstoptimierung, Selbstgestaltung und überhaupt gegen den in der Ratgeberliteratur allgegenwärtigen Gestaltbarkeitswahn auf die unvermeidbaren schlechten Seiten des menschlichen Lebens zu verweisen, auf das Leid (Luther 1991, 268), die Trauer (a. a.O., 269), das Scheitern, Verluste (a. a.O, 267) und Ähnliches, dann hätte er dafür sicherlich einen treffenderen Ausdruck finden können. Wenn man meint, dass das Leben des Menschen zumindest teilweise zum Scheitern verurteilt ist, dann ist es irreführend, diesen richtigen Gedanken in die Formel „Leben als Fragment" zu kleiden. Wie soeben dargelegt wurde, kann ein Fragment im üblichen Sinne des Wortes durch und durch gelungen sein.

Es ist übrigens bemerkenswert, dass Luther und diejenigen, die seine These aufgegriffen haben, *für* die These, dass unser Leben ein Fragment sei, teilweise die gleichen Gründe vorbringen, die hier *gegen* die Behauptung vom fragmentarischen Charakter unseres Daseins ins Feld geführt worden sind: z. B. die „nicht vorhersehbare und planbare Endlichkeit unseres Lebens, die jeder Tod markiert" (Luther 1991, 266), und die Tatsache, dass wir unser Leben nicht vollständig gestalten können. Dies erscheint paradox. Der Anschein der Paradoxie löst sich doch schnell auf, sobald man berücksichtigt, dass der Begriff des Fragments von Henning Luther und seinen Anhängern mit einer anderen Bedeutung verwendet wird als der von mir zugrunde gelegten allgemein üblichen.

6 Eine alternative Erklärung für den Anschein des Unvollendetseins des menschlichen Lebens

Den Ausgangspunkt meiner Überlegungen bildete die verbreitete Meinung, dass das Leben vieler Menschen zu früh durch den Tod beendet wird. Die These vom notwendig fragmentarischen Charakter unseres Lebens, die eine plausible Erklärung für den Anschein des Unvollendetseins des Lebens bietet, hat sich als falsch erwiesen. Dieses Ergebnis wirft die Frage auf, ob es für jenen Anschein eine alternative, überzeugendere Erklärung gibt. Mir scheint, dass sich tatsächlich drei plausible Gründe dafür anführen lassen. Zum Abschluss des vorliegenden Beitrags sollen diese drei Gründe in aller Kürze genannt und erläutert werden.

Erstens neigen wir dazu, die Länge eines menschlichen Lebens in Bezug auf die *Vollständigkeit der Lebensphasen* sowie auf die *durchschnittliche und maximale Lebenserwartung* unserer Spezies zu beurteilen. Was zunächst die Vollständigkeit der Lebensphasen betrifft, so gehen wir davon aus, dass das Leben eines Menschen nur dann seinen natürlichen Verlauf genommen hat, wenn der Mensch *alle möglichen Stufen* oder Phasen der Individualentwicklung zwischen Geburt und Tod durchlaufen hat, also z. B. Kindheit, Jugend, Reife und Alter.[11] Wenn man von dieser natürlichen Bestimmung ausgeht, dann ist ein Mensch, der bereits als Jugendlicher oder im Stadium der Reife gestorben ist, ohne die Lebensphase des Alters erreicht zu haben, tatsächlich zu früh gestorben. Zweifellos wird die Klage darüber, dass ein 25-Jähriger zu früh

---

11 Inzwischen werden innerhalb des Alters weitere Unterscheidungen getroffen. So spricht man etwas von den ‚jungen Alten' im Unterschied zu den ‚alten Alten' (vgl. zum Überblick Mahr 2016).

gestorben ist, nicht auf Widerspruch stoßen, während es bei jemandem, der als alter Mensch gestorben ist, strittig sein kann, ob dieses Urteil zutrifft.

Es dürfte auch auf der Hand liegen, dass wir uns bei der Bewertung der Lebensspanne an der *durchschnittlichen Lebenserwartung* orientieren. In aller Regel wird es in einer Todesanzeige für einen Menschen, der im Alter von 103 Jahren verstorben ist, nicht heißen, dass er ‚zu früh' von uns gegangen sei, während diese Wendung bei Menschen, die im Alter von 40, 55 oder 60 Jahren gestorben sind, durchaus nicht überrascht. Die einfachste und plausibelste Erklärung lautet, dass der mit 103 Jahren Verstorbene länger gelebt hat, als ein Mensch im Durchschnitt zu erwarten hat, während den anderen etwas vorenthalten wurde, worauf zwar niemand einen Anspruch hat, was jedoch gemäß den statistischen Daten zu erwarten war. Damit soll durchaus nicht behauptet werden, dass die durchschnittliche Lebenserwartung der *geeignete* Maßstab für die Bewertung einer Lebensspanne ist. Im Gegenteil: In aller Regel ergibt sich ein empirischer Durchschnittswert gerade daraus, dass die erfassten Daten mehr oder weniger stark variieren. Doch offensichtlich üben statistische Daten auf viele Menschen eine geradezu verführerische Anziehungskraft aus. Der Drang, einen *deskriptiv* erfassten Wert, den Durchschnitt, *evaluativ* oder *normativ* zu interpretieren, ist weit verbreitet. Das wohl bekannteste Beispiel dafür ist die aus Wetterberichten geläufige Formulierung, der Monat X sei ‚zu kalt' oder ‚zu heiß' gewesen. Offenbar wird auch die durchschnittliche Lebenserwartung von einigen in diesem Sinne gedeutet, nämlich als Maßstab dafür, ein wie langes Leben ein Mensch erwarten *darf*.

Schließlich darf man annehmen, dass auch die Orientierung an der *maximalen Lebenserwartung* des Menschen die Urteile über die Lebensspanne eines Verstorbenen beeinflusst. Angesichts der Tatsache, dass bislang keine Fälle bekannt geworden sind, in denen Menschen wesentlich älter als 120 Jahre geworden sind, wird niemand nach dem Ableben eines 110-Jährigen ernsthaft behaupten wollen, dass er zu früh gestorben sei. Für die meisten anderen Menschen gilt aber, dass sie *länger hätten leben können*, wenn ihr Leben nicht durch Krankheiten, Unfälle oder Gewalteinwirkung beendet worden wäre. In diesem Sinne kann man dann auch sinnvollerweise sagen, dass ihr Leben vorzeitig beendet wurde.

Der zweite Grund dafür, dass der Eindruck des Unvollendetseins eines menschlichen Lebens entsteht, hat mit der *Natur unserer Wünsche* zu tun. In seiner Kritik an Martin Heideggers Lehre vom Vorlaufen zum Tode und vom möglichen Ganzseinkönnen des Daseins hat Jean-Paul Sartre zu Recht darauf hingewiesen, dass es für menschliche Wünsche und Hoffnungen *keinen inhärenten Endpunkt* gibt (Sartre 1997, 924f). Während man in Bezug auf einzelne Pläne oder Projekte *innerhalb des Lebens* sagen kann, dass sie vollständig verwirklicht worden sind, lässt sich in der Regel kein Zeitpunkt angeben, an dem man behaupten könnte, dass nun alle Wünsche eines Menschen erfüllt worden wären, sodass nun das *Leben als Ganzes* vollendet und der richtige Zeitpunkt für seinen Tod gekommen sei. Unsere Wünsche erneuern sich immer wieder, und es gibt keinen plausiblen Grund für die Annahme, dass der Zeitraum, auf den sich unsere Wünsche beziehen, nur bis zu einem bestimmten Zeitpunkt dauern wird. So, wie ich heute den Wunsch habe, zu essen und zu trinken, mit anderen Menschen zu sprechen und etwas zu tun, werde ich diesen Wunsch auch morgen und übermorgen haben. Falls Menschen nicht lebensmüde sind, gibt es für sie keinen Zeitpunkt, an dem es für sie nichts mehr zu wünschen gäbe. Anders gesagt: Man kann mit dem Leben als Ganzem nicht so ‚fertig werden', wie man mit einer Aufgabe innerhalb des Lebens fertig wird. Deshalb gibt es keinen im Voraus feststehenden Zeitpunkt, zu dem ein Mensch sagen könnte: „Nun habe ich alles, was in meinem Leben zu tun war, erledigt. Mein Leben ist vollendet, und der richtige Moment für den Tod ist gekommen." Der Grund dafür besteht darin, dass es keinen von uns unabhängigen Maßstab dafür gibt, was wir im Leben zu tun haben. Dies hängt vielmehr von unseren Wünschen ab, und diese erneuern sich in der Regel immer aufs Neue. Auch aus diesem Grund kann man in vielen Fällen sagen, dass ein Mensch zu früh gestorben ist.

Drittens und letztens kann ein menschliches Leben deshalb nicht so vollendet sein *wie eine erzählte Geschichte*, weil niemand zu sich selbst das distanzierte und unbeteiligte Verhältnis haben kann, in dem eine Schriftstellerin zu ihren Figuren steht. Jeder von uns ist gleichsam die Hauptfigur in seiner Lebensgeschichte, und von dieser Innenperspektive können wir nicht absehen. Wie soeben dargelegt wurde, ist das Lebens aber aus der Perspektive desjenigen, der ein Leben führt, in den meisten Fällen stets unvollendet. Wäre ich nur der *Autor* meines Lebens, dann könnte ich ohne Rücksicht auf die Wünsche von Héctor Wittwer seine Geschichte zu dem Zeitpunkt enden lassen, der mir am passendsten erschiene. Tatsächlich bin ich aber nicht der Autor meines Lebens, sondern dessen *Subjekt*. Für denjenigen, der sein Leben führt, ist das Leben aber aus den bereits dargelegten Gründen stets unvollendet.

In ihrem Zusammenspiel ergeben die genannten drei Gründe eine überzeugende Erklärung dafür, warum man in vielen Fällen bedauert, dass ein Mensch ‚zu früh' gestorben ist, während man keine Klagen darüber vernimmt, dass jemand zu ‚spät' gestorben ist. Damit ist eine plausible Erklärung dafür gefunden worden, dass oft der Eindruck entsteht, das Leben eines Verstorbenen sei unvollendet geblieben. Die Annahme, dass unser Leben notwendigerweise fragmentarisch ist, weil wir sterben werden, wird dafür nicht benötigt.

Literatur

Baltz-Otto, Ursula (2011): Leben als Fragment (Manuskripte. SWR2. Das Wort zum Sonntag), https://www.kirche-im-swr.de/?m=9892.
Fechner, Kristian (2015): Leben als Fragment? Gegen den Zwang zur Vollkommenheit (Vortrag), https://www.zhref.ch/angebote/…/identitaet-und-fragment-vortrag-kristian-fechtner.pdf.
Findl-Ludescher, Anni (2013): „Scheitern" – oder vom „Leben als Fragment" (Vortrag), https://www.uibk.ac.at/theol/leseraum/pdf/dies2013-findl-ludescher.pdf.
Foucault, Michel (2007): Ästhetik der Existenz. Schriften zur Lebenskunst, Frankfurt a. Main.
Hossenfelder, Malte (2004): Gibt es eine Lebenskunst?, in: Friesen, Hans/ Berr,Karsten (Hg.): Angewandte Ethik im Spannungsfeld von Begründung und Anwendung, Frankfurt a. Main, 383–404.
Hürlimann, Christoph (1992): Mein Leben als Fragment. Meditationen mit Bildern, Zürich.
Jung, Matthias (2014): Leben als Fragment zwischen Wollen und Können. Theologische Reflexionen von Gedanken von Frithjof Bergmann, Odo Marquard und Henning Luther, https://blog.matthias-jung.de/2014/03/27/leben-als-fragment-zwischen-wollen-und-konnen/.
Kersting, Wolfgang (2007): Einleitung. Die Gegenwart der Lebenskunst, in: Ders./Langbehn, Claus (Hg.): Kritik der Lebenskunst, Frankfurt a. Main, 10–88.
Kersting, Wolfgang/ Langbehn,Claus (Hg.) (2007): Kritik der Lebenskunst, Frankfurt a. Main.
Kundera, Milan (1984): Die unerträgliche Leichtigkeit des Seins, München/Wien.
Langbehn, Claus (2007): Grundlegungsambitionen oder der Mythos vom gelingenden Leben. Über Selbstbewusstsein und Selbstgestaltung in der Ethik, in: Kersting, Wolfgang/ders. (Hg.): Kritik der Lebenskunst, Frankfurt a. Main, 201–234.
Luther, Henning (1991): Leben als Fragment, in: Wege zum Menschen 43, 262–273.
Mahr, Christiane (2016): „Alter" und „Altern". Eine begriffliche Klärung mit Blick auf die gegenwärtige wissenschaftliche Debatte, Bielefeld.
Marten, Rainer (1993): Lebenskunst, München.
Nehamas, Alexander (2007): Philosophischer Individualismus, in: Kersting, Wolfgang/ Langbehn,Claus (Hg.): Kritik der Lebenskunst, Frankfurt a. Main, 149–178.
Nietzsche, Friedrich (1990): Also sprach Zarathustra. Ein Buch für alle und keinen, Stuttgart.
Sartre, Jean-Paul (1997): Das Sein und das Nichts. Versuch einer phänomenologischen Ontologie, Reinbek bei Hamburg.
Schmid, Wilhelm (1998): Philosophie der Lebenskunst. Eine Grundlegung, Frankfurt a. Main.
Seel, Martin (1996): Ästhetik als Teil einer differenzierten Ethik. Zwölf kurze Kommentare, in: Ders.: Ethisch-ästhetische Studien, Frankfurt a. Main, 11–35.
Shusterman, Richard (2001): Philosophie als Lebenspraxis, Berlin.
Tetens, Holm (2006): Philosophisches Argumentieren. Eine Einführung, München.
Thomä, Dieter (2007): Lebenskunst zwischen Könnerschaft und Ästhetik. Kritische Anmerkungen, in: Kersting, Wolfgang/ Langbehn,Claus (Hg.): Kritik der Lebenskunst, Frankfurt a. Main, 237–260.
Wahrig (2012): Wörterbuch der deutschen Sprache. Neu bearbeitete u. aktual. Ausgabe, hg. von Renate Wahrig-Burfeind, Gütersloh/München.

III **Das Gelingen der Sterbebegleitung in der Diskussion**

Claudia Bausewein
Die Begleitung beim Sterben durch die Palliativmedizin

Die Aufgaben eines Arztes haben sich im Lauf der Jahrhunderte deutlich geändert. Im Mittelalter war Heilung kaum möglich, so dass die Linderung von Gebrechen zu den Hauptaufgaben eines Arztes gehörte und Trösten eine zentrale Rolle einnahm. Durch die Entwicklungen der Medizin herrscht heute überwiegend die Erwartung vor, dass doch immer eine Heilung möglich sein sollte. Lindern wird häufig nicht als ärztliche Aufgabe wahrgenommen und Trösten hat die Medizin an andere delegiert. Dame Cicely Saunders, die Begründerin der modernen Hospizbewegung und Palliativmedizin, hat 1967 mit der Eröffnung von St. Christopher's Hospice im Süden von London, in der Medizin die alte Erkenntnis, dass auch Linderung von Leiden eine zentrale ärztliche Aufgabe ist, wieder aufgenommen, indem sie sich besonders der Verbesserung der Situation und Betreuung schwerkranker und sterbender Menschen angenommen hat. Die Hospizbewegung und Palliativmedizin haben, von England ausgehend, zu einer Verbesserung der Versorgung Sterbender weltweit geführt und sind auch in Deutschland mittlerweile fester Bestandteil des Gesundheitswesens (vgl. den Beitrag von Brandenburg/Baranzke/Kautz im vorliegenden Band). Mit ihrem Konzept des ‚Total pain', also des ganzheitlichen Erlebens von Schmerzen, macht Cicely Saunders deutlich, dass Schmerzen und Leiden nicht nur körperlich erlebt werden, sondern immer auch eine psychische, seelische und v. a. spirituelle Dimension haben (Saunders 1964). Bei schwerer Krankheit und besonders am Lebensende stellt sich für die Betroffenen häufig eine Reihe spiritueller und existentieller Fragen, die nicht unbedingt religiöse Fragen sein müssen, aber durchaus sein können. Dazu gehören Fragen wie z. B. ‚Warum bin ich krank geworden?' ‚Warum muss ich jetzt schon sterben?' ‚Was ist der Sinn meines Lebens?' ‚Wo ist Gott in allem?' ‚Warum lässt Gott das zu?' ‚Kann ich ja zu meinem Leben sagen?' Dazu gehören auch Fragen nach Schuld, Versöhnung oder den eigenen Lebenszielen. Manche dieser Fragen stellen sich nicht erst am Lebensende, sondern sind oft ausgesprochen oder nicht, bei vielen Menschen im Lauf des Lebens vorhanden. Auf viele dieser Fragen, besonders wenn sie am Lebensende gestellt werden, gibt es keine (einfachen) Antworten (Bausewein 2015). Trotzdem wollen diese Fragen gestellt werden. Wenn es eine Antwort geben kann, dann kann sie nur der Betroffene selbst finden. Die Begleiter können den Betroffenen aber darin unterstützen, für sich selbst Antworten zu finden. So wird das Sterben oft zu einem Brennpunkt für das Leben.

1 Begleitung Sterbender

Die Begleitung Sterbender ist einer der Kernbereiche der Hospiz- und Palliativversorgung. Sterbende Menschen wünschen sich oft jemand, der ein Stück ihres Weges mitgeht und sie begleitet. Für den Sterbenden ist dieser Weg vielleicht der wichtigste Abschnitt seines Lebens ‚auf einer ungewissen Reise in ein unbekanntes Land'. Begleitung ist dabei als Prozess zu sehen, der oft auch schmerzhaft ist und dessen Richtung und Geschwindigkeit nicht vorhersehbar sind. Es entsteht eine Beziehung zwischen den Begleiteten, dem Patienten und auch dessen Angehörigen, und den Begleitenden, also den professionellen Betreuern, den Ärzten, Schwestern, Therapeuten und vielen anderen. Dieser Prozess ist in der Regel nicht einseitig, sondern von Geben und Nehmen geprägt. Das bedeutet, dass die professionellen Betreuer nicht nur geben, sondern auch sehr viel von den sterbenden Menschen geschenkt bekommen. Aufgabe der Begleitenden, also der Ärzte, Pflegenden, Seelsorger und Therapeuten ist es, einen geschützten Raum und eine Atmosphäre zu schaffen, um diese Prozesse zu ermöglichen. Dazu braucht es Ruhe, Offenheit und Zeit.

2 Die Betroffenen – der begleitete Mensch

Die moderne Medizin reduziert die Betroffenen häufig auf das Patient-Sein. Es ist aber wesentlich, den Menschen im Patienten zu erkennen, um ihn besser unterstützen zu können. Oder wie es einer der Begründer der modernen Medizin, Sir William Osler, formulierte, „es ist besser zu wissen, was für ein Mensch das ist, der eine Krankheit hat, als nur zu wissen, welche Krankheit er hat." (Klaschik and Nauck 1994) Dabei ist dieser betroffene Mensch Partner und Experte für seine Situation. Die Zeit der Krankheit, besonders auch im fortgeschrittenen Stadium, ist weniger von Aktivität und Mobilität als vielmehr von Zurückgezogenheit und inneren Prozessen geprägt. Es ist also mehr ein innerer als ein äußerer Weg. Der Kanadier Balfour Mount, einer der großen Palliativmediziner, beschrieb einmal, dass eine lebensbedrohliche Erkrankung ein Angriff auf die ganze Person sei, körperlich, psychisch, sozial und spirituell. Leiden ist also eine Erfahrung des ganzen Menschen und nicht nur von Körpern (Mount/Boston/Cohen 2007). Das Erleben von Leiden korreliert aber nicht unbedingt mit körperlichem Wohlbefinden. Lebensqualität ist nach Mount in einem Spannungsfeld zwischen Erfahrung von Leiden und seelischem Schmerz auf der einen und Erfahrung von Ganzheitlichkeit und Unversehrtheit auf der anderen Seite zu sehen. Verwundung führt dabei zu mehr Leiderfahrung und Heilung zu mehr Ganzheitlichkeit (Mount/Boston/Cohen 2007).

Schwerkranke und Sterbende erleben Leid und seelischen Schmerz durch das Gefühl der Trennung vom eigenen Selbst, aber auch von anderen und der erfahrbaren Welt. Ihnen fehlt ein tieferer Sinn ihrer Krankheit, ihres Lebens. In dieser Sinnkrise entsteht ein existentielles Vakuum und die Menschen können keinen Trost und Frieden finden. Sie sorgen sich um die Zukunft genauso wie um die Vergangenheit. In einer Zeit des zunehmenden Kontrollverlustes steigt das Bedürfnis, Kontrolle zu haben, über Alltäglichkeiten, die Erkrankung, über Therapien oder das ganze Leben (Mount/Boston/Cohen 2007).

Dementsprechend erleben Menschen nach Balfour Mount Integrität und Ganzheit durch ein Gefühl der Verbundenheit mit dem eigenen Selbst und mit anderen. Sie erleben und finden einen tieferen Sinn im Kontext von Leiden und können im Hier und Jetzt Frieden finden. Sie erleben mehr Offenheit für Möglichkeiten des Augenblicks und weniger das Bedürfnis nach Kontrolle. Sinnfindung ist ein Mittel auf dem Weg zu mehr Verbundenheit mit etwas Größerem. Sinn entfaltet sich v. a. im Kontext von Beziehungen. Offenheit und Heilung auf einer Ebene bewirken dabei Heilung in anderen Bereichen (Mount/Boston/Cohen 2007).

Häufig wird gefragt, ob gläubige Menschen leichter sterben als andere. Glauben ist keine Garantie für ein friedliches Sterben, kann aber eine wichtige Stütze sein. Manchmal werden sehr gläubige Menschen im Angesicht des Todes in tiefe Zweifel und Gottesferne gestürzt, andere finden eher zu einer noch tieferen Gottesbeziehung und schöpfen aus ihrem Glauben Kraft und Zuversicht. Aber auch Menschen, die nie kirchlich gebunden waren oder aus der Kirche ausgetreten sind, entdecken im Glauben eine ungeahnte Quelle. Häufig ist die behutsame Begleitung von ‚Seel-Sorgern' im Sinne von ‚Sorgenden um die Seele' gefragt, die nicht auf dem Sterbebett noch missionieren oder urteilen wollen, sondern die Ansprechpartner sind für den Menschen in seinem Suchen und in der Auseinandersetzung mit seiner Situation.

3 Die Professionellen – Die Begleitenden

Die Aufgabe des Begleiters oder Begleitenden ist es, die ‚zweite Stimme' zu spielen. Das bedeutet weder Richtung noch Ziel anzugeben, sondern sich an den Bedürfnissen des begleiteten Menschen zu orientieren. Die Begleitung sollte von einem respektvollen und achtsamen Umgang geprägt sein, in dem der begleitete Mensch in seiner Einzigartigkeit wahrgenommen wird, ohne sein Leben zu beurteilen oder zu werten. Die Rolle des Begleiters ist auch eine privilegierte Rolle, die es ermöglicht, ganz dicht an Menschen in einer sehr speziellen Situation zu sein. Sterbende begleiten bedeutet aber auch, mit dem eigenen Leben und Sterben konfrontiert zu werden. ‚Wie lebe ich mein Leben, damit ich am Ende zufrieden darauf zurückschauen kann?' ‚Welchen Stellenwert haben Sterben und Tod in meinem Leben?' ‚Wo bin ich selbst verortet, was trägt mich?'

Medizin und Pflege sind stark geprägt von Handeln basierend auf erlernten Fertigkeiten und Techniken. Das gibt Professionellen Sicherheit in ihrem Tun, birgt aber auch die Gefahr eines blinden Aktionismus, der bei Sterbenden nicht immer angebracht ist. Um mit Sheila Cassidy, einer englischen Palliativmedizinerin, zu sprechen, ist die Zeit des Sterbens mehr eine Zeit des Seins als des Tuns (Cassidy 1992). Sein bedeutet Dasein, Zuhören, authentisch, wahrhaftig und behutsam Sein. Sein bedeutet aber auch aushalten Können und eine gewisse Gelassenheit zu entwickeln, dass wir nicht alles bewirken können. Im Sein ist meine Rolle als Ärztin oder Krankenpfleger nicht mehr so wichtig, sondern vielmehr in meinem Mensch-Sein dem anderen Menschen in dieser schwierigen Lebenssituation zu begegnen, mehr hörend als sprechend. Cicely Saunders, die Begründerin der modernen Palliativmedizin, sagte einmal: „Zuhören hat einen therapeutischen Effekt auf viele Symptome. Dann gibt der Arzt dem Patienten das, was er am meisten braucht: die Gelegenheit zu reden, worüber und wann der Patient möchte." (Saunders 2006) Aushalten bedeutet auch, beim Sterbenden dabeibleiben, nicht weglaufen, auch nicht von einer schwer auszuhaltenden Situation.

4 Spirituelle Bedürfnisse Schwerkranker und Sterbender

Der schottische Palliativmediziner Scott Murray beschreibt als Zeichen spirituellen Wohlbefindens: inneren Frieden und Harmonie; Hoffnung und Ziele zu haben; Teilnahme am sozialen Leben und Platz in der Gemeinschaft; das Gefühl, einzigartig und individuell zu sein; sich wertgeschätzt zu fühlen; die Situation bewältigen und Emotionen teilen zu können; die Fähigkeit, wahrhaftig und ehrlich kommunizieren zu können; den eigenen Glauben und Religion ausüben zu können; und Sinn zu finden. (Murray et al. 2004) Im Gegensatz dazu sind Zeichen unerfüllter spiritueller Bedürfnisse Frustration, Angst, Zweifel und Verzweiflung; das Leben nicht lebenswert finden; sich isoliert, nicht unterstützt und wertlos zu fühlen; Mangel an Vertrauen; Beziehungsprobleme und ein Gefühl des Kontrollverlusts. (Murray et al. 2004) Diese spirituelle Belastung kann sich auf vielfältige Weise manifestieren. Schmerzen und andere körperliche Symptome sind schwer zu kontrollieren; der Betroffene erlebt Wut, Angst und Depressionen angesichts seiner Situation und verliert seinen Glauben; es entstehen Wünsche nach weiteren Therapien, obwohl deren Benefit mehr als zweifelhaft ist. Genauso kann aber auch der Wunsch nach einer vorzeitigen Beendigung des Lebens entstehen, sei es durch einen Wunsch nach Tötung auf Verlangen oder auch nach assistiertem Suizid. Andererseits kann aber auch eine ausgeprägte Angst vor dem Sterben entstehen.

Psychologische und spirituelle Belastung sind dabei unabhängig von physischer und sozialer Belastung und hinken diesen sogar hinterher. Existentielle Belastungssituationen treten besonders um die Diagnose einer lebensbedrohlichen Erkrankung, am Ende einer krankheitsorientierten Therapie, beim Fortschreiten einer Erkrankung und in der Sterbephase auf (Murray et al. 2004).

Um diesen vielfältigen Bedürfnissen von Schwerkranken und Sterbenden und ihren Angehörigen adäquat zu begegnen, braucht es die Zusammenarbeit in einem multi-professionellen Team, das nicht nur dafür sorgt, dass die körperlichen Beschwerden der Betroffenen durch gute Symptomkontrolle so gering wie möglich sind, sondern das den Menschen in seiner Ganzheit mit seiner psychischen Verfassung genauso wie den sozialen Problemen und spirituell-existentiellen Fragen im Blick hat, und bereit ist, mit ihm ein Stück dieses Weges zu gehen. Cicely Saunders formulierte dieses zentrale Anliegen der Begleitung schwerkranker und sterbender Menschen so:

> Die letzte Phase des Lebens sollte nicht als Niederlage, sondern als die Erfüllung des Lebens gesehen werden [...]. Agnostiker, Atheisten oder Nicht-Denkern genauso wie Menschen mit einem starken christlichen Glauben soll geholfen werden, den Tod zu akzeptieren, so wie es für sie passt. (Saunders 2006)

Literatur

Bausewein, Claudia (2015): Sterbende begleiten, München.
Cassidy, Sheila (1992): Sharing the Darkness, New York.
Klaschik, Eberhard/ Nauck, Friedemann (1994): Palliativmedizin heute, Berlin/Heidelberg.
Mount, Balfour M./Boston, Patricia H./Cohen S. Robin (2007): Healing Connections: on Moving from Suffering to a Sense of Well-Being, in: Journal of Pain and Symptom Management 33, 372–88.

Murray, Scott A. et al. (2004): Exploring the Spiritual Needs of People Dying of Lung Cancer or Heart Failure: a Prospective Qualitative Interview Study of Patients and Their Careers, in: Palliative Medicine 18/1, 39–45.
Saunders, Cicely (1964): Care of Patients Suffering from Terminal Illness at St. Joseph's Hospice, Hackney, London, in: Nursing Mirror, a, VII–X.
Saunders, Cicely (2006): Selected Writings: 1958–2004, Oxford.

Annette Hilt
Grenzerfahrungen und Freiräume –
Gedanken zu einer zeitgenössischen
ars moriendi

Viktor von Weizsäcker stellt in seinen „Grundfragen der Medizinischen Anthropologie", die Forderung einer „Einführung des Todesproblems" in die Medizin.[1] Weizsäcker entwickelt dies aus einer dialektischen Struktur des Lebens, zu der nicht zuletzt die Gegenseitigkeit von Tod und Leben, dem Leben und dem Pathologischen gehören. Die Einführung des Todesproblems wird nötig, „will man vom allgemeinen Naturbegriff zu dem des Lebens weitergehen [...], will man von der Biologie zur Anthropologie fortschreiten" (Weizsäcker 1987a, 266). Nicht nur die „Einführung des Subjektes in die Medizin" (vgl. Weizsäcker 2005, 304ff), sondern auch die Entscheidung, den Tod ins Leben zu bringen, gehört zum Kern dieser Medizinischen Anthropologie: Lassen sich hieraus Gedanken für eine zeitgenössische *ars moriendi* entwickeln? In der heutigen Zeit sind wir umso mehr von den ethischen Dilemmata herausgefordert, medizinisch Leben vernichten zu können, und im gebotenen Fall auch tatsächlich über die medizinische Vernichtung von Leben *entscheiden zu müssen*: das Abschalten lebenserhaltender Apparate bei Hirntoten (ggf. auch, um mit deren Organen anderes Leben zu retten), die Vernichtung von *in vitro* erzeugten Embryonen, Entscheidungen für palliative statt kurativer Therapien und die Frage nach Art und Form der Sterbehilfe, über die derzeit gerade wieder politisch Debatten geführt werden.

Weizsäckers ärztliches Denken und Handeln wurde stark geprägt durch seine Erfahrungen während der Zeit des Nationalsozialismus: als Arzt Stellung nehmen zu müssen zu Euthanasie und Menschenversuchen.[2] Er hat aber ebenso die Frage gestellt, wie der Arzt als Arzt und Mensch, der Kranke als Kranker und Mensch, die Gesellschaft als solidarische Gemeinschaft von Menschen, sich zum Tod verhalten, das Verhältnis von Tod und Leben begreifen und dieses Verhältnis schließlich auch leben können. Das „Eigentümliche des Lebens" sei, so Weizsäcker, dass „der Mensch nicht nur einer (ist), der Leben

---

[1] Insofern die Medizin verpflichtet ist, sich existenziell und gesellschaftlich zur Frage, wer der Mensch sei, zu positionieren.
[2] Vgl. hierzu: Benzenhöfer (1994, 93–108). V. v. Weizsäcker hat 1947 in „Euthanasie' und Menschenversuche" selbst in den Folgen des Nürnberger Ärzteprozesses und der daraus entstandenen Dokumentensammlung Stellung genommen.

empfängt und verliert", sondern auch „(hervor)tritt als *Mörder*"; für das Verhältnis von Leben und Tod ist bezeichnend, „daß wir, ebenso wie wir das Leben nicht nur haben, sondern auch tun, gleicherweise den Tod nicht nur leiden, sondern auch tun". Das heißt, „ein lebendes Wesen (ist) zugleich ein tötendes Wesen" – gleichviel, ob es „sich nach außer oder innen, aufs andere oder aufs Selbst wendet" (Weizsäcker 1987a, 265f). Dieser Negativität gilt es, sich kritisch und reflexiv zu stellen.

Dazu gehört auch, so Weizsäcker 1947, sich einer „Ärztliche(n) Vernichtungsordnung" im Bewusstsein der Schuld und Schuldigkeit vor dem Leben zu stellen (vgl. Weizsäcker 1987a, 95ff), um gerade nicht ideologischen Zwängen und gesellschaftspolitischen Begehrlichkeiten zu verfallen. Für Weizsäckers Selbstverständigung der Medizin gehört medizinisch-anthropologisch immer auch die Frage nach der Beziehung zwischen Arzt und Krankem, dem Gesunden und dem Leidenden, insbesondere auch die Frage nach der sozialen Solidarität.

Unter diesem anthropologischen Gesichtspunkt des *homo patiens*, der sich seiner Endlichkeit bewusst wird, seine Grenzen so erfährt, dass sie Teil des Lebens sind – und zwar eines immer auch gemeinschaftlich geführten Lebens –, werde ich mich in einem ersten Schritt der Weizsäckerschen medizinischen Anthropologie und den ihr eigentümlichen Figuren einer negativen Dialektik von Leben und Tod zuwenden; damit korreliert ist das Erleben und Gestalten der eigenen Lebenszeit und -geschichte. Hieraus werde ich abschließend einige Gedanken zu einer *ars moriendi* entwickeln, die in den Grenzen, die Menschsein zu jeder Zeit immer wieder neu und anders erfährt, Spielräume für Leben und Sterben über eine Auseinandersetzung mit unserer Endlichkeit, unserer Angst, aber auch unseren Hoffnungen angesichts einer Zukunft, deren Ende für uns wir zwar nicht leugnen, dennoch aber gestalten können. In einer solchen *ars moriendi* könnten sich Freiheit und Würde eines individuellen Sterbens finden.

1 Viktor von Weizsäckers Krankheitslehre: Die Vernichtungsordnung des Lebens

Versteht man ‚Vernichtung' nicht allein im historischen und auch politischen Kontext, der Weizsäcker 1947 ohne Zweifel bewusst war, sondern auch etymologisch und philosophisch,[3] dann lässt sich Weizsäckers Vernichtungsordnung

---

[3] Ich verweise hier auf das für die Existenzphilosophie seit Nietzsche, nicht zuletzt für M. Heidegger, aber auch für diejenigen anthropologischen Philosophen, für die die Frage

als Ordnung des Umgangs mit der Negativität in der Dialektik von Werden und Vergehen, Leben und Sterben verstehen: für den Arzt, aber auch für uns alle als endlich-sterbliche Menschen. Fragen medizinischer Ethik – des Umgangs mit unserer Vulnerabilität – sind immer auf unterschiedliche Weise Fragen nach Leben und Tod, Wert und Unwert der Krankheit und ihrem Ort des Lebens. ‚Vernichtung', im Sinne von Krise, von Umschlag, von Anderswerden, kann dann auch als „produktiver Durchgangspunkt" verstanden werden (vgl. Wiedebach 2008, 430). Dies heißt es sich – nicht nur im medizinisch-ärztlichen Bereich – immer wieder bewusst zu machen: mit Ernst und Verantwortung vor dem medizinischen und gesellschaftspolitischen Handeln.

Für die Aufgabe einer medizinischen bzw. ärztlichen Standortbestimmung gilt als erste Annäherung die Ansicht, „daß der Begriff des medizinischen oder ärztlichen Standpunktes zweierlei zum Inhalt hat: erstens eine Bindung an wenn auch ungeschriebene Gesetze, zweitens aber auch eine persönliche Freiheit zur Entscheidung, ohne welche die Sittlichkeit nicht möglich ist." (Weizsäcker 1987a, 94) Für Weizsäcker sind Euthanasie und ärztliche Vernichtungsordnung (absichtlich und unabsichtlich) in ärztlichen Handlungen inbegriffen. Diese führt er folgendermaßen auf (ebd., 95f):

1. Amputation.
2. Vernichtung eines lebensfähigen Organismus bei pathologischen Abtreibungen.
3. Ärztliches Risiko wie bei Narkose und Impfungen, die statistisch gesehen unbeherrschbar sind.
4. Ärztliches Risiko bei neuen Therapiemethoden.
5. Schädigung und Todesfälle durch Kunstfehler.
6. wäre hinzuzufügen: die im Einvernehmen mit dem Kranken bzw. Sterbenden herbeigeführte Beendigung des Lebens, wobei ich hier nicht auf die

---

nach dem Sein des Menschen mit einer kritischen Sichtung der traditionellen Metaphysik einhergeht, wesentliche Fragment 12 (nach Diels-Kranz) von Anaximander: „Woher die Dinge jeweils ihre Entstehung haben, da hinein findet auch ihre Vernichtung statt, wie es sein muss; sie zahlen einander nämlich Entschädigung und Buße für die Übertretung in zeitlicher Abfolge." (meine Übersetzung). Das gr. *phthora* kann in dieser dem Sein wie dem Leben immanenten Dialektik von Werden und Vergehen, einer Ordnung, aus der heraus her erst die Zeit und die Geschichte eines Lebens mit Anfang und Ende möglich wird, sowohl im Sinne von ‚Vernichtung' wie auch von ‚Tod' verstanden werden. ‚Ver-nichtung' stellt eine dynamische Relation, eine gerichtete Bewegung von etwas zu nichts da. Dies mag moralische Implikationen haben, muss es aber nicht; gleichwohl muss sich philosophisch die Frage stellen lassen, wie wir mit moralischen Implikationen einer solchen naturphilosophisch bzw. anthropologisch postulierten Notwendigkeit von Werden und Vergehen umgehen.

Unterscheidungen von verschiedenen Formen der aktiven und passiven, direkten und indirekten Sterbehilfe in den aktuellen Debatte eingehen werde.[4]

Motive für Vernichtung von Leben können sein: Unwert des Lebens, Mitleid und Opfer (vgl. ebd.). Doch kann es eine medizinische bzw. ärztliche Bestimmung von Wert oder Unwert des Lebens geben – greift die Medizin bei diesen Wertungen nicht auf andere Wertordnungen zurück oder wird von ihnen in den Dienst genommen? Leben und Handeln ist unvermeidlich von Wertordnungen durchdrungen: Ist Ziel der Medizin die Heilung von Krankheit (auch wenn dies zur Beendigung einer Lebensordnung durch den Tod führt), wäre im Fall einer Beendigung eines Lebens, das nicht mehr wert zu leben scheint, der Tod als Gesundung zu sehen, als Vorbereitung auf ein ‚ewiges Leben'. „Hier bekommt also die Euthanasie einen völlig anderen Sinn: die ganze Medizin hat den Zweck der Euthanasie, nämlich der guten und richtigen Vorbereitung auf einen Tod, der den Eintritt in das ewige Leben einleitet." (ebd. 99f). Dies kann jedoch nicht nach Maßgaben einer rein biologischen (oder ökonomisch-politischen) Bewertung des Lebens getroffen werden. Der Wert des Lebens selbst ist unantastbar und eine ethische Wertordnung hat diesen höchsten Wert anzuerkennen; die Medizin selbst hat eine biologische Wertordnung einzuklammern, will sie sich ethisch legitimieren: Die Werthaftigkeit des Lebens bezieht sich auf die ihm eigene, individuelle Erfahrung: Leben zu wollen, zu können, zu müssen, dürfen und sollen, bezieht sich auf die Erfahrung des Leidenden; dies ist Weizsäckers Grundtenor (vgl. Hilt 2018 und Hilt 2017), und dafür eine personale Wertordnung zu gewinnen, ist für ihn eine der Hauptaufgaben medizinisch-ethischer Reflektion durch den behandelnden Mediziner in Begegnung mit und in Beziehung zu den Patienten, den Leidenden und Sterbenden: Hier zeigen sich deren Erfahrungen, Wünsche und Wertungen, wie ihrem Leben noch Sinn gegeben sein kann (oder eben nicht mehr ist), denen hier dann auch Raum und Zeit zu geben ist.[5]

Ärztliches Handeln aus Mitleid bezieht sich zuallererst auf die Symptome, die wir aus einer Außenperspektive nachempfinden. Es muss sich jedoch, um sich ethisch zu verantworten, mit dem Leidenden auf dessen eigenes Erleben

---

4 S. hierzu Wils (2007, 231–260) und sein Versuch, zwischen Geschehenlassen des Sterbens und des Geschehenmachen zu differenzieren (Ebd., 256ff).
5 S. zur Rolle der Sinngebung für die Frage nach dem Wert des Lebens Tugendhat (2006, 34f) in seiner Diskussion des Wertes und Sinns von Leben in Auseinandersetzung mit M. Heidegger und Th. Nagel, wobei Tugendhat die intersubjektive, im gemeinsamen Umgang zu gewinnende Sinngebung – anders als Weizsäcker – nicht berücksichtigt.

einlassen: um ihm in seinem Leiden und seinen Motiven, dieses Leiden in einer Therapie zu gestalten oder dann auch zu beenden, Möglichkeiten aufzuzeigen, wie dies gelingen kann. Erst dann steigert sich das Mitleiden zur Gegenseitigkeit in einer Beziehung zweier Individuen (vgl. ebd. 101).

Das Motiv des Opfers schließlich birgt – in der Auseinandersetzung mit der Frage nach der Vernichtung von Leben – in sich eine Dialektik, die aus einem bloßen Motiv, das auch ideologisch fremdgesteuert sein kann, ein moralisches Gesetz und eine sittliche Handlung machen kann. „Die Medizin hatte sich zu sehr verengt auf eine naturwissenschaftliche Technik, die den Menschen nur als Objekt behandelt, anstatt den Menschen, der sich selbst zum Individuum und zur Gemeinschaft hin transzendiert, ins Auge zu fassen. Darum hat sie auch die Idee des Opfers in sich selbst nicht mehr gekannt und nicht realisiert. Darum wurde sie anfällig für die Idee des Opfers, die ihr nun von außen und in entarteter oder verlogener Gestalt aufgedrängt wurde." (ebd., 104) Bei der sittlichen Form des Opfergedankens muss zwischen den Ansprüchen eines Individuums und den Ansprüchen einer Gemeinschaft in ihrer Totalität ein Ausgleich gefunden werden; es muss zuallererst die Frage gestellt werden, ob und in welcher Form eine Gemeinschaft *implizit* Opfer fordert, womöglich ohne sich dessen als Zumutung an den Kranken, Leidenden, Sterbenden und den diesen Nahestehenden bewusst zu machen: so z. B. in der Festlegung des Hirntodkriteriums zur Organentnahme, bei dem Ansinnen, in jedem einen potenziellen Organspender zu sehen, es sei denn, er oder sie widersprechen diesem Ansinnen ausdrücklich; oder bei der Gestaltung von Sterbehilfe der Zwang, weiterleben zu müssen, ohne auf ärztliche Hilfe zu sterben zurückgreifen zu können.

Die Frage ist, welche Werte ausgeglichen werden sollen, welche Werte überleben, wie sich hierzu die Willensbildung vollzieht und wie Entscheidungskriterien zwischen Arzt und Kranken entwickelt werden. Letztlich entsteht in diesem Prozess eine individuelle Wertordnung zwischen Arzt und Patient in ihrem gemeinsamen Umgang; Urteil über und Entscheidung zu einem Behandlungsabbruch bzw. einem Geschehenmachen des Todes entstehen aus einem Gebot, das aus dieser Beziehung selbst ergeht: Jetzt nicht mehr leiden zu können oder zu wollen, und dem Gebot zu erwidern, sterben zu dürfen, auch wenn dies einer Interpretation der ärztlichen Standesordnung und damit einem allgemeinen *common sense* zu widersprechen scheint. Dazu heißt es bei Weizsäcker: „[D]er Ausgleich zwischen Individuum und Totalität der Menschengemeinschaft ist kein Ausgleich, wenn er von einem Individuum im angemaßten Namen der Gemeinschaft mit Gewalt erzwungen wird. Dieses Unterfangen ist kein Ausgleich, wenn er von einem Individuum im angemaßten Namen der Gemeinschaft mit Gewalt erzwungen wird. Dieses Unterfangen ist aber kein anderes, wenn ein Arzt im Namen des Arzttums, als Autorität im Namen der

Wissenschaft oder der Wahrheit oder der Menschenwürde, ohne Gegenseitigkeit über Tod und Leben, aber auch über geringere Daseinswerte entscheidet." (ebd., 109)

Nun sind Krankheit und auch das Sterben für Weizsäcker nichts der Gesundheit als einer positiven Norm Entgegengesetzes. Beide sind pathische Ausdrucksformen des Lebens. Dass ihm etwas Unverfügbares und nicht einfach Reversibles widerfährt, dass es betroffen wird von etwas, was nicht objektiv und unserem direkten Zugriff zugänglich anwesend ist, vielmehr ihm entzogen bleibt: das gilt für die Geburt, für das Leiden (und auch das Glück) wie schließlich für den Tod. Wir leben vom Nichts her (von der Gabe der Geburt, über die wir nicht verfügen) und leben zum Nichts hin (zum Tod, dessen Endgültigkeit wir nicht durchstreichen können, selbst wenn wir uns diesen Tod selbst geben können).[6] Dies ist das Pathische. So heißt es bei Weizsäcker auch, dass Gesundsein „nicht normal sein (heiße), sondern es heiße: *sich in der Zeit verändern, wachsen, reifen, sterben können.*" (Weizsäcker 1987g, 94) In diesem Sinne ist für Weizsäcker Medizin nicht ausschließlich (Lebens-)Erhaltungslehre (ebd., 323) und kann und soll dies auch nicht sein, will sie dem kranken Menschen gerecht werden.

Leben wird ermöglicht aus Grenzüberschreitungen zum (Noch-)Nichtsein, in Krisen, offenen Situationen, in denen eine Wandlung in die eine oder andere Richtung geschieht. Diese Grenzüberschreitungen können gelingen und misslingen. Sie misslingen, wenn der dem Leben immanente Widerspruch von Sein und (noch-)Nichtsein abgeblendet oder schlichtweg als Übel betrachtet wird, ohne darin ein Gestaltungspotenzial zu sehen: eine Weise, auch im Leiden Mensch zu sein.[7] Leben ist Werden, also etwas, was weder ist noch nicht ist, was sein Sein eben verliert und wieder bekommt, um in dieser Dynamik sich zu bilden, Gestalt in den Grenzen von Anfangen und Enden zu gewinnen: Leben ist logischer Widerspruch von Sein und Nichts, mithin nennt es Weizsäcker „antilogisch".[8] Leben ist „eigentlich ein beständiges Sterben, Opfer und Wandlung zu neuen Leben hin." (Weizsäcker 1987e, 40) Die anthropologische Medizin nun sucht daher „in jeder gegebenen Krankheit eine Modifikation des

---

[6] Dies wird bedeutsam für unsere Haltung zum Tod, den wir als Opfer betrachten können: eine freiwillige Gabe unsererseits. Vgl. dazu auch Michael Weingartens Überlegung – im Rückgriff auf Hannah Arendt –, dass zur Gebürtlichkeit, dem immer wieder neu Anfangenkönnen des Lebens, notwendigerweise auch das Sterben gehört: Der Abschluss mit Vergangenem und Überlebtem in einem biologisch, aber vielmehr noch sozio-kulturellen und politischen Sinne unseres gemeinsam zu verantwortenden Handelns (vgl. Weingarten 2004, 42f.).
[7] Vgl. dazu auch FN 9 und den letzten Abschnitt unten.
[8] Vgl. dazu Weizsäckers Schrift „Anonyma" (Weizsäcker 1978f, 12f.).

Weges zum Tode *und* zum Leben (zu) sehen" (Weizsäcker 1987a, 631; Herv. AH): Der Tod hat am Leben Teil; vor Beseitigung der Krankheit steht in der Arzt-Patient-Beziehung ein Umgang mit der Krankheit und dem Leidenden. Das bedeutet eine Anerkennung und für Arzt wie Kranken eine Bejahung der Krankheit als „eine Weise des Menschseins" (Weizsäcker 1987 c, 186).

Diese Haltung der anthropologischen Medizin steht für Weizsäcker in scharfer Differenz zur naturwissenschaftlichen Medizin, die zuvorderst einen epistemologischen, kausal-erklärenden Zugang zur Krankheit vor dem therapeutischen Umgang suche, in dem dann erst – wenn überhaupt – das Subjekt in seinem Leiden zum Tragen kommt. Weizsäckers drei Formeln des Umgangs mit dem Leiden differenzieren und ordnen drei Stufen des spezifisch anthropologischen Zuganges aus der Erfahrung eines Krankheits- und Leidenszusammenhanges: Erstens „Ja, aber nicht so!" als Aufmerksamkeit auf die Krise und die Störung des Lebensverlaufes. Daraus gewinnt sich zweitens die Formel „Wenn nicht so, dann anders" als Selbstvergewisserung über eine neue Lebensgestaltung. Und mündet schließlich drittens in das „Also so ist das" als Einsicht in den gebrochenen Lebenszusammenhang. Die naturwissenschaftliche Medizin stellt ihre Version der dritten Formel, die empirische Diagnostik, an den Anfang, ohne jedoch die Krisis der Krankheitserfahrung des ersten und zweiten Schrittes zu fassen. Diese widerfährt dem Kranken und ist für Weizsäcker allein in pathischen Kategorien zu begreifen: „Denn das in der Krise befindliche Wesen ist aktuell nichts und potentiell alles [...]; die Wandlungskrise zeigt das pathische Attribut im Kampf auf Leben und Tod mit dem ontischen." (Weizsäcker 1997b, 314)

Pathische Kategorien des Nichtseins stehen im Widerstreit zu den ontischen Kategorien, die einen objektiven Zustand beschreiben. Kategorien des Nichtseins verweisen in Bezug auf den Leidenden auf Gelten (was sein soll oder nicht, was aber noch nicht oder nicht mehr ist), sie bedeuten Wollen und Können, Müssen, Dürfen und Sollen (Weizsäcker 2005, 406). In den pathischen Kategorien öffnet sich ein Spannungsverhältnis von Erkennen und Handeln, insbesondere in Krisen und in den hier eingenommenen Umgangsbezügen zwischen Arzt und Patient; sie beziehen sich immer auf ein singuläres Individuum: *Ich* will, kann, darf, muss und soll. Dass dies so ist, erfahre ich an Widerständen, die mir widerfahren.

Arzt und Patient sind zugleich kategorial voneinander getrennt (Ferne), insofern das Leiden, die Schmerzen vom Arzt nicht nachempfunden werden können. Sie sind indes aufeinander bezogen (Nähe) im Umgang und Begegnung von Arzt und Patient, wenn sie miteinander die Lebensgestaltung in der Krankheit neu zu vollziehen suchen: Und hier stellt die Vernichtungsordnung Regeln auf zum Schutze des Patienten: „Die Unantastbarkeit des Menschen muß [...] trotz der Antastung des Körpers oder der Seele gewahrt werden." (Weizsäcker 1987b, 96)

Solche Grundregeln des ärztlichen Verhaltens sind erstens die Solidarität des Todes, zweitens die Mitwirkung der Medizin an ihren Konsequenzen und drittens die Gegenseitigkeit im Verhältnis Arzt und Patient, wobei hier ein Wechselspiel von Autorität und Vertrauen herrscht. Es sind insbesondere die beiden Gebote der Gegenseitigkeit und der Solidarität, die bei der therapeutischen Begleitung des Sterbens und damit auch bei der medizinischen Vernichtung von Leben als einer Form der therapeutischen Sterbebegleitung gelten. Hier heißt es zu fragen, wann solche vernichtenden Maßnahmen aus dem Solidaritätsprinzip ableitbar sind und ob in strittigen Fällen das Gebot der Solidarität erfüllt ist.

Eine prinzipielle Schuldhaftigkeit der anthropologischen Medizin gilt es hier zu verantworten – gerade wenn sie mit dem Leidenden gemeinsam nach seinem Sinn in Leben und Leiden sucht und hier eine Verantwortung trägt, möglichen Paternalismus entgegenzuwirken, „Wenn die Medizin es übernimmt, den Menschen zum Menschsein zu führen, so ist sie von einer permanenten Schuld begleitet, die darin besteht, daß sie sich etwas vornimmt, was sie nicht leisten kann. Im Bewußtsein äußert sich dies so, daß der Arzt fühlt und erkennt, daß er gar nicht klar und präzise weiß, was dieses Menschsein eigentlich ist. Aber auch im Unbewußten ruht die tatsächliche Schuld, daß Kranke zu Menschen zu machen nicht genügt, sogar ein falsches Ziel ist. Dies wurde früher in der Art bemerkbar, daß von der Medizin verlangt wurde, daß sie das biologische Dasein ‚transzendiere'. Dieser Ausdruck enthält nämlich gar nichts anderes als die Feststellung, daß die Heilung, die Gesundheit nur Menschen, lebende und nicht tote Menschen zum Ziele hat und also die Transzendenz verfehlt, ja sogar verhindert." (Weizsäcker 1987b,124)

Erweist sich der Hauptzweck des ärztlichen Handelns – Heilung – als letztlich unerreichbar, dann liegt das ganze Gewicht auf der Art und nicht auf dem Zweck dieses Handelns: dem therapeutischen Umgang mit dem Sterbenkönnen und der Gestaltung der Lebenszeit, der Reflexion über dem individuellen Patientenwohl angemessenen Umgang, der Schulung von Aufmerksamkeit, was und wie therapeutisch geboten ist und der Implementierung von Institutionen, die diesen therapeutischen Umgang professionell leisten können, wie z. B. frühzeitige Informationen über Möglichkeiten der *end of life care* oder Hospizeinrichtungen (s. hierzu die Beiträge von Bausewein und Brandenburg et al. in diesem Band). Die Möglichkeiten, in diesen Institutionen *mit* den Leidenden deren Wünsche und Bedürfnisse zur Gestaltung der Lebenszeit zu Wort zu bringen, sind Voraussetzungen dafür, paternalistisches Handeln zu reflektieren und ihm entgegenzuwirken: medizinisch-therapeutisch ein Wohl des Patienten zu ermitteln und über den Wert seines Lebens zu urteilen.

2 Erleben und Gestalten von Lebenszeit

> Die Zeit ist uns als *ursprüngliches* Phänomen gegeben, immer da, lebendig und nah, unendlich viel näher als alle konkreten Wechsel, die wir in der Zeit zu unterscheiden vermögen. Sie lässt sich niemals erschöpfen durch die Aufeinanderfolge unserer Gefühle, Gedanken und Willensakte. (Minkowski 1971, 26)[9]

Und doch kann das Leben selbst in seiner Ganzheit nicht von vorne gelebt und auch nicht erlebt werden von einem Punkt *sub specie aeternitatem*, das Leben selbst ist irreversibel (s. hierzu auch den Beitrag von Fuchs in diesem Band). Gerade diese Endlichkeit macht die Irreversibilität beängstigend. Sie bietet eine Fülle von Möglichkeiten in dem positiven Sinn, dass sich nicht ein Ereignis wiederholt, und doch ist die Fülle endlich: das Geschehene ist geschehen und nicht mehr Möglichkeit; und ebenso ist das Ende, das kommen wird, irreversibel, wenn auch in seinem Zeitpunkt ungewiss. Eben in dieser Endlichkeit stellt sich die Aufgabe, das im Leben zwischen Weiterleben und Neuanfängen gegliederte Zeitgeschehen als eine Sinneinheit zu erfahren und dann auch zu gestalten. Es gilt, die dem Leben eigentümliche Zeitlichkeit zu begreifen, ernst zu nehmen und zu gestalten: in ihrer unendlichen Fülle von zu lebenden Möglichkeiten und ihrer irreversiblen Endlichkeit der erlebten Zeit. Wir sind nicht nur in der Zeit, sondern wir selbst sind Zeit, die wir als unser Leben gliedern. Zeit als Werden verstanden, wird so erfahren als „Veränderungen *mit* der Zeit oder in *Beziehung zur Zeit*. Dem entsprechen einerseits die persönliche Entfaltung und die schöpferische Tätigkeit und andererseits die ‚Abnützung' der Zeit: das Alter, der Tod." (ebd., 27). Dauer und Verfließen der Zeit sind in dieser gelebten Zeit miteinander verknüpft, denn etwas dauert nur, indem es in seiner Bewegung eine Einheit darstellt; so lösen sich nicht nur Zustände einander ab – Jugend die Kindheit, das heute so gerne zitierte ‚dritte Lebensalter' das vorhergehende demnach ‚zweite Lebensalter', sondern vielmehr setzt sich eine Zeitgestalt in der anderen fort und gibt der gelebten Zeit ihre Kontinuität über Zäsuren hinaus.

Zunächst sind wir leiblich auf ein Ausgreifen auf eine Zukunft orientiert, die sich vor uns öffnet. Werden übersteigt das Gegebene, das Jetzt. Es empfindet sich als ‚Ich kann' bzw. als *élan vital*: „spontan mit allen meinen Kräften [...] tendiere ich zur Zukunft hin, wobei ich die ganze Fülle des Lebens verwirkliche; wozu ich

---

[9] Eugène Minkowski (1885–1972) prägte mit seinem Werk „Die gelebte Zeit" insbesondere die „anthropologische Psychiatrie" (vgl. Meyer 1985) in der Nachkriegszeit; auch die anthropologischen Medizin V. v. Weizsäckers greift zumindest implizit auf ihn zurück. Die Rekonstruktion des Erlebens und Gestaltens von Lebenszeit wird hier im Folgenden unter Einbezug Minkowskis Überlegungen angegangen.

im allgemeinen auch fähig bin" (ebd., 45), so lange ich mich noch auf kein konkretes, auf mittlere oder längere Zeit erst zu erreichendes Ziel, das ich dann auch verfehlen kann, festgelegt habe. Es ist nicht nur ein Ziel, worauf der Elan fixiert ist, sondern ein ganzes Gewebe von Strebungen, und bevor eines erreicht ist, sind mit ihm andere da, die wichtig sind und ihre Bedeutung für uns besitzen.

Dieser Elan des ‚ich kann' ist nun nicht die Verabsolutierung einer Erfahrung von leiblicher Gesundheit, sondern vielmehr ein Horizont, in den ich immer auch geworfen bin, in dem ich geformt werde, wie dies im ‚pathischen Werden', wie Weizsäcker dies beschreibt, impliziert ist. Eugène Minkowski hat dies ‚Atmosphäre' genannt, in der sich unser Leben ausrichtet.

> Der Elan vital läßt sich keineswegs auf irgend ein Wollen oder auf eine auf ein bestimmtes Ziel gerichtete Tendenz reduzieren, noch auf eine Summe solcher Willensakte oder derartiger Ziele, die sich in der Zeit ansammeln würden. [...] Er schafft die Form, den unerläßlichen Rahmen für jede einzelne Aktivität, die Atmosphäre, ohne die eine solche Aktivität sich nie vollziehen könnte. Auch erschöpft sich der Elan vital nicht in seinen erreichten Zielen, wie groß auch die Anzahl oder ihre objektive Tragweite sein mag; denn sobald diese Ziele erreicht sind [...], geht der Elan vital von neuem voran und schafft die Zukunft weiter vor uns [...]. (ebd., 46 f.)

Es ist ein Horizont von Sinn, der über das unmittelbar Gegenwärtige hinaus ist, und der nicht allein von mir abhängt, sondern als etwas, worauf ich ausgerichtet bin, mir – nicht zuletzt über Konstellationen meiner Umwelt und Mitmenschen – entgegensteht oder entgegenkommt; auch hier zeigt sich eine Dialektik von Aktivität und Passivität, über die das Werden geformt wird; nicht allein in einem aktiven Elan greifen wir wünschend in die Zukunft aus, sondern auch über die Widerstände und unser Erleiden, durch die enttäuschten Wünsche und Hoffnungen, erschließt sich Zukunft, wenn denn der Widerstand als Gestaltungsmöglichkeit bzw. als Herausforderung angenommen wird, andere Möglichkeiten zu leben in Betracht zu ziehen.

Verdeutlichen wir uns diesen gedoppelten Zukunftsbezug an der *Aktivität*, wie sie sich im ‚Ich kann' äußert, und unserer Ausrichtung auf die noch ausstehende Zukunft in der *Erwartung*. In der Aktivität strebe ich auf die Zukunft zu, in der Erwartung sehe ich die Zukunft auf mich zukommen und warte, dass diese Zukunft Gegenwart werde. In der Erwartung bin und werde ich begrenzt, und dies ist auch die Voraussetzung dafür, nicht nur ungerichtet auf eine unbestimmte Offenheit entgrenzt, sondern immer schon auf einen Horizont der Offenheit hin ausgerichtet zu sein. In der Verbindung von Aktivität und Erwartung bin ich begrenzt und offen zugleich, kann sowohl meine Aktivität entfalten als auch die Welt um mich herum in ihren Anreizen (und auch Bedrohungen) empfangen, wenn auch nicht immer integrieren. Denn die Erwartung begrenzt uns auch im Gefühl von Ohnmacht und Angst, dem nun nicht mehr nur in Aktivität begegnet werden kann, sondern von anderen Formen der zeitlichen – passiven – Gerichtetheit in unserem Horizont der gelebten Zeit.

Dies sind *Wunsch* und *Hoffnung*, die Ent- und Begrenzung der vorherigen Stufe wiederaufnehmen und transformieren, und zwar gerade von Möglichkeiten, die durch Sinnhorizonte begrenzt werden, aber diese Begrenzung auf andere Formen des ‚ich kann (noch)' hin öffnen. Im Wünschen bin ich aktiv gerichtet auf einen Gegenstand oder ein Ziel – unabhängig von der Einlösung oder der Verweigerung des Wunsches. Zukunft ist mir gegeben als eine offene, in die ich mich im Wünschen hinausstelle. Wir könnten hier von einer ‚virtualisierten Aktivität' sprechen. In der Hoffnung dagegen ist die Unbestimmtheit der Einlösung mitgegeben. Auch hier ist es die Zukunft, die auf mich zukommt, ohne dass ich sie beeinflussen könnte. Anders jedoch als die ohnmächtige Erwartung, die sich in unmittelbarer Stimmung auf mich niederschlägt, schafft die Hoffnung Distanz zu diesem Werden der Zukunft, schafft eine neutrale Zone, eine suspendierte Zeit (vgl. ebd., 106). Dabei übt sie jedoch nicht den Zwang aus, eine ‚virtuelle' Zukunft einlösen zu müssen. Was wünschbar ist, wird gleichsam zur Verpflichtung, sich einer weiteren Behandlung, die doch Chancen biete, zu unterziehen – erscheint doch der Wunsch unmittelbar werthaft, während dagegen die Hoffnung auf die Möglichkeiten der Erfüllung hin offen bleibt.

Für einen gelingenden Umgang mit der offenen Zukunft bedeutet dies, dass uns gerade die Hoffnung von der angstvollen Erwartung befreien kann, indem sie Handlungsdruck suspendiert. Denn sie richtet sich nicht auf den gegenwärtigen oder den darauffolgenden Augenblick, sondern auf eine Zeit, die in ihrem Werden gegliedert werden kann und daher auch mehr an Selbstbestimmungsmöglichkeiten, an Beratung, an Überlegung offen hält. Die konkrete Zukunftsorientierung des Wunsches dagegen antizipiert, und zwar nicht nur das in einer positiven Erfüllung Gewünschte, sondern auch das, was dem entgegenstehen könnte, und wird mit der Wunscherfüllung nicht unbedingt frei auf eine Zuversicht, sondern wiederum gekettet an neue, an weitere Wünsche. Sich an das Wünschen zu ketten, wird dann sehr schnell zur konkreten Furcht oder zur diffusen Angst. So sind es häufig gar nicht so sehr der Schmerz und das Leiden selbst, die die Endlichkeit des Lebens so verzweiflungsvoll erscheinen lassen, sondern vielmehr die Furcht vor ihnen (vgl. Wils 2007, 48).

Unsere technischen, medizinischen und pharmazeutischen Möglichkeiten, die immer mehr das bis vor kurzem noch utopisch Scheinende verwirklichen können, sind vor allem auf das Wünschen ausgerichtet. Sie sind sicherlich auch, was ihre kurativen und palliativen Möglichkeiten betrifft, wunscherfüllend. Allerdings sollten sie zugleich als Hauptbestandteil einer Therapie auch die Hoffnung stärken können. Zugleich ist Angst vor dem Tod nicht nur pathologischer Widersinn, sondern Teil der Zeiterfahrung – und Ausdruck unserer

Zeitgestaltung, d. h.: sie ist Versuch, der endlichen Zeit einen Sinn zu geben, sie darin zugleich auch zu reflektieren, zu konzeptualisieren und sie zu rationalisieren, ihr nicht auszuweichen, sondern sie als Widerstand zu unserem Lebenkönnen und -wollen in unsere Gestaltung der Lebenszeit einzubegreifen; Angst, die auf unsere Endlichkeit verweist, schließt Hoffnung nicht aus, sondern ermöglicht sie, insofern die Angst eben auch Zeit erschließend ist, Zeit in der Hoffnung gestaltbar macht, selbst wenn die Hoffnung dann auf ein Ende des Lebens, ein Beenden des Lebens zielt. Erst in solchem ‚Denken der Zeit', einem Ethos angesichts unserer Angst vor der eigenen Endlichkeit, zeigt sich das Paradox menschlicher Zeitlichkeit im Spannungsfeld zwischen Endlichkeit und Unsterblichkeit in seiner Schärfe: Als die Notwendigkeit, sich zum Unabänderlichen verhalten zu können und damit Freiheit trotz und gerade wegen der eigenen Endlichkeit zurückzugewinnen – dieses Paradox gilt es zu leben.

Wie fügt sich der Tod als reflektierte endliche Zeitlichkeit ein in eine solche Konzeption des lebendigen Werdens? Nicht allein durch unser Wissen um Endlichkeit, sondern erst dadurch, dass sie in Angst und auch in Hoffnung prinzipiell in Frage und in Zweifel steht, hat Endlichkeit nicht mehr nur den Charakter eines biologischen Faktums. Erst hier ist sie keine selbstverständliche, da sowohl empirisch bestätigte als auch angesichts der Körperlichkeit des Lebens *logische Notwendigkeit*, sondern wird zu einer konjunktivischen Notwendigkeit, zugleich zu einer Denk*möglichkeit*, der sich andere Möglichkeiten zur Seite und entgegenstellen: Lebenszeit zum Tode hin zu gestalten.

Von diesem Standpunkt ist der Tod nicht mehr für das Leben, gleichwohl aber für die Erfahrung konstitutiv; der Mensch entzieht sich im Leben der endlichen Zeit insofern, als er sie entwirft, gestaltet und ihren Sinn auf ein Ende hin in Frage stellt. Denkend zum Tod als Grenze zu stehen, meint nicht nur, von außen in die Grenzen des Lebens gewiesen zu werden, sondern diese Grenze auch zu übersteigen, indem sie realisiert wird: sowohl in der gelebten Zeit als auch in der erlebten Zeit, die nun auch auf das Mögliche, Imaginäre vorstößt und es zu realisieren sucht.

Wir stehen hier vor einer modalen Aporie: der Tod wird zwar durch das Leben *möglich* gemacht, er ist eine *mögliche* Notwendigkeit, doch möglich machen deckt sich nicht mit wirklich machen: Wodurch wird er wirklich, bzw. wie vollendet entweder Leben sich zum Tod oder wie führt der Tod als ‚jenseitiges' Movens das Leben über diese liminale Grenze des Sterbens hinaus? Im Sterben treffen sich die Zeitbestimmung und Zeiterfahrung des Werdens: Werden und Sterben sind individuelle Realisierungsmodi der abstrakten Kategorien Leben und Tod: Werden und Sterben sind praktische Kategorien des Lebensvollzuges, für den die abstrakten Kategorien organischen Lebens und Todes höchstens den Rahmen bilden[10]; sie sind beide nur Typen einer Norm, haben aber ‚an sich' – als ‚das Leben' und ‚der Tod' schlechthin keine eigene Existenz, keinen Erfahrungswert: Die Grenze zwischen Leben und Nochnicht- bzw. Nichtmehr-Leben lässt sich zwar einerseits in gewisser Konkretion – als Faktum oder zeitlich: als Datum – angeben: Verschmelzung von Ei- und Samenzelle, Ende der Herz- bzw. Gehirnaktivität; jedoch nicht in dem Sinne, dass diese Grenze vom Lebewesen selbst realisiert werden würde, weder bewusst noch unbewusst oder unwillkürlich, nicht in dem Sinne, dass ‚Leben' Letztursache des Todes wäre. Die äußeren Faktoren können in unendlicher Zahl angegeben werden – von den biochemischen und physikalischen Bedingungen einer Befruchtung bis zur Aitiologie der letalen Krankheit: der letzte bestimmende Faktor, die unmittelbare Ursache bleiben Leerstelle, weder Teil des lebenden Individuums noch ein einziger kausaler Faktor, der von außen an es herantritt, weil das Individuum als Bezugsgröße von Innen und Außen, von Eigen und Fremd hier verschwindet. Man kann sich ihm und seinen Grenzen nur annähern, und diese Annäherung liegt in der Erfahrung bzw. der gelebten und erlebten Zeit, dem spezifisch menschlichen Werden und seinem Selbstverhältnis im Bewusstsein der Endlichkeit und der Hoffnung auf deren Suspension. Noch einmal die spezifisch menschliche Zeitlichkeit betonend: Der Mensch als zeitliches Wesen ist zwar ‚in der Zeit', und dies teilt er mit allem anderen Seienden organischer und anorganischer Natur, aber der Mensch ist ebenso als Zeit, er ist Eigenzeit in seinem Verhältnis zur Zeit: Endlichkeit wird nun nicht mehr nur als *bloße* Notwendigkeit hingenommen, und so kommt das begriffliche Paradoxon der *möglichen* Notwendigkeit erneut ins Spiel, nun unter der Perspektive ihrer subjektiven (individuell und historisch relativen) Erfahrungs- und Sinndimension, und ihrer affektiven, ebenfalls konstitutiven Dimension der Angst.

In der Erfahrung der Eigenzeit wird Werden in der Zeit für den Menschen zum gelebten Paradox – zwischen Endlichkeit und, wenn nicht Un-Sterblichkeit, so doch zumindest *Nicht-Sterblichkeit*. Von diesem abständigen Standpunkt ist der Tod dann nicht für das Leben im biologischen Sinne, aber für die eigene Zeiterfahrung konstitutiv. Konstitutiv wird er auch für das Werden: denn allein der Mensch entzieht sich der homogen verfließenden Zeit, das sei wiederholt, indem er sie gestaltet und in dieser Gestalt wird.

Der Tod stellt diese Gestalt, d. h. ihren Sinn, ihr Ziel, das, was sie im Werden hält, immer wieder in Frage, wird dadurch aber auch zum Movens von

---

10 Die Grenze als Wert für die werdende Gestalt zeigt sich und hat Realität nur im Lebensvollzug selbst, ist nicht durch externe Wertordnungen normiert. In diesem Sinne ist es auch ein logischer Fehlschluss, Wertordnungen über das Leben über statistische Festsetzungen zu legitimieren. Nur aus dem individuellen Erleben selbst entstehen diese Wertordnungen und erlangen Gültigkeit für dieses individuelle Leben.

(Um-)Gestaltung, von Transformationen des Werdens, der gelebten Zeit und ihres Sinns. Gerade dort, wo der Tod gegen die Möglichkeit eines Überschreitens von Grenzen, wie sie jede Gestaltung darstellt – und d. h.: dort, wo der Tod gegen die Möglichkeit von individueller Zeit – steht, wird er zum fremden Feind: „Die Angst vor dem Tode, die ja nicht nur den Schmerzen des Sterbens gilt, eben diese Angst wäre unbegreiflich, wenn die fundamentale Struktur unseres Daseins nicht aus sich selbst heraus auf ein Fortleben hingebaut wäre." (Landsberg 1973, 38)

Hier kommen die Möglichkeiten, mit der Endlichkeit umzugehen, ins Spiel. Hier heißt es nun nicht nur mit Helmuth Plessner (siehe hierzu auch den Beitrag von Krüger in diesem Band): „Der Tod will gestorben, nicht gelebt sein", sondern auch: „Der Tod will gelebt, nicht nur gestorben sein." Der Tod – Fremd- und Eigentod – wird in das Leben mit hineingenommen, und zwar in das individuelle Leben und seine gelebte und erlebte Zeit. Die Eigenzeit verhält sich zu antizipierten, gedachten, fiktionalisierten Grenzen – letztlich zu den Grenzen ihrer Erfahrung. Diese Grenzen sind in das Leben integrierbar, nämlich über das Abstandnehmen vom unmittelbaren Hier und Jetzt und über die Vergegenständlichung ihrer Erfahrung.

Diese Integration als ‚Weiterleben mit der Sterblichkeit' gelingt jedoch nur, wenn dafür Zeit, und zwar Eigenzeit, ist: Erfahrung, die sich zwischen Vergangenheit, Zukunft und Gegenwart bildet und sich deuten kann, die sich in Sinnhorizonten bewegt und auch dann, wenn dieser Horizont Grenzen zeigt, aus Sinnkrisen Rückzugsmöglichkeiten gewinnt. Es bedarf der Möglichkeiten für das Finden und dann auch Leben anderen Sinns, indem durch Schwäche, Krankheit, versehrte Erfahrung versperrte Möglichkeiten in andere – neue – transformiert werden: Möglichkeiten des Könnens, des Können zu leben und zu sterben.

3 „Öffnung auf das, was keinerlei Möglichkeit zur Antwort bietet" (Levinas) – Freiräume über die Grenzen hinweg

„Das Zeichen", das der Tod „in unsere Zeit zu setzen scheint, ist ein klares Fragezeichen: Öffnung auf das, was keinerlei Möglichkeit zur Antwort bietet." (Levinas 1996, 30 f.)

In dieser Öffnung geht es weniger um Klischees eines ‚glückendes Sterbens' in einer ‚erfüllten Zeit, die bleibt', als um einen Versuch, am Ende dem Leben zwischen Angst und Hoffnung und in einem Trotz gegenüber Versprechen wunscherfüllender Medizin, an denen die Hoffnung dennoch scheitert, etwas wie Exemplarität zu verleihen: „Der Tod will gestorben sein", so Plessner: Er zeigt sich uns als Notwendigkeit, aber als *mögliche* Notwendigkeit, die wir in aller Schärfe und in der ganzen Leidhaftigkeit unserer Endlichkeit erfahren: Es geht „ausschliesslich (sic!) um das Leben, um das Leben mit dem Tod, um das Leben aus der Todesperspektive. [...] Die zeitliche Begrenzung – dass die Uhr abläuft: das ist erfahrbar. Der Tod bleibt sich gleich, aber das Leben wird anders." (Noll 1984, 74 f.)

Vom Tod her wird das Leben zum eigenen Leben: zum eigenen Leben, das nicht gegen den Tod, aber gegen das, was ihm im Leben – in unseren Institutionen, in unseren sozialen Beziehungen als fremde Grenzen, Widerstände und Verfügungen – entgegengestellt wird, seine eigene Zeit sucht und wieder fordert. Das eigene Leben gewinnt „zusätzliche Freiheit, die dadurch entsteht, dass ich auf keine Zukunft mehr Rücksicht nehmen muss" (ebd., 24).[11]

Leben im Sterben könnte so – für die gesellschaftliche Praxis, für das Recht, für politischen Gestaltungswillen – zum Anstoß des Fragens werden, wie wir unsere Endlichkeit leben können, wie auf sie eingegangen werden kann. Es stellte damit eine Alternative zur Angst vor dem Tod oder vor einem davorgeschobenen nackten Überleben dar. Es ginge hier um eine Ethik der Angemessenheit, auch um Interpretationsräume für Fragen der Sterbehilfe, um Rahmenbedingungen für eine Verwirklichung von Freiheit im Sterben angesichts des Erlebens des Leidenden, seiner Lebensgeschichte und deren Erfahrungsressourcen, Leiden anzunehmen oder abzulehnen. Diese Sterbensethik muss vor den rechtlichen Fragen nach Kriterien der Autonomie, der Autonomiefähigkeit eines Sterbenden stehen.

Es ginge mithin um eine veränderte Einstellung zur Krankheit, die sich „wie eine Kritik des menschlichen Lebens und Zusammenlebens" aufdrängt. Krankheit wäre dann immer auch in Umgang mit dieser Kritik (Weizsäcker 1987d, 202 f.). Aus der Krankheit, dem Leiden, ist die Wandlung der Krise zu entwickeln. Therapeutisch bedeutet dies, nicht notwendig jemanden gesund zu machen, sondern dem Kranken auf dem Weg zu seiner individuellen Bestimmung zu helfen,

---

11 Vgl. dazu Heideggers Exposition eines „eigentlichen Seins zum Tode", das er darin gelingen sieht, dass eben gerade dem Sterbenmüssen nicht so begegnet wird, in die Zukunft hinein zu planen (Heidegger 1993, 260 ff.) als ob damit das Sterben umgangen werden könnte. Auf die Frage, inwiefern dies dann ‚eigentliches' Sterben genannt sein kann und wie sich Heideggers existenziale Ontologie zu einer ethischen Debatte der Sterbehilfe verhält, soll in diesem Rahmen nicht eingegangen sein. Noll selbst greift in seinem Plädoyer für eine Gestaltung der Eigenzeit zum Tod dies auch nicht auf.

mit ihm, seine Ängste, Hoffnungen, Wünsche zu artikulieren und zu gewichten. Dabei ist die mit Viktor von Weizsäcker thematisierte „Vernichtungsordnung die Idee einer Anleitung, um an den Kräften des Todes und des Leidens Maß zu nehmen und ihnen ein kalkuliertes Nein entgegenzusetzen." (Wiedebach 2014, 53) Sie gibt die Freiheit, das Sterbenmüssen, vermittelt über das Dürfen, in ein Können zu wandeln, das Sterben und das Leiden am Sterben in einem letzten Akt Freiheit zu verwirklichen und auf diese Weise das Eintreffen des Todes vorzubereiten.

Dazu bedarf es des Taktes in der Gegenseitigkeit mit dem Kranken, ebenso der Öffnung und Veränderung desjenigen, der heilt, Trost spendet, Leben im Sterben begleitet. Dies führt über rechtlich geregelte oder institutionell standardisierte ethische Entscheidungsrichtlinien weit hinaus. Auch die Verantwortung, in Krankheits- und Sterbeprozessen Entscheidungen zu fällen, widerfährt demjenigen, der handeln muss. Diese Verantwortung kann und muss zwar am Recht Maß nehmen, dabei zeigen sich jedoch stets wieder Grenzen, die allein von einer situativen Urteilskraft in der konkreten Situation auf eine angemessene Entscheidung hin unter den Gesichtspunkten von Solidarität und Gegenseitigkeit überschritten werden können.

Sterben als notwendige Möglichkeit verweist auf die Freiheit des Menschen, Grenzen – nicht nur seines Leibes, sondern auch gesellschaftlicher Konventionen und institutioneller Zwänge – immer wieder zu überschreiten. Zugleich liegt im Sterben jedoch eine den Menschen in der Ausübung dieser Freiheit begrenzende Notwendigkeit, die auf unterschiedliche Weise im Leben auf den Tod hin gelebt werden kann. Die Integration dieser Notwendigkeit in die Lebensführung kann ge- und misslingen. Der Grenze der Notwendigkeit des Sterbens für ein individuelles leibliches Wesen gälte es einzugedenken in einer zeitgenössischen *ars moriendi*: als einer Grenze, die zugleich Freiraum ermöglicht, sich als Individuum in einer menschlichen Gemeinschaft zu dieser Grenze zu verhalten.

Der Tod will gestorben sein: er muss angenommen werden als existenzielle Notwendigkeit. Aber er darf gestorben werden können, wenn wir in Gemeinschaft mit dem Sterbenden es letzterem ermöglichen, die Annahme des eigenen Todes psycho-sozial und mit Rückblick auf seine Lebensgeschichte zu vollziehen. Dies wäre dann die Freiheit zu sterben, die nichts zu tun hat mit den juristischen Formen des Suizids, sondern die der negativen Dialektik des Lebens selbst erwächst: zu werden und auch aus sich selbst heraus zu Ende zu gehen. Dies wäre eine Formel für Weizsäckers ‚Vernichtungsordnung', die eine ethische Implikation in sich trägt, dem Tod einen Platz im Leben und im Sterben zu geben – einen Platz, der im Verlauf einer individuellen Lebensgeschichte gefunden werden kann. Angesichts des Todes nicht nur Würde, sondern auch Freiheit zu bewahren: dies ist das Problem, aber auch die Aufgabe einer *ars moriendi* für uns Menschen in gemeinsamer Solidarität in unseren Institutionen, unseren zu gestaltenden Rechtsordnungen und unserer Praxis des sozialen und medizinischen Umgangs mit Leiden und Sterben.

Literatur

Benzenhöfer, Udo (1994): Kontinuität, Affirmation und Kritik: Die Entwicklung der Sozialmedizin Viktor von Weizsäckers im Dritten Reich am Beispiel seines Geleitwortes zu einem Werk von Werner Hollmann, in: Benzenhöfer, Udo (Hg.): Anthropologische Medizin und Sozialmedizin im Werk Viktor von Weizsäckers, Frankfurt a. Main, 93–108.

Heidegger, Martin (1993): Sein und Zeit. Tübingen.

Hilt, Annette (2018): „Die Monaden haben Fenster". Viktor von Weizsäckers Einführung des Subjekts in die Medizin oder die Frage nach einem Denkstil subjektiver Erfahrung, in: Internationales Jahrbuch für philosophische Anthropologie, Vol.8: Die Philosophische Anthropologie und ihr Verhältnis zu den Wissenschaften der Psyche. Hg. von Ebke, Thomas/ Hoth, Sabina, Berlin, 109–122.

Hilt, Annette (2017): ‚Psychopathik' bei Viktor von Weizsäcker, in: Kühn, Rolf (Hg.): Pathos und Schmerz, Freiburg/ München,151–172.

Landsberg, Paul Ludwig (1973): Die Erfahrung des Todes, Frankfurt a. Main.

Levinas, Emanuel (1996): Gott, der Tod und die Zeit, Wien.

Meyer, Joachim-Ernst (1985): Psychiatrie im 20. Jahrhundert. Göttingen.

Minkowski, Eugène (1971): Die gelebte Zeit, Bd. 1: Über den zeitlichen Aspekt des Lebens, Salzburg.

Noll, Peter (1984): Diktate über Sterben und Tod, Zürich/München.

Tugendhat, Martin (2006): Über den Tod. Frankfurt a. Main.

Weingarten, Michael (2004): Sterben (bio-ethisch), Bielefeld.

Weizsäcker, Viktor von (2005): Pathosophie, (=GS 10), bearbeitet von Peter Achilles, Dieter Janz und Walter Schindler unter Mitwirkung von Mechthild Kütemeyer und Wilhelm Rimpau, Frankfurt a. Main.

Weizsäcker, Viktor von (1997): Der Gestaltkreis, dargestellt als psychophysiologische Analyse des optischen Drehversuchs, in: Ders.: Der Gestaltkreis. Theorie der Einheit von Wahrnehmen und Bewegen (=GS 4), bearbeitet von Dieter Janz, Wilhelm Rimpau und Walter Schindler unter Mitwirkung von Peter Achilles und Mechthilde Kütemeyer, Frankfurt a. Main.

Weizsäcker, Viktor von (1988): Der kranke Mensch. Eine Einführung in die medizinische Anthropologie, in: Ders., Fälle und Probleme. Klinische Vorstellung (=GS 9), bearbeitet von Peter Achilles und Martin Schrenk unter Mitwirkung von Dieter Janz, Mechthilde Kütemeyer, Wilhelm Rimpau und Walter Schindler, Frankfurt a. Main, 255–282.

Weizsäcker, Viktor von (1987a): Grundfragen medizinischer Anthropologie, in: Ders., Allgemeine Medizin. Grundfragen medizinischer Anthropologie (= GS 7), bearbeitet von Peter Achilles unter Mitwirkung von Dieter Janz, Mechthilde Kütemeyer, Wilhelm Rimpau, Walter Schindler und Martin Schrenk, Frankfurt a. Main, 255–282.

Weizsäcker, Viktor von (1987b): Euthanasie und Menschenversuche, in: Ders.: Allgemeine Medizin. Grundfragen medizinischer Anthropologie (= GS 7). Frankfurt a. Main, 91–134.

Weizsäcker, Viktor von (1987c): Der Begriff der Allgemeinen Medizin, in: Ders.: Allgemeine Medizin. Grundfragen medizinischer Anthropologie (= GS 7). Frankfurt a. Main, 135–196.

Weizsäcker, Viktor von (1987d): Die Medizin im Streite der Fakultäten, in: Ders.: Allgemeine Medizin. Grundfragen medizinischer Anthropologie (= GS 7). Frankfurt a. Main, 197–211.

Weizsäcker, Viktor von (1987e): Der Begriff des Lebens. Über das Erforschliche und das Unerforschliche, in: Ders.: Allgemeine Medizin. Grundfragen medizinischer Anthropologie (= GS 7), Frankfurt a. Main, 29–40.

Weizsäcker, Viktor von (1987f): Anonyma, in: Ders.: Allgemeine Medizin. Grundfragen medizinischer Anthropologie (= GS 7), Frankfurt a. Main, 41–90.

Weizsäcker, Viktor von (1987g): Der Arzt und der Kranke. Stücke einer medizinischen Anthropologie (= GS 5), Frankfurt a. Main.

Wiedebach, Hartwig (2014): Pathische Urteilskraft, Freiburg/München.

Wiedebach, Hartwig (2008): Zum Begriff einer „Ärztlichen Vernichtungsordnung". Skizze einer ‚negativen' Lehre des Arztes, in: Gahl, Klaus/ Achilles, Peter/ Jacobi, Rainer-M. E. (Hg.): Gegenseitigkeit. Grundfragen medizinischer Ethik, Würzburg, 429–444.

Wils, Jean-Pierre (2007): Ars moriendi. Über das Sterben, Frankfurt a. Main /Leipzig.

Andreas Kruse
Demenz als Herausforderung an gelingendes Sterben

1 Worin besteht die Herausforderung? Eine erste Näherung

Das Thema berührt drei grundlegende Fragen medizinisch-pflegerischen Handelns. *Erstens* die Frage, wie sich die innere Situation einer demenzkranken Person am Ende ihres Lebens darstellt, *zweitens* die Frage, von welchem Person-Begriff man sich leiten lassen sollte, wenn man einen demenzkranken Menschen in einem weit fortgeschrittenen Krankheitsstadium begleitet, und *drittens* die Frage, wie auf die Lebenssituation dieser Person am Ende ihres Lebens fachlich und ethisch fundiert geantwortet werden kann.

1.1 Zugang zum Erleben der demenzkranken Person

Die erstgenannte Frage ist vermutlich die anspruchsvollste – dies angesichts der Tatsache, dass eine verbale Kommunikation mit dem Demenzkranken bei weit fortgeschrittener Erkrankung kaum noch oder nicht mehr möglich ist, wodurch auch der Zugang zum inneren Erleben *deutlich* erschwert ist. Wie lässt sich dieser Zugang herstellen?

Ein *erster* Zugang ist die Analyse des mimischen (und gestischen) Ausdrucks des Individuums: Die begleitenden Personen müssen sich in das *mimische Skript* der demenzkranken Person „einlesen" und „einfühlen", um besser deren emotionale Befindlichkeit in einer konkreten Situation nachvollziehen und verstehen zu können. Umfangreiche psychologische Forschung zur mimischen Ausdrucksanalyse, die auf die medizinisch-pflegerische Begleitung demenzkranker Menschen übertragen wurde, zeigt, wie genau und umfassend die differenzierte, mikro-längsschnittliche (das heißt, über den Zeitraum von Tagen oder mehreren Wochen kontinuierlich vorgenommene) Beobachtung des mimischen Ausdrucks Auskunft über das innere Erleben eines demenzkranken Menschen geben kann (Kruse 2010a). Dieses Sich-Einlesen und Sich-Einfühlen ist ein hochgradig individualisierter – die Person des Demenzkranken ganz in den Blick nehmender – Beobachtungs- und Kommunikationsakt, bei dem auch Einflüsse möglicher weiterer (vor allem: neurodegenerativer) Erkrankungen auf den mimischen Ausdruck mitbedacht werden müssen, so zum Beispiel im Falle einer Parkinsonerkrankung, die sich mehr oder minder stark auf das mimische Ausdrucksskript auswirkt. Aber derartige Auswirkungen können im Falle einer differenzierten, kontinuierlich vorgenommenen Analyse sehr gut eingegrenzt und in Art und Umfang eingeschätzt werden.

Ein *zweiter* Zugang ist die hochkonzentrierte, empathische und von innerer wie äußerer Ruhe bestimmte Begleitung der demenzkranken Person. Eine Voraussetzung für diese Art der Begleitung ist die schon in der altgriechischen und lateinischen Literatur – so zum Beispiel vom römischen Philosophen Lucius Annaeus Seneca (1 v. Chr. – 65 n. Chr.) – beschriebene tranquillitas animi, also die innere wie äußere Ruhe, zu der das Individuum gefunden hat und die dieses ausstrahlt (Seneca 58/1980). Ruhe meint hier alles andere als Apathie oder Gleichgültigkeit. Sie meint vielmehr die Fähigkeit, sich auf sich selbst wie auf die Welt zu konzentrieren und die Art und Weise eigener Bezogenheit auf die Welt differenziert zu erleben. Damit kann die begleitende Person zu einem *Resonanzboden* für die demenzkranke Person werden – und umgekehrt.

Ein *dritter* Zugang schließlich ist die Herstellung von Situationen, die ein *biografisches Erinnerungszeichen* tragen, das heißt die die demenzkranke Person an persönlich bedeutsame Ereignisse, Begegnungen und Prozesse in der Biografie erinnern. Wie später noch ausführlich darzulegen sein wird, gründet der Versuch, gezielt Situationen mit Erinnerungszeichen herzustellen, auf der Annahme, dass in einem fortgeschrittenen Stadium der Demenz das Selbst nicht mehr als eine kohärente psychische Struktur existiert, sondern nur noch *inselförmig*: dem Individuum sind nur noch Erinnerungen an einzelne biografische Stationen zugänglich – diese aber können positive *vs.* negative Emotionen auslösen oder das Wohlbefinden erhöhen *vs.* verringern (Kruse 2012). Wenn es gelingt, Situationen mit positiv bewerteten Erinnerungszeichen zu identifizieren (entdecken) und diese zu konstituieren, so wird man vielfach Zeuge emotionaler Prozesse, die Aufschluss über das Erleben der demenzkranken Person zu geben vermögen.

1.2 Umfassender Person-Begriff

Die verschiedenen Demenzformen konfrontieren uns grundsätzlich mit der Aufgabe des Nachdenkens über den Person-Begriff. Das allgemeine Verständnis von Person, das die Vernunftbegabung als zentrales Merkmal der Person erachtet, erweist sich bei der Betrachtung und Begleitung eines demenzkranken Menschen als viel zu eng und auch der Vielschichtigkeit der Ausdrucksformen von Personalität als unangemessen. Gerade im Falle intensiver Beschäftigung mit der inneren Welt (um einmal diese Metapher zu gebrauchen) eines demenzkranken Menschen werden Notwendigkeit und Sinnhaftigkeit eines *mehrdimensionalen Ansatzes von Person* deutlich, in dem die kognitive, die emotionale, die spirituelle, die empfindungsbezogene, die sozialkommunikative, die alltagspraktische und die physische Dimension unterschieden werden (Kruse 2010b). In unterschiedlichen Situationen – und dies heißt auch: in unterschiedlichen Phasen der Demenz – können einzelne Dimensionen stärker in den Hintergrund, andere stärker in den Vordergrund individuellen Agierens und Reagierens treten. Es erscheint gerade mit Blick auf die Begleitung eines demenzkranken Menschen wichtig, offen für die verschiedensten Erscheinungs- oder Ausdrucksformen der Person zu sein (Kitwood 2002). Und es darf nicht übersehen werden, dass alle Erscheinungs- und Ausdrucksformen *biografische Vorläufer* haben, das heißt in ihrer spezifischen Konturierung durch biografische Erlebnisse und Erfahrungen mitbestimmt sind.

Die Begleitung eines demenzkranken Menschen in einem weit fortgeschrittenen Stadium der Krankheit wie auch eines schwerkranken, körperlich erheblich geschwächten Menschen am Ende seines Lebens führt zu zwei psychischen Phänomenen, denen wir am Institut für Gerontologie der Universität Heidelberg derzeit genauer nachspüren – wobei wir uns hier empirisch noch am Anfang befinden.

Zum einen beobachten wir immer wieder aufs Neue, dass demenzkranke Menschen auch in späten Krankheitsphasen, selbst noch unmittelbar vor ihrem Tod *sehr kurze Phasen deutlich erhöhter Luzidität* zeigen können, also einer inneren Klarheit und Aufmerksamkeit, die vor dem Hintergrund der von Verlusten und Auffälligkeiten bestimmten psychischen Situation besonders auffällig und eindrücklich sind. Gerade solche luziden Intervalle regen zum Nachdenken darüber an, ob wir nicht grundsätzlich von einem deutlich umfassenderen Geist-Begriff ausgehen müssen, der (im Sinne des altgriechischen nous) das gesamte Wesen eines Individuums umfasst und sich quasi um den gesamten Bios des Individuums legt. Dies nun würde heißen, dass man sich nicht allein auf kognitive Leistungen im engeren Sinne beschränkte, wenn man von Geist spricht, sondern vielmehr die verschiedenartigen Ausdrucksformen des Wesens eines Menschen zu erfassen und verstehen versuchte (Hughes 2016; Sulmasy 2002). Ein derartiges Verständnis von Geist weist Bezüge zu Konzeptionen der Seele auf, die dieser nicht nur rationale, sondern auch vegetative und wahrnehmungsbezogene Qualitäten zuordnen – woraus sich auch folgern lässt: Die Seele ist im gesamten Körper-Leib präsent, sie konstituiert dessen Form (Fuchs 2000). Diese Konzeption lässt uns besser verstehen, warum sich bei demenzkranken Menschen in weit fortgeschrittenen Stadien ihrer Erkrankung oder bei Menschen noch unmittelbar vor ihrem Tod Phasen deutlich erhöhter Luzidität zeigen können: ein Phänomen, das eine noch sehr viel umfassendere und tiefere Analyse erfordert, als bislang geschehen.

Zum anderen, und hier ist das zweite psychische Phänomen angesprochen, beobachten wir auch bei Menschen mit einer weit fortgeschrittenen Demenz – wie übrigens auch bei sterbenden Menschen – vielfach die Haltung der *Sorge*, und sei diese auch noch so klein, vielleicht auch nur noch symbolisch gemeint. Mit Sorge ist hier das Motiv des *Sorgens für* bzw. des *sich-Sorgens um* angesprochen. Die große Bedeutung, die dieses Verständnis von Sorge (auch) im Erleben alter Menschen annimmt (Kruse 2016, 2017), scheint nach unseren ersten Beobachtungen auch das Erleben vieler demenzkranker oder sterbender Menschen mitzubestimmen.

1.3 Umfassender, fachlich und ethisch fundierter Begleitungs- und Interventionsansatz

Auch wenn Fragen der Begleitung und Intervention in den nachfolgenden Abschnitten ausführlich erörtert werden, so seien diese doch schon summarisch aus dem Blickwinkel der besonderen Herausforderungen betrachtet, die die Sterbebegleitung demenzkranker Menschen mit sich bringt. Neben einer ganz den Bedürfnissen der Sterbenden angepassten Ernährungssituation, einer hochgradig individualisierten Schmerzdiagnostik und -behandlung sowie einer kontinuierlichen, mit großer Behutsamkeit vorgenommenen Stimulation und Aktivierung, neben einer kurativ orientierten Behandlung akuter Erkrankungen ist hier die Aufrechterhaltung eines emotional tragfähigen, nachhaltigen Kontakts bedeutsam (Bär 2010). Durch diese Art des Kontakts, eingebettet in eine subjektorientierte Medizin und Pflege, kann dem demenzkranken Menschen wenigstens ein Teil seiner Angst vor Verlassenheit und Einsamkeit genommen werden, zudem kann sich ein *Kompass* entwickeln, der es den begleitenden Personen erlaubt, Lautäußerungen und mimische Reaktionen besser einzuordnen und zu verstehen (Gilleard/Higgs 2016). Dies heißt aber auch: Demenzkranke Menschen am Ende ihres Lebens benötigen nicht weniger Zeit und Zuwendung (für diagnostische, therapeutische, rehabilitativ-pflegerische, sozialkommunikative Prozesse) als zu Beginn oder in der Mitte ihrer Erkrankung, sondern *ungleich mehr*. Denn der emotional tragfähige, nachhaltige Kontakt lässt sich nur herstellen, wenn es einige wenige Personen sind, die mit dem Demenzkranken kommunizieren und wenn diese Personen die innere und äußere Ruhe (mithin: die Zeit) mitbringen, um sich konzentriert, einfühlend und wahrhaftig kommunizierend dem demenzkranken Menschen zuzuwenden (Kojer 2016).

2 Einige epidemiologische Aussagen

Weltweit leiden etwa 36 Millionen Menschen an einer demenziellen Erkrankung, die Anzahl an betroffenen Menschen ist am höchsten in China, gefolgt von den USA, Indien, Japan und Deutschland (Alzheimer's Disease International 2015). In Deutschland beläuft sich die Anzahl demenzkranker Menschen derzeit auf ca. 1,55 Millionen. Demenzen sind vor allem Erkrankungen des hohen Lebensalters: In der Altersgruppe der 65- bis 69-Jährigen liegt die Prävalenz bei über einem Prozent, in der Altersgruppe der 90-Jährigen und Älteren hingegen bei über 30 Prozent. Ein hinreichend hohes Alter vorausgesetzt, stellt die Entwicklung einer Demenz ein realistisches Szenario dar: Im statistischen Mittel wird dies bei nahezu jedem dritten Mann und jeder zweiten Frau über 65 Jahre im weiteren Alternsverlauf der Fall sein; unter den 90-Jährigen und Älteren ist im Mittel bei jedem Zehnten davon auszugehen, dass innerhalb des nächsten Jahres eine demenzielle Erkrankung neu diagnostiziert werden wird. Etwa 70 Prozent der Erkrankungen entfallen auf Frauen und nur 30 Prozent auf Männer. Dieser Unterschied erklärt sich vor allem aus der für Frauen höheren Lebenserwartung. Darüber hinaus finden sich Hinweise, dass Frauen mit einer Demenz länger überleben und im sehr hohen Alter ein leicht höheres Neuerkrankungsrisiko haben als Männer. In Deutschland sterben pro Jahr etwa 250.000 demenzkranke Menschen; im Durchschnitt leben die Menschen nach Diagnosestellung noch sieben Jahre. Es gibt allerdings Fälle, in denen die Betroffenen noch 20 Jahre mit der Erkrankung leben. Die Weltgesundheitsorganisation schätzt die Kosten für die Pflege von Demenzkranken bereits heute auf jährlich 460 Milliarden Euro (Alzheimer's Disease International 2013). In der Bundesrepublik benötigt ein Demenzkranker im Monat durchschnittlich 500 Euro höhere Leistungen von den Pflegekassen und 300 Euro höhere Leistungen von den Krankenkassen als ein Versicherter ohne Demenzerkrankung.

Demenz ist der *Oberbegriff* für ein breites Spektrum von Erkrankungen mit unterschiedlichen Entstehungsbedingungen und Symptomen. Die gröbste Differenzierung zwischen den Erkrankungen bezieht sich auf die Schädigung der Nervenzellen (neurodegenerative Demenz) gegenüber der Schädigung der Gefäße (vaskuläre Demenz) als primärer Krankheitsursache. Dabei machen die neurogenerativen Demenzen ca. 65 Prozent aller Demenzen aus, die vaskulären Demenzen ca. 20 Prozent, bei ca. 15 Prozent liegen Mischformen der neurodegenerativen und vaskulären Demenz vor. Während bei den vaskulären Demenzen von einem hohen Präventionspotenzial auszugehen ist – durch die lebensstilbedingte Reduktion des Arteriosklerose-Risikos wird ein zentraler Beitrag zur Reduktion der Auftretenswahrscheinlichkeit der vaskulären Demenz geleistet –, ist dieses bei der neurodegenerativen Demenz (deren häufigste Form die

Alzheimer Demenz darstellt) bislang erst *in Ansätzen* nachgewiesen; hier ergibt sich weiterer, dringender Forschungsbedarf (de Bruijn/Bos/Portegies et al. 2015). Aus diesem Grunde sollte man mit Aussagen, die die Möglichkeit einer Prävention der neurodegenerativen Demenz behaupten, noch zurückhaltend sein, auch wenn aktuelle Befunde internationaler epidemiologischer Forschung Anlass zur Hoffnung geben, dass die Anzahl der Neuerkrankungen an Alzheimer Demenz durch eine Verminderung von Risikofaktoren – insbesondere Bluthochdruck und Adipositas im mittleren Lebensalter, Diabetes mellitus, Depression, körperliche Inaktivität, Rauchen und niedrige Bildung – erheblich reduziert werden könnte (de Bruijn/Bos/Portegies et al. 2015).

3 Die Begleitung sterbender Menschen

3.1 Das zunehmend differenzierte Antworten im Prozess des Sterbens

Mit Blick auf den Übergang von einer schweren Krankheit zum präfinalen und schließlich zum finalen Stadium ist es notwendig, dass *zunehmend differenziert* auf die körperliche, kognitive und emotionale Verletzlichkeit des schwerkranken bzw. sterbenden Menschen geantwortet wird, dass mehr und mehr ein palliatives Konzept der Versorgung und Begleitung umgesetzt wird (ohne dass die notwendigen kurativen Maßnahmen aufgegeben würden), dass schließlich – diagnose-, prognose- und wertebasiert – *gemeinsam* mit der Patientin bzw. dem Patienten und Angehörigen (oder anderen Bezugspersonen) fachlich und ethisch hochreflektiert abgewogen wird, wie lange lebenserhaltende Maßnahmen aufrechterhalten werden sollen (Frühwald 2012; Remmers/Kruse 2014; siehe auch den Beitrag von Busewein in diesem Band).

Wenn hier von zunehmend differenzierten Antworten gesprochen wird, so ist damit folgendes gemeint: Die Art der Kommunikation ändert sich, die Ansprache wird eine andere: Vielfach können die Patientinnen und Patienten nicht mehr verbal kommunizieren, die Prägnanz ihrer Kommunikation geht erkennbar zurück. Es ist weiterhin davon auszugehen, dass sich – passager und fluktuierend – Halluzinationen und Wahnbildungen, deutlich verringerte Orientierungs- und Gedächtnisleistungen sowie Überaktivität oder stark verringerte Aktivität zeigen, also Symptome, die auf ein Delir deuten. Bei ca. 45 Prozent der sterbenden Menschen lassen sich Phasen eines Delirs mit den beschriebenen Symptomen beobachten – ein sowohl für den Sterbenden als auch für die begleitenden

Bezugspersonen hochbelastendes Geschehen, das eine differenzierte kognitive und eine feingliedrige emotionale Ansprache notwendig macht: durch diese kann die Symptomatik erkennbar gelindert werden, sie besitzt zudem mit Blick auf diese Symptomatik präventive Funktion.

Die zunehmend differenzierte Antwort meint aber noch mehr: nämlich das Sich-Einschwingen in den – schon in der präfinalen Phase erkennbaren, in der finalen Phase noch einmal zunehmenden – kontinuierlichen Wechsel von Rückzug nach Innen und Sich-Öffnen nach außen, also von Phasen der immer weiter zunehmenden Introversion und Phasen der immer weiter abnehmenden Extraversion. Dieser kontinuierliche Phasenwechsel ist für viele sterbende Menschen geradezu charakteristisch. Er muss von den Bezugspersonen verstanden, nach- und mitvollzogen werden. Und gerade dies erfordert von den Bezugspersonen eine differenzierte Reaktion, aber auch Aktion.

Schließlich meint zunehmend differenziertes Antworten die Abstimmung von Strategien erhöhter Stimulation, ggfs. auch Aktivierung und Motivation, mit Strategien, die vermehrt auf Beruhigung und Ruhe zielen. In einer eigenen Studie zur hausärztlichen Sterbebegleitung ging es uns darum, bei einzelnen Tumorpatientinnen und Tumorpatienten noch kurz vor Eintritt in das präfinale Stadium physiotherapeutische und logopädische Maßnahmen anzuwenden, wenn dadurch (a) zu höherer Beweglichkeit und größerer funktionaler Kompetenz sowie (b) zur Linderung von Schluck- und Sprachstörungen beigetragen werden konnte. Auch dies erschien uns als einer von mehreren geeigneten Wegen, den sterbenden Menschen darin zu unterstützen, sein Sterben, oder besser: sein Leben im Prozess des Sterbens – zumindest in Ansätzen – selbstständig und selbstverantwortlich zu *gestalten* (Kruse 1995; 2007).

Es sei betont, wie wichtig es für eine hochentwickelte Palliativ- und Hospizkultur ist, alles dafür zu tun, damit die bestehenden Selbstgestaltungskompetenzen des sterbenden Menschen möglichst lange erhalten bleiben – und seien diese Kompetenzen auch noch so gering. Palliativmedizin und Hospizarbeit sind nicht Selbstzweck. Sie sind auch nicht allein vom Ziel der Symptomkontrolle und der Symptomlinderung bestimmt. Das Ziel ist umfassender und noch tiefergehend: *Es akzentuiert die Selbstgestaltung*, mithin das (vielleicht nur in Ansätzen mögliche) bewusste Erleben des Sterbens sowie den verbalen und nonverbalen Austausch mit anderen Menschen und die möglichst weite Erhaltung persönlich bedeutsamer Rituale im Prozess des Sterbens (Cowley 2016; Gastmans 2013).

Mit diesen Überlegungen ist auch die Würdethematik adressiert.

3.2 Die Würde im Sterben

„*Nichts mehr davon, ich bitt euch. Zu essen gebt ihm, zu wohnen. Habt ihr die Blöße bedeckt, gibt sich die Würde von selbst.*"

Friedrich von Schillers Distichon über die „Würde des Menschen" (aus dem Jahre 1796) lässt sich dahingehend deuten, dass der Mensch *als Mensch* Würde besitzt, dass ihm diese nicht gegeben und auch nicht genommen werden kann. Die Würde des Menschen ist nicht an Leistungen, nicht an Fähigkeiten, nicht an Erfolgen gebunden. Vielmehr lässt sich nur *eine* Bedingung nennen, um im Sinne der eigenen Würde zu leben: Die Ausstattung mit grundlegenden Gütern, die in die Lage versetzen, überhaupt zu leben. Genau in dieser Weise lässt sich die Forderung, dem Menschen zu essen und zu wohnen zu geben, wie auch die Aussage, dass sich die Würde dann von selbst gebe, wenn die Blöße des Menschen bedeckt wurde, interpretieren.

Die Deutung palliativmedizinischen und -pflegerischen Handelns kann an diesem Distichon ansetzen. Denn es besteht unter Vertreterinnen und Vertretern dieser Disziplinen weitgehend Einigkeit, dass Palliativmedizin und -pflege die *Rahmenbedingungen schaffen* muss, damit sich Menschen auf den herannahenden Tod einstellen, diesen annehmen können. Zu diesen Rahmenbedingungen zählen neben der Versorgung mit lebenswichtigen Gütern die fundierte Schmerztherapie und Symptomkontrolle, die sensible Behandlungspflege, schließlich die Sicherstellung der sozialen Teilhabe sowie des individuellen seelischen Beistands (siehe auch den Beitrag von Brandenburg, Baranzke und Kautz in diesem Band).

Wenn es hieß: „Der Mensch als Mensch besitzt Würde, diese kann ihm nicht genommen werden", dann ist damit die *große* Würde angesprochen, die grundlegend mit dem Menschsein gegeben ist und keinerlei Graduierung (im Sinne von mehr oder weniger Würde) zulässt (von der Pfordten 2016). Diese Würde-Definition ist auch deswegen so bedeutsam, weil sie uns davon abhält (bzw. abhalten soll), einem Menschen Würde abzusprechen, wenn dieser ein Leben führt oder wenn diesem ein Leben aufgegeben ist, das mit *unserer* Vorstellung eines guten Lebens nicht übereinstimmt. Nicht selten neigen Menschen dazu – und zwar speziell in jenen Fällen, in denen ihr Gegenüber an einer hochgradig schmerzassoziierten oder an einer weit fortgeschrittenen neurodegenerativen Erkrankung (zum Beispiel Alzheimer-Demenz, zum Beispiel Parkinson) leidet –, dessen Würde in Zweifel zu ziehen: dies sei kein würdevolles Leben mehr, dieses Gegenüber verliere nach und nach seine Würde. Gerade derartige Bewertungen sind ethisch nicht zu rechtfertigen. Sie deuten eher auf die innere Verfassung der Person hin, die ein derartiges Urteil fällt, und weniger auf die Verfassung jener Person, der dieses Urteil gilt (Kruse 2010b; Lauter

2010). Die Person, die ein derartiges Urteil fällt, kann sich selbst nicht vorstellen, unter solchen Bedingungen zu leben, unter denen jene Person lebt, der sie ein würdiges Leben abspricht. Wer aber sagt uns denn, dass jene Person, der dieses Urteil gilt, ihr Leben nicht als ein würdiges erlebt und deutet? Derartige Fragestellungen gewinnen am Ende des Lebens, vor allem in palliativmedizinischen und -pflegerischen Kontexten, besonders an Gewicht.

Dieser *allgemeine* (große) Würdebegriff muss jedoch erweitert werden: vor allem um die Frage, inwieweit sich die Würde im individuellen Falle verwirklichen, inwieweit sie leben kann. So wichtig der allgemeine, also der große Würdebegriff ist – bildet er doch auch einen Schutz der Person vor Eingriffen in seine Integrität –, so unvollständig ist er. Denn es sind drei weitere Aspekte zu berücksichtigen. Erstens: Welche Kriterien eines guten Lebens vertritt das Individuum und dies heißt: was versteht das Individuum selbst unter Würde und inwieweit ist es davon überzeugt, dass es ein Leben in Würde führt? Zweitens: Erkennt es die Möglichkeit, seine Würde zu leben, nimmt es die Anerkennung seiner Würde – im Sinne der Erfahrung von Respekt (Margalit 1997; Sennet 2002) – durch seine soziale Umwelt wahr (Erfahrung von Respekt)? Und drittens: Sieht es sich in seinen Rechten wahrgenommen und geachtet (Nordenfelt 2004)?

Mit dem ersten und zweiten Aspekt ist das angesprochen, was *aspirationale Würde* genannt wird: das Individuum hegt (und artikuliert) bestimmte Erwartungen mit Blick auf die Kriterien eines guten Lebens, die in seinem Falle erfüllt sein müssen, damit es sein Leben bejahen kann. Es richtet weiterhin an andere Menschen die Erwartung, seine Würde *auch* in Formen des Respekts vor den Rollen und Funktionen sowie der (Lebens-)Leistungen anzuerkennen, die es in der Gesellschaft wahrnimmt bzw. erbracht hat (Sennett 2002).

Der dritte Aspekt gewinnt vor allem in aktuellen Würdediskussionen großes Gewicht: In diesen Diskussionen stellt weniger der Würdebegriff jenes Fundament dar, von dem aus argumentiert wird, sondern der Begriff der *Rechte*, die dann, wenn sie geachtet werden (vom Individuum selbst wie auch von seiner Umwelt), im Sinne der Anerkennung der Würde des Individuums gedeutet werden. Das „Recht, Rechte zu haben" so hat die Philosophin und Politikwissenschaftlerin Hannah Arendt einmal den Würdebegriff definiert (Arendt 2011).

4 Die Begleitung von Sterbenden mit dementieller Erkrankung

Demenzkranke Menschen sind auch in den letzten Lebenswochen und Lebenstagen erlebnisfähig und aufnahmefähig. Bei kontinuierlicher, konzentrierter und sensibler Zuwendung lässt sich beobachten, dass die meisten demenzkranken Menschen im zeitlichen Vorfeld des Sterbens auf die Stimme wie auch auf die vorsichtige Berührung reagieren, sodass eine – wenn auch nur sehr eingeschränkte – Kommunikation möglich ist, die ihrerseits auf die besondere Verantwortung der Mitmenschen für ein würdiges Leben im Sterben verweist. Es zeigt sich in *allen* Phasen der Demenz, also auch in der präfinalen und terminalen Phase, wie wichtig die kontinuierliche, konzentrierte und sensible Zuwendung für das Wohlbefinden und die Lebensqualität eines demenzkranken Menschen ist – ein Gesichtspunkt, der bei der Konzeption palliativpflegerischer Maßnahmen ausdrücklich berücksichtigt werden muss (Kojer 2016).

4.1 Allgemeine Anforderungen an die Begleitung von Sterbenden mit Demenz

In diesem Kontext sei zunächst auf Verlautbarungen der Deutschen Alzheimer Gesellschaft (2017) Bezug genommen, in denen Aufgaben genannt werden, die bei der Begleitung demenzkranker Menschen ausdrücklich zu berücksichtigen sind. In diesen Verlautbarungen stehen sechs Aufgaben im Zentrum. (1) Die sensible Ansprache des demenzkranken Menschen – diese Aufgabe gründet auf der bis zum Tode erhaltenen Erlebnis- und Aufnahmefähigkeit; (2) die differenzierte Stimulation des demenzkranken Menschen – diese Aufgabe gründet auf den bis zum Tode leistungsfähigen Sinnesorganen; (3) die Berücksichtigung der Biografie – diese Aufgabe gründet auf der Tatsache, dass biografische Einflüsse auf Erleben und Verhalten des demenzkranken Menschen selbst in der Phase des Sterbens erkennbar sind, so zum Beispiel Präferenzen für bestimmte Formen der Ansprache und Stimulation wie auch Präferenzen für bestimmte Bezugspersonen; (4) die Berücksichtigung möglicher spiritueller Bedürfnisse – dabei ist zu bedenken, dass frühere spirituelle Bedürfnisse in der Grenzsituation des Sterbens wieder an Bedeutung gewinnen können, dies gilt für demenzkranke Menschen ebenso wie für körperlich erkrankte Menschen; (5) eine fachlich wie ethisch reflektierte Auseinandersetzung darüber, ob dem demenzkranken Menschen im Falle einer akuten körperlichen Krise wirklich ein Ortswechsel (Verlegung in eine Klinik) zugemutet werden darf; (6) die Fähigkeit und Bereitschaft, loszulassen, das heißt, bei erkennbarer Zunahme der Pflegebedürftigkeit des demenzkranken Menschen die Pflege mehr und mehr in professionelle Hände zu geben und bei dem bevorstehenden Tod in das Sterben des demenzkranken Menschen bewusst einzuwilligen.

Es wird in der Versorgungspraxis vielfach die Forderung nach Integration kontinuierlich geführter, qualitativ orientierter Interviews erhoben, und dies mit dem Ziel, gerade bei kognitiv eingeschränkten Menschen mögliche Veränderungen im

Lebenswillen wie auch in den Bedürfnissen differenziert abzubilden (Oster/Schneider/Pfisterer 2010). Dabei wird betont, dass sich in der Grenzsituation des Sterbens die früher gezeigte Einstellung gegenüber den verschiedenen Formen der Sterbehilfe (einschließlich Suizid) erkennbar wandeln kann, sodass es notwendig ist, die in der Gegenwart dominierende Einstellung des Patienten zu seinem Sterben und zu den verschiedenen Formen der Sterbehilfe zu erfassen. Dies ist bei kognitiv eingeschränkten Menschen aber nur möglich, wenn man sich diesen in Interviews sehr konzentriert, sensibel, offen für alle verbalen und nonverbalen Zeichen zuwendet. Wenn die Kommunikation mit einem Patienten – so zum Beispiel mit einem demenzkranken Patienten – gar nicht mehr möglich ist, so gewinnt, das *ethische Fallgespräch* eine noch größere Bedeutung, als in jenen Fällen, in denen sich Möglichkeiten dieser Kommunikation bieten (Frühwald 2012). An diesem Fallgespräch sind sowohl der Betreuer bzw. der Bevollmächtigte des Patienten als auch Mitglieder des Behandlungsteams (Stationsarzt, Oberarzt, Pflegefachperson, behandelnde Therapeuten, Seelsorger) beteiligt. In einem solchen Fallgespräch, so die Autoren, wird in aller Regel eine Lösung bezüglich der weiteren medizinisch-pflegerischen Vorgehensweise erreicht. Diese Lösung wird (im Sinne einer Zweitmeinung) von einem nicht an der Behandlung beteiligten Facharzt überprüft. Die Forderung, in solche Entscheidungsprozesse auch die Angehörigen einzubeziehen, sei an dieser Stelle hervorgehoben; vielfach beklagen Angehörige – auch demenzkranker Menschen – nach dem Tod des Familienmitglieds deutliche Defizite in der Kommunikation mit Ärzten und Pflegefachpersonen während der Sterbebegleitung. Untersuchungen in Pflegeheimen, in denen mögliche Effekte einer sensiblen, offenen Kommunikation mit den Angehörigen über den möglichen weiteren Verlauf der Demenz wie auch über die Lebenssituation des demenzkranken Pflegeheimbewohners im Prozess des Sterbens erfasst wurden, machten deutlich, dass eine derartige Kommunikation mit einem deutlichen Rückgang an Interventionen einhergeht, die für den schwer kranken oder sterbenden Bewohner mit hohen Belastungen verbunden sind und deren Gewinn für ihn umstritten ist. Zu nennen ist hier – wie bereits dargelegt wurde – die Nahrungsaufnahme mit einer PEG-Sonde.

Spezifische Anforderungen, die sich im Kontext der Sterbebegleitung stellen, zentrieren sich vor allem um die Frage der Schmerzerfassung, der Ernährung, der Kommunikation und der Selbstbestimmung.

4.2 Schmerzerleben und Schmerzerfassung

Die Annahme, dass bei einer weit fortgeschrittenen Demenz die Schmerzsensibilität verringert sei, somit eine schmerztherapeutische Behandlung im Kontext der palliativen Versorgung demenzkranker Menschen nicht jenes Gewicht besitze wie im Kontext der Versorgung jener Menschen, die ausschließlich an (zum Tode führenden) körperlichen Erkrankungen leiden, ist falsch (Lukas/Schuler/Fischer et al. 2012). Der Anteil demenzkranker Menschen, bei denen Schmerzen nachweisbar sind, deckt sich mit dem Anteil körperlich erkrankter alter Menschen, die an Schmerzen leiden – dieser Anteil wird mit über 60 Prozent angegeben, zum Teil auch mit 85 bis 90 Prozent (Reynolds/Henderson/ Schulman et al. 2002). Zudem wurde der Nachweis erbracht, dass ca. 50 Prozent der Demenzkranken keine oder nur eine fachlich unzureichende Schmerztherapie erhalten (Shega/Hougham/Stocking et al. 2006). In methodisch anspruchsvollen Interventionsstudien konnte der Nachweis erbracht werden, dass eine systematisch ausgeführte schmerztherapeutische Behandlung bei Pflegeheimbewohnern mit einer Demenz zu einer Abnahme der inneren Erregung (Agitation) führt, was ebenfalls darauf deutet, dass Schmerzen auch bei demenzkranken Menschen ein sehr bedeutsames Symptom darstellen (Husebø/ Ballard/Sandvik et al. 2011). Mit Blick auf die *Schmerzerfassung* ist hervorzuheben, dass in den späten Phasen der Demenz die Fähigkeit, Schmerzen verbal auszudrücken und nach Ort und Intensität zu charakterisieren, nicht mehr gegeben ist. Aus diesem Grunde sind die Selbstbewertungsinstrumente durch Fremdbewertungsinstrumente zu ersetzen, wobei Fremdbewertungsinstrumente für die *tägliche* Schmerzerfassung wie auch für die Schmerzerfassung in *Intervallen* entwickelt wurden (Basler/Hüger/Kunz et. al. 2006; Schuler/Becker/Kaspar et al. 2007; Warden/Hurley/Volicer 2003).

In diesem Kontext kommt der erhöhten Aufmerksamkeit für körpersprachliche Signale (Mimik, Gestik, nonverbaler Ausdruck inneren Erlebens) wie auch deren korrekter Deutung besondere Bedeutung zu (Cohen-Mansfield/Libin 2005; Testad/ Aasland/Aarsland 2007), wobei Hartmut Remmers unter Aufgreifen des von Schmitz eingeführten Begriffs der (lebensgeschichtlich entwickelten) Schmerzersparung betont, dass dem Schmerzerleben und Schmerzverhalten des demenzkranken Menschen eine je individuelle Aspektivität zuzuordnen sei (Remmers 2010). Dies sei, so Remmers, bei einem demenzkranken Menschen auch dadurch zu leisten, dass auf Basis der Gespräche mit dessen Bezugspersonen eine biografisch-rekonstruktive Einordnung des aktuell gegebenen Schmerzausdrucks versucht werde. Die *Agitation*, die bei demenzkranken Menschen nicht selten zu beobachten ist, wird als eine mögliche Manifestation von Schmerz beschrieben (Becker/Kaspar/Kruse 2010; Cohen-Mansfield/Libin 2005; Husebø/Ballard/Sandvik et al. 2011). Dabei wird deutlich, dass schon eine mittlere physische Aktivität dazu beiträgt, die Agitation erkennbar zu verringern, was auch als Bestätigung der Annahme gedeutet wird, in der Agitation drückten sich Schmerzen aus. Vor allem aber konnte nachgewiesen werden, dass eine systematische Schmerztherapie bei Pflegeheimbewohnern mit Demenz zu einer signifikanten Abnahme von Agitation führt, was die Bedeutung der Agitation als Ausdruck von Schmerzen noch einmal unterstreicht.

4.3 Ernährung

Häufig wird die Annahme vertreten, dass sich die Ernährung durch PEG bei Menschen mit weit fortgeschrittener Demenz positiv auf deren Ernährungsstatus wie auch auf deren allgemeinen körperlichen Zustand auswirke. Diese Annahme führt dazu, dass ungefähr ein Drittel aller Pflegeheimbewohner, bei denen eine weit fortgeschrittene Demenz vorliegt, über eine PEG-Sonde ernährt werden, obwohl in den meisten Fällen davon auszugehen ist, dass mit dieser Intervention *keine* wirkliche Verbesserung der Ernährungsstatus wie auch des funktionelles Status erreicht werden kann (Zieschang/Oster/Pfisterer et al. 2012); zudem wird eine hohe Komplikationsrate beim Einsatz einer PEG-Sonde berichtet; der berichtete Anteil variiert zwischen 30 und 70 Prozent (Finucane/ Christmas/Travis 1999). Wie Michael de Ridder (2008) hervorhebt, besteht in Fachkreisen Konsens, dass PEG und parenterale Ernährung (= Nährstoffe werden in flüssiger Form in eine Vene zugeführt) nur dann eingesetzt werden dürfen (und dies auch nur für begrenzte Zeit), wenn die herkömmlichen Ernährungsmaßnahmen nicht genügen, um eine Mangelsituation in den frühen und mittleren Demenzstadien zu vermeiden oder zu überwinden. In ihren Leitlinien zur Ernährung bei Demenz betonen Dorothee Volkert, Michael Chourdakis, Gerd Faxen-Irving und Kollegen (2015), dass bei einer weit fortgeschrittenen Demenz im Hinblick auf künstliche Ernährung Zurückhaltung geboten sei. de Ridder (2008) weist darauf hin, dass auch bei einem demenzkranken Menschen die Minderung der Aufnahme von Nahrung und Flüssigkeit als Teil des natürlichen Sterbeprozesses zu verstehen ist, der Wochen oder sogar Monate vor dem Tod mit nachlassendem Appetit, kontinuierlicher Gewichtsabnahme, kleineren Mahlzeiten und Flüssigkeitsmengen einsetzt.

Mit Blick auf die Ernährung wird übereinstimmend argumentiert, dass die persönliche Darreichung des Essens eine ganz andere Qualität für die Kommunikation besitzt, als der Einsatz von Ernährungssonden. Ernährungssonden zeigen vielfach unerwünschte Nebenwirkungen, wie zum Beispiel lokale oder systemische Infektionen, zudem ist bei deren Einsatz die Aspirationsgefahr erhöht. Gerade im Falle einer schweren Demenz ist der Einsatz einer Sonde mit einem hohen Mortalitätsrisiko verbunden, das mit 54 Prozent im ersten Monat und mit 90 Prozent im Laufe eines Jahres angegeben wird (Sanders/Carter/Silva et al. 2000). Im Falle eines belastenden Durstgefühls ist die fachgerechte Mundpflege dringend geboten; der Verzicht auf eine künstliche Flüssigkeitszufuhr in der terminalen Phase ist nicht selten mit einer generellen Erleichterung des Sterbeprozesses wie auch mit verringertem Schmerzerleben assoziiert.

Zusammenfassend lässt sich die Expertenmeinung zur Aufnahme von Nahrung und Flüssigkeit wie folgt charakterisieren: Die verringerte Aufnahme von Nahrung und Flüssigkeit sollte als Teil des natürlichen Sterbeprozesses gedeutet werden; die künstliche Ernährung und Flüssigkeitszufuhr trägt nur in den seltensten Fällen zu einer Verbesserung des Wohlbefindens des Sterbenden bei. Auch wird dadurch nicht dessen Lebenserwartung erhöht. Aus diesem Grunde sollte man sich vor allem an den Bedürfnissen orientieren, die der Patient aktuell ausdrückt. Dies bedeutet vor allem beim demenzkranken Patienten, sich in dessen *non-verbale Textur einzulesen*, um zu einer differenzierten Einschätzung aktuell bestehender Bedürfnisse auf dem Wege der mimischen, gestischen und Verhaltensbeobachtung zu gelangen. Die Unsicherheiten im Hinblick auf die Frage, wie die Nahrungs- und Flüssigkeitszufuhr im Prozess des Sterbens erfolgen sollte, ebenso wie die falschen Annahmen mit Blick auf mögliche Effekte der Nahrungs- und Flüssigkeitszufuhr sind auch dadurch bedingt, dass vielfach die non-verbale Textur eines zur verbalen Kommunikation nicht mehr fähigen Patienten nicht wirklich verstanden wird, nicht wirklich gelesen werden kann.

Die Autoren der Leitlinien zur Ernährung bei Demenz betonen, dass die Optimierung der Ernährung als notwendiger und bedeutender Bestandteil der medizinischen Versorgung von Demenzkranken verstanden werden muss – und zwar in allen Phasen der Demenz. Es bedürfe kontinuierlicher Überprüfungen auf Mangelernährung wie auch einer frühen Intervention, wenn sich Ernährungsprobleme einstellten. Zudem sollten *einzelne* Nährstoffe immer nur zum Ausgleich eines *erwiesenen Mangels* supplementiert werden (Volkert/Chourdakis/Faxen-Irving et al. 2015).

4.4 Kommunikation

Mit Blick auf die Kommunikation ist zunächst hervorzuheben, dass Lebensqualität und Wohlbefinden des demenzkranken Menschen in allen Phasen der Erkrankung in hohem Maße von dem Schutz wie auch von der Sicherheit und der unbedingten Annahme beeinflusst sind, die dieser in der Kommunikation mit wichtigen Bezugspersonen (seien dies Angehörige, seien dies Freunde und Bekannte oder seien dies professionell und ehrenamtlich tätige Personen) erfährt. Die konzentrierte, kontinuierlich gegebene, offene und sensible Zuwendung zum demenzkranken Menschen bildet dabei den entscheidenden Weg, um das Erleben von Schutz, Sicherheit und unbedingter Annahme zu fördern. Im

Prozess des Sterbens gewinnt dabei die „zwischenleibliche Kommunikation", das heißt, die Kommunikation auf der Basis von körperlichen Berührungen mehr und mehr an Bedeutung. Gerade diese zwischenleibliche Kommunikation versetzt Bezugspersonen in die Lage, den Ausdruck des Demenzkranken noch differenzierter erfassen, ihn noch tiefer erleben zu können. Zudem birgt diese Form der Kommunikation bemerkenswerte Potenziale mit Blick auf die Anregung und Beruhigung des demenzkranken Menschen wie auch mit Blick auf die immer wieder anzustrebende, zumeist nur temporär zu verwirklichende, basale Verständigung mit diesem. Gerade vor dem Hintergrund dieser „pathischen" Anteile menschlicher Wahrnehmung wird auch deutlich, wie sehr die Fähigkeit zur Begleitung demenzkranker Menschen in der letzten Phase ihres Lebens an emotionale und kommunikative Qualitäten der Begleiter gebunden sind. Ja, die hohe Verletzlichkeit eines demenzkranken Menschen – die schon in einem mittleren Krankheitsstadium deutlich erkennbar ist –, rechtfertigt die Aussage, dass die Begleitung Demenzkranker nur von Personen geleistet werden sollte, die über ein hohes Maß an Mitschwingungsfähigkeit und Sensibilität verfügen, das sie in die Lage versetzt, die pathischen Elemente der Wahrnehmung tatsächlich zu verwirklichen. Zudem sollte bedacht werden, dass die Kommunikation mit demenzkranken Menschen – speziell am Ende ihres Lebens – ein hohes Maß an Kontinuität und Zeit erfordert. Aus diesem Grunde läuft die in vielen Pflegeeinrichtungen erkennbare Tendenz, Mitarbeiterinnen und Mitarbeiter nur in *Teilzeit* anzustellen, den Bedürfnissen demenzkranker Menschen nach Sicherheit, Schutz und unbedingter Annahme geradezu zuwider. Denn mit derartigen Beschäftigungsverhältnissen wird gegen das Diktum der Kontinuität und der ausreichend vorhandenen zeitlichen Ressourcen verstoßen. Und ganz generell lässt sich kritisch feststellen, dass die hohe Zeitbeschränkung in der Pflege gerade den Bedürfnissen demenzkranker Menschen – vor allem in der Endphase ihres Lebens – zutiefst widerspricht. Aus diesem Grunde ist immer wieder kritisch zu fragen, inwieweit die – vor allem ethisch fundierte – Forderung, dass der Mensch auch in der letzten Phase seines Lebens die Möglichkeit haben muss, *seine Würde zu leben*, mit den konkreten Arbeitsbedingungen in Pflegeeinrichtungen in Übereinstimmung zu bringen ist (siehe auch den Beitrag von Brandenburg, Baranzke und Kautz in diesem Band). Vielfach gelingt dies, wie in Pflegeforschung und Pflegepraxis seit Jahren hervorgehoben wird, nicht. Damit ist zwar nicht unbedingt die Gefahr eines Verstoßes gegen die Menschenwürde verbunden, jedoch die Gefahr, dass sich die Würde des demenzkranken Menschen nicht verwirklichen, nicht „leben" kann. Denn die Verwirklichung der Menschenwürde bedeutet gerade in Phasen hoher Verletzlichkeit *ein Leben in Beziehungen*.

4.5 Selbstbestimmung

Wenn im Kontext der Begleitung demenzkranker Menschen am Lebensende von Selbstbestimmung gesprochen wird, so ergibt sich in besonderer Weise die Notwendigkeit eines möglichst umfassenden Verständnisses dieses Konstrukts (Rehbock 2005). Es geht hier nicht mehr um die Frage, inwieweit diese Menschen in der Lage zu selbstbestimmten Entscheidungen und Handlungen sind – etwa in dem Sinne, wie in der Öffentlichkeit über Selbstbestimmung am Lebensende gesprochen wird. Vielmehr steht die Frage im Zentrum, inwieweit in späten Phasen der Demenz einzelne Qualitäten des Selbst, wenn auch nur noch in Ansätzen, wenn auch nur noch in Resten, erkennbar sind und dazu beitragen, dass sich die Selbstbestimmung in ihrer basalen Form ausdrücken kann. Dabei ist zu berücksichtigen: Die Selbstbestimmung zeigt sich bei weit fortgeschrittener Demenz bei weitem nicht mehr in jener Prägnanz, in der sie vor der Erkrankung oder auch noch in ihren frühen Krankheitsstadien erkennbar gewesen ist. Doch kann auf der Grundlage differenzierter Beobachtungen des Verhaltens wie auch des affektiven und emotionalen Ausdrucks die Annahme getroffen werden: Der demenzkranke Mensch spürt (oder hat eine entsprechende Anmutung), dass *er* es ist, der auf einen Reiz in seiner Umwelt reagiert oder der sich spontan verhält, dass *er* es ist, von dem gerade eine bestimmte Aktivitätsform ausgeht, und eben nicht ein anderer Mensch, zum Beispiel sein Gegenüber. In dieser *basalen Form der Selbstbestimmung* kommt ein zentrales menschliches Motiv zum Ausdruck, nämlich: Verantwortlicher für das eigene Handeln zu sein. Und auch bei einer weit fortgeschrittenen Demenz bildet die Selbstbestimmung des Demenzkranken die Referenzgröße medizinisch-pflegerischen Handelns wie auch der Begleitung durch Angehörige und ehrenamtlich tätige Menschen. Auch wenn sich die Selbstbestimmung nun nicht mehr in ihrer früheren Differenziertheit, sondern nur noch in einer sehr grundlegenden Form zeigt – etwa darin, dass sich der demenzkranke Menschen einer Person zuwendet, deren Gegenwart er positiv erlebt, oder sich von einer Person abwendet, deren Gegenwart er als störend wahrnimmt –, so bedeutet dies nicht, dass sie damit ihre Bedeutung als Referenzgröße aller Handlungen der sozialen Umwelt verloren hätte. Wenn die These vertreten wird – was an dieser Stelle ausdrücklich geschieht –, dass die Empfindungs- und Erlebnisfähigkeit des Demenzkranken am Ende seines Lebens gegeben ist (wenn auch nur in ihrer grundlegendsten Form), dann ist anzunehmen, dass am Ende des Lebens auch die Selbstbestimmung im Sinne einer *Anmutungsqualität* besteht. Alle Versuche, auf dem Wege der mimischen, gestischen und Verhaltensbeobachtung zu erkennen, welche Situationen ein demenzkranker Menschen präferiert, welche er vermeiden will, stehen ausdrücklich im Dienste der möglichst weiten Erhaltung der Selbstbestimmung. Und auch ethische Fallkonferenzen mit dem Ziel maximaler Annäherung an die aktuellen Bedürfnisse des demenzkranken Menschen lassen sich von diesem Prinzip leiten.

4.6 Integratives, fachlich-ethisch fundiertes Versorgungs- und Begleitungskonzept

Der fachlich und ethisch fundierte Umgang mit diesen Anforderungen ist in besonderem Maße an die Fähigkeit von Mitarbeiterinnen und Mitarbeitern gebunden, ein *integratives, individualisiertes, fachlich wie ethisch hoch differenziertes* Versorgungs- und Begleitungskonzept zu entwickeln und zu verwirklichen, in dem die einzelnen Berufsgruppen eng miteinander kooperieren und die einzelnen Handlungen eng aufeinander abstimmen – was eine enge und offene Kommunikation erfordert. Hier sei der von Erich H. Loewy und Roberta Springer Loewy verwendete Begriff der Orchestrierung aller am Ende des Lebens eingesetzten Maßnahmen genannt, der zum einen die Kooperation zwischen den Berufsgruppen sehr gut veranschaulicht, der zum anderen deutlich macht, wie vielfältig die Bedürfnisse des Menschen am Lebensende sind und in welchem Maße diese ineinandergreifen (Loewy 1995; Loewy/Springer-Loewy 2000).

In unseren Augen ist es durchaus angemessen, gerade in diesem thematischen Kontext zwischen zwei Formen der Unversehrtheit zu differenzieren: der körperlichen Unversehrtheit einerseits, der personalen Unversehrtheit andererseits. Erstere lässt sich mit dem Begriff der restitutio ad integrum beschreiben, letztere mit dem Begriff der restitutio ad integritatem. Natürlich wird in der letzten Phase des Lebens eine restitutio ad integrum, das heißt, die Wiederherstellung der körperlichen Unversehrtheit, nicht mehr zu erzielen sein, und doch muss sie bei allen Planungen möglicher medizinischer, rehabilitativer und pflegerischer Interventionen wie auch bei der Evaluation vorgenommener Interventionen als Kompass dienen: Sollen bestimmte Interventionen vorgenommen oder unterlassen werden; war es korrekt, bestimmte Interventionen eingesetzt oder aber auf diese verzichtet zu haben? (siehe grundlegend dazu Bardenheuer 2012; Bobbert 2012; v. Wolff-Metternich 2012) Im umfassenderen Sinne zielen alle Bemühungen, im Prozess des Sterbens die Personalität des demenzkranken Menschen wahrzunehmen (auch wenn sich diese nur noch in Ansätzen, in Resten äußert), diese zu schützen und zu stützen, auf eine *restitutio ad integritatem*, und eben diese Bemühungen sind fachlich wie ethisch von großer Bedeutung.

Allerdings erfordert die Verwirklichung dieser fachlichen und ethischen Prinzipien infrastrukturelle Rahmenbedingungen, die es den Mitarbeiterinnen und Mitarbeitern einer Einrichtung ermöglichen, ihre moralischen Prinzipien zur Grundlage ihres Handelns zu machen und sich in Konsensgesprächen immer wieder auf diese moralischen Prinzipien als einen zentralen Bereich der Leitbilder der Einrichtung zu verständigen (Riedel 2015; Riedel/Lehmeyer/Elsbernd 2013). In einer Arbeit von Lorraine B. Hardingham (2004) wird dargelegt, dass Pflegefachpersonen nicht selten in Situationen geraten, in denen sie einzelne moralische Prinzipien nicht mehr zur Grundlage ihres Handelns machen können. Wird die eigene Integrität durch solches Handeln verletzt, dann entsteht moralischer Stress, der schließlich mit tiefen Selbstzweifeln und der Tendenz, den Beruf aufzugeben, verbunden ist. Diese Aussagen deuten darauf hin, dass eine fachlich und ethisch anspruchsvolle Begleitung demenzkranker Menschen schon mit der Schaffung von Arbeitsbedingungen beginnt, unter denen eine *moralisch handelnde Gemeinschaft* entstehen kann.

Angesichts der Tatsache, dass ein erheblicher Teil der *nicht* unter bösartigen, inkurablen Erkrankungen leidenden, älteren Patienten Belastungen durch Schmerz- und Stresszustände aufweist, die jenen von Krebspatienten im Endstadium vergleichbar sind, wird eine Ausweitung von Palliative Care auf geriatrische Patienten diskutiert. Diese Forderung liegt nicht zuletzt auch wegen gemeinsamer Wurzeln von Geriatrie und Palliativmedizin nahe. Diese liegen in einem umfassenden, auf die Abbildung von individuellen Problemen, Ressourcen, Zielen, Werten und Unterstützungsmöglichkeiten zielenden Assessment. Sie finden sich zudem in dem Bemühen um die Förderung von Selbstständigkeit, Selbstverantwortung und Lebensqualität durch Integration von kurativen, rehabilitativen und palliativen Behandlungsanteilen. Und schließlich spiegeln sie sich im Leitbild einer interdisziplinären Zusammenarbeit wider. Vor allem aber bildet die umfassende, mithin die verschiedenen Dimensionen der Person ansprechende Sterbebegleitung einen wichtigen Bestandteil sowohl von Geriatrie als auch von Palliativmedizin.

5 Inseln des Selbst und Prozesse der Selbstaktualisierung bei einer weit fortgeschrittenen Demenz

Die Anforderungen, die an die Versorgung und Begleitung demenzkranker Menschen im Sterbeprozess zu richten sind, erfordern eine grundlegende Reflexion über das Selbst und den Prozess der Selbstaktualisierung. Gerade wenn es um ein tieferes Verständnis möglicher Wirkungen von Zuwendung und leiblicher Kommunikation oder von Aktivierung und Stimulation geht – zentralen

Aspekten der Begleitung sterbender, demenzkranker Menschen –, sind grundlegende Annahmen über das Selbst und den Prozess der Selbstaktualisierung zu treffen. Denn diese geben der Begleitung sterbender, demenzkranker Menschen erst eine theoretisch-konzeptuelle Rahmung.

5.1 Inseln des Selbst und ihre Bezüge zur Biografie

Das Selbst, das als kohärentes kognitiv-emotional-motivationales Gebilde den Kern der Personalität eines Menschen konstituiert, verliert in den fortgeschrittenen Stadien der Erkrankung mehr und mehr seine *Kohärenz*. Dieses Selbst kann sich zu sich selbst wie auch zu seiner Umwelt immer weniger *reflexiv* in Beziehung setzen, was auch durch die grundlegenden Veränderungen im körperlich-leiblichen Erleben bedingt ist: Der Körper wird immer weniger als Teil des Selbst erlebt, er verliert im Erleben des Demenzkranken mehr und mehr seine körperliche Eigenständigkeit gegenüber der Umwelt, in der er sich leiblich vorfindet bzw. an der er leiblich teilhat. Dadurch verändert sich die Ich-Du-Relation grundlegend, dadurch nimmt die Angst des Demenzkranken zu, vor dem Anderen auch körperlich nicht mehr geschützt zu sein. Diese tief greifenden Affektionen der Personalität sind es, die in der fachlichen Diskussion dazu führen, von einer Demenz nicht nur als einer Krankheit, sondern auch als einer bestimmten Weise des *In-der-Welt-Seins* (im Sinne der Lebens-, Alltags- und Beziehungsgestaltung) zu sprechen (Bär 2010). Denn die Demenz berührt nicht nur Teile der Person, sondern mehr und mehr die Person als Ganzes, sie beeinflusst nicht nur die Person-Umwelt-Beziehung, sondern sie verändert sie tiefgreifend.

Und doch darf nicht übersehen werden, dass auch bei einer deutlich verringerten Kohärenz des Selbst noch in späten Phasen immer *Inseln des Selbst* erkennbar sind; das heißt: Aspekte der Personalität, die in früheren Lebensaltern zentral für das Individuum waren, Daseinsthemen, die dessen Erleben früher bestimmt haben, sind in einzelnen Situationen immer wieder erkennbar. Hier wird wieder die Ressourcenperspektive sehr deutlich, die im Kontakt mit demenzkranken Menschen einzunehmen ist. Und auch mit Blick auf das Leibgedächtnis lässt sich konstatieren, dass dieses bei demenzkranken Menschen noch in späten Stadien der Erkrankung eine bemerkenswerte Ausprägung aufweist: Die leibliche Erinnerung an bestimmte Orte (mit hoher biografischer Prägung) lässt sich bis in späte Krankheitsstadien nachweisen, unter der Voraussetzung allerdings, dass sich die Betreuung und Begleitung demenzkranker Menschen von dem Grundsatz kontinuierlicher Stimulation und Aktivierung mit intensiven Bezügen zur Biografie leiten lässt (Fuchs 2010). Auch mit Blick auf die Selbstbestimmung des demenzkranken Menschen kann die These aufgestellt werden, dass diese zwar nicht mehr in ihrer früheren prägnanten Gestalt erkennbar ist, dass aber bis in die späten Stadien der Erkrankung demenzkranke Menschen durchaus spüren, ob sie es sind, die eine Handlung ausführen, oder das Gegenüber. Allerdings kann diese basale Form der Selbstbestimmung vom demenzkranken Menschen nur dann erlebt werden, wenn dieser in einer Umwelt lebt, die die Erhaltung der Ich-Du-Relation auch unter der – oben angesprochenen – Bedingung eines grundlegend veränderten Körpererlebens zu einer zentralen Komponente der Stimulation und Aktivierung macht.

Es erscheint uns im begrifflichen wie auch im fachlichen Kontext als zentral, bei einer weit fortgeschrittenen Demenz ausdrücklich von Inseln des Selbst zu sprechen (Kruse 2010; 2017). Das Selbst ist, wie bereits dargelegt, als ein kohärentes, dynamisches Gebilde zu verstehen, das sich aus zahlreichen Aspekten (multiplen Selbsten) bildet, die miteinander verbunden sind (Kohärenz) und die sich unter dem Eindruck neuer Eindrücke, Erlebnisse und Erfahrungen kontinuierlich verändern (Dynamik). Bei einer weit fortgeschrittenen Demenz büßt das Selbst mehr und mehr seine Kohärenz sowie seine Dynamik ein: Teile des Selbst gehen verloren, die bestehenden Selbste sind in deutlich geringerem Maße miteinander verbunden, die produktive Anpassung des Selbst im Falle neuer Eindrücke, Erlebnisse und Erfahrungen ist nicht mehr gegeben, wobei sich auch die Möglichkeit, neue Eindrücke, Erlebnisse und Erfahrungen zu gewinnen, mit zunehmendem Schweregrad der Demenz immer weiter verringert. Doch heißt dies nicht, dass das Selbst nicht mehr existent wäre. In fachlichen (wissenschaftlichen wie praktischen) Kontexten, in denen eine möglichst differenzierte Annäherung an das Erleben und Verhalten eines demenzkranken Menschen versucht wird, wird ausdrücklich hervorgehoben, dass Inseln des Selbst auch bei weit fortgeschrittener Demenz deutlich erkennbar sind. Für jeden demenzkranken Menschen – auch wenn die Demenzerkrankung weit fortgeschritten ist – lassen sich Situationen identifizieren, in denen er (relativ) konstant mit positivem Affekt reagiert, sei dies der Kontakt mit Menschen, die eine ganz spezifische Ausstrahlung und Haltung zeigen, sei dies das Hören von bestimmten Musikstücken, sei dies das Aufnehmen von bestimmten Düften, Farben und Tönen, oder sei dies die Ausführung bestimmter Aktivitäten. Die Tatsache, dass in spezifischen Situationen (relativ) konstant mit positiven Affekten reagiert wird, weist darauf hin, dass diese Situationen wiedererkannt werden, dass sie damit also auf einen fruchtbaren *biografischen Boden* fallen – und dies lässt sich auch in der Weise ausdrücken, dass mit diesen Situationen Inseln des Selbst berührt, angesprochen werden.

Die Identifikation solcher Situationen, die an positiv bewerteten biografischen Erlebnissen und Erfahrungen anknüpfen und aus diesem Grunde positive Affekte und Emotionen hervorrufen können, erweist sich als eine bedeutende Komponente innerhalb des Konzepts der Biografie- und Lebenswelt-orientierten Intervention (Steinmetz 2016). Gerade im Kontext der Annahme, dass bis weit in die Demenz hinein Reste des Selbst bestehen, erscheint dieser individualisierende, Biografie- und Lebenswelt-orientierte Rehabilitations- und Aktivierungsansatz als besonders sinnvoll, dessen Kern treffend mit dem Begriff der *Mäeutik* (im Sinne des in der altgriechischen Philosophie verwendeten Begriffs der Hebammenkunst) umschrieben wird (Remmers 2000; 2010). Es wird ja in der Tat in einem theoretisch derart verankerten Rehabilitations- und Aktivierungsansatz etwas gehoben, nämlich biografisch gewachsene Präferenzen, Neigungen, Vorlieben – die sich in „einzelnen Selbsten" ausdrücken. Diese weisen zwar bei weitem nicht mehr jene Kohärenz, Prägnanz und Dynamik auf, wie dies vor der Erkrankung der Fall gewesen war, doch sind sie wenigstens in Ansätzen erkennbar. Aus diesem Grunde ist hier ausdrücklich von Inseln des Selbst zu sprechen. Der von Thomas Fuchs konzipierte Ansatz des Leibgedächtnisses (Fuchs 2010) weist in der von diesem Autor vorgenommenen Übertragung auf die innere Situation demenzkranker Menschen Ähnlichkeiten mit der Annahme von Resten des Selbst bei weit fortgeschrittener Demenz auf.

5.2 Selbstaktualisierung

Die Selbstaktualisierung beschreibt die grundlegende Tendenz des Menschen, sich auszudrücken und mitzuteilen; Ausdruck und Mitteilung vollziehen sich über sehr verschiedenartige psychische Qualitäten, die in kognitive, emotionale, empfindungsbezogene, sozialkommunikative, alltagspraktische und körperliche Qualitäten differenziert werden können (Goldstein 1939, 1947; Kruse 2010). Vor dem Hintergrund der Annahme, dass die Selbstaktualisierungstendenz eine grundlegende Tendenz des Psychischen darstellt, ergibt sich die weitere Annahme, dass auch im Falle einer weit fortgeschrittenen Demenz eine Selbstaktualisierungstendenz deutlich erkennbar ist (Kruse 2017). In Arbeiten zur Lebensqualität demenzkranker Menschen konnte gezeigt werden, dass auch bei weit fortgeschrittener Demenz Selbstaktualisierungstendenzen erkennbar sind, wenn die situativen Bedingungen den demenzkranken Menschen zu stimulieren, aktivieren und motivieren vermögen, wenn sich also in bestimmten Situationen das Erleben der *Stimmigkeit* einstellen kann – was vor allem in jenen Situationen der Fall ist, die biografische Bezüge aufweisen und (damit) Inseln des Selbst berühren (Becker/Kruse/Schröder et al. 2005; Becker/Kaspar/Kruse 2010).

Die Selbstaktualisierungstendenz bildet unserer Annahme zufolge sogar die zentrale motivationale Grundlage für die Verwirklichung jener Ressourcen, über die der demenzkranke Mensch auch bei einer weit fortgeschrittenen Demenz verfügt (Kruse 2010; 2017). Es lässt sich beobachten, dass bei demenzkranken Menschen emotionale, empfindungsbezogene, sozial-kommunikative, alltagspraktische und körperliche Ressourcen deutlich länger fortbestehen als kognitive Ressourcen. Eine theoretisch-konzeptionelle oder anwendungsbezogen-praktische Annäherung, die den Menschen – und damit auch den demenzkranken Menschen – primär oder sogar ausschließlich von dessen kognitiven Ressourcen her begreift, unterliegt der Gefahr, die zahlreichen weiteren Ressourcen der Person zu übersehen. Und damit begrenzt sie von vornherein die thematische Breite des Stimulations-, Aktivierungs- und Motivationsansatzes und schmälert deren möglichen Erfolg.

Dabei zeigen Arbeiten aus der Interventionsforschung, dass emotionale, empfindungsbezogene, sozialkommunikative, alltagspraktische und körperliche Ressourcen unter angemessenen Stimulations-, Aktivations- und Motivationsbedingungen zum Teil bis weit in die Krankheit hinein verwirklicht werden können und auf diesem Wege zum Wohlbefinden des Menschen beitragen (Haberstroh/Neumeyer/Pantel 2016). Bei der Verwirklichung dieser Ressourcen werden zudem immer wieder Bezüge zur Biografie – zu den in der Biografie ausgebildeten Werten, Neigungen, Vorlieben, Interessen, Kompetenzen – offenbar, die den Schluss erlauben, dass auch in den späten Phasen der Erkrankung Inseln des Selbst erkennbar sind. Diese Inseln des Selbst verweisen ausdrücklich auf die Person, sie geben Zeugnis von dieser. Wenn hier von Inseln des Selbst gesprochen wird, so ist damit nicht gemeint, dass „ein Teil" der Person verloren gegangen wäre: Personalität ist diesem Verständnis zufolge nicht an bestimmte Fähigkeiten gebunden. Vielmehr vertreten wir die Auffassung, dass sich die Personalität des Menschen nun *in einer anderen Weise ausdrückt*.

In diesem Kontext sind zwei Aspekte der Stimulation, Aktivierung und Motivation demenzkranker Menschen hervorzuheben: Das Präsentisch-Werden der individuellen Vergangenheit sowie die Erfahrung der Bezogenheit.

(a) *Präsentisch-Werden der individuellen Vergangenheit:* Für die Begleitung und Betreuung demenzkranker Menschen ist die Erkenntnis zentral, dass das Lebendig-Werden der Biografie in der Gegenwart eine zentrale Grundlage für das Wohlbefinden dieser Menschen bildet. Aktuelle Situationen, die mit den in der Biografie ausgebildeten Präferenzen und Neigungen korrespondieren und an den biografisch gewachsenen Daseinsthemen – zu verstehen als fundamentale Anliegen des Menschen – anknüpfen, bergen ein hohes Potenzial zur Selbstaktualisierung und damit zur Evokation positiver Affekte und Emotionen.

(b) *Menschsein in Beziehungen:* Für die Stimulation, Aktivierung und Motivation des demenzkranken Menschen ist die offene, konzentrierte, wahrhaftige Zuwendung und Kommunikation zentral. Wie Kitwood hervorhebt, zeichnet sich diese Kommunikation auf Seiten des Kommunikationspartners dadurch aus, dass dieser den demenzkranken Menschen nicht auf dessen Pathologie reduziert, ihn auch nicht *primär* von dessen Pathologie aus zu verstehen sucht, sondern dass er in allen Phasen der Kommunikation, auch unter den verschiedensten Ausdrucksformen, nach dessen eigentlichem Wesen, nach dessen Personalität sucht (Kitwood 2002). Nur unter diesen Bedingungen wird sich beim demenzkranken Menschen das Erleben einstellen, weiterhin in Beziehungen zu stehen, Teil einer Gemeinschaft zu sein, nicht von der Kommunikation mit anderen Menschen ausgeschlossen zu sein. In den Arbeiten zur Interventionsforschung, die sich dem demenzkranken Menschen aus einer biografischen und daseinsthematischen Perspektive zu nähern versuchten, wurde eindrucksvoll belegt, dass gerade unter dem Eindruck einer wahrhaftigen Kommunikation Prozesse der Selbstaktualisierung erkennbar sind, die dazu führen, dass subjektiv bedeutsame Stationen, Ereignisse und Erlebnisse der Biografie wieder präsentisch und dabei von positiven Affekten und Emotionen begleitet werden (Bär 2010; Haberstroh/Pantel 2011; Haberstroh/Neumeyer/Franzmann et al. 2011).

6 Abschluss: Drei Sorgeperspektiven: Gesellschaftliche Mitverantwortung für ein gelingendes Sterben

Es sind drei Sorgeperspektiven, die hier besonders betont werden sollen.

Die *erste* Perspektive ist jene der demenzkranken Menschen selbst: Inwieweit sind demenzkranke Menschen in der Lage, für sich selbst zu sorgen, mithin Verantwortung für sich selbst zu übernehmen – und sei dieses Selbstsorgepotenzial auch noch so gering? Dabei ist zu beachten, dass sich Grade und Formen der Selbstverantwortung im Prozess der Demenz tiefgreifend verändern. Und doch ist es – vor allem mit Blick auf die emotionale Befindlichkeit und die gelebte Würde des Individuums – bedeutsam, die möglichst weite Erhaltung von Selbstverantwortung als Aufgabe von Behandlung, rehabilitativ-pflegerischer Betreuung und Begleitung niemals (ganz) aufzugeben.

Die *zweite* Perspektive ist jene des sozialen Nahumfeldes demenzkranker Menschen: Inwieweit unterstützt dieses das Individuum darin, seine Selbstverantwortung aufrechtzuerhalten (und sei es nur noch in kleinsten Verhaltensbereichen), inwieweit zeigt es jenes Maß an Mitgefühl, das notwendig ist, wenn *ein dem Individuum angemessenes* Verhältnis zwischen Unterstützung einerseits, Selbstständigkeit und Selbstverantwortung andererseits verwirklicht werden soll? Wenn hier vom Nahumfeld gesprochen wird, so sind damit nicht nur die nächsten Angehörigen gemeint. Zu berücksichtigen sind hier auch Freunde, Bekannte und Nachbarn des demenzkranken Menschen, die in Zusammenarbeit mit den Angehörigen – und dabei unterstützt von hauptamtlich tätigen Personen, um die wichtigsten Berufsgruppen zu nennen) – durchaus eine *sorgende Gemeinschaft* bilden können (Klie 2010; Kruse 2017). Dabei ist zwar zu bedenken, dass eine sorgende Gemeinschaft eher als ein Ideal denn als eine für unsere Gesellschaft(en) repräsentative Sorgestruktur anzusehen ist. Und doch sollte nicht übersehen werden, dass bereits heute Sorgestrukturen existieren, die dieses Ideal umsetzen und demenzkranken Menschen Heimat bieten. Wichtig ist mit Blick auf diese zweite Perspektive, dass sich ein solcher Nahraum auch in stationären Einrichtungen bilden kann – zu nennen sind hier Mitbewohner, die einem demenzkranken Menschen emotional so nahestehen können, dass sie in dessen Erleben *Stabilisatoren* bilden, die zum *Heimatgefühl* beitragen. Dies ist vor allem der Fall, wenn es Mitarbeiter verstehen (und wenn sie über die notwendigen fachlichen, emotionalen und zeitlichen Ressourcen verfügen), solche wachsenden Sorgestrukturen mitfühlend zu begleiten, zu stützen, zu fördern. An dieser Stelle sei ausdrücklich festgehalten, dass das Leben zu Hause nicht notwendigerweise dem Leben in einer stationären Einrichtung, die von ihren räumlichen und sozialen Bedingungen wie auch von ihrer Atmosphäre her Merkmale des Wohnens verwirklicht, vorzuziehen ist. Welche Wohnform im Einzelfall zu wählen ist, hängt von dem Eingebundensein des Individuums in emotional nahestehende soziale Netzwerke ab, schließlich auch von dem Krankheits- und dem Symptomverlauf (Deutsche Alzheimer Gesellschaft 2017).

Die *dritte* Perspektive adressiert Gesellschaft und Kultur: Inwieweit erkennt eine Gesellschaft ihre besondere Verantwortung für eine fachlich und ethisch anspruchsvolle Behandlung, Betreuung und Begleitung ihrer schwächsten Glieder? Inwieweit find diese in einer Gesellschaft in gleicher Weise Gehör wie die starken und stärksten Glieder? Hier wird der Sorgebegriff zu einem politischen Begriff. Die Amor mundi (Liebe zur Welt), von der Hannah Arendt spricht (Arendt 1993), ist ohne die besondere Verantwortung (Sorge) einer Gesellschaft für ihre schwächsten Glieder eigentlich gar nicht denkbar. (Hier sei übrigens auf die Präambel der Schweizer Verfassung hingewiesen.) Und dabei ist zu thematisieren, inwieweit sich die Kultur in ihrem Selbstverständnis und in ihrer Rede vom Menschen auch von der Situation jener Menschen beeinflussen und leiten lässt, die in einer gesundheitlichen Grenzsituation stehen und – vor allem aufgrund ihrer kognitiven Einbußen – vielleicht dem in einer Kultur bestehenden Ideal des erfolgreichen Alterns (wenn man überhaupt diesen Begriff verwenden will) *nicht* entsprechen. Man kann es auch wie folgt ausdrücken: Sieht eine Gesellschaft und Kultur in der Existenz von Menschen, bei denen eine Demenz besteht, vielleicht auch eine *Chance*, zu einem Gegenentwurf zum Immer schneller, Immer besser, Immer weiter zu gelangen? Solche Fragen sind nicht nur für das Selbstverständnis der Gerontologie in Forschung und Praxis, sondern auch für jenes der Psychiatrie des Alters von großer Bedeutung (Lauter 2010). Denn sie helfen, ein einseitiges, auch ein eindimensionales (primär an der kognitiven Leistungsfähigkeit orientiertes) Menschenbild zugunsten eines Menschenbildes aufzugeben, das das Individuum immer auch in seiner Verletzlichkeit begreift und das – wie in diesem Beitrag vielfach dargelegt wurde – neben der kognitiven Dimension die weiteren Dimensionen der Person berücksichtigt, mithin die emotionale, spirituelle, empfindungsbezogene, alltagspraktische, sozialkommunikative und körperliche Dimension.

Literatur

Alzheimer's Disease International (2015): World Alzheimer Report 2015. The Global Impact of Dementia. An Analysis of Prevalence, Incidence, Cost and Trends, London.
Alzheimer's Disease International (2013): Word Alzheimer Report 2013. Journey of Caring. An Analysis of Long-Term Care for Dementia, London.
Arendt, Hannah (1951/2011): Elemente und Ursprünge totaler Herrschaft. Antisemitismus, Imperialismus, totale Herrschaft (11. Auflage), München.
Arendt, Hannah (1993): Was ist Politik? München.
Bär, Marion (2010): Sinn im Angesicht der Alzheimerdemenz. Ein phänomenologisch-existenzieller Zugang zum Verständnis demenzieller Erkrankung, in: Kruse, Andreas (Hg.): Lebensqualität bei Demenz? Zum gesellschaftlichen und individuellen Umgang mit einer Grenzsituation im Alter, Heidelberg, 249–259.
Bardenheuer, Hubert J. (2012): Palliativmedizinische Perspektive, in: Anderheiden, Michael/ Eckart, Wolfgang A. (Hg.): Handbuch Sterben und Menschenwürde, Berlin, 1165–1174.
Basler, Heinz Dieter/ Hüger, Dieter/ Kunz, Roland et al. (2006): Beurteilung von Schmerz bei Demenz (BESD) – Untersuchung zur Validität eines Verfahrens zur Beobachtung des Schmerzverhaltens, in: Schmerz 20, 519–526.
Becker, Gabriele/ Kaspar, Roman/ Kruse, Andreas (2010): H.I.L.DE. – Heidelberg Instrument zur Erfassung der Lebensqualität bei Demenz, Bern.
Becker, Stefanie/ Kruse, Andreas/ Schröder, Johannes et al (2005): Das Heidelberger Instrument zur Erfassung der Lebensqualität bei Demenz, in: Zeitschrift für Gerontologie und Geriatrie 38, 108–121.

Bobbert, Monika (2012): Ethische Fragen medizinischer Behandlung am Lebensende, in: Anderheiden, Michael/ Eckart, Wolfgang et al. (Hg.): Handbuch Sterben und Menschenwürde, Berlin, 1099–1114.

Bruijn, Renée F. de/ Bos, Michiel J./ Portegies, Marieleen L. et al. (2015): The Potential for Prevention of Dementia across Two Decades: The Prospective, Population-Based Rotterdam Study, in: BMC Medicine 13, 132–140.

Cohen-Mansfield, Jiska/ Libin, Alexander (2005): Verbal and Physical Non-Aggressive Agitated Behaviors in Elderly Persons with Dementia: Robustness of Syndromes, in: Journal of Psychiatric Research 39, 325–332.

Cowley, Christopher (2016): Coming to Terms with Old Age – and Death, in: Scarre, Geoffrey (Hg.): The Palgrave Handbook of Philosophy of Aging, London, 187–206.

Deutsche Alzheimer Gesellschaft (2017): Allein leben mit Demenz – Herausforderung für Kommunen. Alleinlebende kommen zu Wort, Schulung in der Kommune, Erfahrungen aus der Praxis, Berlin.

Finucane, Thomas E./ Christmas, Colleen/ Travis, Kathy (1999): Tube Feeding in Patients with Advanced Dementia: a Review of the Evidence, in: Journal of the American Medical Association 282, 1365–1370.

Frühwald, Thomas (2012): Ethik in der Geriatrie, in: Zeitschrift für Gerontologie und Geriatrie 45, 545–557.

Fuchs, Thomas (2000): Leib, Raum, Person: Entwurf einer phänomenologischen Anthropologie, Stuttgart.

Fuchs, Thomas (2010): Das Leibgedächtnis in der Demenz, in: Kruse, Andreas (Hg.): Lebensqualität bei Demenz? Zum gesellschaftlichen und individuellen Umgang mit einer Grenzsituation im Alter, Heidelberg, 231–242.

Gastmans, Chris (2013): Dignity-Enhancing Care for Persons with Dementia and its Application to Advanced Euthanasia Directives, in: Denier, Yvonne/ Gastmans, Chris/ Vandervelde, Antoon (Hg.): Justice, Luck and Responsibility in Health Care. Philosophical Background and Ethical Implications, Dordrecht, 145–165.

Gilleard, Chris/ Higgs, Paul (2016): Ethical Issues in Dementia Care, in: Scarre, Geoffrey (Hg.), The Palgrave Handbook of Philosophy of Aging, London, 445–468.

Goldstein, Kurt (1939): The Organism. A Holistic Approach to Biology Derived from Pathological Data in Man, New York.

Goldstein, Kurt (1947): Human Nature in the Light of Psychopathology, Cambridge.

Haberstroh, Julia/ Neumeyer, Katharina/ Pantel, Johannes (2016): Kommunikation bei Demenz (2. Aufl.), Heidelberg.

Haberstroh, Julia/ Pantel, Johannes (2011a): Kommunikation bei Demenz – TANDEM-Trainingsmanual, Heidelberg.

Haberstroh, Julia/ Neumeyer, Katharina/ Franzmann, Judith et al. (2011): TANDEM: Communication Training for Informal Caregivers of People with Dementia, in: Aging and Mental Health, 15, 405–413.

Hardingham, Lorraine B. (2004): Integrity and Moral Residue: Nurses as Participants in a Moral Community, in: Nursing Philosophy 5, 127–134.

Hughes, Julian C. (2016): Dementia and the Nature of Mind, in: Scarre, Geoffrey (Hg.): The Palgrave Handbook of Philosophy of Aging, London, 283–303.

Husebø, Bettina S./ Ballard, Clive/ Sandvik, Reidun et al. (2011): Efficacy of Treating Pain to Reduce Behavioural Disturbances in Residents of Nursing Homes with Dementia: Cluster Randomised Clinical Trial, in: British Medical Journal, doi: 10.1136/bmj.d4065.

Kitwood, Tom (2002): Demenz: Der Personen-zentrierte Umgang mit verwirrten Menschen, Bern.
Klie, Thomas (2010): Reflexionen zur zivilgesellschaftlichen Dimension des Alterns, in: Kruse, Andreas (Hg.): Leben im Alter. Eigen- und Mitverantwortlichkeit in Gesellschaft, Kultur und Politik, Heidelberg, 245–260.
Kojer, Marina (2016): Kommunikation – Kernkompetenz der Palliativen Geriatrie, in: Kojer, Marina / Schmidl, Martina (Hg.): Demenz und Palliative Geriatrie in der Praxis, Wien, 9–18.
Kruse, Andreas (1995): Menschen im Terminal-Stadium und ihre Angehörigen als „Dyade": Wie erleben sie die Endlichkeit des Lebens, wie setzen sie sich mit dieser auseinander? Ergebnisse einer Längsschnittstudie, in: Zeitschrift für Gerontologie und Geriatrie 28, 264–272.
Kruse, Andreas (2007): Das letzte Lebensjahr. Die körperliche, psychische und soziale Situation des alten Menschen am Ende seines Lebens, Stuttgart.
Kruse, Andreas (Hg.) (2010a): Lebensqualität bei Demenz? Zum gesellschaftlichen und individuellen Umgang mit einer Grenzsituation im Alter, Heidelberg.
Kruse, Andreas (2010b): Menschenbild und Menschenwürde als grundlegende Kategorien der Lebensqualität demenzkranker Menschen. in: Kruse, Andreas (Hg.): Lebensqualität bei Demenz? Zum gesellschaftlichen und individuellen Umgang mit einer Grenzsituation im Alter, Heidelberg, 160–196.
Kruse, Andreas (2012): Das Selbst im Prozess der Demenz, in: Poser, Alexis Themo v./ Fuchs, Thomas /Wassmann, Jürg (Hg.): Formen menschlicher Personalität. Eine interdisziplinäre Gegenüberstellung, Heidelberg, 48–67.
Kruse, Andreas (2016): Benefactors or Burden? The Social Role of the Old, in: Scarre, Geoffrey (Hg.): The Palgrave Handbook of Philosophy of Aging, London, 401–424.
Kruse, Andreas (2017): Lebensphase hohes Alter: Verletzlichkeit und Reife, Heidelberg.
Lauter, Hans (2010): Demenzkrankheiten und menschliche Würde, in: Kruse, Andreas (Hg.): Lebensqualität bei Demenz? Zum gesellschaftlichen und individuellen Umgang mit einer Grenzsituation im Alter, Heidelberg, 27–42.
Loewy, Erich H. (1995): Ethische Fragen in der Medizin, Heidelberg.
Loewy, Erich H./ Springer-Loewy, Roberta (2000): The Ethics of Terminal Care. Orchestrating the End of Life, New York.
Lukas, Albert/ Schuler, Matthias/ Fischer, Thomas W. et al. (2012): Pain and Dementia. A Diagnostic Challenge, in: Zeitschrift für Gerontologie und Geriatrie 45, 45–49.
Margalit, Avischai (1997): Politik der Würde: über Achtung und Verachtung, Frankfurt a. Main.
Matthews, Fiona E./ Arthur, Antony/ Barnes, Linda E. et al. (2013): A Two-Decade Comparison of Prevalence of Dementia in Individuals Aged 65 Years and Older from Three Geographical Areas of England: Results of the Cognitive Function and Ageing Study I and II, in: The Lancet 382, 1405–1412.
Murray, Scott A./ Kendall, Marilyn/ Boyd, Kirsty et al. (2005): Illness Trajectories and Palliative Care, in: British Medical Journal 330, 1007–1011.
Nordenfelt, Lennart (2004): The Varieties of Dignity, in: Health Care Analysis 12, 69–81.
Oster, Peter/ Schneider, Nils/ Pfisterer, Matthias (2010): Palliative Perspektive in der Geriatrie, in: Kruse, Andreas (Hg.): Leben im Alter - Eigen- und Mitverantwortlichkeit in Gesellschaft, Kultur und Politik, Heidelberg, 295–299.
Pfordten, Dietmar von der (2016): Menschenwürde, München.
Rehbock, Theda (2005): Personsein in Grenzsituationen, Paderborn.

Remmers, Hartmut (2000): Pflegerisches Handeln: Wissenschafts- und Ethikdiskurse zur Konturierung der Pflegewissenschaft, Bern.

Remmers, Hartmut (2010): Der Beitrag der Palliativpflege zur Lebensqualität demenzkranker Menschen, in: Kruse, Andreas (Hg.): Lebensqualität bei Demenz? Zum gesellschaftlichen und individuellen Umgang mit einer Grenzsituation im Alter, Heidelberg, 117–133.

Remmers, Hartmut/ Kruse, Andreas (2014): Gestaltung des Lebensendes – End of Life Care, in: Wahl, Hans-Werner / Kruse, Andreas (Hg.): Lebensläufe im Wandel. Sichtweisen verschiedener Disziplinen, Stuttgart, 215–231.

Reynolds Kimberly/ Henderson, Martha/ Schulman, Alan et al (2002): Needs of the Dying in Nursing Homes, in: Journal of Palliative Medicine 5, 895–901.

Ridder, Michael de (2008): Medizin am Lebensende: Sondenernährung steigert nur selten die Lebensqualität, in: Deutsches Ärzteblatt 105, A-449 / B-402 / C-396.

Riedel, Anette (2015): Ethische Reflexionen in der Gerontologischen Pflege, in: Brandenburg, Hermann/ Güther, Helen (Hg.): Lehrbuch Gerontologische Pflege, Bern, 149–162.

Riedel, Anette/ Lehmeyer, Sonja/ Elsbernd, Astrid (2013): Einführung von ethischen Fallbesprechungen – Ein Konzept für die Pflegepraxis (3. Aufl.), Lage.

Sanders, David S./ Carter, Martin J./ Silva, James Alan/ James, Grendell/ Bolton, Ron P./ Bardhan, Karna D. (2000): Survival Analysis in Percutaneous Endoscopic Gastrostomy Feeding: a Worse Outcome in Patients with Dementia, in: American Journal of Gastroenterology 95, 1472–1475.

Seneca, Lucius Annaeus (58/1980): De tranquillitate animi – Von der Seelenruhe des Menschen, hg. von H. Berthold, Frankfurt a. Main.

Sennett, Richard (2002): Respekt im Zeitalter der Ungleichheit, Berlin.

Shega, Joseph W./ Hougham, Gavin W./ Stocking, Carol B. et al. (2006): Management of NonCancer Pain in Community-Dwelling Persons with Dementia, in: Journal of the American Geriatrics Society 54, 1892–1897.

Steinmetz, Astrid (2016): Nonverbale Interaktion mit demenzkranken und palliativen Patienten. Kommunikation ohne Worte, Wiesbaden.

Sulmasy, Daniel P. (2002): A Biopsychosocial-Spiritual Model for the Care of Patients at the End of Life, in: The Gerontologist 42, 24–33.

Testad, Ingelin/ Aasland Astrid M./ Aarsland, Dag (2007): Prevalence and Correlates of Disruptive Behavior in Patients in Norwegian Nursing Homes, in: International Journal of Geriatric Psychiatry 22, 916–921.

Volkert, Dorothee/ Chourdakis, Michael/ Faxen-Irving, Gerd et al. (2015): ESPEN Guidelines on Nutrition in Dementia, in: Clinical Nutrition, http://dx.doi.org/10.1016/j.clnu.2015.09.004

Warden, Victoria/ Hurley, Ann C./ Volicer, Ladislav (2003): Development and Psychometric Evaluation of the Pain Assessment in Advanced Dementia (PAINAD) Scale, in: Journal of American Medical Directors Association 4, 9–15.

Wolff-Metternich, B.S.v. (2012): Autonomie am Lebensende, in: Anderheiden, Michael / Eckart, Wolfgang A. (Hg.): Handbuch Sterben und Menschenwürde, Berlin, 511–524.

Zieschang, Tania/ Oster, Peter/ Pfisterer, Mathias/ Schneider, Nils (2012): Palliativversorgung von Menschen mit Demenz, in: Zeitschrift für Gerontologie und Geriatrie 45, 50–54.

Maria Wasner
Sterben mit Demenz – Herausforderungen für Angehörige und professionell Begleitende

Aufgrund der demographischen Entwicklung und des medizinischen Fortschritts steigt die Zahl hochaltriger Menschen in allen westlichen Industrieländern deutlich an, wodurch bestimmte Krankheiten wie auch dementielle Erkrankungen häufiger auftreten. In Deutschland gibt es laut der Deutschen Alzheimer Gesellschaft aktuell 1,7 Mio. Menschen mit Demenz (Deutsche Alzheimer Gesellschaft 2018). Davon werden mehr als 40 % zuhause beim Sterben begleitet (überwiegend ohne professionelle Krankenpflegedienste) und je ca. 25 % versterben in einer Pflegeeinrichtung bzw. im Krankenhaus (Thomas 2016). Bis 2050 wird in Deutschland eine mittlere Lebenserwartung von 85 Jahren prognostiziert. Bis zu 75 % dieser Personen werden an einer Demenz leiden (Borasio 2016). Wird kein Heilmittel für Demenz gefunden, so geht man von mehr als 3 Mio. Betroffenen im Jahr 2050 aus (Deutsche Alzheimer Gesellschaft 2018).

In der Charta zur Betreuung schwerstkranker und sterbender Menschen in Deutschland wird folgendes postuliert: „Jeder hilfe- und pflegebedürftige Mensch hat das Recht auf eine an seinem persönlichen Bedarf ausgerichtete, gesundheitsfördernde und qualifizierte Pflege, Betreuung und Behandlung." (Deutsche Gesellschaft für Palliativmedizin e. V./ Deutscher Hospiz- und PalliativVerband e. V./ Bundesärztekammer 2010; Artikel 4). In Artikel 8 wird weiter gefordert: „Ärztinnen, Ärzte und Pflegende sollen – Ihrem Wunsch entsprechend – Ihre Angehörigen oder sonstige Vertrauenspersonen in die Sterbebegleitung einbeziehen und diese professionell unterstützen." (A. a.O., Artikel 8). Dies meint natürlich auch Menschen mit Demenz und ihre Angehörigen und stellt besondere Anforderungen an das Versorgungssystem, die bisher nur teilweise erfüllt werden (Förstl et al. 2010). Es scheint vier zentrale Einflussfaktoren zu geben, damit Pflege und Betreuung als den Wünschen der Betroffenen entsprechend wahrgenommen werden, nämlich „die respektvolle Behandlung der Erkrankten, Pflege dort, wo die Betroffenen es sich gewünscht hatten, eine angemessene pflegerische und medizinische Versorgung und eine soziale Einbindung, die auch noch schöne gemeinsame Momente von Angehörigen und Kranken ermöglicht (DAK 2017, 33).

Im folgenden Beitrag wird nach ein paar Informationen zu Demenz allgemein auf die Herausforderungen und Belastungen für die Angehörigen und die professionell Begleitenden eingegangen. Danach werden hilfreiche Ansätze für die Begleitung von Menschen mit Demenz und ihrer Angehörigen vorgestellt.

1 Definition und Stadien der Demenz

Der Oberbegriff Demenz beschreibt chronische Erkrankungen des Gehirns, die mit einem schleichenden Verfall kognitiver, emotionaler und sozialer Fähigkeiten zusammenfallen. 1993 definierte die Weltgesundheitsorganisation das dementielle Syndrom folgendermaßen:

> Das dementielle Syndrom, als Folge einer Krankheit des Gehirns, verläuft gewöhnlich chronisch oder fortschreitend unter Beeinträchtigung vieler höherer kortikaler Funktionen, einschließlich Gedächtnis, Denken, Orientierung, Auffassung, Rechnen, Lernfähigkeit, Sprache und Urteilsvermögen. Es finden sich keine qualitativen Bewusstseinsstörungen. Die kognitiven Beeinträchtigungen sind meist begleitet von Verschlechterung der emotionalen Kontrolle, des Sozialverhaltens oder der Motivation.
> (Weltgesundheitsorganisation 1993 zitiert nach Allerchen 1996, 6)

Dies führt dazu, dass alltägliche Aktivitäten nicht mehr eigenständig durchgeführt werden können und der Hilfebedarf im Verlauf der Erkrankung mehr und mehr ansteigt.

Häufig werden drei Stadien der Erkrankung beschrieben (vgl. dazu Bühler 2015):

Stadium 1: leichte Demenz

Erste Symptome sind bereits früh im Verlauf erkennbar, darunter fallen Vergesslichkeit, Wortfindungsstörungen oder nachlassendes Interesse an der Umwelt. Die ersten Anzeichen werden aber vom Umfeld häufig anders gedeutet, z. B. „Mama lässt sich gehen" und dies führt zu Vorwürfen oder Konflikten mit den Angehörigen. Die Diagnose einer Demenz wird dann von den Angehörigen teilweise sogar als entlastend erlebt. Arno Geiger beschreibt dies in seinem Buch „Der alte König in seinem Exil" folgendermaßen:

> Schrecklich ist vor allem, was wir nicht begreifen. Deshalb besserte sich die Situation, als immer mehr Anzeichen darauf hindeuteten, dass den Vater mehr als nur Vergesslichkeit und Motivationsprobleme plagten [...]. Auch wenn wir das ganze Ausmaß des Schreckens weiterhin nur langsam erfassten, war uns irgendwann dann doch klar, der Vater lässt sich nicht hängen, sondern leidet an Demenz.
> (Geiger 2012, 25)

Stadium 2: mittelschwere Demenz mit Verhaltensänderungen

Im zweiten Stadium treten vermehrt Wesens- und Verhaltensveränderungen auf. Ein Teil der Betroffenen wird depressiv oder aggressiv, oft besteht keine Krankheitseinsicht. Teilweise stellt sich die Frage nach freiheitseinschränkenden Maßnahmen, um eine Eigengefährdung zu verhindern. Die Kommunikation mit den Betroffenen und die häusliche Versorgung werden zunehmend schwieriger.

Da mein Vater nicht mehr über die Brücke in meine Welt gelangen kann, muss ich hinüber zu ihm. [...] Die Persönlichkeit sickert Tropfen für Tropfen aus der Person heraus. Noch ist das Gefühl, dass dies mein Vater ist, der Mann, der mitgeholfen hat mich großzuziehen, intakt. (A. a.O. 2012, 12)

Stadium 3: schwere Demenz mit körperlichen Beeinträchtigungen

Die fortgeschrittene Krankheitsphase ist unter anderem durch schwere Beeinträchtigungen der Kognition und Kommunikation, Inkontinenz, Mobilitätseinschränkungen bis zur Bettlägerigkeit, Schluckstörungen und Verhaltenssymptome wie Unruhe oder abwehrendes Verhalten gekennzeichnet. In diesem Stadium ist der Demente ständig auf fremde Hilfe angewiesen. Dadurch kommt es zu vielfältigen körperlichen und psychischen Belastungen für die Angehörigen, auch ihre Lebensqualität leidet darunter erheblich (vgl. Conrad et al. 2018).

2 Perspektive der Angehörigen

Angehörige sind für Menschen mit Demenz eine wichtige Ressource und nicht selten maßgeblich an ihrer Pflege und Betreuung beteiligt. Dabei wird aber oft übersehen, dass sie zugleich auch selbst Betroffene sind, die selbst Unterstützung brauchen, da auch sie im gesamten Krankheitsverlauf mit Verlusten und Abschieden konfrontiert sind. Zudem ist mittlerweile bewiesen, dass sich eine hohe Belastung der pflegenden Angehörigen negativ auf die Betroffenen auswirkt und umgekehrt (Isik et al. 2018). Aus diesem Grund kann die Verbesserung der Situation für den einen auch eine Verbesserung für den anderen bedeuten.

2.1 Belastungen

Die Belastungen, mit denen die Angehörigen konfrontiert sind, lassen sich zum einen in Belastungen aufgrund der Pflege und Versorgung und zum anderen in psychische und soziale Belastungen aufteilen (vgl. Alvira et al. 2015; Koca/Taşkapilioğlu/Bakar 2017). Unter Belastungen aufgrund der Pflege werden folgende Aufgaben subsummiert: Haushaltsführung, zunehmende Übernahme der Aufgaben des Demenzkranken innerhalb der Familie und Beaufsichtigung des Betroffenen. Daneben müssen sich die Angehörigen an fortwährende Verluste anpassen, mit der sozialen Isolation umgehen lernen und sich Konflikten innerhalb der Familie bzw. im engeren sozialen Umfeld stellen.

Mit Fortschreiten der Erkrankung kommen immer mehr pflegerische Tätigkeiten und die Pflegekoordination hinzu; die Zeit für eigene Aktivitäten oder Auszeiten werden immer weniger. So berichten 50 % der Hauptpflegepersonen von Beeinträchtigungen des Privatlebens, 16 % mussten ihre Berufstätigkeit unterbrechen oder ihre Arbeitszeit verkürzen (DAK 2017, 41). Dies kann wiederum zu finanziellen Einschränkungen führen.

Durch die dementielle Erkrankung verlieren Menschen nicht nur Fähigkeiten, auch ihre Persönlichkeit kann sich verändern. Das, was die Beziehung zwischen zwei Menschen bisher ausgemacht hat, kann verloren gehen. Dies stellt für die Angehörigen eine enorme Belastung dar. In einem Forschungsprojekt benannten Angehörige folgende Stressoren als besonders belastend: Einschränkung persönlicher Freiräume, Verlust von Kommunikationsfähigkeiten beim Demenzkranken, dessen Desorientiertheit, fehlende Einsichtsfähigkeit und neuropsychiatrische Symptome (Wilz/Adler/Gunzelmann 2001). Gerade neuropsychiatrische Symptome werden dabei als besonders belastend erlebt, vor allem herausforderndes Verhalten und Wahnvorstellungen (Cheng 2017). Nicht selten kommt es vor, dass Angehörige vom Erkrankten irgendwann nicht mehr erkannt werden, oder dass Erkrankte auf Bemühungen der Angehörigen mit Gleichgültigkeit oder sogar mit Abwehr reagieren. Dies kann frustrierend und kränkend sein. Die Angehörigen leiden unter einem sogenannten ‚uneindeutigen Verlust': das meint, dass der Erkrankte zwar körperlich anwesend, aber mehr oder weniger geistig abwesend ist. Angehörige berichten von dem Gefühl, den geliebten Menschen bereits verloren zu haben und nur noch eine leere Hülle vor sich zu haben (Boss 2015, 25). Die Anerkennung und Wertschätzung ihrer Leistungen durch Dritte ist dann besonders wichtig, professionelle Begleiter werden häufig zu wichtigen Gesprächspartnern.

Menschen mit fortgeschrittener Demenz leben im Augenblick. Die nahe Vergangenheit kann nicht mehr abgespeichert werden, Vorstellungen über die Zukunft sind nicht mehr möglich. Aus diesem Grund sind Altern und Sterben den Betroffenen zumeist nicht mehr präsent (Wojnar 2007). Dies wird von den Begleitern zumeist als belastend empfunden, manche Angehörige erleben dies jedoch als ‚Gnade' für den Sterbenden.

Irgendwann im Verlauf stellt sich die Frage, ob die Versorgung zuhause noch gewährleistet werden kann oder ob ein Einzug in eine stationäre Pflegeeinrichtung unvermeidbar erscheint. Die Versorgung in einer stationären Pflegeeinrichtung führt zwar zu einer Entlastung der Angehörigen von der Verantwortung für Pflege und Versorgung, kann aber auch Schuldgefühle gegenüber dem Betroffenen auslösen und ein Gefühl des Versagens.

All diese belastenden Faktoren haben gesundheitliche Konsequenzen für die pflegenden Angehörigen. 59 % der pflegenden Angehörigen geben an, sich am Ende ihrer Kräfte zu fühlen (DAK 2017, 39). Bereits 1996 wurde in einer Studie festgestellt, dass 70–90 % unter körperlichen Beschwerden leiden, zumeist unter Erschöpfung, Magenbeschwerden, Gliederschmerzen und Herzproblemen. Zudem ist circa die Hälfte dieser Menschen depressiv erkrankt und ihr Medikamentenkonsum erhöht sich, vor allem der Konsum von Psychopharmaka (Gunzelmann et al. 1996).

2.2 Bereicherung durch Begleitung?

Auch wenn vordergründig die mit der Erkrankung einhergehenden Verluste wahrgenommen werden, so können auch neue Seiten der Persönlichkeit sichtbar werden und neue Beziehungsqualitäten entstehen. Wenn Angehörige Wertschätzung für die Pflege und Betreuung des Demenzkranken erfahren und sich selbst als hilfreich für den Betroffenen erleben, dann reduziert sich dadurch die Belastung durch die Versorgung deutlich (Hodge/Sun 2012).

> Es trifft mich immer noch völlig unvorbereitet, wenn mir der Vater mit einer Sanftheit, die mir früher nicht an ihm aufgefallen war, seine Hand an die Wange legt, manchmal die Handfläche, sehr oft die Rückseite der Hand. Dann erfasse ich, dass ich nie enger mit ihm zusammen sein werde als in diesem Augenblick. (Geiger 2002, 183)

In einer Befragung berichtet etwa die Hälfte der pflegenden Angehörigen über positive Erfahrungen in der Begleitung eines Demenzkranken wie etwa körperliche Nähe zu den Erkrankten und schöne Momente mit ihnen (DAK 2017).

3 Rolle der professionell Begleitenden

Nicht nur Angehörige, sondern auch professionell Begleitende sind in der Arbeit mit dementiell erkrankten Menschen mit besonderen Herausforderungen konfrontiert, darunter fallen u. a. die Besonderheiten bei der Behandlung, die erschwerte Kommunikation und die Versorgung am Lebensende. Dabei ist es von entscheidender Bedeutung, dass Pflegende und Ärzte nicht ausschließlich körperbezogene Maßnahmen als ihre Aufgabe wahrnehmen, sondern auch kommunikationsintensive Leistungen wie z. B. entlastende Gespräche bei Angstzuständen. Desweiteren sollten sie die Angehörigen von Anfang an in alle Gespräche und Entscheidungen miteinbeziehen (Halek/Bartholomeyczik 2006).

3.1 Besonderheiten bei der Behandlung

Menschen mit einer dementiellen Erkrankung leiden ebenso unter Schmerzen und anderen unkontrollierten Symptomen wie Menschen mit einer anderen unheilbaren Erkrankung (Bausewein 2016). Eine australische Studie ergab, dass 82 % der über 75-jährigen an mindestens zwei, 33 % sogar an mehr als vier Krankheiten gleichzeitig litten – beispielsweise an degenerativen Veränderungen an der Wirbelsäule, Neuropathien und Entzündungen (Britt et al. 2008). Diese Multimorbidität erschwert häufig die richtige medikamentöse Therapie (Wechselwirkungen der einzelnen Medikamente, therapiebegrenzende Nebenwirkungen).

Um die Lebensqualität der Betroffenen erhalten oder sogar verbessern zu können, müssen unerfüllte Bedürfnisse erkannt und befriedigt werden. Das ist oft schwierig, da ein bestimmtes Verhalten mehrere Ursachen haben kann. So kann Unruhe ein Anzeichen für Hunger, Unbehagen, Schmerz oder Ausscheidung sein. Hier hat sich der person- zentrierte Ansatz nach Kitwood bewährt (Kitwood 2008).

Am Beispiel der Schmerztherapie werden mögliche Schwierigkeiten in der Praxis kurz erläutert:

Viele der oben genannten Erkrankungen sind mit chronischen Schmerzzuständen assoziiert. Trotzdem erhalten demente Menschen weniger Analgetika als nicht-demente mit gleicher Erkrankung (Kunz 2016). Woran könnte das liegen?

Schmerzen werden bei Menschen mit Demenz häufig nicht erkannt und infolgedessen oft nicht adäquat gelindert. Kognitive Einschränkungen führen dazu, dass Schmerzen anders verarbeitet oder kommuniziert werden (vgl. Schwermann 2010, 45). Können sich Menschen mit Demenz nicht mehr verbal mitteilen, ist genaues Beobachten zur Schmerzerfassung erforderlich, ergänzend dazu können spezifische Assessment-Instrumente, z. B. BESD (Beurteilung von Schmerzen bei Demenz) hilfreich sein (Basler et al. 2006; vgl. auch den Beitrag von Andreas Kruse zum vorliegenden Band). Mit Fortschreiten der Erkrankung wird die Fremdeinschätzung immer bedeutsamer (Van der Steen et al. 2015). Indirekte Schmerzzeichen werden aber von Ärzten oder Pflegenden oft nicht beachtet und Folgestörungen werden als unabhängige Störungen verkannt. Beispielsweise können Verhaltensauffälligkeiten immer auch durch Schmerzen bedingt sein, deshalb sollten Schmerzen vor einer möglichen Behandlung mit Psychopharmaka möglichst ausgeschlossen werden.

Desweiteren ist zu erwähnen, dass immer noch Vorurteile existieren, dass Demente weniger Schmerzen empfinden, obwohl dies längst widerlegt ist. Auch dies führt zu einer verminderten Analgetikaverordnung (Kunz 2016).

Ein adäquates Schmerzmanagement stellt bei fortgeschrittener Demenz eine hochkomplexe Aufgabe dar, die nur im multiprofessionellen Team bewältigt werden kann. Entsprechend dem „total pain"- Konzept (Saunders 1993) ist ein ganzheitliches Schmerzmanagement mit der Betrachtung aller Dimensionen (körperlich, psychisch, sozial und spirituell) dabei unabdingbar.

3.2 Erschwerte Kommunikation

Menschen mit Demenz befinden sich durch ihre Erkrankung in einer besonderen Lebenslage und dies von Anfang an, nicht erst am Lebensende. Ihr Verhalten ist als Äußerung von Gefühlen zu verstehen. Wenn ihre Bedürfnisse in all ihren Dimensionen wahrgenommen werden, kann adäquat darauf reagiert werden und im besten Fall können diese Bedürfnisse auch befriedigt werden. Unabdingbar dafür ist eine gelingende Kommunikation.

Basis bildet dabei immer eine wertschätzende, respektvolle Wahrnehmung und Akzeptanz des Gegenübers. Im Anfangsstadium erleichtern kurze, einfache Sätze und die Beachtung paraverbaler und nonverbaler Signale häufig bereits das Verständnis. Das Tempo wird von Demenzkranken vorgegeben, körperliche Einschränkungen und Einschränkungen der sinnlichen Wahrnehmung sollen berücksichtigt werden (Kojer 2017). Biographiearbeit hat sich in diesem Kontext als sehr hilfreich erwiesen (Spittel 2011). Mit Fortschreiten der Erkrankung gewinnen daneben weitere Ansätze an Bedeutung; z. B. Validation nach Naomi Feil (Feil 2000) und die basale Stimulation (Mück 1996).

Durch kognitive Einbußen und Beeinträchtigungen bei der Kommunikationsfähigkeit kommt es zu einem erhöhten Zeitaufwand für die Betreuung. Gerade daran mangelt es aber bei den Pflegenden, und zwar sowohl im ambulanten Bereich als auch in stationären Einrichtungen. Ursachen dafür sind unter anderem der schlechte Personalschlüssel und die oftmals niedrige Quote an Fachkräften. Pflegekräfte fühlen sich häufig auch nicht ausreichend auf diese Begleitungen vorbereitet (Schaeffer/Wingenfeld 2008).

3.3 Versorgung am Lebensende

Die Mehrzahl der Demenzkranken stirbt an dieser Erkrankung, wenn sie bereits sehr weit fortgeschritten ist (Kojer 2017, 47). Häufige Todesursachen sind

Entzündungen der Lunge oder der Harnwege, Herz-Kreislaufversagen oder das Versagen zentral regulierender Hirnfunktionen. Das Erkennen der Terminalphase bei Demenz ist schwierig. Das liegt daran, dass die dafür typischen Anzeichen (z. B. fortschreitende Verschlechterung des Gedächtnisses, Zunahme der Desorientierung, Verhaltensänderung) im Rahmen einer fortgeschrittenen Demenz sowieso auftreten. Daher eignen sie sich kaum zur Beurteilung des nahenden Lebensendes. Aber erst wenn die Person als ‚sterbend' wahrgenommen wird, werden oftmals palliative Maßnahmen initiiert. Dabei handelt es sich bei einer Demenz um eine unheilbare, zum Tode führende Erkrankung. Der Verlust der geistigen Leistungsfähigkeit lässt die Betroffenen und ihre Angehörigen oft verunsichern und verzweifeln, sie leiden unter Kommunikationsschwierigkeiten und Vergessen und sind zunehmend auf fremde Hilfe angewiesen.

Lange wurde kontrovers diskutiert, ob alte demente Menschen überhaupt palliativbedürftig sind. So wurde auch Cicely Saunders, die Begründerin der Hospizbewegung und damit auch der Palliativversorgung dazu gefragt. Sie antwortete „Ich habe mich bewusst der Versorgung von Tumorpatienten gewidmet. Ich wusste, dass es mir nicht gelingt, die Misere in der Versorgung unserer alten Mitbürger aufzugreifen. Das Problem ist mir zu groß gewesen." (Saunders 1999 zit. nach Sandgathe-Husebø/Husebø 2017, 311). Das bedeutet, dass aus ihrer Sicht diese Personen sehr wohl von Palliative Care profitieren. Dies sollte aber nicht auf die letzten Tage oder Stunden begrenzt werden, sondern im Idealfall mit der Diagnosestellung beginnen und den gesamten Zeitraum bis zum Tod umfassen. Gerade bei alten, dementen und meist multimorbiden Menschen sind kurative und palliative Maßnahmen gleichzeitig bzw. nacheinander notwendig (Kojer 2014).

Noch werden sterbende demente Menschen oft in ein Krankenhaus eingewiesen, obwohl dies nicht in ihrem Sinne ist. Es werden der Situation nicht angemessene diagnostische Verfahren durchgeführt, die fremde Umgebung stresst die Betroffenen zusätzlich. In den Heimen ist die Ressourcenausstattung (Personal, Kompetenzen, Räumlichkeiten, Strukturen, …) nicht geeignet, um eine qualitativ hochwertige Sterbebegleitung sicher zu stellen. Im Moment gibt es aber kein flächendeckendes Angebot von Palliative Care in Pflegeheimen. Selten existieren verbindliche Kooperationsbeziehungen zwischen Pflegeheimen und Hospiz- und Palliativeinrichtungen (vgl. den Beitrag von Brandenburg, Baranzke und Kautz zum vorliegenden Band) und die Allgemeine Ambulante Palliativversorgung ist unterentwickelt. Durch die Umsetzung des 2015 verabschiedeten Hospiz- und Palliativgesetzes könnte sich die Situation vielleicht etwas verbessern. Das Gesetz enthält neben Maßnahmen zur Förderung eines flächendeckenden Ausbaus der ambulanten und stationären Hospiz- und Palliativversorgung auch Regelungen zur Palliativversorgung in stationären

Pflegeeinrichtungen, unter anderem die Verpflichtung der Einrichtungen, Kooperationsverträge mit Vertragsärzten abzuschließen, und die Möglichkeit, die gesundheitliche Vorausplanung allen Bewohnern anzubieten, die Umsetzung steckt leider immer noch in den Anfängen.

Eine weitere Herausforderung stellen ethische Entscheidungen am Lebensende dar, und zwar sowohl für die Angehörigen als auch für die professionell Begleitenden (Diehl-Schmid et al. 2018).

Fallbeispiel
Frau F. verfasst im gesunden Zustand eine Patientenverfügung. Darin steht "im Falle einer Demenz will ich keine lebensverlängernden Maßnahmen". Sie benennt keinen Bevollmächtigten.

Zehn Jahre später (mittlerweile schwer dement) lebt sie in einem Pflegeheim und bekommt dort eine schwere Lungenentzündung. Sie wird ins nächstgelegene Krankenhaus eingewiesen. Die behandelnden Ärzte im Krankenhaus kennen die Patientenverfügung und wollen deshalb eigentlich notwendige Therapien zur Behandlung der Lungenentzündung nicht einleiten. Die zwei Töchter zweifeln: "Frau F. ist so lebensfroh, sie wirkt so zufrieden. Würde sie heute wieder so entscheiden?". Das Pflegepersonal unterstützt deren Eindruck. Der langjährige Hausarzt erzählt, wie wichtig seiner Patientin die Patientenverfügung war, wie oft sie ihn – gerade nach der Diagnosestellung der Alzheimer Erkrankung – gebeten hat, ihren Willen durchzusetzen, wenn sie dazu nicht mehr in der Lage ist. Allerdings habe sie das nie schriftlich niedergelegt.

Dies führt zu ganz unterschiedlichen Fragen, die sich nicht einfach beantworten lassen: Ist eine Person mit Demenz dieselbe Person wie ohne Demenz? Wer ist am ehesten in der Lage, den Gefühlszustand einer dementen Person adäquat zu beurteilen? Wer darf/soll Entscheidungen über das Lebensende eines (dementen) Menschen treffen?

4 Hilfreiche Ansätze in der Begleitung

4.1 Menschen mit Demenz

Menschen mit Demenz sind auf eine wertschätzende Begleitung angewiesen. Eine gelingende Begleitung stellt die Beziehung in den Mittelpunkt und ermöglicht es, Sicherheit zu vermitteln.

Neben den Validationsgrundsätzen nach Feil und Richard (vgl. Feil 2000, 45; Richard/Richard 2016) bietet das mäeutische – erlebensorientierte Pflegemodell nach van der Kooij (2007) eine gute Möglichkeit, Menschen mit Demenz in ihrem Leben im Augenblick zu begleiten. Das Wissen, dass Logik und Kognition eingeschränkt sind, die emotionale Erlebensfähigkeit jedoch erhalten bleibt, ermöglicht einen wichtigen Zugang zu den Erkrankten (vgl. dazu Krupp/Hummel 2019).

Es braucht also das genaue Beobachten des Betroffenen und das emotionale Erfassen von Situationen. Schlüsselwörter, d. h. bedeutsame Wörter und Begriffe, sollten mehrfach wiederholt werden. Neben einer einfachen Sprache kann das Ansprechen aller Sinne den Zugang erleichtern, beispielsweise das Abspielen von Musik, die Verwendung von Düften, die der Betroffen als angenehm empfindet oder die Durchführung vertrauter Rituale. Die Beziehung ist dabei immer wichtiger als das Tun. Kann vom Betroffenen selbst keine Information mehr eingeholt werden, sollten Angehörige oder auch Freunde miteinbezogen werden.

Möglichst früh im Verlauf sollten Wünsche und Ängste in Bezug auf die Erkrankung mit dem Betroffenen angesprochen werden. Nach Möglichkeit sollten diese gemeinsam mit seinen Wertvorstellungen schriftlich festgehalten werden. Es sollte die Möglichkeit thematisiert werden, eine Patientenverfügung und/oder Vorsorgevollmacht zu erstellen. Dies kann sowohl die Angehörigen aber auch die Behandelnden bei anstehenden ethischen Entscheidungen am Lebensende entlasten, wenn auch nicht alle potentiellen Probleme lösen wie man am Fallbeispiel unter 4.1 erkennen kann.

Von einer kompetenten Palliativversorgung können Menschen mit Demenz und ihre Familien profitieren, so werden beispielsweise weniger belastende Therapien durchgeführt, die Autonomie der Betroffenen wird gestärkt. Dies konnte mittlerweile in mehreren Studien belegt werden (Zieschang et al. 2012).

4.2 Angehörige

Angehörige benötigen adäquate Entlastungsangebote, um eine häusliche Versorgung des Betroffenen zu gewährleisten und nicht selbst zu erkranken. Es gibt mittlerweile eine ganze Bandbreite an unterschiedlichen Unterstützungsangeboten für Angehörige, die positive Effekte auf das Wohlbefinden haben, nämlich „psychoedukative, pflegeentlastende, unterstützende, psychotherapeutische und multimodale Angebote sowie Case und Care Management" (Mantovan et al. 2010, 223).

Wertschätzung: Als allererstes brauchen Angehörige Wertschätzung für die Dinge, die sie täglich leisten. Sie wollen aber auch als selbst Betroffene mit ihren ganz eigenen Bedürfnissen wahrgenommen werden.

Information und Beratung: Bereits ganz zu Beginn sollten die Angehörigen über den Krankheitsprozess informiert und beraten werden, ebenso über entlastende Angebote (Pflegedienste, Hilfsmittel, Selbsthilfegruppen usw.). Mit Fortschreiten der Erkrankung entstehen immer neue Informationsbedürfnisse, daher sollten Beratungstermine in regelmäßigen Abständen stattfinden.

Anleitung: Zumeist ist es den Angehörigen extrem wichtig, dass es dem Demenzkranken gut geht. Daher kann es hilfreich sein, die Angehörigen soweit gewünscht anzuleiten (z. B. das Erlernen von bestimmten Hebetechniken oder Grundsätze der Kommunikation mit Dementen) und sie auch bei einer stationären Unterbringung in die Versorgung mit einzubinden. Zudem sollten ihnen Strategien vermittelt werden, mit der Erkrankung und der erkrankten Person besser umgehen zu lernen. Als ein Beispiel sei hier nur das Einüben eines Entspannungsverfahrens genannt.

Psychosoziale Begleitung: Pflegende Angehörige sollten ermutigt werden, sich Freiräume zu schaffen und auf die eigenen Bedürfnisse zu achten. Häufig werden im ambulanten Bereich erst sehr spät professionelle Helfer involviert, da die Angehörigen denken, sie müssten es alleine schaffen und sich ihre Überforderung nicht eingestehen wollen. Steht ein Umzug in eine stationäre Einrichtung an, weil sich die Angehörigen mit der Situation überfordert fühlen, löst das bei ihnen häufig ein Gefühl des Versagens und der Schuld aus. In der ersten Zeit in der Einrichtung braucht daher nicht nur der neue Bewohner besondere Aufmerksamkeit, sondern auch die Angehörigen, die sich immer wieder rückversichern wollen, dass es dem Kranken dort auch gut geht. Sie bleiben bei regelmäßigem Kontakt wichtigste Bezugsperson für den Bewohner, leisten emotionalen Beistand und geben eventuell Hilfestellung bei täglichen Verrichtungen (z. B. beim gemeinsamen Essen). Zudem werden sie zu einem wichtigen Ansprechpartner für die Pflegenden, gerade wenn eine Kommunikation mit dem Kranken nicht mehr möglich ist.

In Abhängigkeit vom Entlastungsangebot können dadurch Belastungen, körperliche Symptome und Depressivität verringert und das Wohlbefinden verbessert werden. Um der einzelnen Person gerecht zu werden, müssen zuerst dessen Bedürfnisse erfasst werden und bedarfsgerechte Angebote miteinander kombiniert werden (vgl. dazu Mantovan 2010; Gilhooly et al. 2016).

5 Fazit und Ausblick

Es braucht ein Umdenken im Gesundheitswesen. Mittlerweile ist es unstrittig, dass es sich bei Demenzen um unheilbare, zum Tode führende Erkrankungen handelt, die mit besonderen Herausforderungen einhergehen, besondere Kompetenzen auf Seiten des Fachpersonals erfordern und nur durch die Zusammenarbeit und den Austausch der beteiligten Disziplinen und Berufsgruppen bewältigt werden können. Die Begleitung sollte im Idealfall mit der Diagnosestellung beginnen und nicht erst am Lebensende. Die Angehörigen sollten von Anfang an einbezogen werden – als Ressource, aber auch als selbst Betroffene mit eigenen Bedürfnissen.

Mittlerweile existieren erste Konzepte und (Modell-)Projekte zur Begleitung demenzkranker Menschen und ihrer Familien, die versuchen genau dies umzusetzen. Gerade in vielen stationären Pflegeeinrichtungen scheitert dies aber noch häufig in der Umsetzung. Teilweise fühlen sich Pflegende nur unzureichend auf diese Aufgaben vorbereitet oder in der Einrichtung fehlen die dafür erforderlichen Ressourcen und Strukturen. Pflegekräfte, aber auch Heimleitungen können dies nur sehr begrenzt beeinflussen, da sich die Problematik der unzureichenden Ressourcen nur auf der (gesellschafts-) politischen Ebene lösen lässt. Es stellt sich die Frage, welchen Stellenwert hochbetagte und demente Menschen grundsätzlich in unserer Gesellschaft haben und wie viel uns eine adäquate, würdevolle Begleitung dieser Menschen und ihrer Angehörigen wert ist. Das Hospiz- und Palliativgesetz aus dem Jahr 2015 und das im November 2018 verabschiedete Pflegepersonal- Stärkungsgesetz lassen hoffen, dass auf politischer Ebene erste Schritte in die richtige Richtung unternommen werden, auch wenn diese sicher nicht ausreichen werden. Nur mit ausreichend Ressourcen wird aber die würdevolle und kompetente Behandlung und Begleitung von alten demenzkranken Menschen und ihrer Angehörigen – so wie sie wir uns für uns selbst wünschen würden – Realität werden.

Literatur

Allerchen, Peter (1996): Demente ältere Menschen in der Familie, Stuttgart.
Alvira, Carmen Maria / Risco, Elvira / Cabrera, Esther / Farré, Marta / Rahm Hallberg, Ingalill/ Bleijlevens, Michael H.C./ Meyer, Gabriele/ Koskenniemi, Jaana/ Soto, Maria Eugenia/ Zabalegui, Adelaida - on behalf of The Right Time Place Care Consortium (2015): The Association between Positive–Negative Reactions of Informal Caregivers of People with Dementia and Health Outcomes in Eight European Countries: a Cross-Sectional Study, in: JAN 71/6, 1417–1434.
Bausewein, Claudia (2016): Vorwort, in: Kojer, Marina/ Schmidl, Martina (Hg.): Demenz und palliative Geriatrie in der Praxis, Wien, 9–11.
Basler, Heinz Dieter/ Hüger, Daniel/ Kunz, Roland/ Luckmann, Judith/ Lukas, Albert/ Nikolaus, Thorsten/ Schuler, Matthias S. (2006): Beurteilung von Schmerz bei Demenz (BESD) - Untersuchung zur Validität eines Verfahrens zur Beobachtung des Schmerzverhaltens, in: Der Schmerz 6, 519–526.

Borasio, Gian Domenico (2016): Geleitwort, in: Kojer, Marina/ Schmidl, Martina (Hg.): Demenz und palliative Geriatrie in der Praxis, Wien, 7–8.
Boss, Pauline (2015): Da und doch so fern. Vom liebevollen Umgang mit Demenzkranken, Zürich.
Britt, Helena / Harrison, Christopher M./ Miller, Graeme Clifford/ Knox, Stephanie A. (2008): Prevalence and Patterns of Multimorbidity in Australia, in: The Medical Journal of Australia 189/2, 72–77.
Bühler, Ernst (2015): Die 3 Stadien der Demenz, in: Der Allgemeinarzt 37/15, 52–59.
Cheng, Sheung-Tak (2017): Dementia Caregiver Burden: a Research Update and Critical Analysis, in: Curr Psychiatry Rep 19/64; DOI 10.1007/s11920-017-0818-2 (Zugriff am 26. 09.2018).
Conrad, Ines/ Alltag, Sophie/ Matschinger, Herbert/ Kilian, Reinhold/ Riedel-Heller, Steffi Gerlinde (2018): Lebensqualität älterer pflegender Angehöriger von Demenzerkrankten, in: Der Nervenarzt 89/5, 500–508.
DAK (2017): Pflegereport, https://www.dak.de/dak/download/dak-pflegereport-2017-1946288.pdf (Zugriff am 27. 09.2018).
Deutsche Alzheimer Gesellschaft e.V. Selbsthilfe Demenz (2018): Informationsblatt 1 Die Häufigkeit von Demenzerkrankungen, https://www.deutsche-alzheimer.de/fileadmin/alz/pdf/factsheets/infoblatt1_haeufigkeit_demenzerkrankungen_dalzg.pdf (Zugriff am 25. 9.2018).
Deutsche Gesellschaft für Palliativmedizin e. V., Deutscher Hospiz- und PalliativVerband e. V., Bundesärztekammer (Hg.) (2010): Charta zur Betreuung schwerstkranker und sterbender Menschen in Deutschland, https://www.dgpalliativmedizin.de/images/stories/Charta-08-09-2010%20Erste%20Auflage.pdf (Zugriff am 15. 09.2018).
Diehl-Schmid, Janine/ Riedl, Lina/ Rüsing, Ulrich/ Hartmann, Julia/ Bertok, Martin/ Levin, Claudia/ Hamann, Johannes/ Arcand, Marcel/ Lorenzl, Stefan/ Feddersen, Berend/ Jox, Ralf (2018): Palliativversorgung von Menschen mit fortgeschrittener Demenz, in: Nervenarzt, https://doi.org/10.1007/s00115-017-0468-y (Zugriff am 24. 01.2018).
Feil, Naomi (2000): Validation in Anwendung und Beispielen. Der Umgang mit verwirrten alten Menschen, München.
Förstl, Hans/ Bickel, Horst/ Kurz, Alexander/ Borasio, Gian Domenico (2010): Sterben mit Demenz, in: Fortschritte der Neurologie – Psychiatrie 78/4, 203–212.
Geiger, Arno (2012): Der alte König in seinem Exil, München.
Gilhooly, Kenneth J./ Gilhooly, Mary L.M./ Sullivan, Mary Pat/ McIntyre, Anne/ Wilson, Lawrence/ Harding, Emma/ Woodbridge, Rachel/ Crutch, Sebastian (2016): A Meta-Review of Stress, Coping and Interventions in Dementia and Dementia Caregiving, in: BMC Geriatr. 16/ 106, doi: 10.1186/s12877-016-0280-8 (Zugriff am 30. 09.2018).
Gunzelmann, Thomas/ Gräßel, Elmar/ Adler, Corinne/ Wilz, Gabriele (1996): Pflege Dementer – Sargnagel für Angehörige?, in: System Familie 9, 22–27.
Halek, Margaretha/ Bartholomeyczik, Sabine (2006): Verstehen und Handeln. Forschungsergebnisse zur Pflege von Menschen mit Demenz und herausfordernden Verhalten, Hannover.
Hodge, David R./ Sun, Fei (2012): Positive Feelings of Caregiving Among Latino Alzheimer's Family Caregivers: Understanding the Role of Spirituality, in: Aging Ment Health 16, 689–698.
Isik, Ahmet Turan/ Soysal, Pinar/ Solmi, Marco/ Veronese, Nicola (2018): Bidirectional Relationship between Caregiver Burden and Neuropsychiatric Symptoms in Patients with Alzheimer's Disease: A Narrative Review, in: Int J Geriatr Psychiatry, doi: 10.1002/gps.4965 (Zugriff am 26. 09.2018).

Kitwood, Tom (2008): Demenz. Der person-zentrierte Ansatz im Umgang mit verwirrten Menschen, Bern.

Koca, Elif/ Taşkapilioğlu, Özlem/ Bakar, Mustafa (2017): Caregiver Burden in Different Stages of Alzheimer's Disease, in: Noro Psikiyatr Ars 54/1, 82–86.

Kojer, Marina (2014): Demenz und Palliative Care, in: Kränzle, Susanne/ Schmid, Ulrike/ Seeger, Christa (Hg.): Palliative Care, Berlin/Heidelberg.

Kojer, Marina (2017): Kommunikation mit Menschen mit Demenz am Lebensende, in: Die Hospiz Zeitschrift 75, 46–50.

Krupp, Silvia/ Hummel Kerstin (in Druck): Menschen mit Demenz, in: Wasner, Maria/ Raischl, Josef (Hg.): Kultursensibilität am Lebensende. Identität – Kommunikation – Begleitung, Stuttgart.

Kunz, Roland (2016): Schmerzmanagement bei älteren und kognitiv beeinträchtigten Menschen, in: Kojer, Marina/ Schmidl, Martina (Hg.): Demenz und palliative Geriatrie in der Praxis, Wien, 46–56.

Mantovan, Franco/ Ausserhofer, Dietmar/ Huber, Markus/ Schulc, Eva/ Them, Christa (2010): Interventionen und deren Effekte auf pflegende Angehörige von Menschen mit Demenz – eine systematische Literaturübersicht, in: Pflege 23, 223–239.

Mück, Herbert (1996): Die Sinne erwecken: Basale Stimulation bei Demenz, in: Altenpflege 21, 587–589.

Richard, Nicole/ Richard, Monika (2016): Integrative Validation nach Richard. Menschen mit Demenz wertschätzend begegnen, Bollendorf.

Sandgathe-Husebø, Bettina/ Husebø, Stein (2017): Palliativmedizin im Pflegeheim – wie alte, schwer kranke Menschen leben und sterben, in: Husebø, Stein/ Mathis, Gebhard (Hg.): Palliativmedizin, Berlin, 309–348.

Saunders, Cicely (1993): Hospiz und Begleitung im Schmerz, Freiburg.

Schaeffer, Doris/ Wingenfeld, Klaus (2008): Qualität der Versorgung Demenzkranker: Strukturelle Probleme und Herausforderungen, in: Pflege & Gesellschaft 13/4, 293–305.

Schwermann, Meike (2010): Aspekte palliativer Versorgung, in: Lamp, Ida (Hg.): Umsorgt sterben. Menschen mit Alzheimer in der letzten Lebensphase begleiten, Stuttgart, 45–50.

Spittel, Susanne (2011): Lebensgeschichten und Lebenslinien von Menschen mit Demenz: Biographiearbeit zur Wahrung der Identität, Saarbrücken.

Thomas, Hans-Peter (2016): Palliative Versorgung von Menschen mit Demenz im Akutkrankenhaus, in: Dibelius, Olivia/ Offermanns, Peter/ Schmidt, Stefan (Hg.): Palliative Care für Menschen mit Demenz, Bern.

Van der Kooij, Cora (2007): Ein Lächeln im Vorübergehen: Erlebnisorientierte Altenpflege mit Hilfe der Mäeutik, Bern.

Van der Steen, Jenny T./ Sampson, Elizabeth L./ Van den Block, Lieve/ Lord, Kathryn/ Vankova, Hana/ Pautex, Sophie/ Vandervoort, An/ Radbruch, Lukas/ Shvartzman, Pesach/ Sacchi, Valentina/ de Vet, Henrica C.W./ Van Den Noortgate, Nele J.A. (2015): Tools to Assess Pain or Lack of Comfort in Dementia: A Content Analysis, in: Journal of Pain and Symptom Management 50/5, 659–675.

Wilz, Gabriele/ Adler, Corinne/ Gunzelmann, Thomas (2001): Gruppenarbeit mit Angehörigen von Demenzkranken. Ein therapeutischer Leitfaden, Göttingen.

Wojnar, Jan (2007): Die Welt der Demenzkranken. Leben im Augenblick, Hannover.

Zieschang, Tanja/ Oster, Peter/ Pfisterer, Matthias/ Schneider, Nils (2012): Palliativversorgung von Menschen mit Demenz, in: Zeitschrift für Gerontologie und Geriatrie 45/1, 50–54.

Jean-Pierre Wils
Totengedenken – ein nach-ethisches Projekt

> Mit ihrer Idee der göttlichen Vorsehung entwirft die Religion die Zukunft. Durch ihre Pietät gegenüber den Vorfahren und durch ihr rituelles Gedenken setzt die Bestattung die Vergangenheit ein. Mit ihrem Gebot, die Abstammungslinie zwischen der Vergangenheit und der Zukunft intakt zu halten, besiegelt die Ehe den Vertrag zwischen Vorgängern und Nachfahren in der Gegenwart. Die drei zeitlichen ‚Ekstasen', wie Heidegger sie nennt, haben in allererster Linie keine psychologische oder noetische, sondern eine institutionelle Grundlage. (Harrison 2006, 126 f.)

> Ob wir wollen oder nicht, unsere Menschlichkeit ist eher in der Welt zu Hause – an ihren Orten, in ihren Vermächtnissen, Bräuchen und Institutionen – als in unserem psychischen Selbst. (Harrison 2015, 176)

I Zurück zum Tod

In den letzten Jahrzehnten hat die Ethik der Sterbehilfe eine enorme Aufmerksamkeit erhalten. *Wie* wir sterben dürfen und *wer* in dieser Angelegenheit autoritativ sprechen darf, war Gegenstand heftiger Kontroversen. Das in unseren kulturellen Gefilden hauptsächlich *christliche* Veto gegen Suizidbeihilfe und Euthanasie hat an Geltungskraft eingebüßt. Eine gewisse Renaissance antiker Vorstellungen ging einher mit einem moralphilosophischen Liberalismus, mit einer Verteidigung von Autonomie, die sich nicht auf Kant beruft, sondern sich in der Tradition von Hume und Mill bewegt. Vielleicht ist an dieser Stelle vor allem die Neubewertung des Suizids zu nennen, der im Zusammenhang mit der Sterbehilfe als eine Art „emanzipatorische Selbsttechnik" (Macho 2017, 8; vgl. Macho 2011, 387 ff.) betrachtet wird, als ‚ultima ratio' moderner Souveränität über das eigene Sterben. Jedenfalls hat in dem angedeuteten Zeitraum eine enorme Akzentverlagerung stattgefunden: Während das Sterben einst vor allem in der Perspektive des Todes gewertet wurde, war nun der Tod in die Perspektive des Sterbens absorbiert worden. Das Scheinwerferlicht richtete sich auf das Sterben – auf dessen moralische Modalitäten. Man hätte den Eindruck gewinnen können, der Tod sei eine ‚quantité négligeable' geworden, ein Restproblem.

Mittlerweile hat sich eine Verlagerung der Aufmerksamkeit vollzogen. Die Philosophie des Todes hat sich zurückgemeldet, der Kulturwandel der Beerdigungs-

und Bestattungspraktiken ist in vollem Gange. Offenbar existiert Redebedarf in thanatologischer Hinsicht, nachdem in der Ethik der Sterbehilfe die Argumente bis zur Erschöpfung ausgetauscht und wiederholt worden sind. Unter Umständen ist der Begriff des ‚Kulturwandels', der soeben gebraucht wurde, jedoch verharmlosend, weil er nahelegt, wir hätten mit einer ziel- und richtungssicheren Veränderung zu tun. Das ist erklärtermaßen nicht der Fall. Vielleicht sind wir vielmehr Zeugen einer kulturellen Heterogenität, eines wachsenden Dissenses über die Bedeutung des Todes und über den Umgang mit den Toten.

Die Gegenwart der Toten ist jedenfalls prekär geworden, die Orte ihrer Aufbewahrung haben sich vervielfältigt. Wohin wir die Toten bringen, unterliegt einer ‚Demokratisierung in ultimo', erst recht, wie wir uns zu ihnen verhalten sollten. Der einstige Friedhof, wo die Lebenden und die Toten sich trafen, ist offenbar zum Gegenstand unterschiedlicher und neuer Gestaltungen geworden. Es gibt Friedhöfe für jeden Geschmack. Am einen Ende der Skala findet eine Renaturierung der Toten statt. Wälder und Meere, Wiesen und Berge laden zu einem Ausstreuen der Asche ein und versprechen einen Trost, der sich der Semantik der Tradition, vor allem der christlichen, weitgehend nicht mehr bedient. Absorbiert in der Weite und Tiefe der Natur entziehen sich die Toten unserem Blick, denn kulturell *eingebettete* und *geteilte* Zeichen und Verweise sind Mangelware geworden. Am anderen Ende der Skala stoßen wir auf architektonische Großprojekte, auf geplante Totentürme mit gigantischem Ausmaß, also auf Friedhofs-Wolkenkratzer, wie in Verona oder Mailand, auf stockwertartig angelegte unterirdische Gewölbe zur Sammlung der Toten am Ort ihrer Auferstehung, wenn der Messias kommt, wie in Jerusalem. Zumindest die Totentürme versprechen die Allsichtbarkeit der Verstorbenen, als wären sie ein zu Stein gewordenes ‚memento mori'.

Auf den klassischen Friedhöfen manifestiert sich inzwischen die „Gesellschaft der Singularitäten" (Reckwitz 2017), indem die Grab- und Gedächtniskultur ihren Authentizitätsimperativ bis in die postmortale Phase verlängert. Hier findet eine ‚Verwilderung des Gedenkens' statt, um eine Formulierung von Philippe Ariès zu variieren, womit gemeint ist, dass fortan keine Deutungshoheit mehr existiert, die Riten, Symbole und Sprachspiele homogenisiert. Die Hegemonie über die Erinnerungspraktiken ist verschwunden. Die Ästhetik des Totengedächtnisses hat sich verflüssigt. Vor diesem Gedenken macht auch die Digitalisierung keinen Halt: Auf etlichen Grabsteinen befinden sich bereits QR-Codes – Quick-Respons-Codes –, die mittels einer App gelesen werden und den Nutzer mit einer Website verbinden, die die Lebensgeschichte der dort liegenden Person erzählt. Die e-Memoria bahnt sich ihren Weg. Einem völligen Vergessen fallen die Toten keineswegs anheim.

II Gedenkprobleme

Trotzdem kann man sich des Eindrucks nicht erwehren, dass unser Totengedenken eigentümlich gestört und von Irritationen geprägt ist. Dies hängt nicht zuletzt damit zusammen, dass unsere Kultur *jugendfixiert* ist und den Alten einen ungewissen Platz zuweist. Während das Altwerden sich parallel zu permanenten Verjüngungsstrategien vollzieht, wird das Alt-Sein ausgeblendet, so als sei es das bittere und traurige Ende eines Prozesses, der noch bis kurz davor voller Genuss und Freude war. Der Tod ist die bloße Besieglung dieses Vorgangs. Über ihn und über die Toten gibt es im Grunde nichts zu sagen. „Es ist noch nicht abzusehen", schreibt Robert Harrison in seinem Buch über „Ewige Jugend", „ob eine Gesellschaft, die ihre intergenerationale Kontinuität in solchem Maße verliert, lange überleben kann." (Harrison 2015, 11)

In diesem Zusammenhang müssen wir vor allem auf die *Individualisierung* des Gedenkens hinweisen. Bereits die Abschiedsfeier ist gekennzeichnet durch eine manchmal hymnische Profilierung der Individualität der verstorbenen Person. Deren Biographie steht im Vordergrund und es sind die Charakterzüge des betreffenden Individuums mitsamt seinen Präferenzen und Eigenarten, die den Anwesenden unterbreitet werden. Man feiert die Person im Rückblick auf ihr Leben und das heißt im Grunde mit dem Rücken zur Zukunft. Sie wandert nicht mehr ein in das Kollektiv der Toten, gleichsam im Transit zu einer neuen Seinsweise, sondern ihr Tod ist zum Anlass geworden, über Geleistetes und Verpasstes, über Gelungenes und Ungetanes nachzudenken. Jenseitsvorstellungen sind sogar in den christlichen Milieus erheblich verblasst, Unsterblichkeitsphantasien haben nicht länger eine post-mortalen Index, sondern investieren in die Vorstellung einer Abschaffung des Todes.

Zwar existieren religiöse und non-religiöse Gedenkanlässe, die mit einer gewissen Regelmäßigkeit auf alten und neuen Friedhöfen stattfinden, aber von einer *geteilten* Gedächtniskultur kann kaum mehr die Rede sein. Das Gedenken der Toten ist anarchisch geworden. Auf der einen Seite treffen wir, gleichsam parallel zu ihrem immer schnelleren Verschwinden im Zuge ihrer forcierten Renaturierung zu Asche und zu ihrem Auszug aus der Kollektivität einer Symbolwelt auf eine *Vergessens-Beschleunigung*: Tote außer Sicht sind Tote ohne Erinnerungsstütze. Die Toten entfernen sich von uns. Auf der anderen Seite des Spektrums nehmen die Nächsten, die unmittelbar Betroffenen und Trauernden, Zuflucht zu eigenen Gedächtnisprozeduren und zu kleinen Riten des Gedenkens wie beispielsweise an kleinen Hausaltaren, wo Utensilien der Toten zu deren Repräsentanten geworden sind. Aber auch die Aufbewahrung der Toten in ihren Urnen in privater Umgebung, sobald die Friedhofspflicht aufgehoben ist, oder die Verdichtung der Totenasche zu Zierraden, sogar ihre Eintätowierung als verflüssigte Asche unter die Haut, legen Zeugnis von dieser idiosynkratischen Gedächtniskultur ab. Die Nähe der Toten wird hier zu einer Form permanenter Anwesenheit, so als wäre die alte „häusliche Religion" (de Coulanges 1981, 53), die im europäischen Fall bis in die Vorzeit der griechischen Antike zurückreicht, wiedergekehrt. *Vergessens-Widerstand* lässt sich hier beobachten.

Beide Enden des Spektrums stehen quer zu der Tradition, die bis vor wenigen Jahrzehnten in unserer Kultur gültig war: Die Toten wurden dort nicht vergessen. In Kleidungsvorschriften und an rituellen Gedenktagen, in Gebeten und während der regelmäßigen Friedhofsgänge wurde ihrer gedacht. Die Modi ihrer Anwesenheit waren zahlreich. Aber sie rückten uns auch nicht auf oder unter die Pelle. Sie befanden sich auf gebührendem Abstand, erreichbar aber nicht erreicht. Die Wohnung der Lebenden war nicht ihre. Ihre Reste blieben fern. Eine aufdringliche Präsenz der Toten galt es zu vermeiden. Die Modi ihrer Abwesenheit waren zahlreich. Offenbar ist uns die Erinnerungs- und Gedenkfestigkeit genommen. Wir schwanken zwischen Über-Nähe und Distanzierung. Die *anwesende Abwesenheit* der Toten scheint verloren gegangen zu sein.

Die Distanzierung der Toten begleitet uns allerdings schon länger. In seiner monumentalen Studie „Totenkult und Geschichtsschreibung" hat Uwe W. Dörk sie bereits in der frühen Moderne gesichtet: „Die Separation der Toten von den Lebenden war eines der großen Projekte der Aufklärung, mit der sie – ex post betrachtet – die Moderne einleitete." (Dörk 2014, 15) Erst die Befreiung von der Last der Autorität der Toten über die Lebenden und damit von der Dominanz der Vergangenheit erlaubte den geschichtsphilosophisch nobilitierten Schritt in die Zukunft. Dörk spricht sogar von einer wachsenden „Antipathie gegen die Allgegenwart des Todes und der Toten". (ebd.) Die Friedhöfe werden zunehmend außerstädtisch lokalisiert, die allzu offenkundigen Todesbilder wie der Totentanz entfernt. Es setzt eine ‚Vergangenheitspolitik' ein, die das Vermächtnis der Toten, das „den Möglichkeitsspielraum der Gegenwart präjudiziert" (Koschorke 2015, 108), in die Schranken weist. Aber es dauert noch lange, bis die Macht der Toten wirklich gebrochen ist und ihre anwesende Abwesenheit sich verflüchtigt hat.

Es ist allzu verständlich, dass in diesen Zeiten des Umbruchs zunächst ihre zunehmende *Abwesenheit* beklagt wird. Die Vermutung, es mit einem Traditionsbruch zu tun zu haben, ist naheliegend. Die Pflicht, die den Toten gegenüber empfunden wurde, und die Verrichtungen, die aus ihr folgten, haben ihre Geltungskraft offenbar eingebüßt. Norbert Hummel eröffnet seinen Gedichtband „Totentanz" mit „allerheiligen" (Hummelt 2007, 9f.), mit einem Gedicht, das wehmütig-überrascht konstatiert, dass die Toten der Vergessenheit anheimzufallen drohen. Wie der Titel des Gedichts unmittelbar verdeutlicht, befinden wir uns im katholischen Novemberanfang, in den Tagen des Totengedenkens.

Der Friedhofsgänger ist erstaunt über den nackten Zustand der Gräber, über die Gleichgültigkeit der Hinterbliebenen, die durch die Ungepflegtheit der Grabstelle zum Ausdruck gebracht wird, über die Verlassenheit der Toten. Das Gespräch mit ihnen ist verstummt, die Sorge um die Toten ist erloschen. Es scheint sich niemand mehr um sie zu kümmern.

> allerheiligen
>
> sie sperren abends lang schon nicht mehr zu; nah den laternen
> sieht man, wo man tritt; weil sich die augen rasch gewöhnen
> können, wirkt nach u. nach der ganze weg beleuchtet. Wann
>
> wenn nicht heute kann man zu so später stunde getrost zu seinen
> lieben toten gehen. die lichte leuchten nie so dicht, so traulich
> aufgestellt in bodennähe, daß man geführt wird von dem warmen
>
> schein, wenn auch kein lebender mehr unterwegs sein wird. doch
> kann ich trotzdem eines nicht verstehen. waren nicht sonst um diese
> jahreszeit die gräber vielfach schon mit torf bestreut? war ich nicht
>
> selbst einer, der da streuen ging, bis alle erde zugedeckt erschien?
> jetzt liegt die krume unverhüllt, vom torf ist man gemeinhin abgekommen, friert denn die erde winters nicht mehr zu? ist niemand
>
> mehr da unten drin, dem eine warme decke guttun könnte, jetzt, wo
> die tage (uhr ist umgestellt) mit einem mal rapide kürzer werden? ist
> das organische schon so weit abgebaut, daß man von überresten kaum
>
> mehr reden kann? sind pilze u. bakterien mit ihrer arbeit schon zum
> schluß gekommen? das längst; doch bin ich nicht gewohnt, die dinge,
> die in rede stehen, auf diese kühle art zu sehen. ist hier doch stets
>
> der ort gewesen, wo ich den toten nahe war in rufweite zu gott. da gab
> es etwas, das durch wolken dringt. ich habe ein dreitagelicht; es ist
> fast hell geworden, seit ein vogel singt; urahne, urangst, mutter u. kind

Das Gedicht ist um eine Metapher herum aufgebaut – um die Metapher der „warme(n) decke". Sie ruft eine Fülle von Assoziationen hervor: Die Toten liegen in einem Bett, befinden sich in einer Behausung, die gegen die winterliche Kälte geschützt werden muss. Der Torf, der sorgsam ausgestreut werden will, deckt die Toten zu. „In rufweite zu gott" konnte man sich mit ihnen unterhalten, ihnen jedenfalls „nahe" sein. Im semantischen Milieu der Metapher der „warme(n) decke" ist Totenkommunikation möglich. Mit Georg Lakoff und Mark Johnson lässt sich hier von einer „Orientierungsmetapher" (Lakoff/Johnson 2018, 35f.) sprechen: „da unten drin", wo die frierenden Toten sich befinden, ist eine räumliche Angabe, die über den Sinn der „warme(n) decke" Auskunft gibt. Von einer „Orientierungsmetapher" ist hier deshalb die Rede, weil sie auf dem Unterschied zwischen *oben* und *unten* beruht. Aber sie bietet auch Orientierung in dem Sinne an, dass sie *richtungsweisend* ist und *führt* zu den Toten.

Die Metapher lässt „Assoziationsfelder" (Ricoeur 1986, 71) entstehen, die es erlauben, über die bloßen Tatsachen hinauszugehen. „die kühle art zu sehen", also die nüchterne, auf Tatsachen fixierte Betrachtung, ist dem Besucher fremd. Die „pilze u. bakterien" repräsentieren auch hier die völlige Naturalisierung der Toten, ihre Auflösung in ein Nichts an Bedeutung. Aber dagegen rebellieren die Gewohnheit und das Bedürfnis, mit ihnen das Gespräch einzugehen. Wer Letzteres will, ist auf Metaphern angewiesen. Ohne die Erfindung von Metaphern und ohne ihre Assoziationsfelder wäre dieses nicht möglich, aber auch umgekehrt sind es die bereits existierenden, teils gängigen Metaphern, die das Gespräch in Gang setzen. „Die Vielfalt der menschlichen Erfahrung" benötigt ein „kontextgemäß anpassungsfähiges Wortschatzsystem" (Ricoeur, ebd. 69), damit diese zur Artikulation gelangt, aber genauso sind es die bereits zur Verfügung stehenden Metaphern selber, die Erfahrungen ermöglichen.

Eine auf Tatsachen reduzierte Sprache im Umgang mit dem Tod – die Ausnüchterung der metaphorischen Dimension der Sprache im „Mythos des Objektivismus" (Lakoff/Johnson ebd., 224 ff.; vgl. Taylor 2017) mit seinem rationalistischen und empiristischen Ideal – entspricht einer verarmten Erfahrung, die es sich verbietet, über unsere Beziehung zu den Toten und über die Bedeutung des Todes nachzudenken. Gleichsam zerlegt werden die Toten in ihren Spurenelementen – in „pilze(n) u. bakterien" –, und zum Stillstand gelangt dann das Gespräch mit ihnen. Hat die *Zerlegung*, also die Analyse, das letzte Wort?

III Die Analyse und „die ungeheure Macht des Negativen" (Hegel)

In Hegels „Vorrede" zur „Phänomenologie des Geistes" findet sich in seinen Ausführungen über das „Analysieren" eine interessante Passage über den Tod. „Das Wahre ist das Ganze" (Hegel 1970, 24), lautet die berühmte Ankündigung eines großangelegten Programms der „Vermittlung", worin die „Reflexion" oder die „reine Negativität" (ebd., 25) den Prozess der Vernunft – den Prozess des „zweckmäßige(n) Tun(s)" – zu seinem Resultat, zum „Absoluten" vorantreibt. Ein ganz und gar wesentlicher Moment ist dabei „das Analysieren", das Scheiden, „eine Vorstellung in ihre ursprünglichen Elemente auseinanderlegen" (ebd., 35). Nur im Zerlegen, nur wenn „das Konkrete sich scheidet und zum Unwirklichen macht, ist es das sich Bewegende" (ebd. 36). Es muss erst bei einer Vorstellung die uns bekannte Form, in der sie vorkommt, in ihre Elemente zerlegt werden, damit wir im Erkenntnisprozess vorankommen. Das

Analysieren einer Vorstellung ist nämlich nichts anders als „das Aufheben der Form ihres Bekanntseins" (ebd. 35).

Das Analysieren interveniert also in das uns Bekannte. Es räumt gewissermaßen auf mit dem saturierten Bekanntsein mit den Dingen und überführt diese in eine *Fremdheit*. Die Analyse hat etwas Verstörendes, weil sie uns aus einer vertrauten Welt – zunächst – herauslöst. Obwohl Hegels Vorrede „Vom wissenschaftlichen Erkennen" handelt, stoßen wir dort an verschiedenen Stellen auf durchaus existentielle Momente. Die folgende Passage macht das überaus deutlich.

> Die Tätigkeit des Scheidens ist die Kraft und Arbeit des *Verstandes*, der verwundersamsten und größten oder vielmehr der absoluten Macht. Der Kreis, der in sich geschlossen ruht und als Substanz seine Momente enthält, ist das unmittelbare und darum nicht verwundersame Verhältnis. Aber daß das von seinem Umfange getrennte Akzidentelle als solches, das Gebundene und nur in seinem Zusammenhange mit anderem Wirkliche ein eigenes Dasein und abgesonderte Freiheit gewinnt, ist die ungeheure Macht des Negativen; es ist die Energie des Denkens, des reinen Ichs. Der Tod, wenn wir jene Unwirklichkeit so nennen wollen, ist das Furchtbarste, und das Tote festzuhalten das, was die größte Kraft erfordert. (ebd., 36)

Analysieren heißt demnach die uns bekannte („nicht verwundersame"), gleichsam in sich ruhende Vorstellung in ihre Bestandteile („das von seinem Umfange getrennte Akzidentelle") auflösen. Der Kreis wird unterbrochen und was uns vertraut und bekannt war, verliert diesen Status. Die analytische Verstandestätigkeit scheidet und durchbricht das Bekannte, weshalb der Verstand die „verwundersamste [...] Macht" genannt wird, „die ungeheure Macht des Negativen". Und dann wechselt Hegel das Register. Nun betritt der Tod die Bühne, der gewissermaßen das existentielle Pendant zur Verstandestätigkeit darstellt. Das „Akzidentelle" war nur wirklich in seinem Gebundensein an die „Substanz", aber die analysierende Verstandestätigkeit („die ungeheure Macht des Negativen") hat diese Bindung durchtrennt. Ebenso stellt der Tod eine solche „ungeheure Macht des Negativen" dar und wie das Akzidentelle, das nur „in seinem Zusammenhang mit anderem Wirkliche", nach dieser Verstandestätigkeit des „Scheidens" gleichsam im Unwirklichen schwebt, manifestiert sich der Tod als „Unwirklichkeit". Das gebiert Angst. Der Tod ist „das Furchtbarste". Der Preis, der für diese Trennung bezahlt wird, ist jedoch nicht bloß negativ – „Freiheit" ist der Gewinn.

Hegels erkenntnistheoretische Bemerkungen erhalten durch diesen Bezug zum Tod eine existentielle Signatur, aber darüber hinaus kann man diese Passage auch kulturhistorisch lesen. In dieser Hinsicht hat das Geschäft der Analyse, das in der Philosophie der frühen Moderne bereits Triumphe feierte, zu einem „erosionshaften Verschleiß von konservativen Reserven" geführt, wie es Dieter Claessens genannt hat.

> Angesichts [...] der gleichzeitig spürbaren Erschlaffung synthetischer Möglichkeiten wurde das Thema des 19. Jahrhunderts bereits ‚die Angst', d. h. das existentiell beklemmende Gefühl der Furcht vor einer prinzipiellen Unfähigkeit, aus analysierter, d. h. aufgelöster Wirklichkeit noch lebendige Wirklichkeit und überzeugenden, identitätserhaltenden und identitätsschaffenden Sinn zu erschließen. (Claessens 1980, 317)

Es ist kein Zufall, dass die Angst vor dem Tode oder die Todesfurcht seitdem zu einem philosophischen Dauerthema wurde.

Im weiteren Verlauf jener Passage verharrt Hegel beim Tod, so als manifestierten sich das Geschäft der Analyse und seine Folgen vor allem in unserem Verhältnis zu diesem.

> Die kraftlose Schönheit haßt den Verstand, weil er ihr dies zumutet, was sie nicht vermag. Aber nicht das Leben, das sich vor dem Tode scheut und von der Verwüstung rein bewahrt, sondern das ihn erträgt und in ihm sich erhält, ist das Leben des Geistes. Er gewinnt seine Wahrheit nur, indem er in der absoluten Zerrissenheit sich selbst findet. Diese Macht ist er nicht als das Positive, welches von dem Negativen wegsieht [...]; sondern er ist diese Macht nur, indem er dem Negativen ins Angesicht schaut, bei ihm verweilt. Dieses Verweilen ist die Zauberkraft, die es in das Sein umkehrt. (ebd., 36)

Nur indem das „Negative", das im Tod seine furchtbarste Gestalt zeigt, ausgehalten wird, kommt der „Geist" zu „sich selbst". Nur im Hindurchgehen durch diese Erfahrung reifen wir. Nur beim „Verweilen", das „dem Negativen ins Angesicht schaut", gibt es die Möglichkeit zur Verwandlung, jene „Zauberkraft, die es in das Sein umkehrt". Diese Aufgabe ist keine geringe. Am Ende der vorherigen Passage hatte Hegel bereits betont, „das Tote festzuhalten" sei „das, was die größte Kraft erfordert". Aber nicht nur „das Tote", sondern auch die Toten müssen festgehalten werden.

> Weil er nur als Bürger *wirklich* und *substantiell* ist, so ist der Einzelne, wie er nicht Bürger ist und der Familien angehört, nur der *unwirkliche* marklose Schatten. Diese Allgemeinheit, zu der der Einzelne als *solcher* gelangt, ist das *reine Sein, der Tod*; es ist das *unmittelbare natürliche Gewordensein*, nicht das *Tun* eines *Bewusstseins*. Diese Pflicht des Familiengliedes ist deswegen, diese Seite hinzuzufügen, damit auch sein letztes *Sein*, dies *allgemeine* Sein, nicht allein der Natur angehöre und etwas Unvernünftiges bleibe, sondern dass es ein *Getanes* und das Recht des Bewusstseins in ihm behauptet sei. (ebd., 32)

Die Toten außerhalb der Bezirke der Gemeinschaft und fern ihres Familienverbands werden zu Schattengestalten, zu ‚marklosen' Schatten. Dem jeweiligen Toten fehlt die Markierung, die er als Bürger und Familienmitglied noch besaß. Er ist zur bloßen bestimmungslosen Allgemeinheit zurückgekehrt, die Hegel

„Natur" nennt. Sein bewusstes Leben ist erloschen, von seinen Taten und Absichten ist nichts übriggeblieben. Es sei denn, die Verbliebenen übernehmen dieses Amt für ihn. Das sei ihre „Pflicht". Die Pietät gegenüber dem Toten besteht nicht zuletzt aus der Übernahme dieses Amtes: Die Nachkommen sind dazu aufgerufen, den Toten dem Reich des Vergessens zu entreißen, indem sie sich seiner in seinen Taten und als Person (dem „Recht des Bewusstseins") erinnern. Er soll nicht „allein" der Natur überlassen werden – dem Ort seines Unsichtbar-werdens und seiner Verstummung.

> Die Blutsverwandtschaft ergänzt also die abstrakte natürliche Bewegung dadurch, dass sie die Bewegung des Bewusstseins hinzufügt, das Werk der Natur unterbricht und den Blutsverwandten der Zerstörung entreißt, oder besser, weil die Zerstörung, sein Werden zum reinen Sein, notwendig ist, selbst die Tat der Zerstörung über sich nimmt. (ebd., 333)

Die Familie als Ausdruck der Generationenkette leistet Widerstand gegen das Verschwinden, gegen die komplette Naturalisierung des toten Verwandten. Was aber bedeutet es, dass diese „Blutverwandtschaft", wie Hegel betont, ihrerseits „die Tat der Zerstörung über sich nimmt"? Die Kette der Generationen ist im Grunde die andere Seite der Zerstörung: In der „Natur" findet eine Zerstörung statt, die ins „Unvernünftige" führt, was bedeutet, dass der Tote dort ins Bestimmungslose, in das Vergessen, in den Verlust jeglicher Individualität geschickt wird. Auch die Blutsverwandtschaft beruht auf einer sukzessiven Zerstörung: Ohne den Tod der Alten ist die Bluts*verwandtschaft* undenkbar, gibt es keine Generationenfolge. Die Zerstörung wird gewissermaßen bestätigt. Aber die *Bluts*verwandschaft schafft eine Kontinuität und sie besorgt ein Nachleben des Toten.

Das geschieht, indem beispielsweise der Name des Toten erinnert und in Ehren gehalten wird.

> Der Tote, da er sein *Sein* von seinem *Tun* oder negativen Eins freigelassen, ist die leere Einzelheit, nur ein passives *Sein für Anderes*, aller niedrigen vernunftlosen Individualität und den Kräften abstrakter Stoffe preisgegeben, wovon jene um des Lebens willen, das sie hat, diese um ihrer negativen Natur willen jetzt mächtiger sind als er. Dies ihn entehrende Tun bewusstloser Begierde und abstrakter Wesen hält die Familie von ihm ab, setzt das ihrige an die Stelle und vermählt den Verwandten dem Schoße der Erde, der elementarischen unvergänglichen Individualität; sie macht ihn hierdurch zum Genossen eines Gemeinwesens. (ebd., 333)

Was die Familie für den Toten tut, ist in erster Instanz die Gewährleistung von Schutz – gegen seine *bloße* Zersetzung oder Zerstückelung, gegen die der Tote keinen Widerstand leisten kann. Denn er ist nur noch *„passives Sein für Anderes"*. Nicht „Anderes" soll sich seiner bemächtigen, sondern Andere sich um ihn kümmern. Die Vermählung mit dem „Schoße der Erde" meint das feierliche Begräbnis in der Stätte der Toten, wodurch diese weiterhin „Genossen eines Gemeinwesens" bleiben. Indem die Blutsverwandtschaft das nackte Zerstörungswerk „überwältigt und gebunden hält", wie Hegel sehr schön sagt, hält sie den Toten zurück und behält ihn für das Gemeinwesen. Die Bedeutung dieser Aufgabe kann man Hegel zufolge nicht überschätzen. „Diese letzte Pflicht macht also das vollkommene *göttliche* Gesetz oder die positive *sittliche* Handlung gegen den Einzelnen aus." (334)

Hegel erfasst sehr genau, welche wichtige Funktion Beerdigung und Totengedenken haben. Was hier stattfindet, geht über die Bestattung eines Individuums und über das Gedenken seiner im Kreis der „Blutverwandtschaft" weit hinaus. Genau genommen wird eine kulturelle und politische Identität gestiftet. Die Erinnerung der Vergangenheit ist die Bedingung für die Identität der Gegenwärtigen als eines politischen Kollektivs. Und nur mittels dieser Schnur des Gedenkens entsteht so etwas wie eine kulturelle Tradition. Annette Dorgerloh hat in ihrem Buch *Strategien des Überdauerns* eine fulminante Studie über Gräber und Erinnerungsmale im nach-lutherischen Deutschland verfasst, Thomas W. Laqueur in *The Work oft The Dead* gar eine ganze Kulturgeschichte der Erinnerungstechniken und des Totenumgangs ausgebreitet. In beiden Abhandlungen wird das stetige und kulturstiftende Bemühen um die Präsenz der Toten in seinen zahllosen Ausformungen deutlich – der unablässige und anhaltende Kampf gegen das Vergessen, gegen den Gedächtnisverlust.

IV Der Raum der Totenerinnerung

Damit das Totengedenken gelingt, müssen die Toten in der Nähe bleiben. Totengedenken ist nicht bloß eine *Denk*übung, sondern ist auf *räumliche* Nachbarschaft angewiesen. Unsere Erinnerung wäre erheblich störungsanfällig, wenn sie sich nur innerpsychisch abspielte. Die Stützen der Erinnerung befinden sich außerhalb ihrer, in räumlichen und somit in materiellen Umgebungen. Wäre die Erinnerung auf die Kontinuität einer psychischen Spur angewiesen, würde sie alsbald zusammenbrechen. Kontinuierliches Erinnern ist unmöglich, denn im Laufe der Zeit werden die Lücken immer größer. Dies ist einerseits eine Wohltat, denn das zeitweilige Vergessen entlastet vom Druck ständigen Erinnern-Müssens. Andererseits muss das unvermeidliche Anwachsen des Vergessens gebremst werden, damit die Erinnerung nicht vollständig erlöscht. Das ist nur möglich, indem die Räume, in denen das Erinnerte gegenwärtig ist, erhalten werden. Während in der innerpsychischen Erinnerungsarbeit die erinnerten Sachverhalte, je weiter diese in die Vergangenheit einrücken, umso abstrakter werden, bieten die Räume eine Hilfe gegen das Vergessen an. Sie sind vergessensresistent.

Als Beispiel möge an dieser Stelle ein Hinweis auf die Schlachtfeldarchäologie genügen, die eine relativ junge Disziplin darstellt. Ein Jahrhundert nach Ende des ersten Weltkriegs werden in Nord-Frankreich – in Vimy, Argonne, Beaumont-Hamel und Saint-Remy-la-Calonne – auf den dortigen Schlachtfeldern nach Gräbern gesucht, damit die vermutlich 650 000 bis heute vermissten Soldaten wenigstens an einigen Stellen aus der Anonymität ihres Verschwundenseins in bloßer Natur herausgelöst werden. Die archäologischen Funde sind eine mächtige Erinnerungsstütze, denn sie materialisieren nicht nur das Todesdatum und den allgemeinen Kriegsschrecken, sondern sie *vergegenwärtigen* die Toten selbst (vgl. Holzhaider 2018).

Die räumliche Präsenz, die auf diese Weise entsteht, stützt das individuelle Gedächtnis, aber ihre Wirkung geht weit über diese Funktion hinaus. Es entsteht solchermaßen *kulturelle Kohärenz*: Die Toten fallen aus dem kulturellen Gedächtnis nicht länger heraus. Sie können besucht werden – sei es an den tatsächlichen Fundorten, sei es in einer symbolisch angemessenen neuen Umgebung wie auf einem eigens für sie eingerichteten Friedhof. An einem solchen öffentlichen Ort finden wiederholt Begehungen statt, die das Gedächtnis lebendig halten. Man braucht keineswegs in irgendeiner verwandtschaftlichen Beziehung zu den Toten zu stehen, damit man ihre Anwesenheit spürt. Die Begehung solcher Orte hat noch eine entfernte Ähnlichkeit mit einstigen Riten, denn sie ist zumindest lose kodiert durch gewisse Pietätserwartungen, die für ein *angemessenes* Verhalten sorgen. Texte, die das Geschehene beschreiben, sind in erinnerungstechnischer und emotionaler Hinsicht schwächer als die Wiederholung des Totenbesuchs durch die späteren Generationen. Die „Repetition" ist mächtiger als die „Interpretation" (vgl. Assmann 1999, 88 ff.).

Der Vorrang des Raums gegenüber der Zeit zeigt sich aber auch bei der individuellen Erinnerungsarbeit. In „Kurzes Buch über das Sterben" von Andrzej Stasiuk findet sich eine Gedenkgeschichte, die seinem verstorbenen Jugendfreund Grochów gilt. Stasiuk befindet sich auf eine Reise in seiner polnischen Heimat, wobei allerlei Geruchsempfindungen eine wichtige Rolle spielen. Olfaktorisch wird die Erinnerung lebendig. Aber vor allem die Orte der Grablegung sind es, die die Toten vergegenwärtigen. Stasiuk möchte Grochów besuchen, aber dieser hat kein Grab. In der nun folgenden Passage richtet er sich zunächst an den Leser.

> Er fehlt mir. Nicht einmal, weil er tot ist. Daran kann man sich gewöhnen. Man denkt eben ein wenig anders an das Leben von jemandem, wenn es vollendet ist. Man muss sich daran gewöhnen, dass sich nichts mehr ändert und man nur noch die Vergangenheit haben wird. Aber mir fehlt der Ort, an dem er ist. Nicht dass ich sofort sein Grab besuchen wollte. Jedenfalls nicht unbedingt. Aber ich würde gerne wissen, dass er in materieller Form irgendwo existiert. Dass er an einem bestimmten Ort anderthalb Meter unter der

> Erde liegt, den er nicht mehr wechselt. Dass irgendwo Beweise für seine Existenz und für die Existenz all dessen liegen, was das Gedächtnis bewahrt. Oder genügt die Erinnerung sich vielleicht selbst? Manchmal fehlt mir also dieser Ort. Geradeheraus gesagt, seine Überreste fehlen mir, wenn das auch makaber klingen mag. Der Beweis, dass wir wirklich gelebt haben, oder nicht? (Stasiuk 2013, 108)

Die Erinnerung genügt sich offenbar nicht selbst. Diese Passage ist voller wichtiger Einsichten. Es ist nicht so sehr das Tot-*Sein* des Freundes, das als problematisch empfunden wird. Es fehlt nicht an erster Stelle der Lebende, sondern der Tote. Der Tote ist *nirgendwo* und dadurch ist die Kommunikation mit ihm erheblich eingeschränkt. Es handelt sich um das Problem einer Ortsbestimmung, die selbstverständlich ausschließlich ein Problem der Lebenden ist. Die Ortlosigkeit des Toten scheint die Wahrheit des gemeinsamen Lebens der beiden Freunde noch nachträglich in Zweifel zu ziehen. Die Erinnerung kann sich nämlich täuschen. Eine wichtige Gedächtnisstütze fehlt – *ein Raum der Vergewisserung*. Auch wenn der Tote in der Zeit längst abhanden gekommen ist, würde ein solcher Raum einen hartnäckigen Widerstand gegen seinen endgültigen Abgang leisten.

Übertragen auf das Gedenken einer Gruppe oder eines größeren Kollektivs bedeutet das: Mangels Ortskunde in den Regionen der Toten werden die Lebenden tendenziell heimatlos. Ihre Identität, die in vielerlei Hinsicht von dem Blick auf die Toten abhängt, wird störungsanfällig. Ihr fehlt die Assistenz der Vergangenheit, die Assistenz der Toten. Aus diesem Grund wird das endgültige Verlassen der Gräber der Ahnen oft als eine Treulosigkeit erfahren. Auswanderer versuchen deshalb häufig etwas Erde mitzunehmen, irgendwelche sinnliche Spuren des Totenraums.

Grochów hat sich kremieren lassen. Das empfindet sein Freund als Affront. Wenn die Toten sich in ihrer Asche aus dem Staub machen, grenzt das an eine Beleidigung für die Lebenden. Ihnen ist etwas genommen worden, dem Verstorbenen nichts, denn ihm – dem Toten – kann sein Zustand im Grunde egal sein. Vielleicht regiert da die Angst vor der langsamen Verwesung, die Angst vor der *Vorstellung* der Verwesung. Aber ängstigt die Vorstellung von dem Feuer dann auch? Oder möchten die Lebenden, sobald sie tot sind, den anderen nicht länger zur Last fallen? Sind ihre materiellen Spuren ihnen peinlich und den Verbliebenen lästig? Ist die Pflege der Toten nicht mehr zumutbar, weil ihr langsames Verschwinden den Schnellheitsrausch der Lebenden aus dem Tritt bringen würde?

Stasiuk lässt seinen Protagonisten die Notwendigkeit einer Örtlichkeit, wo die Toten sich befinden, verteidigen. Unser Denken und unser Gedenken brauchen offenbar die Berührung. Ohne die Präsenz im Raum kommt uns der Sinn für die Toten und somit auch der Sinn für uns selbst abhanden. Grochóws Klage richtet sich irgendwann an den verstorbenen Freund selbst. Der Ort, wo sich der Freund aufhält, muss in die Ansprache Grochóws hinübergerettet werden. Der Freund befindet sich nun in dem Imaginationsraum der kurzen Erzählung. Ein bescheidenes Therapeutikum für den Schmerz, der durch sein Fehlen ausgelöst wurde, wird in dem kleinen Narrativ zur Verfügung gestellt. In ihm wird eine zeitweilige Kopräsenz des abwesenden Freundes realisiert.

> Was ist Dir da überhaupt in den Sinn gekommen, dich verbrennen zu lassen? Dass es schön ist, wenn nichts bleibt und nur der Geist in den unendlichen Raum aufsteigt? Dass du deinen ausgemergelten Körper nicht der Zersetzung überlassen willst, dem langsamen Eindringen in die Erde? Das Skelett dagegen würde ewig leben. Und würde Gedanken anziehen, die Erinnerung beleben. Schließlich sind wir immer noch Wilde und brauchen Totems, brauchen Fetische. Der Gedanke muss etwas berühren. Ich muss über etwas weinen können, über etwas Konkretes, nicht nur über meine Erinnerungen. Der Überlebende sollte die Möglichkeit haben, auf der Erde zu stehen, unter der der Verstorbene liegt. Er sollte wissen dürfen, dass der andere dort ist. Dass die Gebeine der Toten über das Leben der Überlebenden wachen. Anderthalb Meter unter der Erde. Er sollte auf diese Stelle seinen Fuß setzen und Kraft daraus schöpfen können. So denke ich manchmal. Sohn eines Volkes, das seine Toten einst unter der Türschwelle begrub. Um sie für immer bei sich zu haben. Damit das Leben ununterbrochen weitergeht. So denke ich manchmal, wenn du mir fehlst. Wenn ich mich ein bisschen einsam fühle. (Stasiuk, 109)

Hat der Tote keinen Ort mehr, muss die Erinnerung an ihn notwendigerweise *introvertiert* werden. Diese Reduktion auf eine mentale Erinnerungsspur führt zu einem Triumph der Zeit über den Raum. Aber während der Raum vergleichsweise stabil ist und in aller Regel mit anderen *in kommunikativer Absicht* geteilt wird, weist die Zeit des Erinnerns eine solche Robustheit nicht auf. Ausschließlich auf die Zeit angewiesen wird die Erinnerung störungsanfällig und verletzbar – durch das schlichte Vergessen, durch die Abnützung der Gefühle. In Stasiuks Erzählung beklagt der Protagonist die Einsamkeit seines Gedenkens, weil Grochów keinerlei materielle Spur hinterlassen hat. Die Erinnerung an ihn droht nun autistische Züge anzunehmen, denn obzwar sie sich auf Grochów bezieht, fängt sie an um sich selbst zu kreisen. Sein Freund möchte jedoch nicht über seine Erinnerungen weinen, wie es so schön heißt, sondern eben um den Verstorbenen. Die Erinnerung benötigt die Stützen unserer Sinne, damit sie sich nicht in das Labyrinth unserer Innerlichkeit verirrt. Die Räume fördern allerdings nicht nur das Erinnern, sondern sie machen es ebenso möglich, zeitweilig zu vergessen, also sich zu entlasten und sich zu erholen von der Last, die jedes Gedenken verursacht. Während *wir* vergessen, erinnern *sie* sich weiter. Wie gesagt, das alles gilt sowohl für das individuelle als auch für das kollektive Erinnern.

In seinem späteren Roman *Der Osten* hat Stasiuk allerdings die hypertrophe Inszenierung, die von Grabmälern ausgeht, beklagt. Sie wirken, als möchte man die Toten festhalten, als seien sie immer noch Schutzgeister, die entweichen würden, sobald wir sie nicht umklammern und einmauern. Solche Erinnerungsburgen spiegeln ein tiefes Misstrauen wider, eine Angst um die Geschicke der Toten, falls wir uns nicht penibel um sie bemühten und ihren Fort- und Weitergang unserer Kontrolle unterwerfen würden. Angesichts von Riten der Totenentsorgung wie beispielsweise in Nepal, wo buddhistische Mönche den Toten das Fleisch von ihren Knochen schneiden, um es anschließend den Geiern zum Fraß hinzuwerfen, weist Stasiuks Held auf das mangelnde religiöse Vertrauen hin, das uns kennzeichnet.

> Wohin gehen wir nach dem Tod? Worauf warten wir? In diesen palastähnlichen Grabmälern aus Granit und Marmor. In Mausoleen. In diesen Todeshäusern voller Luxus. Aufbewahrt in Krypten, unter verzierten Platten, hinter schmiedeeisernen Türen. Auf Friedhöfen, die stillen Städten gleichen. Als würden wir nicht glauben, dass der Herr kommt, und müssten wir uns selbst um alles kümmern. Aufbewahren bis weiß nicht wann. In Häusern aus Marmor, in dunklen Wohnungen aus Terrazzo. Weil wir keine Hunde und keine Geier haben. Weil wir nicht glauben, dass der Herr uns wieder erschaffen wird aus Staub, aus Rauch. Dass er uns wiederfinden wird im Atem des Hundes. Wir glauben nicht. (Stasiuk 2016, 239)

Die pompöse Pracht der Grabarchitektur kompensiert aber nicht nur die geschrumpfte religiöse Gesinnung, sondern sie legt Stasiuk zufolge auch Zeugnis einer Phobie ab, die das Erinnern selbst befällt: Stein und Marmor, Kult und Kunst trauen der Erinnerung nicht zu, aus eigener Kraft die Toten zu *präsentieren*. Es wird befürchtet, dass die Erinnerung ganz und gar ohnmächtig sei, als zerfalle diese in Windeseile nach dem Ableben, es sei denn, jene robuste Materialität würde jenem Vergessen einen Riegel vorschieben und uns zwingen, nicht zu vergessen.

> Wir stapeln unsere Toten in Schichten, in der Hoffnung, dass sie uns verteidigen, uns abgrenzen werden, wenn die Zeit da ist? Wir bauen ihnen Stätten aus Stein, damit wir einen Ort haben, wo wir hingehen können, damit sie nicht entkommen. Das Fleisch schwindet, aber die Knochen bleiben, das tröstet uns. Knochen. Um sie zu erhalten, machen wir das alles. Weil wir nicht an die Erinnerung glauben. (ebd., 243)

Hier ist es die Hypertrophie der Denkmäler, die der Erinnerung offenbar im Wege steht. Die Erinnerungsarbeit ist an diese aufgeblähte Architektur delegiert worden, so dass uns die Mühe genommen wurde, jene Arbeit selber vorzunehmen. Dennoch bleiben Denkmäler unabdingbar, wenn die Erinnerung nicht verloren gehen sollte. Wenn die Toten nur noch eine innerpsychische Spur hinterlassen, verblasst ihre Gegenwart, bis diese irgendwann – eher früher als später – erlischt. Nur ihre Sichtbarkeit in den Architekturen und in den ästhetischen Zeugnissen ihres einstigen Lebens hindert uns daran, sie und unsere eigene Endlichkeit zu vergessen. Aber die Toten sind noch in anderer Hinsicht beredt.

In Thomas Hettches Essayband „Totenberg" stoßen wir auf eine nachdenkliche Reflexion über die Wirkung des Berliner Pergamonaltars. „Feindberührung" heißt der Essay, der anfängt mit einem Gespräch zwischen dem Autor und Michael Klett, dem Herausgeber von Ernst Jünger. Gegenstand der Unterhaltung ist Jüngers „Sublimierung soldatischer Gewalt", die „den Kern der Ambivalenz berührt, die Ernst Jünger noch immer umgibt" (Hettche 2012, 67). In diesem Zusammenhang wird über heutige Denkmäler und Gedenkorte für gefallene deutsche Soldaten bei ihren Auslandseinsätzen, wie diese heute heißen, sinniert und über die Rückkehr von „Vertrauen in die Gewalt" (ebd., 77), nachdem diese so lange in den modernen Nachkriegsgesellschaften geächtet war. Hettches fulminanter Text steuert auf eine eindringliche Gewichtung der Wirkungen des Pergamonaltars zu. Der Altar erzählt die Gewaltgeschichte des Telephos, eines Sohnes des Herakles und der tegeatischen Königstocher Auge, der als Gründer der Stadt Pergamon verherrlicht wird.

> Vor dem Pergamonaltar spürt man nicht nur das Leid des Sterbens. Wir empfinden auch, dass wir die Einsamkeit diese Tode selbst über zweitausend Jahre hinweg durch unser Mitgefühl zu lindern vermögen. Wir leiden noch heute mit den sterbenden Titanen, ohne ihre Geschichte kennen zu müssen oder auch nur ihren Namen, weil wir ihren Schmerz sehen. Gewiß: Dieser Fries ist eine Schlachtbeschreibung, eine höchst propagandistische sogar, denn der Sieg der Olympier ist unzweifelhaft und schön, aber dennoch läßt seine Kunst Raum für das Leid des Sterbens in einem Krieg. Wobei am erstaunlichsten ist, daß er nicht einfach Mitleid für die Sterbenden zu wecken versteht und es dem Betrachter damit leichtmacht, sich auf die Seite der Opfer zu schlagen, sondern daß dieser Fries uns zugleich, im selben Moment, die Schönheit der Sieger zeigt und uns so mitschuldig werden läßt. (Hettche 2012, 101)

Die ganze Ambivalenz der in Marmor gegossenen Erzählung wird hier deutlich. Wir sind gleichsam hin und hergerissen zwischen dem Mitleid, das durch den gezeigten Schmerz evoziert wird, und der Mitschuld, wie sie Hettche nennt, weil wir von der „Schönheit der Sieger" fasziniert sind. Über den Abstand von nahezu zweitausend Jahren, die uns von der Herstellung des Altars trennen, und noch viel weiter über die unvordenkliche Zeit hinaus, in die der erzählte Mythos reicht, sind wir Beteiligte, uns solidarisierend mit den Opfern, uns weidend an den Siegern. Wir befinden uns auf beiden Seiten. Totengedenken kann beredtes Gedenken sein, aber es braucht dazu Räume, in der die Erzählung materialisiert wird. Im Falle des Pergamonaltars werden Gefühle der Menschlichkeit provoziert inmitten einer im Medium der ästhetischen Faszination sich manifestierenden Schuldverstrickung.

Der Pergamonaltar findet Bilder für das eigentliche Skandalon des Krieges: daß die Sieger nicht von der Gewalt affiziert werden, die sie ausüben. Vielmehr sehen wir sie, indem sie überleben, in eben diesem Augenblick zu Göttern werden und unsterblich. Und wir sehen sie, als Unsterbliche, schön und traumwandlerisch ungerührt, durch das Sterben hindurchgehen, das sie erzeugen. Und so, hin- und hergerissen zwischen einer Identifikation mit den Siegern wie mit den Besiegten, gewährt der Pergamonaltar uns, die wir heute völlig ungeschützt und sprachlos vor den Kriegen stehen, die ebenso jenseits wie im Innersten des Gartens ausbrechen werden, in dem wir noch immer leben, die Einsicht, worin einzig das Glück angesichts des Krieges bestehen kann: sich nicht ergreifen lassen zu müssen von der Gewalt. (ebd. 101 f.)

Literatur

Assmann, Jan (1999): Das kulturelle Gedächtnis. Schrift, Erinnerung und politische Identität in frühen Hochkulturen, München.
Claessens, Dieter (1980): Das Konkrete und das Abstrakte. Soziologische Skizzen zur Anthropologie, Frankfurt a. Main.
Coulanges, Numa Denis Fustel de (1981): Der antike Staat. Kult, Recht und Institutionen Griechenlands und Roms, Stuttgart.
Dörk, Uwe W. (2014): Totenkult und Geschichtsschreibung, Paderborn.
Dorgerloh, Annette (2012): Strategien des Überdauerns. Das Grab- und Erinnerungsmal im frühen deutschen Landschaftsgarten, Düsseldorf.
Harrison, Robert (2006): Die Herrschaft des Todes, München/Wien.
Harrison, Robert (2015): Ewige Jugend. Eine Kulturgeschichte des Alterns, München.
Hegel, Georg Wilhelm Friedrich (1970): Phänomenologie des Geistes, Frankfurt a. Main.
Hettche, Thomas (2012): Totenberg, Köln.
Holzhaider, Hans (2018), Im grünen Grab, in: Süddeutsche Zeitung, 20./21. Oktober, 34–35.
Hummelt, Norbert (2007): Totentanz. Gedichte, München.
Koschorke, Albrecht (2015): Hegel und wir. Frankfurter Adorno-Vorlesungen 2013, Berlin.
Lakoff, George/ Johnson, Mark (2018): Leben in Metaphern. Konstruktion und Gebrauch von Sprachbildern, Heidelberg.
Laqueur, Thomas W. (2015): The Work of the Death. A Cultural History of Mortal Remains, Princeton/Oxford.
Macho, Thomas (2017): Das Leben nehmen. Suizid in der Moderne, Berlin.
Macho, Thomas (2011): Vorbilder, München.
Reckwitz, Andreas (2017): Die Gesellschaft der Singularitäten, Berlin.
Ricoeur, Paul (1986): Die lebendige Metapher, München.
Stasiuk, Andrzej (2016): Der Osten, Berlin.
Stasiuk, Andrzej (2013): Kurzes Buch über das Sterben, Berlin.
Taylor, Charles (2017): Das sprachbegabte Tier, Berlin.

Nina Streeck
Der eigene Tod: Anfragen an ein populäres Sterbeideal

Sterben, wie es uns entspricht: Auf diese Kurzformel lässt sich die gegenwärtig wohl populärste Antwort auf die Frage nach dem guten Tod bringen. Der eigene, der individuelle Weg soll es sein, nicht nur im Leben, sondern auch an dessen Ende. Deshalb wird zu einer zentralen Angelegenheit, über die Umstände seines Ablebens selbst zu entscheiden und diese, so weit als möglich, zu planen und zu gestalten: „Der gute Tod ist heute der Tod, den wir wählen" (Walter 1994, 2; Übers. NS), konstatierte der britische Thanatosoziologe Tony Walter bereits Mitte der 1990er Jahre. Doch rankt sich das moderne Sterbeideal nicht bloß um die Möglichkeit individueller Entscheidungen; vielmehr schließt sich die Hoffnung an, der Sterbeverlauf möge sich in einer Weise vollziehen, in der die Persönlichkeit eines Menschen zum Ausdruck kommt, ja, es möge sich ein wahrhaft ‚eigener Tod' ereignen. Nicht von ungefähr werden die berühmten Verse Rainer Maria Rilkes heute vielfach in Todesanzeigen oder in Sterberatgebern zitiert: „O Herr gib jedem seinen eignen Tod. Ein Sterben, das aus jenem Leben geht, darin er Liebe hatte, Sinn und Not." Wem vergönnt ist, sein Sterben zu gestalten, so der Gedanke, macht sich idealerweise zum Autor seiner Sterbegeschichte, handelt darin autonom – und mehr noch, er verwirklicht in dieser finalen Lebensphase ein letztes Mal seine tiefsten Wünsche und folgt seinen ureigenen Überzeugungen. Der gute Tod ist dann nicht bloß der Tod, den wir wählen, sondern in ihm zeigt sich, wie sich jemand versteht und was ihm etwas bedeutet. Mit der Redewendung vom ‚eigenen Tod' möchte ich die Idee in Worte fassen, es gebe ein Lebensende, das nach dem Dafürhalten des Sterbenden im emphatischen Sinne zu ihm passt, weil seine Individualität darin ein letztes Mal aufscheint.

Hinsichtlich des ‚eigenen Todes' ähneln sich – bei aller Verschiedenheit – die Vorstellungen vom guten Sterben, die das Handeln in der Palliativversorgung und in der Sterbehilfebewegung anleiten; das Handeln in denjenigen Weisen der Sterbebegleitung mithin, die Sterbende heute meistens in Anspruch nehmen und die weithin bekannt sind. In beiden Kontexten möchte man den Einzelnen dabei unterstützen, seinen Sterbeprozess gemäß den eigenen Wünschen zu gestalten, damit sich sein ‚eigener Tod' ereignen kann. Und auch in anderer Hinsicht zeigen sich gemeinsame Werte, die sich beispielsweise in der Vorstellung niederschlagen, es sei erstrebenswert, dass der

Sterbende keine Schmerzen leiden müsse, sich mit seinen Angehörigen versöhnen oder den nahenden Tod akzeptieren könne. Doch um Anliegen wie die letzteren – konkret benennbare Ziele, die sich als Attribute eines guten Todes in einer Güterliste führen lassen – soll es hier nicht gehen, sondern um die – in einer gewissen Spannung zu derartigen Auflistungen stehende – Auffassung, es ließen sich keine derartigen allgemeingültigen Faktoren identifizieren, vielmehr bestimme das Individuum selbst darüber, was es für es bedeute, gut zu sterben.[1] Denn dieses Leitbild, ein subjektivistisches Sterbeideal, hat sich in den vergangenen Jahren zunehmend durchgesetzt und entspricht dem verbreiteten Wunsch, sich im Leben möglichst selbst zu verwirklichen und seine höchstpersönlichen Lebenspläne und -projekte zu verfolgen (McNamara 2004).

In der Palliative Care konkretisieren sich die Bemühungen um ein gutes Sterben gemäß der individuellen Wünsche in biopsychosozialspirituellen Angeboten, die dazu beitragen sollen, die Lebensqualität der sterbenden Person zu verbessern, während Sterbehilfeorganisationen in vergleichbarem Zusammenhang mit dem Begriff der Würde operieren, deren Schwinden als Grund für die eigenhändige Lebensbeendigung gilt. In beiden Fällen stellt die Sterbende – und kein Dritter – fest, wodurch ihre Lebensqualität steigt oder erhalten bleibt, beziehungsweise wann ihre Würde verlustig geht.

Wie weit her ist es aber mit dem erklärten Ziel, einem jeden Sterbenden zu seinem ‚eigenen Tod' zu verhelfen? Meine Argumentation wird darauf zulaufen, auf problematische Aspekte der Sterbeideale der Palliative Care und der Sterbehilfebewegung hinzuweisen, die sich gerade aus der individualistischen Orientierung ergeben. Obschon der Idee des ‚eigenen Todes' ein eigentlicher Freiheitsgedanke zugrunde liegt, denn es soll der sterbenden Person anheimgestellt bleiben, über die Umstände ihres Ablebens zu entscheiden, droht sich die Möglichkeit individueller Einflussnahme auf ihr Sterben in einen Zwang zu verkehren. Das Geschehen erweist sich als paradox: Sterbende, so lautet das Versprechen, können über die Gestaltung ihres Lebensendes selbst bestimmen – doch finden sie sich schließlich in Strukturen vor, die ihren ‚eigenen Tod' gerade verhindern, und das, obwohl ebenjenes Ideal nach wie vor hochgehalten wird. Denn in dem Moment, in dem der Einzelne nicht mehr selbst einfordert, seinen Sterbeprozess mitzugestalten, sondern dies als Anspruch von außen an ihn herangelangt, verwandelt sich die ursprünglich zugesagte

---

[1] Dieser Unterscheidung entsprechen subjektivistische und objektivistische Auffassungen des guten Lebens. Zu Theorien des guten Lebens vgl. Fenner (2007) und Steinfath (2011).

Freiheit in eine normative Anforderung, der sich der Betroffene nicht ohne Weiteres zu entziehen vermag.

Um zu verdeutlichen, inwiefern sich im heutigen Umgang mit dem Sterben eine paradoxe Entwicklung abzeichnet, verfahre ich wie folgt: zunächst führe ich im allgemeinen aus, wie sich das Ideal des ‚eigenen Todes' ausgestaltet, um vor diesem Hintergrund darauf einzugehen, auf welche Weise es die Palliativversorgung und die Sterbehilfebewegung prägt. Meiner Rekonstruktion des Leitbildes lege ich populäre Sterberatgeber und weitere Dokumente aus beiden Kontexten zugrunde, die Eingang in den öffentlichen Diskurs gefunden haben, sowie eine sozialwissenschaftliche Beobachtungsstudie im Hospiz. Bei der Auswahl habe ich mich von zwei Fragen leiten lassen: Wie stellen sich die Gegebenheiten einem Menschen dar, der sich über sein Lebensende Gedanken macht und dem Vorstellungen vom guten Sterben primär durch die Medien entgegenkommen?[2] Und wie übersetzt sich das Sterbeideal – im Falle der Palliative Care – in die Praxis? Daran anknüpfend formuliere ich schließlich einige kritische Anfragen an die Idee, es stürbe gut, wessen Tod dem Ideal des ‚eigenen Todes' entspricht.

1 Der ‚eigene Tod' als postmodernes Sterbeideal

Während Sterben und Tod noch vor nicht allzu langer Zeit mit einem Tabu behaftet waren, zieht das Lebensende mittlerweile starke Aufmerksamkeit auf sich. In Zeitungen und Magazinen erscheinen Geschichten über das Sterben, unheilbar Kranke betreiben Weblogs oder erzählen von ihren Erfahrungen in den sozialen Medien, und Filmemacher begleiten Menschen in den letzten Tagen und Wochen ihres Lebens mit der Kamera. Das Interesse mag auch dem Umstand geschuldet sein, dass religiöse Riten und traditionelle Formen in der Vorbereitung auf den Tod ihre Selbstverständlichkeit einbüßten, weshalb es Betroffenen nun an Orientierung mangelt und ihnen das Erleben anderer hilfreiche Einsichten verspricht.

---

2 In Fachkreisen findet sich die Überhöhung der Idee des ‚eigenen Todes' in ein Leitbild mit normierendem Charakter freilich nur teilweise (so beispielsweise nicht bei Bausewein in diesem Band). Mein Interesse gilt hier allerdings der Frage, welche Sterbeideale einem Menschen begegnen, der sich nicht vertieft und primär über die Medien vermittelt mit dieser Frage auseinandersetzt.

An die Stelle der einstigen traditionell-religiösen Sterbenormen tritt heutzutage eine Vielfalt von Erzählungen, eine wahre „Kakophonie von Stimmen, tausende Skripte, aus denen man auswählen kann"(O'Mahony 2016, 2; Übers. NS). Die fehlenden Konventionen, wie zu sterben ist, bedeuten mithin, dass der Einzelne nicht umhinkommt, einen Weg für sich zu finden, der ihm entspricht, und somit Entscheidungen über sein eigenes Lebensende zu treffen. Der Tod widerfährt heute kaum jemandem als bloß schicksalhaftes Ereignis, vielmehr vollzieht sich das Sterbegeschehen unter aktivem Zutun des Betroffenen und gestaltet sich als das „letzte Lebensprojekt des individualisierten Individuums" (Schneider 2014, 67).

Zweierlei steht dabei im Fokus: Zunächst gilt es für denjenigen, der mit der Diagnose einer unheilbaren und absehbar lebensbegrenzenden Krankheit lebt oder der ein hohes Lebensalter erreicht hat, sich darüber Gedanken zu machen, wie er seine verbleibende Lebenszeit verbringen möchte. Schließlich gehört zu den wählbaren – und tatsächlich oft gewählten – Aspekten des Sterbens aber auch der Zeitpunkt des Ablebens, worauf unter anderem die hohe Akzeptanz des assistierten Suizids, die wachsende Mitgliederzahl der Sterbehilfeorganisationen in der Schweiz und die Zunahme der terminalen palliativen Sedierung hindeuten.[3] Während sich die Palliativversorgung im Kern auch darauf richtet, einer sterbenden Person eine möglichst angenehme oder sogar schöne letzte Lebensphase zu verschaffen, kümmern sich Sterbehilfeorganisationen primär um das Geschehen rund um den Übertritt in den Tod selbst.

2 Der ‚eigene Tod' in der Palliative Care

Die Definition der Weltgesundheitsorganisation (WHO) verschafft einen ersten Einblick in das Selbstverständnis der Palliative Care:

---

[3] In meinem Beitrag befasse ich mich mit der Situation in Deutschland und der Schweiz. Gemäß Umfragen des Instituts für Demoskopie Allensbach und des Markt- und Meinungsforschungsinstituts Forsa befürworteten etwa zwei Drittel der befragten deutschen Bürger die ‚aktive Sterbehilfe' (Institut für Demoskopie Allensbach 2014, Forsa 2014). Die größte Schweizer Sterbehilfeorganisation Exit zählte am 31. Dezember 2018 nach eigenen Angaben 120117 Mitglieder und begleitete in diesem Jahr 905 Menschen in den Tod (Exit 2019). In der Schweiz erfolgte 2013 in 17,5 Prozent aller Todesfälle eine terminale Sedierung, gegenüber 4,7 Prozent im Jahr 2001 (Bosshard et al. 2016). Für Deutschland existieren keine verlässlichen Daten (Klosa et al. 2014).

> Palliative Care is an approach that improves the quality of life of patients and their families facing the problem associated with life-threatening illness, through the prevention and relief of suffering by means of early identification and impeccable assessment and treatment of pain and other problems, physical, psychosocial and spiritual. (WHO 2015)

Nicht auf das Sterben richtet sich mithin das palliativmedizinische Wirken, sondern das Leben in Form der Lebensqualität steht im Mittelpunkt der Aufmerksamkeit. Trotz lebensbedrohlicher Krankheit sollen der Patient und seine Familie die Möglichkeit erhalten, ihr Leben weitgehend frei von Leiden zu führen, indem nicht allein Schmerzen, sondern ebenso weitere körperliche sowie psychosoziale und spirituelle Probleme behandelt werden. Den Palliative-Care-Experten stellt sich das Lebensende mithin als Optimierungsproblem dar: Ihnen kommt die Aufgabe zu, auf das Leben des Sterbenden in einer Weise einzuwirken, dass es ein letztes Mal besser, schöner, lebenswerter wird, eben eine höhere Qualität als ohne den palliativen Zugriff aufweist (Streeck 2016).

Wie sehr eine Steigerungs- und Herstellungslogik das eigene Selbstverständnis prägt, zeigt sich in den Aussagen verschiedener bekannter Figuren im Feld der Palliative Care. So wies bereits Cicely Saunders, die Mutter der modernen Hospizbewegung, als ihr Ziel aus, eine sterbende Person dabei zu unterstützen, „ihr maximales Potenzial auszuschöpfen, bis an die Grenzen ihrer körperlichen Aktivität und mentalen Fähigkeit" (Saunders 1998, viii; Übers. NS). Die amerikanische Psychiaterin Elisabeth Kübler-Ross entwickelte auf der Basis von rund 200 Interviews mit Sterbenden ein Modell, demzufolge Menschen am Ende ihres Lebens verschiedene Phasen – Nicht-Wahrhaben-Wollen, Zorn, Verhandeln, Depression – durchleben, um zuletzt das Stadium der Akzeptanz des nahenden Todes zu erreichen (Kübler-Ross, 2012). Obschon sie angab, die Phasen seien nicht als Stufen zu begreifen, auf denen der Sterbende hinaufstiege, bezeichnete sie ihr Modell als „Weg optimalen Wachstums und kreativen Lebens" (Dies. 1975, 163; Übers. NS) – und ebenso fassten dessen Rezipienten es auf, so dass es, bis heute, normierende Wirkung entfaltet und eben dafür auch Kritik erfährt (Gehring 2010, 183 f.). Von einer trotz verkürzter Lebenserwartung erwünschten „Entfaltung des menschliches Potentials" (Borasio 2014, 123) als Ziel der Palliative Care spricht schließlich der Palliativmediziner und Bestseller-Autor Gian Domenico Borasio, während sein Kollege H. Christof Müller-Busch seinen Patienten „Entwicklungsmöglichkeiten" (Müller-Busch 2012, 30) bis zu ihrem Tod bieten möchte.

Dabei allerdings behält die Sterbende das letzte Wort. Ganz im Sinne eines – immer populärer werdenden – Abschieds von paternalistischen Handlungsweisen, die lange Zeit die medizinische Praxis prägten, soll Gehör finden, was Patienten selbst als ihrer Lebensqualität zuträglich erachten (Randall/

Downie 2014, 37). Das entspricht auch dem Ansatz der WHO, die Lebensqualität definiert als „an individual's perception of their position in life in the context of the culture and value systems in which they live and in relation to their goals, expectations, standards and concerns" (WHO 2018).

Die Orientierung an den Wünschen des Sterbenden, heute meistens unter dem Stichwort ‚Patientenzentrierung' verhandelt, formte die Philosophie der Palliative Care von Anbeginn (Randall/Downie 2014, 69). Sie nährt sich aus dem Gedanken, den Patienten ihren ‚eigenen Tod' ermöglichen zu wollen, was bereits Saunders zum Ausdruck brachte, als sie darlegte, zur Versorgung eines Sterbenden gehöre alles, das ihn dabei unterstütze, „seinen eigenen Weg des Sterbens, seinen eigenen Tod" (Saunders 1978, 3; Übers. NS) zu finden. Die Individualität der einzelnen Person zu berücksichtigen, hielt sie für unabdingbar für ein gutes Sterben und setzte damit den ‚eigenen Tod' als – bis heute gültiges – Leitbild der Hospiz- und Palliativbewegung (Thoreson 2003).

Entsprechend drehen sich die Bemühungen von Hospizmitarbeitern und Palliative-Care-Experten darum, ein dem jeweiligen Individuum gerechtes Sterben zu ermöglichen. Stefan Dreßkes Beobachtungsstudien im Hospiz verdeutlichen, wie sich die Versuche, dem Sterbeideal zu genügen, in die Praxis übersetzen (Dreßke 2005, 2008a, 2008b, 2012). Die vielfältigen Versorgungsangebote gelten dem Anliegen, schreibt Dreßke, einer Person „mit ihrer eigenen Biografie ihren eigenen Tod" (Dreßke 2012, 115) zu verschaffen, so dass sich das Sterben als „Phase im Lebenslauf [...] mit dem letzten großen Ziel des Selbst-Entwurfs" (a. a. O., 116) realisiere.

Freilich ließe sich dies ohne die Mitwirkung des Patienten nicht bewerkstelligen. Er muss in der Kommunikation mit seinen Betreuungspersonen zu erkennen geben, was ihm etwas bedeutet, wie er sich selbst versteht und worin seine Gewohnheiten, Interessen oder Abneigungen bestehen. So reicht die palliative Anamnese heute weit über die bloße Aufnahme von Krankheitsdaten hinaus und umfasst ebenso die Erhebung der Biografie, der musikalischen Vorlieben oder der Wünsche bezüglich der Körperpflege und der Ernährung (Student/Napiwotzky 2007, 39). Nach Dreßkes Beobachtung wendet das Pflegepersonal einige Energie auf, um in Erfahrung zu bringen, wie sich ein Hospizbewohner selbst versteht und was er als bedeutungsvoll erachtet (Dreßke 2012, 115). Indem die Pflegenden an Alltägliches wie das Lieblingsessen oder die Gegenstände auf dem Nachttisch anknüpfen und dem Bewohner auf der Basis von Deutungen seines Verhaltens bestimmte Charaktereigenschaften zusprechen, kann er sich als Mensch „mit eigener Biografie und Identität" (Dreßke 2008a, 108) präsentieren, tritt somit als Individuum in Erscheinung und bleibt kein namenloser Patient.

Damit sich das palliative Behandlungs- und Betreuungsangebot individuell zugeschnitten zum Einsatz bringen lässt, ist der Patient gefragt, sich zum „Regisseur seines Sterbens" (Dreßke 2008b, 19) aufzuschwingen, also das Drehbuch für sein eigenes Sterben selbst zu bestimmen und auszugestalten. Ihm kommt es zu festzulegen, welche Behandlungen und Therapien er in Anspruch nehmen möchte, ob er psychologische Betreuung oder die Beratung eines Sozialarbeiters wünscht und wie es mit seinen Bedürfnissen nach seelsorglichem Beistand aussieht. Entsprechend ermutigen Palliativversorger ihre Patienten, „ihre eigenen Skripte für das Sterben zu schreiben, ebenso wie sie es für das Leben tun" (Walter 2003, 218; Übers. NS). Den ‚eigenen Tod' zu sterben, bedeutet nach diesem Verständnis, auf das Sterbegeschehen aktiv Einfluss zu nehmen und es möglichst zu kontrollieren, denn die Lebensqualität ließe sich nicht steigern, bliebe der Betroffene passiv und enthielte sich der Sterbeplanung.

Um dem Einzelnen und seinen Vorstellungen hinsichtlich seiner Lebensqualität zu entsprechen, kommt eine holistische Herangehensweise zum Tragen. Nicht bloß der körperlichen, sondern ebenso der psychischen, der sozialen und der spirituellen Dimension einer Krankheit schenken Palliativversorger ihre Aufmerksamkeit und schaffen entsprechend ein umfassendes biopsychosozialspirituelles Behandlungs- und Betreuungsangebot. Cicely Saunders' berühmtes Konzept des „totalen Schmerzes", den sie als einen „Komplex körperlicher, emotionaler, sozialer und spiritueller Elemente" (Saunders 1996, 1600) definierte, findet hier seinen Ausdruck: Weil sich Schmerzen nicht bloß auf ein somatisches Leiden reduzieren lassen, bedürfen auch dessen übrige Dimensionen der Behandlung. Daran schließen sich die Handlungsanweisungen der European Association of Palliative Care (EAPC) an die Palliativversorger an:

> Palliative care is the *active, total care* of the patients whose disease is not responsive to curative treatment. Palliative care takes a holistic approach, addressing the physical, psychosocial and spiritual care, including the treatment of pain and other symptoms.
> (EAPC 2018, Hervorh. NS)

Als entscheidende Voraussetzung für die Möglichkeit, dem sterbenden Patienten eine umfassende Palliativversorgung – „active, total care" – angedeihen zu lassen, erweist sich dabei, dass derjenige um seine infauste Prognose weiß (Göckenjan 2008, 3483). Ein Bewusstsein des nahenden Todes bedarf es ebenso wie der offenen Kommunikation, formuliert es programmatisch die Palliativmedizinerin Petra Anwar: „Um aber unser Sterben so zu gestalten, wie es uns entspricht, müssen wir darüber reden. Wir müssen lernen, das Sterben zu einem unserer Lebensthemen zu machen" (Anwar/von Düffel 2014, 9). Verdrängt ein

Patient hingegen seinen Zustand, stellt er die Palliativversorger vor Probleme, denn sie können allenfalls ihre medizinische Expertise anbringen, laufen jedoch mit ihrem psychosozialen und spirituellen Programm ins Leere. Infolgedessen lässt sich aus ihrer Sicht trefflich von einer „Tugend des offenen Bewusstseins des Sterbens" (Seale 1995, 600; Übers. NS) sprechen. Die Möglichkeit zur Verwirklichung des „eigenen Todes" fußt mithin auf drei Bedingungen: 1. Der Arzt muss seinen Patienten darüber aufklären, wie es um ihn steht; 2. der Sterbende muss seinen Betreuern mitteilen, was er sich wünscht und wie er fühlt; und 3. sind diese aufgefordert, ihm und seinen Wünschen Gehör zu schenken (Walter 1994, 31).

Ausdeuten lässt sich das Wechselspiel zwischen Palliativversorgern und ihren Patienten anhand des Begriffs der Sterberolle.[4] Die Praktiken im Hospiz und auf Palliativstationen zielen auf die Zuschreibung einer solchen Rolle, die das Bewusstsein des nahenden Todes umfasst (Field 1996, 255). Das Personal wirkt dabei darauf hin, dass sich der Sterbende als solcher versteht. Ein Mensch übernimmt die Rolle eines Sterbenden jedoch nicht einfachhin, weil er die Diagnose einer unheilbaren, fortschreitenden Krankheit erhält, vielmehr handeln der Betroffene und sein Umfeld diese Rolle in fortwährenden Interaktionen erst aus. Der Sterbende muss mithin selbst willens sein, die Sterberolle auszufüllen (Dreßke 2012, 106). Damit verbinden sich für ihn Rechte ebenso wie Pflichten: Den gewohnten Alltag darf er hinter sich lassen, seine Wünsche und Bedürfnisse finden besondere Berücksichtigung, seine Symptome werden behandelt und er erfährt die Zuwendung seiner Angehörigen (Göckenjan/Dreßke 2002, 84). Allerdings verpflichten ihn diese Rechte auch, denn ihm wird nicht nur zugestanden, sondern es wird erwartet, dass er sich dergestalt verhält, also seine Wünsche äußert und sich umsorgen lässt, kurzum, die Bemühungen um die Verbesserung seiner Lebensqualität begrüßt. Soll sich der ‚eigene Tod' im Sinne der Palliative Care verwirklichen, bedarf es mithin des Zusammenspiels von Palliativversorgern und dem Patienten: Jene liefern die Mittel zur biopsychosozialspirituellen Sterbegestaltung, dieser dirigiert die individuell zu ihm passende Anwendung des palliativen Programms.

---

4 Die Idee einer eigenen Sterberolle lehnt sich an Talcott Parsons' Konzept der Krankenrolle an, demzufolge ein Kranker die üblichen Rollenerwartungen wegen seiner Krankheit nicht mehr erfüllt. Als Kranker ist er befreit von seinen normalen sozialen Verpflichtungen und muss beispielsweise nicht arbeiten gehen, zugleich wird von ihm aber erwartet, am Gesundungsprozess mitzuwirken und etwa einen Arzt aufzusuchen oder das Bett zu hüten; ihm kommen also Rechte ebenso wie Pflichten zu (Parsons 1951).

3 Der ‚eigene Tod' in der Sterbehilfebewegung

Nicht allein im Feld der Palliative Care findet das Leitbild des ‚eigenen Todes' Anklang, sondern ebenso – freilich in abgewandelter Form – in der Sterbehilfebewegung. Während vor allem von dem umfassenden Versorgungsangebot („active, total care") zur Verbesserung der Lebensqualität hört, wer sich in den Medien über Palliative Care informiert, prägt die andauernde Auseinandersetzung um die moralische Statthaftigkeit der Suizidassistenz[5] das öffentliche Bild der Sterbehilfe. Das Schlagwort, um das sich die Debatten primär ranken, lautet Selbstbestimmung; zunehmend verwandelt sich der Ausdruck „selbstbestimmtes Sterben" dabei in ein Synonym für den assistierten Suizid.[6]

Als gutes Sterben gilt also das selbstbestimmte, so dass sich das Eigene des ‚eigenen Todes' im Kontext der Sterbehilfe realisiert, indem eine Person über den Zeitpunkt ihres Ablebens entscheidet, wohingegen – anders als in der Palliative Care – die optimale Gestaltung der letzten Lebensphase wegfällt, beziehungsweise sich allenfalls auf die letzten Lebenstage und -stunden konzentriert. Gleichwohl spielt auch hier die Lebensqualität eine Rolle, obschon unter umgekehrtem Vorzeichen: Sie droht sich ins Negative zu verkehren, womit einer Person ihre Würde verlustig geht. Wo Palliativversorger davon sprechen, jemandes Lebensqualität verbessern zu wollen, heißt es in der Sterbehilfebewegung in vergleichbarem Zusammenhang, man bewahre Menschen davor, ihre Würde zu verlieren und deswegen einen unwürdigen Tod zu erleiden. An die Stelle der Lebensqualität tritt begrifflich die Würde, die in den Verlautbarungen von Sterbehilfediskussionen ebenso wie im öffentlichen Diskurs großen Raum einnimmt.

Wenngleich prima facie mit der Würde eines Menschen mehr auf dem Spiel zu stehen scheint als bloß eine Einbuße an Lebensqualität, werden unter den beiden Begriffen ähnliche Lebensumstände und Sachverhalte verhandelt, etwa Schmerzen und andere körperliche oder seelische Beschwerden. So gibt der Schweizer Sterbehilfeverein Dignitas an, Beihilfe zum Suizid zu leisten, wenn sich eine Verbesserung der Lebensqualität nicht erreichen lasse (Dignitas 2014, 28). Für beide, Sterbehelfer wie Palliativversorger, lässt sich konstatieren, dass

---

5 Allein auf diese Form der Sterbehilfe gehe ich ein, da sie in der Schweiz legal und in Deutschland Gegenstand andauernder Debatten ist. Auf weitere begriffliche Differenzierungen verzichte ich; wenn von ‚Sterbehilfe' die Rede ist, beziehe ich mich damit auf den assistierten Suizid.
6 Das Erste Deutsche Fernsehen kündigte z. B. einen Themenabend über Sterbehilfe am 2.10.2017 unter dem Titel „Selbstbestimmtes Sterben" an. Vgl. neben zahlreichen weiteren Beispielen auch Der Spiegel (2014) oder Die Zeit (2014).

„das schlimmste Übel [...] eine schlechte Lebensqualität" (Hurst/Mauron 2006, 110; Übers. NS) ist.

Bewahren lässt sich im Falle der nachlassenden Lebensqualität nach Auffassung der Sterbehelfer allerdings noch die Möglichkeit eines würdigen Sterbens. Neben der Selbstbestimmung avanciert die Würde damit zu den richtungsweisenden Konzepten der Sterbehilfeorganisationen: Die Deutsche Gesellschaft für Humanes Sterben (DGHS) stellt das Begriffspaar „Menschenwürde und Selbstbestimmung" (DGHS 2015, 11) in den Mittelpunkt ihrer Philosophie, die Schweizer Suizidhilfeorganisation Exit rechnet „Menschenwürde und das Selbstbestimmungsrecht" zu ihren „zentralen Begriffen" (Exit 2017, 7), und der zweitgrößte Schweizer Sterbehilfeverein Dignitas trägt die Würde gleich im Namen.

Ähnlich wie Lebensqualität in der Palliative Care als etwas verstanden wird, das der Einzelne für sich höchstpersönlich bestimmt, folgt die Sterbehilfebewegung einem subjektiven Würdebegriff. Von einem „Verstoß gegen die Menschenwürde, wenn sie über die Köpfe der betreffenden Personen hinweg definiert würde" (Arnold 2014, 207), spricht etwa der Arzt und Sterbehilfeverfechter Uwe-Christian Arnold in seinem „Plädoyer für das selbstbestimmte Sterben"; sein Kollege Michael de Ridder vertritt die Meinung, „nur der einzelne Mensch [...] ist befugt, darüber zu befinden, was seine Würde ausmacht" (de Ridder 2010, 197). Sinkt sie unter eine individuell verfügte Schwelle, so der Gedanke, lohnt sich das Weiterleben nicht mehr und der Einzelne kann einen assistierten Suizid in Angriff nehmen. Während der palliativ versorgte Patient mithin definiert, was er unter Lebensqualität versteht und wie er seinen Sterbeprozess gestalten möchte, so bestimmt derjenige, der Assistenz beim Suizid beansprucht, wann die Würde aus seinem Leben gewichen und deswegen der Zeitpunkt gekommen ist, aus dem Leben zu scheiden. Weil nichts mehr bleibt, das es zu verbessern gäbe, tritt an die Stelle einer facettenreichen Sterbegestaltung nun die Sterbeplanung: die Gestaltungsmöglichkeiten verengen sich gegenüber dem palliativ begleiteten Sterben, so dass der Sterbende sein Augenmerk primär auf den Augenblick des Ablebens richtet und nicht auf eine mehr oder weniger lange währende Lebensphase zuvor.

Im Selbstbestimmen über den Tod kommt nach Auffassung der Sterbehilfeverfechter bereits insofern etwas vom Eigenen heutiger Menschen zum Ausdruck, als diese gewohnt seien, über die Umstände ihres Lebens selbst zu entscheiden. Ihr Leben lang trafen sie demnach eigenständige Entscheidungen, weshalb sie sich, so heißt es in einer Informationsbroschüre von Exit, nicht „ausgerechnet beim Sterben dreinreden lassen oder zu würdeloser Bittstellerei gezwungen werden" (Exit 2017, 15) wollten. Der ‚eigene Tod' ist allein deshalb schon der selbst verfügte, weil die Fähigkeit zur Selbstbestimmung gleichsam eine Facette der Persönlichkeit moderner Menschen darstellt.

Selbst über sein Sterben zu bestimmen, bedeutet nun allerdings nicht, zwischen verschiedenen Möglichkeiten auszuwählen, denn die Option, den Tod ohne eigenes Zutun auf sich zukommen zu lassen, gehört nicht zu den Alternativen, die dem Sterbenden zur Wahl stünden.[7] Vielmehr heißt es nach diesem Verständnis: Kontrolle ausüben. Wer seinen Suizid plant, stellt sicher, dass alles gemäß den eigenen Vorstellungen läuft, und wem es im emphatischen Sinne etwas bedeutet, den Zeitpunkt und die Art seines Todes zu kontrollieren, dessen ‚eigener Tod' verwirklicht sich gerade in dieser spezifischen Weise der Selbstbestimmung. Deswegen bezeichnet de Ridder den Suizid unter gewissen Umständen als einen „Akt letzter Selbstbehauptung" (de Ridder 2010, 277), obwohl sich eine Person damit selbst auslöscht. Und nicht umsonst nennt die DGHS ihr Motto „Mein Wille. Mein Weg" (DGHS 2015, 3).

Ähnlich wie in der Palliative Care vollzieht sich ein Sterben in eigener Regie, und der Einzelne macht es zu seinem letzten Lebensprojekt, sein Ableben vorzubereiten. Die Sterbeplanung konzentriert sich auf das Wann, den Zeitpunkt, und das Wie, das sich nun allerdings bloß auf die Todesart, nicht aber auf den gesamten Sterbeprozess bezieht. Da die Lebensqualität bereits unwiederbringlich zunichte ist, weshalb ein Weiterleben notwendig der Würde entbehrt, ergäben Versuche, diese zu steigern, keinen Sinn mehr.[8] Im Gegenteil lässt sich die Würde allein erhalten, indem man sein Leben beendet, weshalb das Angebot der Unterstützung eben darauf zielt. Jemandem beim Suizid zu assistieren bedeutet dann, einen Akt der Erlösung zu vollziehen (de Ridder 2012, 32).

Während Palliative-Care-Experten davon ausgehen, sie könnten die Lebensqualität ihrer Patienten verbessern, indem sie ihnen eine umfassende biopsychosozialspirituelle Versorgung angedeihen lassen und damit die wesentlichen Dimensionen des Lebens abdecken, konkretisieren vergleichbar die Sterbehilfeorganisationen, welche Lebensumstände die Würde eines Menschen bedrohen: Bei Exit wird Beihilfe zum Suizid versprochen, wenn die Vereinsmitglieder „wegen schwerer körperlicher Krankheit, Behinderung oder vielfältigen Altersbeschwerden so sehr leiden, dass sie in ihrer Existenz keinen Sinn mehr sehen" (Exit 2017, 24), bei Dignitas ist die Rede davon, dass der Sterbewillige „an einer unfehlbar zum Tode führenden Krankheit oder an einer unzumutbaren

---

[7] Selbst zu bestimmen umfasst demnach nicht die Möglichkeit, zu bestimmen, „sich bestimmen zu lassen" (Seel 2002, 184).
[8] Allerdings betonen die Schweizer Sterbehilfeorganisationen, dass sie Interessenten an einem assistierten Suizid auf die Möglichkeit einer palliativen Versorgung aufmerksam machen (Exit 2017, Dignitas 2014).

Behinderung oder nicht beherrschbaren Schmerzen leidet",[9] und die DGHS möchte „den Menschen ein unerträgliches und sinnloses Leiden ersparen und ihnen auch beim Sterben ihre Menschenwürde erhalten".[10] Es deutet sich an, dass zwar körperliche Faktoren für die Würde eines Menschen offenbar die entscheidende Rolle spielen, doch auch der Lebenssinn sowie ein unspezifisches „unerträgliches Leiden", das sich auch als psychisches auffassen lässt, kommen zur Sprache.

Wie der palliativ versorgte Patient, der seinen ‚eigenen Tod' sterben möchte, macht sich auch derjenige, dem ein assistierter Suizid vorschwebt, sein nahendes Lebensende bewusst. Wo jener allerdings infolgedessen kommuniziert, welches Programm der Sterbeverbesserung er wünscht, tritt dieser als Rebell gegen seinen körperlichen Verfall hervor. Das Bewusstsein stellt nicht die Voraussetzung für eine Lebensqualitätsoptimierung dar, sondern der Betreffende stirbt „vorzugsweise in einem Zustand vollen Bewusstseins [...], um mit Würde sterben zu können" (van Brussel/Carpentier 2012, 496; Übers. NS). Auch hier gehört zu den Bedingungen des ‚eigenen Todes', dass die Mitmenschen den Sterbenden über seinen Zustand informieren und ihm die Möglichkeiten der Sterbegestaltung aufzeigen, zu denen nun ebenso der assistierte Suizid zählt. Auch er muss seine Wünsche äußern und damit auf Gehör stoßen, genauer: mit dem Wunsch, das eigene Ableben zum Erhalt der Würde selbstbestimmt zu planen, um gut sterben, also den ‚eigenen Tod' verwirklichen zu können.

4 Der ‚eigene Tod': Gemeinsamkeiten der Sterbeideale

Blickt man zurück auf die Anfangszeit der modernen Hospiz- und Palliativbewegung sowie der Sterbehilfebewegung, sticht bereits eine erste Gemeinsamkeit ins Auge: Beide Gruppierungen wandten sich gegen ein hochtechnisiertes Medizinsystem, in dem selbst in aussichtslosen Lagen noch versucht wurde, das Leben eines Menschen zu retten – was nach deren Auffassung allein dazu führte, ihm einen unwürdigen, qualvollen Tod zu bescheren. Weniger Technologie und weniger Paternalismus, lautete die von beiden Seiten geteilte Forderung. Doch nicht bloß die Kritik an einer inhumanen Apparatemedizin macht

---

[9] http://www.dignitas.ch/index.php?option=com_content&view=article&id=20&Itemid=60&lang=de (abgerufen am 3.4.2018).
[10] https://www.dghs.de/ueber-uns.html (abgerufen am 3.4.2018).

die Bewegungen zu „Produkten derselben kulturellen Geisteshaltung" (Walters 2004, 406; Übers. NS), sondern auch ihre Orientierung an einer Kultur des Individualismus: Die Überzeugung, dass gut stirbt, wem ein Sterben gemäß der eigenen Vorstellungen und Wünsche vergönnt ist, teilen sie. Oder in den Worten Tony Walters: „Despite the battles over euthanasia, both sides believe that the good death is one where the dying person does it their own way" (Walter 1994, 30).

Dazu gehört auch die beiderseits gepflegte „Leidenschaft für personale Autonomie: für Kontrolle" (O'Mahony 2016, 180; Übers. NS), was im Falle der Palliative Care primär bedeutet, Ort und Umstände des Sterbeprozesses zu bestimmen, während es beim assistierten Suizid darum geht, Zeitpunkt und Weise des Ablebens zu kontrollieren. In beiden Fällen hängt es entscheidend vom – selbst bestimmenden und gestaltenden – Einzelnen ab, ob er gut stirbt in dem Sinne, dass sich sein ‚eigener Tod' verwirklicht, denn er muss sein Schicksal selbst in die Hand nehmen und vielfältige Aktivitäten der Sterbeplanung entfalten (Kellehear 2009, 2f.). Das Lebensende gilt in der Palliativ- wie in der Sterbehilfebewegung als Projekt (Gronemeyer/Heller 2014, 53). Und schließlich vollendet ein „gut gemanagtes Sterben als Teil des gut gemanagten Lebens" (Kellehear 2007, 249; Übers. NS) das Dasein eines Menschen. Auf diese Weise verwandelt sich ein einst schicksalhaftes Geschehen in eine „Sache [...] wie andere auch: Urlaubsentscheidung, Wohnsitz- und Berufswahl" (Gehring 2012, 295). Als Angelegenheit eigener Wahl aufgefasst, geht der Tod in die Verantwortung des Einzelnen über, während Palliativversorger und Sterbehelfer in „individualisierenden Inszenierungen des Sterbens" (Göckenjan/Dreßke 2002, 89) am Projekt ‚eigener Tod' mitwirken. Die Artikulation des eigenen Willens gerät dabei zu einer Anforderung, der sich der Sterbende nur schwerlich zu entziehen vermag (Woods 2007, 48).

Der Gedanke, ein Sterben mit einem eigenen, unverwechselbaren Stil, „dying with panache" (Walters 2004, 408), sei wünschbar, eint die beiden Bewegungen, wobei sich im subjektiven Verständnis der Lebensqualität beziehungsweise der Würde ausdrückt, was den Stil einer Person charakterisiert. Dazu passend zeigen empirische Studien, dass die Menschen von heute höchst individuelle Vorstellungen pflegen, wie zu sterben gut sei (Meier et al. 2016).

5 Anfragen an das Ideal des ‚eigenen Todes'

Nun lässt sich gegen das Anliegen, einem Menschen, soweit möglich, dazu verhelfen, so zu sterben, wie es ihm entspricht, auf den ersten Blick nichts einwenden. Doch obschon Palliative Care und Sterbehilfebewegung einem emanzipatorischen

Anliegen erwuchsen, kam es im Laufe der Jahre zu Entwicklungen, die dem ursprünglichen Bestreben zuwiderlaufen. Zwar traten beide in der zweiten Hälfte des 20. Jahrhunderts an, Sterbende aus den Fängen eines paternalistischen Medizinsystems zu befreien, doch bringen die Popularisierung des Sterbeideals und die institutionelle Verankerung des veränderten Umgangs mit dem Lebensende mittlerweile neue Zwänge mit sich. Sie konterkarieren das eigentliche Bemühen, sterbenden Patienten größere Freiheiten in der Gestaltung ihres Lebensendes zu ermöglichen.

Obwohl das Ideal des ‚eigenen Todes' nach wie vor hochgehalten wird, droht sich derweil in einen Imperativ zu verkehren, dieses Leitbild zu erfüllen: Der Sterbende sieht sich aufgefordert, sich um seinen ‚eigenen Tod' selbst kümmern und ein entsprechendes gutes Sterben hinkriegen zu müssen. In neuem Gewand erhalten somit paternalistische Strukturen Einzug, Autonomieverluste sind die Folge. Der frühere Sinn des Ideals geht dabei verloren, denn nun bestimmt nicht mehr das Individuum über die letzte Phase seines Lebens, vielmehr gehorcht es einem Sterbegestaltungszwang (Gronemeyer/Heller 2014, 53). Das Versprechen von Palliativversorgern und Sterbehelfern, einem jeden bei der Verwirklichung eines individuell passenden Lebensendes zu unterstützen, bleibt dann hohl, denn der ‚eigene Tod' ist keiner, wenn sich der Einzelne zu dessen Herstellung gezwungen sieht.

Fassen lässt sich dieses Phänomen mit Axel Honneths Gedanken einer „Verkehrung von Idealen in Zwänge" (Honneth 2002, 155), die sich ereignet, sobald nicht mehr das Individuum selbst einfordert, sich verwirklichen zu können, sondern dieser Anspruch von außen an es herangelangt. Die Entwicklung stellt sich als paradox dar: Traten ursprünglich Reformgruppen und soziale Bewegungen mit dem emanzipatorischen Anspruch an, wider als unfrei empfundene Strukturen ein neues, freimachendes Ideal stark zu machen, wandelt sich dieses im Zuge seiner gesellschaftlichen Durchsetzung und Institutionalisierung. Die Bemühungen um Verbesserung entfalten eine selbstdestruktive Dynamik, so dass die erstrebenswerte Norm schließlich ihren Freiheitscharakter verliert und womöglich sogar dazu dient, gesteigerte Autorität und Kontrolle zu rechtfertigen (Honneth/Sutterlüty, 2011). Honneth schildert eine solche Entwicklung mit Blick auf die moderne Arbeitswelt anhand der Idee der Selbstverwirklichung: Einst dem reformerischen Impetus der 1968er-Bewegung erwachsen, eröffneten sich zunächst neue Möglichkeiten individueller Lebensgestaltung, doch wichen diese allmählich „institutionalisierten Erwartungsmustern" (Honneth 2002, 146), sich in origineller Weise selbst zu verwirklichen und damit einen Lebensstil zu pflegen, der sich auf dem gegenwärtigen Arbeitsmarkt als Quelle von Produktivität erweist. Unter dem Druck, sich dieser Ideologie zu unterwerfen, leiden schließlich die Individuen und zeigen „Symptome innerer Leere, Sich-Überflüssig-Fühlens und Bestimmungslosigkeit" (ebd.).

Nun geriet die Hospiz- und Palliativbewegung bereits in den 1980er Jahren in Verdacht, im Zuge einer neuen Medikalisierung, Institutionalisierung und Normierung des Sterbens ihre ursprünglichen Ideale zu verraten. Kritiker bemängelten, dass Sterbende sich der Erwartung ausgesetzt sähen, bestimmte Vorgaben zu erfüllen, etwa – ganz im Sinne des Modells von Kübler-Ross – zu Akzeptanz und innerem Frieden zu finden oder sich mit der Familie auszusöhnen. Der Sterbehilfebewegung schlug sogar von Anbeginn Widerstand entgegen, der, neben anderem, auch der Sorge entsprang, das Leben mit einer schweren Krankheit oder einer Behinderung werde als lebensunwert und unwürdig klassifiziert und die Beihilfe zum Suizid könne sich in absehbarer Zeit auf einen größeren Personenkreis ausweiten. Diese frühen Einwände gegen die Palliativ- und die Sterbehilfebewegung richteten sich darauf, dass sie dem sterbenden Individuum mehr oder weniger unausgesprochen eben doch abverlangten, sein Leben bestimmten Maßstäben entsprechend abzuschließen, sie ihm also paternalistisch eine spezifische Sterbeform oktroyierten. Statt dass der Einzelne frei über sein Sterben entscheiden kann, sieht er sich, dieser frühen Kritik zufolge, mit der Anforderung konfrontiert, einen eng definierten ‚guten Tod' zu verwirklichen.

Während damals bezweifelt wurde, dass der Tod, um als ein guter zu gelten, ein Reihe von Merkmalen aufweisen müsse, ohne dass die diesbezüglichen Vorstellungen des Sterbenden Gehör fanden, zielt meine Anfrage an die gegenwärtigen Sterbeideale auf einen grundlegend anderen Punkt. Zwar darf der Einzelne vermeintlich seine eigenen Ideen von einem guten Sterben entwickeln, doch geht seine Freiheit verlustig, wenn er sich gezwungen sieht, sich mit seinem Lebensende auseinandersetzen und die Sterbeplanung in Angriff nehmen zu *müssen*.

Nun lässt sich ein unmittelbar wirksamer Zwang allerdings nur schwerlich feststellen, vielmehr entfaltet das Sterbeideal seinen Druck auf mehr oder weniger subtile Weise: Wenn die Autoren von Sterberatgebern, Vertreter der Sterbehilfeorganisationen und Palliativmediziner in Talkshows auftreten oder Zeitungskommentare verfassen, verfolgen sie das Anliegen, ihre Auffassung des guten Sterbens zu verbreiten, also in einem gewissen Maße normsetzend zu wirken. Auch in Dokumentarfilmen oder Zeitungsartikeln schwingen ähnlich präskriptive Untertöne mit. Ein gestaltetes Sterben – sei es das palliativ begleitete, sei es ein assistierter Suizid – erscheint darin als schön und friedlich, die Protagonisten treten als Vorbildfiguren auf. Und schließlich demonstrieren Plakataktionen, wie sie die Deutsche Gesellschaft für Humanes Sterben unter dem Motto „Mein Ende gehört mir" im Jahr 2014 landesweit durchführte, für was für ein Lebensende sich ein kämpferischer Einsatz lohnt. Die transportierten Bilder prägen die Vorstellungswelten der Zuhörer und Leser; Vorstellungswelten, die aufgrund des Mangels an traditionellen Umgangsformen mit dem Sterben womöglich nur dürftig ausgekleidet sind.

Zudem erfolgt der Kontakt mit gegenwärtigen Sterbeidealen in institutionalisierten Zusammenhängen. Konzepte wie die Verbesserung der Lebensqualität, Kübler-Ross' Phasenmodell oder das Recht auf Selbstbestimmung thematisieren das Sterben in Begriffen der Steigerung, des Wachstums und der Planung, was sich in einen Erwartungsdruck an Sterbende übersetzen kann, wenn deren Umfeld den Sterbeprozess in dieser Weise auffasst und das entsprechende Begleitprogramm wie selbstverständlich durchführen möchte. Wer in der Palliative Care tätig ist, lernt ebendies: In Lehrbüchern der Palliative Care erfahren Gesundheitsfachleute und Lernende in den Medizinberufen, wie sich die Lebensqualität durch „total care" steigern und innere Reifung im Sinne des Phasenmodells erreichen lässt.[11] Und schließlich beginnt ein Krankenhausaufenthalt heute mit der Frage, ob man eine Patientenverfügung und eine Vorsorgevollmacht erstellt, sich also über sein mögliches Ableben Gedanken gemacht und Vorkehrungen getroffen habe.

Die Beispiele verdeutlichen, wie die Institutionalisierung des Anspruchs auf den ‚eigenen Tod' dazu beiträgt, dass sich Sterbeideale in -gebote zu verwandeln drohen. Nicht zuletzt beeinflussen darüber hinaus die Angehörigen, wie sich die letzte Lebensphase und der Tod einer Person gestalten. Dass sich ein Mensch aus ihrer Mitte verabschiedet, bedeutet für die Zurückbleibenden, einen Ausgliederungsprozess zu vollziehen (Schneider 2014). Ihnen steht ein Leben ohne den Versterbenden bevor, auf das sie sich vorbereiten müssen. Dabei kommt es für sie entscheidend darauf an, den „Glauben an die Sinnhaftigkeit ihres Weiterlebens in ihren gesellschaftlichen Bezügen" (A. a.O., 60) nicht zu verlieren, der durch die Zerstörung menschlicher Beziehungen und die Infragestellung der bisherigen Ordnung in Gefahr gerät. Den Überlebenden ist deswegen an einem guten, als sinnhaft deutbaren Sterben gelegen, und die Vermutung liegt nahe, dass sie den ‚eigenen Tod' als ein solches verstehen können, artikulieren sich in ihm doch individualistische Wertüberzeugungen, die heutzutage gemeinhin Anklang finden. Wer sich seinen ‚eigenen Tod' wünscht, vermag mithin dazu beizutragen, dass seine Angehörigen seinem Sterben einen Sinn abringen können, was einem typischen Anliegen Sterbender entspricht (Bausewein et al. 2013).

Verschiedene Faktoren lassen es mithin plausibel erscheinen, im gegenwärtigen Sterbeideal des ‚eigenen Todes' eine Sterbenorm zu erkennen, der zu

---

[11] Vgl. beispielsweise Student/Napiwotzky (2007) oder Bausewein/Roller/Voltz (2015).

entsprechen sich Menschen am Lebensende aufgefordert sehen. Mediale Verbreitungen, institutionalisierte Praktiken im Umgang mit dem Tod sowie die gemeinschaftlichen Interessen der Zurückbleibenden führen dazu, dass sich in den Köpfen der Beteiligten eine bestimmte Vorstellung festsetzt, wie zu sterben (gut) sei, die zwingenden Charakter entfalten kann. Das Ideal bleibt dabei nicht unangetastet, wenn es in Begleitangebote gegossen oder für Informationsbroschüren und Lehrbücher aufbereitet wird, damit es sich institutionell handhaben lässt. Im Zuge seiner Verkehrung in ein praxisleitendes Gebot wandelt sich vielmehr sein Charakter: Als das Eigene des ‚eigenen Todes' gilt allein, was sich in Begriffen einer biopsychosozialspirituell definierten Lebensqualität oder einer als Kontrolle verstandenen Selbstbestimmung fassen lässt. Der Sterbende bekommt es mithin nicht bloß mit einem Sterbeplanungsimperativ, sondern mit einer von der Palliativversorgung und den Sterbehilfeorganisationen geprägten Auffassung des ‚eigenen Todes' zu tun. Zwar soll er zum Ausdruck bringen, was ihm etwas bedeutet und wie er sich selbst versteht, doch hat dies in einer Form zu geschehen, die nicht er sich aussucht. In seiner gegenwärtigen Gestalt, geprägt durch Palliative Care und Sterbehilfeorganisationen, entpuppt sich das Sterbeideal des ‚eigenen Todes' bei näherer Betrachtung mithin als zweifelhaft. Nun lässt meine Argumentation freilich eine entscheidende Frage offen: Trifft die Analyse zu, müsste sich zeigen lassen, dass das ‚verkehrte' Leitbild tatsächlich einen Zwangscharakter entfaltet, unter dem Menschen leiden und der ein gutes Sterben regelrecht verhindert. Ein solcher empirischer Nachweis steht aus.

Literatur

Anwar, Petra/ von Düffel, John (2014): Was am Ende wichtig ist. Geschichten vom Sterben, München.

Arnold, Uwe-Christian (2014): Letzte Hilfe. Ein Plädoyer für das selbstbestimmte Sterben, Reinbek bei Hamburg.

Bausewein, Claudia/ Calanzani, Natalia/ Daveson, Barbara A./ Simon, Steffen T./ Ferreira, Pedro L./ Higginson, Irene J./ Bechinger-English, Dorothee/ Deliens, Luc/ Gysels, Marjolein/ Toscani, Franco/ Deulemans, Lucas/ Harding, Richard/ Gomes, Barbara (2013): ‚Burden to Others' as a Public Concern in Advanced Cancer: a Comparative Survey in Seven European Countries, in: BMC Cancer 8 (13), 105, doi: 10.1186/1471-2407-13-105.

Bausewein, Claudia/ Roller, Susanne/ Voltz, Raymond (2015): Leitfaden Palliative Care. Palliativmedizin und Hospizbetreuung, München.

Borasio, Gian Domenico (2014): Selbst bestimmt sterben. Was es bedeutet. Was uns daran hindert. Wie wir es erreichen können, München.

Bosshard, Georg/ Zellweger, Ueli/ Bopp, Matthias/ Schmid, Margareta/ Hurst, Samia A./ Puhan, Milo A./ Faisst, Karin (2016): Medical End-of-Life Practices in Switzerland: A Comparison of 2001 and 2013, in: JAMA Internal Medicine 176 (4), 555–556.

De Ridder, Michael (2010): Wie wollen wir sterben? Ein ärztliches Plädoyer für eine neue Sterbekultur in Zeiten der Hochleistungsmedizin, München.

De Ridder, Michael (2012): Jenseits der Palliativmedizin? Ein Plädoyer für die ärztliche Beihilfe zum Suizid, in: Wehrli, Hans/ Sutter, Bernhard/ Kaufmann, Peter (Hg.): Der organisierte Tod. Sterbehilfe und Selbstbestimmung am Lebensende – Pro und Contra, Zürich, 24–33.

Der Spiegel (2014): Eine Initiative der Union befördert die Debatte um das Sterben auf Verlangen (von Nicola Abé, Jörg Blech, Markus Deggerich, Christiane Hoffmann, Anna Kistner, Horand Knaup, Peter Müller, Cornelia Schmergal, 3.2.2014).

DGHS – Deutsche Gesellschaft für Humanes Sterben (2015): Mein Ende gehört mir! Angebote und Ziele rund um Patientenverfügung und selbstbestimmtes Sterben, Berlin.

Die Zeit (2014): Demut vor dem Ende (von Gabriele von Arnim, 20.11.2016).

Dignitas (2014): So funktioniert Dignitas. Auf welcher philosophischen Grundlage beruht die Tätigkeit dieser Organisation?, Forch.

Dreßke, Stefan (2005): Sterben im Hospiz. Der Alltag in einer alternativen Pflegeeinrichtung, Frankfurt a. Main.

Dreßke, Stefan (2008a): Identität und Körper am Lebensende: die Versorgung Sterbender im Krankenhaus und im Hospiz, in: Psychologie und Gesellschaftskritik 32 (2/3), 109–129.

Dreßke, Stefan (2008b): Sterbebegleitung und Hospizkultur, in: Aus Politik und Zeitgeschichte 4, 14–20.

Dreßke, Stefan (2012): Das Hospiz als Einrichtung des guten Sterbens. Eine soziologische Analyse der Interaktion mit Sterbenden, in: Schäfer, Daniel/ Müller-Busch, Christof/ Frewer, Andreas (Hg.): Perspektiven zum Sterben. Auf dem Weg zu einer Ars moriendi nova?, Stuttgart, 103–119.

European Association for Palliative Care (2018): Definition of Palliative Care. http://www.eapc net.eu/Themes/AbouttheEAPC/DefinitionandAims.aspx (abgerufen am 24.3.2018).

Exit (2017): Selbstbestimmung im Leben und im Sterben, Zürich.

Exit (2019): Exit hat mehr leidende Menschen begleitet. https://exit.ch/news/news/details/ exit-hat-mehr-leidende-menschen-begleitet/ (abgerufen am 18.2.2019).

Fenner, Dagmar (2007): Das gute Leben, Berlin/New York.

Field, David (1996): Awareness and Modern Dying, in: Mortality 1 (3), 255–265.

Forsa (2014): Meinungen zum Thema Sterbehilfe. Repräsentative Bevölkerungsumfrage für die DAK-Gesundheit, https://www.dak.de/dak/download/forsa-umfrage-zur-sterbehilfe -1358250.pdf (abgerufen am 19.3.2018).

Gehring, Petra (2010): Theorien des Todes zur Einführung, Hamburg.

Gehring, Petra (2012): Tod durch Entscheiden, in: Esser, Andrea M./ Kersting, Daniel/ Schäfer, Christoph G. W. (Hg.): Welchen Tod stirbt der Mensch? Philosophische Kontroversen zur Definition und Bedeutung des Todes, Frankfurt a. Main/New York, 181–197.

Göckenjan, Gerd (2008): Untersuchungen zur Sterberolle, in: Rehberg, Karl-Siegbert (Hg.): Die Natur der Gesellschaft: Verhandlungen des 33. Kongresses der Deutschen Gesellschaft für Soziologie 2006, Frankfurt a. Main, 3479–3484.

Göckenjan, Gerd/ Dreßke, Stefan (2002): Wandlungen des Sterbens im Krankenhaus und die Konflikte zwischen Krankenrolle und Sterberolle, in: Österreichische Zeitschrift für Soziologie 27, 80–96.

Gronemeyer, Reimer/ Heller, Andreas (2014): In Ruhe sterben. Was wir uns wünschen und was die moderne Medizin nicht leisten kann, München.
Honneth, Axel (2002): Organisierte Selbstverwirklichung, in: Ders.: Befreiung aus der Mündigkeit. Paradoxien des gegenwärtigen Kapitalismus, Frankfurt a. Main, 141–158.
Honneth, Axel/ Sutterlüty, Ferdinand (2011): Normative Paradoxien der Gegenwart – eine Forschungsperspektive, in: WestEnd Neue Zeitschrift für Sozialforschung 8 (1), 67–85.
Hurst, Samia A./ Mauron, Alex (2006): The Ethics of Palliative Care and Euthanasia: Exploring Common Values, in: Palliative Medicine 20, 107–112.
Institut für Demoskopie Allensbach (2014): Deutliche Mehrheit der Bevölkerung für aktive Sterbehilfe, Allensbacher Kurzbericht, Allensbach am Bodensee.
Kellehear, Allan (2007): A Social History of Dying, Cambridge.
Kellehear, Allan (2009): What the Social and Behavioural Studies Say about Dying, in: Ders. (Hg.): The Study of Dying. From Autonomy to Transformation, Cambridge, 1–26.
Klosa, Philipp R./ Klein, Carsten/ Heckel, Maria/ Bronnhuber, Alexandra C./ Ostgathe, Christoph/ Stiel, Stephanie (2014): The EAPC Framework on Palliative Sedation and Clinical Practice – a Questionnaire-Based Survey in Germany, in: Supportive Care in Cancer 22 (10), 2621–2628.
Kübler-Ross, Elisabeth (1975): Death. The Final Stage of Growth, New York.
Kübler-Ross, Elisabeth (2012): Interviews mit Sterbenden, Freiburg.
McNamara, Beverley (2004): Good Enough Death: Autonomy and Choice in Australian Palliative Care, in: Social Science and Medicine 58, 929–938.
Meier, Emily A./ Gallegos, Jarred V./ Montross-Thomas, Lori P./ Depp, Colin A./ Irwin, Scott A./ Jeste, Dilip V. (2016): Defining a Good Death (Successful Dying): Literature Review and a Call for Research and Public Dialogue, in: American Journal of Geriatric Psychiatry 24 (4), 261–271.
Müller-Busch, H. Christof (2012): Abschied braucht Zeit. Palliativmedizin und Ethik des Sterbens, Frankfurt a. Main.
O'Mahony, Seamus (2016): The Way We Die Now, London.
Parsons, Talcott (1951): Illness and the Role of the Physician: A Sociological Perspective, in: American Journal of Orthopsychiatry 21 (3), 452–460.
Randall, Fiona/ Downie, Robin S. (2014): Philosophie der Palliative Care. Philosophie – Kritik – Rekonstruktion, Bern.
Saunders, Cicely (1978): The Management of Terminal Disease, London.
Saunders, Cicely (1996): Into the Valley of the Shadow of Death. A Personal Therapeutic Journey, in: British Medical Journal 313, 1599–1601.
Saunders, Cicely (1998). Foreword, in: Doyle, Derek/Hanks, Geoffrey W.C./MacDonald, Neil (Hg.). Oxford Textbook of Palliative Medicine, Oxford, iii–ix.
Schneider, Werner (2014): Sterbewelten: Ethnographische (und dispositivanalytische) Forschung zum Lebensende, in: Schnell, Martin W./ Schneider, Werner/ Kolbe, Harald Joachim (Hg.): Sterbewelten. Eine Ethnographie, Wiesbaden, 51–138.
Seale, Clive (1995): Heroic Death, in: Sociology 29, 597–613.
Seel, Martin (2002): Sich bestimmen lassen. Studien zur theoretischen und praktischen Philosophie, Frankfurt a. Main.
Steinfath, Holmer (2011): Theorien des guten Lebens in der neueren (vorwiegend) analytischen Philosophie. Wünsche, Freuden und objektive Güter, in: Thomä, Dieter/ Henning, Christoph/ Mitscherlich-Schönherr, Olivia (Hg.): Glück. Ein interdisziplinäres Handbuch, Stuttgart/Weimar, 297–302.

Streeck, Nina (2016): Sterben, wie man gelebt hat. Die Optimierung des Lebensendes, in: Jakoby, Nina/ Thönnes, Michaela (Hg.): Zur Soziologie des Sterbens. Aktuelle theoretische und empirische Beiträge, Wiesbaden, 29–48.

Student, Johann-Christoph/ Napiwotzky, Annedore (2007): Palliative Care. Wahrnehmen – verstehen – schützen, Stuttgart/New York.

Thoreson, Lisbeth (2003): A Reflection on Cicely Saunders' Views on a Good Death through the Philosophy of Charles Taylor, in: International Journal of Palliative Nursing 9 (1), 19–23.

Van Brussel, Leen/ Carpentier, Nico (2012): The Discursive Construction of the Good Death and the Dying Person. A Discourse-Theoretical Analysis of Belgian Newspaper Articles on Medical End-of-Life Decision Making, in: Journal of Language and Politics 11 (4), 479–499.

Walter, Tony (1994): The Revival of Death, London/New York.

Walter, Tony (2003): Historical and Cultural Variants on the Good Death, in: British Medical Journal 327, 218–220.

Walters, Geoffrey (2004): Is There Such a Thing as a Good Death?, in: Palliative Medicine 18, 404–408.

WHO (2015): Definition of Palliative Care. http://www.who.int/cancer/palliative/definition/en/ (abgerufen am 11.10.2015).

WHO (2018): WHOQOL: Measuring Quality of Life. http://www.who.int/healthinfo/survey/whoqol-qualityoflife/en/ (abgerufen am 23.3.2018).

Woods, Simon (2007): Death's Dominion. Ethics at the End of Life, Maidenhead.

Martin Hähnel
Leiderleben und Willensexploration bei sterbenskranken Menschen

1 Problemaufriss

Der folgende Beitrag befasst sich mit der Darstellung und Untersuchung des inneren Zusammenhangs von subjektiven Leiderfahrungen und Willenszuschreibungen durch Andere in allgemeinen und besonderen Grenzsituationen zwischen Leben und Tod. Des Weiteren geht es in dem Beitrag um die Frage, was sterbende Menschen eigentlich wollen bzw. wollen können, und wie dasjenige, was sie wollen, anhand von unterschiedlich wahrnehmbaren Formen leiblichen Ausdrucks interpretiert werden kann. Diesen eher phänomenologisch-deskriptiven Überlegungen folgt eine normative Betrachtung, welche zum Ziel hat, die Frage zu klären, ob die Tatsache, dass eine Patientin oder ein Patient ‚unnötig leidet' oder ‚unerträgliche Schmerzen hat' überhaupt als medizinische Indikation angesehen werden darf. (Bei einer etwaigen Bejahung dieser Frage würde man den Befürwortern des assistierten Suizids gewissermaßen ein weiteres Argument zur Rechtfertigung ihrer Position an die Hand geben). In meinem Beitrag werde ich allerdings zeigen, dass diese Strategie zwangsläufig scheitert und auch nicht zu einem umfassenden ‚Gelingen' des Sterbens führen kann: Aus der Tatsache, dass ein Patient ‚unerträglich leidet', kann nämlich nicht die Tatsache abgeleitet werden, dass dieser Patient notwendigerweise auch die Beendigung seines Leidens wünsche. Mithilfe der Analyse des Begriffs des ‚unerträglichen Leidens' (engl. *unbearable suffering*) und anhand des Beispiels des ‚natürlichen Willens' versuche ich abschließend zu klären, wie dieser Fehlschluss zustande gekommen ist und welcher spezifische Sprachgebrauch diesem Missverständnis zugrunde liegt.

2 Propädeutik zu einer medizinethischen Anthropologie des Sterbens

„Situationen wie die, dass ich immer in Situationen bin, dass ich nicht ohne Kampf und ohne Leid leben kann, dass ich unvermeidlich Schuld auf mich nehme, dass ich sterben muss, nenne ich Grenzsituationen." (Jaspers 1956, 203) Diese Definition, welche unverkennbar von Karl Jaspers stammt und das menschliche Leben als umfassendes Kontinuum mehr oder weniger spezifischer Grenzsituationen begreift, wirft die Frage auf, inwieweit sich herausgehobene Situationen und Geschehnisse am Anfang und Ende eines Lebens – z. B. die ‚letzten Atemzüge' eines sterbenskranken Menschen – zu der von Jaspers beschriebenen Tatsache verhalten, dass ‚ich immer in Situationen bin'.

Möglicherweise bietet es sich zur Beantwortung dieser Frage an, die ‚normale' Grund*situation* (vgl. Jaspers 1947, 703–709) des Menschen von ‚außergewöhnlichen' menschlichen Grenzsituationen, um die es mir vor allem im folgenden Beitrag gehen soll, zu unterscheiden (vgl. dazu Fuchs 2008a, 148–171). Unter ‚Grundsituation' verstehe ich in teilweiser Abwandlung des Jaspers´schen Verständnisses einen daseinsrelativen Lebenszusammenhang, in den Menschen aufgrund ihrer endlichen Natur hineingestellt sind und dem sie aufgrund dieser Natur auch nicht zu entkommen vermögen. Diese existentielle Dimension des als Kontinuum sich mehr oder weniger bewusst zu machender Grenzsituationen zu verstehenden Lebens soll in erster Linie deutlich machen, dass der Tod in zeitlicher Hinsicht zwar auf das Leben folgt, aber in seiner Bedeutung bereits ein Teil des Lebens ist.[1] Dagegen sind Grenzsituationen originäre *Grenzfälle* unserer Grundsituation, welche nicht nur die ganze Existenz, sondern auch basale Vitalfunktionen des Menschen betreffen, relativ selten vorkommende Zustände oder Episoden, in die Personen meist ohne ihren Willen und ohne ihr Zutun geraten können. Diese Zustände und Episoden treten insbesondere dort auf, wo das menschliche Leben an seine natürlichen Grenzen kommt – zum Beispiel im höheren Alter oder bei schweren und sehr schmerzhaften Erkrankungen. Als Menschen leben wir – aktual und auch im Vorgriff – notwendigerweise auf der Schwelle zwischen der normalen Grundsituation und außergewöhnlichen Grenzsituationen, sodass wir uns mit der Frage beschäftigen müssen, inwieweit bestimmte Grenzsituationen unsere eigentliche Grundsituation, die das Menschsein als solche betrifft, bestimmen.

Sicherlich mag denjenigen, die das Leben von vornherein als Kontinuum mehr oder weniger spezifischer Grenzsituationen begreifen, die im Folgenden zu diskutierenden Fälle in einem anderen Licht erscheinen als denjenigen, welche das Leben vornehmlich als etwas sehen, das vorausschaubar, plan- und kontrollierbar ist. In diesen Fällen handelt es sich bei Grenzsituationen vor allem um Phänomene, die als Grenzfälle gelingenden (und damit auch misslingenden) Sterbens betrachtet werden können. Was den eigentlichen Sterbeprozess letztlich

---

[1] Natürlich ist dabei die Zeit unter existentiellen Gesichtspunkten nicht als eine Reihe, d. h. als bewegliche Abfolge von Vergangenheit, Gegenwart und Zukunft zu begreifen, sondern im Horizont der Zeitlichkeit sind Vergangenheit, Gegenwart und Zukunft – mit Heidegger gesprochen – drei gleichursprüngliche Ekstasen des Seins (vgl. Heidegger 1976, §§ 67–71).

zu einem tatsächlich gelingenden macht, bleibt gewiss weiterhin umstritten; allerdings wird sich in diesem Zusammenhang niemand um eine Antwort auf die Frage drücken können, welche Rolle dabei die Bestimmung des Patientenwillens und seiner Erfüllung bei Entscheidungen am Lebensende sowie die Beurteilung der Tatsache, dass und wie stark sterbenskranke Menschen leiden, spielt.

Obwohl es vor allem in Grenzsituationen am Lebensende einen engen Zusammenhang zwischen Leiderleben und Willensexploration gibt, spricht aus medizinethischer Perspektive doch generell sehr viel dafür, die Bestimmung des Patientenwillens nicht sofort von der Beurteilung der Art und der Intensität des Leidens abhängig zu machen. Demzufolge bestimmt der aktual geäußerte Wille des leidenden Patienten (sofern er sich auch manifestiert), welcher sich oder seine entsprechende Entscheidungsrichtung der An- oder Abwesenheit eines tieferliegenden Lebenswillens oder externer Einflussfaktoren wie medizinische Versorgungsqualität oder Angehörigenverhalten verdanken kann, maßgeblich die Dauer und Art der meisten Sterbevorgänge. Umgekehrt jedoch kann das ‚Leiden am Leben' nicht selbst Kriterium eines Willens sein, der in der Lage ist die Absicht in sich aufzunehmen, dieses Leid bewusst zu beenden. Anthropologisch betrachtet kann sich das Leiden nämlich sowohl auf Grenzsituationen als auch auf die menschliche Grundsituation beziehen. Dagegen ist aus normativer Sicht die Behauptung zweifelhaft, dass das ‚Leiden am Leben' (im Sinne einer nicht akzeptablen Grundsituation) mit dem Leiden in einer bestimmten Grenzsituation, die Entscheidungszwänge eigener Art produzieren kann, gleichzusetzen sei. Daraus folgt, dass das Vermögen des Patienten, Entscheidungen zu fällen, die sein Leben über kurz oder lang betreffen, nicht ausschließlich an seinem ‚aktualen' oder ‚mutmaßlichen' Willen oder an die Tatsache, dass Sterbenskranke ‚unerträglich' leiden, gebunden sein soll. Vielmehr erschließt sich die generelle Relevanz von Leiderleben und Willensbestimmung für ein gelingendes Sterben aus der gegenseitigen hermeneutischen Verwiesenheit dieser Problemsphären, welche – nochmals betont – keine normative Ableitbarkeit des einen aus dem anderen impliziert. Da der Wille, weiterzuleben oder zu sterben, und das Erleben von Leid, unauflöslich ineinander verwoben sind, kann das isolierte Leiderleben nicht als Grundlage herangezogen werden, wenn der Wille eines Patienten, weiter zu leben oder zu sterben, bestimmt werden soll. Das Leiderleben, welches auch in chronifizierter Form aktual bleibt, darf also nicht die normative Grundlage für die Bestimmung des authentischen Willens durch Andere sein. Obzwar im Falle der Demenz oder bei anderen kognitiven Einschränkungen der authentische Wille schwer zu ermitteln ist, ist jede Erwägung über die normative Relevanz des Leiderlebens erst angebracht, wenn ich der Patientin oder dem Patienten zuvor einen authentischen Willen bzw. die Möglichkeit, diesen Willen manifestieren zu können, zugeschrieben habe.

In dem vorliegenden Beitrag gliedert sich meine Argumentation wie folgt: Zunächst möchte ich erörtern, wie wir Leid und Schmerz bei sterbenskranken Menschen anhand der Untersuchung ihres leiblichen Ausdrucksverhaltens besser erkennen und verstehen können. Danach zeige ich am Beispiel des ‚unerträglichen Leids', inwieweit die Berücksichtigung von Schmerzen und Leiderfahrungen für eine normative Bewertung der Grenzsituation des Sterbens relevant ist. Hierbei weise ich vor allem auf phänomenologische Unzulänglichkeiten und semantische Probleme in der Bestimmung der spezifischen ‚Unerträglichkeit' des Leidens hin. Danach gehe ich auf den Patientenwillen und dessen Erfassung ein, wobei sich herausstellen wird, dass jeder Versuch, die ‚Authentizität' des Willens über ein exklusives Kriterium zu bestimmen bzw. zu rekonstruieren, scheitern muss. Vor allem ist an dieser Stelle die Frage zu klären, in welchem Verhältnis die aktualen Willensäußerungen des Sterbenden zu jenen Willensäußerungen stehen, die zu einem früheren Zeitpunkt von betroffenen Patienten – etwa in Form von Patientenverfügungen – abgegeben wurden. In diesem Zusammenhang wird auch vom ‚natürlichen Willen' die Rede sein, dessen Thematisierung das Problem der zeitlichen Veränderbarkeit des Willens berührt und die Frage nach der möglichen Invarianz seiner Verbindlichkeit aufwirft.

3 Über das Leiderleben sterbenskranker Menschen

3.1 Allgemeine Phänomenologie des Leidens und des Schmerzes

Das Leid oder Leiden hat bekanntlich viele Gesichter, wobei die Ursache für das Auftreten von Leid nicht zwangsläufig im körperlichen Schmerz zu suchen ist. Auch wird Leid nicht bloß passiv erlitten oder ertragen, sondern kann auch aktiv herbeigeführt werden – denken wir zum Beispiel an sadomasochistische Praktiken. Vor allem aus phänomenologisch-anthropologischer Perspektive ist das Leiden von der reinen Gefühlsempfindung des Schmerzes, obwohl eng aufeinander bezogen, eindeutig zu unterscheiden. So können wir als Menschen ausdrücklich *am* Schmerz – vor allem wenn dieser chronisch wird – leiden, während das Tier stets *in* seinem Schmerz verharrt.[2] Anders als das Tier ist der

---

[2] So beschreibt Frederik J.J. Buytendijk in seinem bekannten Buch *Über den Schmerz*, dass das „Tier gewiss das Getroffensein, aber nicht als ein Getroffensein in seiner psychophysischen Einheit erlebt." (Buytendijk 1948, 132).

Mensch zudem in der Lage, Schmerzen als *seine* Schmerzen zu erkennen, zu bewerten und auch gezielt von anderen behandeln zu lassen. An anderer Stelle habe ich bereits ausführlich gezeigt, wie die Phänomene von Leid und Schmerz sich grundsätzlich zueinander verhalten und welche Formen der Bestimmung und normativen Bewertung des Schmerzes möglich sind (vgl. Hähnel 2015).[3]

Im Folgenden werde ich mich vor allem auf die erlebnisphänomenologische Dimension des Schmerzes beziehen, da diese mir am geeignetsten erscheint, um zeigen zu können, inwieweit Schmerzerlebnisse und Leiderfahrungen den menschlichen Willen beeinflussen.

Ein bis heute in seiner Vortrefflichkeit kaum zu überbietender phänomenologischer Ansatz zur Beschreibung des Schmerzes stammt von Max Scheler (vgl. Scheler 1923a und 1980). Scheler ist im Gegensatz zu seinem Lehrer Edmund Husserl, der das Schmerzphänomen als innere Anschauung qualifiziert, vornehmlich an der Frage interessiert, welche basale Erlebnisqualität bei der Schmerzerfahrung angesprochen wird. Anstatt sich mit der Analyse der Bewusstseinsstruktur im Zuge einer Schmerzempfindung zu befassen, konzentriert sich Scheler in seinen Schriften vornehmlich auf den Aspekt des intentionalen Fühlens von etwas. Im wertnehmenden Fühlen, das über bloße Gefühlsempfindungen hinausgeht, soll nach Scheler unter anderem deutlich werden, was Schmerzen von innen und außen her konstituiert. Scheler ist dabei nicht so sehr daran interessiert, den Schmerz als positive Qualität zu erfassen, sondern sein vordringliches Interesse liegt bei der philosophischen Artikulation der Fragestellung, ob und wie man fremden Schmerz erfahren könne. Die Möglichkeit zur intersubjektiven Übertragung von Erlebnissen (vor allem auf der epistemischen Ebene) besteht nach Meinung Schelers dabei ausschließlich für das propriozeptive Leid, nicht jedoch für den sogenannten protopathischen Schmerz.[4] Eine solche Übertragbarkeit von Leiderlebnissen, von

---

3 In diesem Beitrag habe ich die erlebnisphänomenologische Dimension von einer sprachpragmatisch-behavioristischen, einer neurowissenschaftlich-reduktionistische und einer metaphysisch-nonreduktionistische Dimension unterschieden. Diese Auflistung ist natürlich weder erschöpfend noch trennscharf, da auch die narrative Dimension und kulturelle Bedeutung von Schmerz und Leid eine entscheidende Rolle für eine konzeptuelle Annäherung und medizinethische Beurteilung darstellt.
4 Die Unterscheidung in protopathische und propriozeptive bzw. epikritische Sensibilität geht auf einen Aufsatz des englischen Neurologen Henry Head zurück (vgl. Head 1905). Wenn wir nun im Anschluss an diese Überlegungen immer wieder von protopathischem Schmerz sprechen, dann reden wir über das *raw feel*, die reine Schmerzempfindung. Ist dagegen von propriozeptiver Sensibilität die Rede, dann beziehen wir uns zusätzlich auf alle psychologischen, sozialen und kulturellen ‚Abschattungen' jener protopathischen, mitunter leidinduzierenden Schmerzerlebnisse.

denen kontingente ‚Gefühlsansteckungen' um willen einer universellen Erfahrbarkeit des Leides abstrahiert werden, wird nach Scheler vor allem durch das Mitleid gewährleistet, das sich nochmals vom Mitgefühl, dem es im Unterschied zum Mitleid zusätzlich noch um Mitfreude geht, unterscheidet (vgl. Scheler 1923a, 12).

Scheler geht es in seinen phänomenologischen Analysen nicht so sehr um die Frage, wie der Schmerz oder das Leiden unser Handeln bestimmt, sondern er ist vielmehr interessiert an der Frage, welche erfahrbaren Werte wir mit Schmerz und Leiden verbinden können. Schmerz und Leid befinden sich dabei jeweils auf anderen Stufen ein und derselben Wertrangordnung. Scheler geht es in der Leidbetrachtung also nicht um die kausaltheoretische Bewertung protopathischer Effekte, sondern um die Benennung und axiologische Zuordnung der psychischen und geistigen Gefühle, die ‚auf dem Rücken' der protopathischen Akte und Widerfahrnisse geschehen. So ist das Leid für Scheler in erster Linie als geistiges Gefühl zu bezeichnen, dessen Erfahrbarkeit nur dem Menschen vorbehalten ist und dadurch seine ethische Relevanz erhält. Der Mensch kann sich nur zum Schmerz verhalten, wenn er auch in der Lage ist, sich zum Leid, das sich oft am Schmerz ‚entzündet', in Beziehung zu setzen. Scheler vertritt aus diesem Grund die Ansicht, dass eine Erlösung vom Schmerz grundlegend von einer Leiderlösung zu unterscheiden sei. Die Erlösung vom Schmerz ist normalerweise jederzeit und ohne Abwägung gewünscht, wohingegen beim Leid die Erlösung einen bestimmten Weg gehen kann, der nicht auf instantane Tilgung, sondern auf habituelle Transformation setzt: „Die Erlösung vom Leide [...] ist ihr (der christlichen Lehre) nicht – wie Buddha – die Seligkeit, sondern nur die Folge der Seligkeit." (Scheler 1923b, 358) Das Leid wird aus diesem Grund auch nicht in der reduktiven Form des Schmerzes bekämpft, sondern positiv in eine bestimmte Lebensform eingebettet.[5]

Der eben präsentierte erlebnisphänomenologische Ansatz konnte hoffentlich verdeutlichen, wie Leiderleben in das Leben eines Schmerzpatienten sinnvoll integriert werden kann, ohne dabei massive Einschränkungen, die im Laufe der Behandlung eintreten können, ignorieren zu müssen. Der Patient ist somit in der Lage, für seine Schmerzen einen Ort zu finden, an dem ihm auch

---

5 Hierzu auch Böhme 2017, 91–109. Ganz entscheidend für Scheler sind jene Konzepte des „seligen Leidens" (Scheler 1923a, 358), die in asketischen Handlungen und selbstrelativierenden Akten der Hingabe zum Tragen kommen. Dieses ‚Leiden' stellt wohlgemerkt keine ethische Aufwertung des Schmerzes bzw. auch keine funktionelle Eliminierung des Schmerzes um eines Höheren willen dar, sondern markiert einen Versuch, aus dem Schmerz Gutes hervorgehen zu lassen. Gerade im Bereich der Palliativmedizin kann dieser Umgang mit Schmerz und Leid eine wichtige Rolle spielen.

gezeigt werden kann, was sein Leid induziert und was nicht. Dabei ist ihm vor allem der Arzt behilflich, dessen Aufgabe es ist, den Schmerz zu lindern, mit dem Schmerz als Krankheitssymptom umzugehen und die tägliche Nähe zum Schmerz für seine Arbeit gewinnbringend zu nutzen (vgl. Buytendijk 1948, 39). Daraus folgt, dass für einen angemessenen ärztlichen Umgang mit dem Leiden es nicht unbedingt erforderlich ist zu wissen, worin der Schmerz als solcher besteht. Es ist vielmehr von Bedeutung zu erkennen, dass Schmerzen *zu jemandem gehören*, der sie hat, und dass dieser Jemand nicht auf den Status eines Objekts für schmerzlindernde Fürsorgeleistungen reduziert werden kann, sondern trotz der ‚Verzerrungen', die der Schmerz mit sich bringt, weiterhin als Subjekt, das eigene Interessen verfolgt und Bedürfnisse hat, anerkannt wird und aufgrund dieses nicht abzusprechenden Selbstzweckstatus jederzeit sein Recht auf eine würdevolle Behandlung einzuklagen in der Lage ist.

Wie diese Ausführungen zeigen sollten, ist eine adäquate phänomenologische Bestimmung des Leidens vorzugweise hilfreich, um den Blick auf den Patienten und seinen Willen freizugeben. Nur wenn wir wissen, was es bedeutet, dass und wie ein Patient leidet, können wir ihm auch den Willen zuschreiben, der notwendig ist, um angemessene ethische Entscheidungen gegenüber der Person treffen, die auf diese oder jene Weise etwas will.[6] Allerdings besteht aufgrund der multifaktoriellen Bestimmbarkeit des Leidens auch die Möglichkeit, Kriterien (z. B. das Kriterium der ‚Unerträglichkeit' bzw. ‚Aussichtslosigkeit') einzuführen, deren konkrete Anwendung auf die Grenzsituation des Sterbens mit zahlreichen Problemen behaftet ist.

3.2 Die besondere Normativität des Leidens am Beispiel ‚unerträglichen Leidens'

Wir haben im vorhergehenden Abschnitt gesehen, dass Leid, wenn es sich ausschließlich auf protopathische Schmerzerlebnisse beziehen soll, nicht adäquat

---

[6] Sicherlich muss die Phänomenologie hier um eine spezifische Handlungstheorie ergänzt werden, denn es reicht nicht aus, das Wollen eines Sterbekranken adäquat beschreiben zu können, ohne dabei den Blick auf die Tatsache zu richten, dass jedes Interpretament einer Willensäußerung bzw. einer Episode von Willensäußerungen in einen spezifischen Vollzugssinn übersetzt werden muss, der es erlaubt, die für die Durchsetzung einer Entscheidung notwendigen Handlungsmittel mit den phänomenologisch freigelegten Handlungszwecken zu verbinden. Zu diesem Problem geben vor allem die Ausführungen von Paul Ricoeur, der eine Phänomenologie des Wollens entwickelt und dabei auch eine Brücke zur analytischen Handlungstheorie schlägt, Aufschluss (Ricoeur 1975 und 2016).

qualifiziert werden kann. Noch problematischer wird es beim Grenzfall des sogenannten ‚unerträglichen Leidens' im Kontext der aktuellen Medizinethik. Claudia Bozzaro gibt diesbezüglich folgendes zu bedenken:

> Interessanterweise findet der Begriff des ‚unerträglichen' oder ‚aussichtslosen' Leidens seit einigen Jahren nicht nur auf diskursiver Ebene Verwendung, sondern hat sich als ein feststehender Begriff mit praktischer Anwendung in der Medizin etabliert. So stellt z. B. das Vorliegen eines unerträglichen und aussichtslosen Leidens in den Niederlanden und in Belgien eines der notwendigen Kriterien für die Inanspruchnahme der Tötung auf Verlangen. Aber auch im Rahmen der palliativmedizinischen Versorgung spielt der Begriff des unerträglichen Leidens eine wichtige Rolle, speziell im Kontext der Indikationsstellung der palliativen Sedierung. (Bozzaro 2015, 94)

‚Unerträglichen Leidens' ist dabei sowohl begrifflich als auch empirisch äußerst schwer zu fassen, denn unter diesem Ausdruck wie auch dem Phänomen selbst kann Verschiedenes verstanden werden (vgl. Dees et al. 2010). Aus sprachphilosophisch-ontologischer Perspektive ist der Ausdruck des ‚unerträglichen Leidens' dabei nicht nur *soritisch*, sondern auch *kombinatorisch vage*. Was bedeutet das?

Ein Ausdruck ist *soritisch vage*, wenn dieser keine klare Abgrenzung in einer Dimension zulässt (wir können hier z. B. an das antike Haufenparadoxon denken). Auf unseren Fall des ‚unerträglichen Leidens' angewendet, bedeutet dies, dass wir nicht genau bestimmen können, ab wann ein spezifisches Leiden noch zu ertragen ist und ab wann es unerträglich wird. Selbst der Rückgriff auf die berühmte Schmerzskala – vorausgesetzt den fragwürdigen Fall, dass die Intensität des Schmerzes letztlich über das Ausmaß des Leidens entscheidet –, hilft uns an dieser Stelle nicht weiter, da für Patient Peter nach eigener Angabe bereits das Erreichen des Wertes ‚8' unerträglich sein kann, während Patient Paul seinem Schmerz noch bei Erreichen des von ihm angezeigten Wertes ‚9' Einhalt zu gebieten vorgibt. Schmerz- und Leiderfahrungen sind damit keine objektivierbaren Größen, sondern in höchstem Maße von subjektiven Vulnerabilitäten abhängig.

Auf der anderen Seite ist ein Ausdruck *kombinatorisch vage*, wenn er verschiedene, voneinander unabhängige Dimensionen oder Merkmale unter einen Begriff, d. h. in Form eines Bündels, bringen möchte, es aber nicht klar ist, wie viele Dimensionen oder Merkmale es überhaupt braucht, damit die Bedeutung des Begriff gesättigt ist. Bezüglich des Konzepts des ‚unerträglichen Leidens' ist demnach nicht eindeutig zu bestimmen, ob sich diese Form nur auf körperliche Symptome bezieht (K^1) oder ob ihr auch existentielle Leiderlebnisse (K^2) angehören dürfen. Wäre letzteres der Fall (K^1, K^2), dann müsse man auch fragen, ob die Merkmalsliste damit geschlossen sei ($K^{[1,2]} = K^n$), oder ob diese offen bliebe, denn es könnte gut sein, dass wir in Zukunft durch weiteres Forschen neue Merkmale finden (K^{n+1}), die den Begriff des ‚unerträglichen Leidens' sättigen (z. B. dass Leiden schon allein deswegen unerträglich wird, weil es einen dauerhaften Strom von Glücksgefühlen unterbricht). Genauso kann es aber sein, dass bestehende Kriterien, wie existentielle Leiderlebnisse, wieder von der Merkmalsliste gestrichen werden (K^{n-1}); dementsprechend ist es möglich, dass wir gegenwärtige Ansichten wieder revidieren und uns in der Bewertung des Leidens ausschließlich auf das Urteil der Schmerzskala verlassen. Ebenso ist es denkbar, dass in zukünftigen Bewertungssituationen körperliche Symptome überhaupt keine Rolle mehr spielen, weil sich Leiden ausschließlich auf geistige Zustände bezieht.

Trotz dieser semantischen Unschärfe hat man – vor allem in der aktuellen Medizinethik, die sich mit verschiedenen Grenz- bzw. Unbestimmtheitsphänomenen am Lebensanfang und Lebensende auseinandersetzt –[7] immer wieder versucht, eine einheitliche Definition des Phänomens zu geben:

> Unerträgliches Leiden ist die individuelle und subjektiv empfundene Intensität von Symptomen oder Situationen, deren andauerndes Empfinden bzw. Erleben so belastend ist, dass sie von einem Patienten nicht akzeptiert werden kann.
>
> (Müller-Busch et al. 2006, 2734)

Doch was heißt hier „subjektiv empfunden", „Situation" oder „andauernd"? Wo kann eigentlich die Grenze dafür angesetzt werden, dass ein Empfinden als so belastend angesehen wird, dass es nicht mehr akzeptabel ist? Was bedeutet in diesem Kontext überhaupt „akzeptabel"? Handelt es sich bei dieser „Akzeptanz" lediglich um die befürwortende ‚Übernahme' einer ärztlichen Empfehlung oder um die schicksalshafte Einnahme einer unabänderlichen Haltung des Patienten gegenüber seiner Krankheit bzw. der Angehörigen gegenüber dem Patienten? Und ist damit jede konkrete Willensbestimmung ausschließlich im Horizont intersubjektiver Beziehungen möglich, sodass ein Nicht-mehr-Akzeptieren-Können seitens der Angehörigen (‚Ich kann es nicht mehr hinnehmen, dass er/sie so leidet.') immer auch ein Nicht-mehr-Akzeptieren-Wollen seitens des Patienten (‚Ich will meinen Angehörigen nicht mehr länger zur Last fallen.') entspricht?

Zunächst ist festzuhalten, dass aufgrund der Subjektivität jeder Schmerzempfindung und Leiderfahrung nicht genau und sicher gesagt werden kann, wann eine Situation als so belastend empfunden wird, dass sie für sterbenskranke Menschen unerträglich ist. Im Sinne der graduellen Unbestimmtheit

---

[7] Ich erinnere hier zum Beispiel an die Frage, ab wann ein Embryo Menschenwürde zukommt, oder an den Streit um das Hirntodkriterium. Zumeist sind dabei nicht nur die Phänomene (der Embryoentwicklung und des Todeseintrittes) vage, sondern auch die Begriffe, mit denen wir uns auf diese Phänomene beziehen.

des Ausdrucks ‚unerträgliches Leiden', dem eine reale Unbestimmtheit der Schmerzerfahrung und -bewertung entspricht, können Ärzte und Angehörige niemals eindeutig ableiten, dass ein individuelles menschliches Leben aufgrund der Tatsache des ‚unerträglichen Leids' zu beenden sei. Auch in der anderen Hinsicht gilt ähnliches: So hat Claudia Bozzaro überzeugend dargelegt, dass der semantisch vage Terminus ‚unerträgliches Leiden' in der konkreten medizinischen Praxis tatsächlich auf existentielle Leiderlebnisse angewendet wird und damit in seiner normativen Relevanz einen größeren Extensionsbereich einnimmt (vgl. Bozzaro 2015, 98). Allerdings hatten wir eingangs mit Jaspers gezeigt, dass Leben selbst existentiell, d. h. als Kontinuum von Grenzsituationen, zu verstehen ist und nicht um eine Dimension, die es (das Leben) selbst enthält, erweitert werden kann. Somit erwecken diejenigen, welche den Begriff der ‚unerträglichen Leids' auf existentielle Leiderlebnisse erweitern wollen, den Eindruck, als sei das Leiden vor seiner Erweiterung auf existentielle Leiderlebnisse überhaupt kein Proprium menschlichen Daseins gewesen und würde erst durch seine spezifische ‚Unerträglichkeit' zu diesem gemacht. Das ist aber unsinnig und soll uns auch skeptisch gegenüber jeder Ausdehnung des Extensionsbereiches des Begriffes ‚unerträgliches Leiden' machen. Dass in den Gebrauch des Terminus immer wieder bestimmte mehr oder weniger zu berücksichtigende Interessen einfließen, hat letztlich nichts mit dem erlebnisphänomenologisch erwiesenen Gehalt von Schmerzerlebnissen und Leiderfahrungen zu tun, sondern mit anderen Faktoren.[8] Auch und vor allem aus diesem Grund bietet die Rede von ‚unerträglichem Leiden', obwohl sie eine Aufforderung zur Suche angemessener Formen des Umgangs mit extremen Formen des Leids enthält, niemals eine geeignete Indikationsvoraussetzung.

---

[8] Selbst wenn der Begriff des ‚unerträglichen Leids' kein ausschlaggebendes Kriterium für eine medizinische Indikation darstellen kann, so verliert er damit noch nicht seine normative Kraft. Dementsprechend lässt sich der Ausdruck vor allem in politisch-rhetorischer Hinsicht oder für strafrechtlich relevante Zwecke instrumentalisieren, indem er die Brücke zwischen einer gesetzlich verbotenen Tötung auf Verlangen und der bereits in den Niederlanden erlaubten aktiven Sterbehilfe *ohne* Verlangen schlägt: „Der Wunsch nach Zulassung aktiver Sterbehilfe und assistiertem Suizid tritt zunächst unter dem Gewand der Forderung nach Autonomie und Patientenrechten auf. Der Einzelne habe das Recht über sein Leben zu entscheiden. Dieses Recht wird auf sogenanntes ‚unerträgliches Leid' bezogen, das durchzustehen niemand gezwungen werden könne." (Spaemann 2015, 179) Eine normative Verwendung des Ausdrucks ‚unerträgliches Leiden' darf jedoch niemals die Absicherung der Straffreiheit des Tötens auf Verlangen zum Ziel haben. Das gilt vor allem auch dann, wenn weiterhin unklar ist, wie der tatsächliche Patientenwillen eigentlich bestimmt wird.

4 Die Exploration und Bestimmung des Willens bei sterbenskranken Menschen

4.1 Allgemeine Anthropologie des Willens

Ohne Zweifel ist auch der menschliche Wille etwas, über den sich vortrefflich streiten lässt – allerdings nur unter der Voraussetzung, dass alle von ein- und demselben Willen sprechen. Eines scheint nämlich offensichtlich: Der Willen selbst zeigt sich nicht; vielmehr haben wir es stets mit seinen Manifestationen zu tun, egal ob diese verbal, nonverbal oder physisch sind. Ebenso sollten wir bedenken, dass Wille und Autonomie nicht dasselbe sind. Daneben reden wir in der Psychologie auch von Volitionen, die kausale wirksame Ausflüsse eines ausschließlich aktual zu verstehenden Willens darstellen. Abermals lässt sich hier die Phänomenologie konsultieren, die das Phänomen des Willens nicht nur auf unmittelbare Handlungsumsetzungen einschränkt, sondern auch Momente der Konation (das Streben nach etwas) und Inhibition (das Gehemmt-Werden durch etwas) berücksichtigt (vgl. Fuchs 2016). Wenn wir also vom Willen eines Menschen reden, egal ob dieser ein Patient ist oder nicht, dann sollten wir auch danach fragen, inwieweit sich dieser Wille aktual kundtut und über die Zeit im wollenden Subjekt verkörpert.

In der medizinethischen und naturgemäß normativ stark aufgeladenen Diskussion geht es bislang weniger um eine umfassende phänomenologische Beschreibung der vielfältigen Willensmanifestationen, als vielmehr um die Bestimmung eines punktuellen, d. h. volitionspsychologisch erfassbaren *aktualen Willens*. Allerdings ist es eine besondere Eigenart des psychologischen Willensbegriffs, dass er sich nur schwer in ein spezifisches Autonomie- oder Personenkonzept als Grundlage für die Entwicklung medizinethischer Entscheidungstheorien einpassen lässt. Jenseits einer psychologisch-empirischen Bestimmung sind uns in der Diskussion um den Patientenwillen vor allem drei Formen des Willens bekannt, die unterschiedliche normative Quellen und inhaltliche Bezugspunkte haben, welche teilweise in Widerspruch zueinander stehen und von je spezifischen Grenzen eingeholt werden: So fehlt dem sogenannten ‚vorausverfügten Willen', welcher sich in jeder Patientenverfügung bekunden soll, die Aktualität der Willensbildung und folglich auch die umfassende Informiertheit über die Einzelheiten der konkreten eingetretenen Entscheidungssituation. Beim sogenannten ‚mutmaßlichen' oder ‚hypothetischen Willen' handelt es sich, wie der Ausdruck bereits suggeriert, keineswegs um den tatsächlichen Willen des Betroffenen, sondern um eine von Anderen stellvertretend vorgenommene Mutmaßung darüber, welche

Entscheidung der Betroffene treffen würde oder getroffen hätte, wäre er dazu in der Lage gewesen.[9] Besonders in jüngster Zeit geht es in medizinethischen Diskursen auch vermehrt um den sogenannten ‚natürlichen Willen', der jetzt als zweiter, hier zu diskutierender Grenzfall im Kontext der Entwicklung einer Anthropologie des gelingenden Sterbens herangezogen werden soll.

4.2 Die besondere Normativität des Willens am Beispiel des ‚natürlichen Willens'

Jenseits dieses Normalfalls mehr oder weniger gelingender alltagssprachlicher Kommunikation, wonach jeder weiß, was jemand meint, wenn er sagt „Ich will ein Eis!", steht eine tragfähige Bestimmung des sogenannten ‚natürlichen Willens' in Theorie und Praxis aber nach wie vor aus, bzw. ist mit etlichen Begründungsproblemen konfrontiert. Daher versuche ich im Folgenden den ‚natürlichen Willen' als eine spezifische Form der Willensartikulation zu rekonstruieren, ohne dabei den Fehler zu begehen, diese Rekonstruktion mit dem tatsächlichen oder authentischen Willen des Patienten gleichzusetzen.

Im deutschen Betreuungsrecht finden wir bislang nur eine vage und zugegeben auch leicht anfechtbare Definition, die besagt, dass der ‚natürliche Wille' die tatsächlich vorhandenen Absichten und Wünsche, Wertungen und Handlungsintentionen eines Menschen umfasst, auch wenn er sich in einem die freie Willensbildung ausschließenden Zustand krankhafter Störung der Geistestätigkeit befindet. Bei genauerem Hinsehen handelt es sich bei ‚natürlichen' Willensäußerungen allerdings gar nicht um bestimmte Volitionen, sondern um bloße Verhaltensäußerungen des Patienten, *die als Willensäußerungen interpretiert werden*. Wenn wir bereits dieser Bestimmung folgen wollen, dann kann der ‚natürliche Wille' in seiner bisherigen Verwendung kein informativer Gegenbegriff zum für eine Verifizierung der Patientenverfügung notwendigen autonomen Willen sein. Allerdings könnte womöglich eine differenzierte phänomenologische Untersuchung des ‚natürlichen Willens' auch auf die Grenzen und die Ergänzungsbedürftigkeit genuiner Autonomiekonzepte verweisen,[10] denn es wäre sicherlich allzu vorschnell, die Lebensvorgänge von Demenzkranken als

---
9 Hierzu der Beitrag von Markus Rothhaar in diesem Band.
10 Mit Hilfe der sogenannten Leibphilosophie, die uns reichhaltiges Material für eine Moralphänomenologie zur Verfügung stellt, könnte gezeigt werden, dass auch der autonome Wille eine Natur hat, die sich vor allem leiblich bekundet.

einfache Verrichtungen und Äußerungen eines zwar vorhandenen, aber notwendigerweise falsch zu verstehenden (weil heteronomen) ‚natürlichen Willen' zu betrachten.

Demzufolge lassen solche Äußerungen bei fehlender phänomenologischer Sensibilität oftmals den Eindruck entstehen, der Patient ‚lebe nur noch vor sich hin' oder ‚freue sich wie ein Kind'.[11] So ist manche Anzeige und Wahrnehmung appetitiven Verhaltens bei einem demenzkranken Patienten nicht selten von bestimmten Zielvorstellungen des Arztes oder persönlichen Wünschen nahestehender Verwandter überlagert. Diese Absichten werden dabei nicht selten in Form von attestierter ‚Lebensfreude' projektiv in das Verhalten des Demenzkranken hineingelegt, weichen jedoch vom authentischen Willen des Patienten ab.[12] Wir können demnach einfach nicht wissen, was in der Person vorgeht, bzw. wie sie fühlt und warum sie sich auf diese oder jene Weise äußert. Was wir allerdings wissen können, ist, *dass* sie fühlt und dass es sich bei dem Demenzkranken um eine Person handelt, die Bedürfnisse, Wünsche, Ängste etc. hat, die den Angehörigen und Ärzten die Pflicht auferlegen, diese Bedürfnisse, Wünsche und Ängste ernst zu nehmen und deren leibliche Ausdrucksformen als Ausdrucksformen von Wesen zu deuten, die eigene Zwecke verfolgen. Wer sich in diesen Fragen also ausschließlich auf eine voluntaristische Sichtweise, die einer simplen Dialektik von Willensbejahung und -verneinung folgt, festlegt, der vergisst die vielen anderen Formen von Lebensäußerungen von Demenzkranken, die nicht unbedingt auf direkte Zeichen, seien sie verbaler oder nonverbaler Art, zu reduzieren sind. So ‚erzählt' das Gesicht des Patienten von seinem Willen, ohne dass dieser seinen Mund bewegen muss. Die „atmosphärisch spürbare leibliche Präsenz" (Fuchs 2008b, 208)[13] des Patienten, seine Gegenwärtigkeit, sein

---

[11] Hierzu der Beitrag von Kruse in diesem Band.

[12] So kann uns auch das Gegenteil eines aversiven Verhaltens (z. B. Abwehrgesten beim Essen) keine Hinweise über das innere Befinden des Patienten geben. Das bezieht auch Einschätzungen ein, die davon ausgehen, dass eine Verweigerung vielleicht doch eine Einwilligung bedeute: „Wenn es gar nicht geht, dann müssen sie die Magensonde legen (…) man kann in den Menschen wirklich nicht reinschauen. Wenn er den Kopf wegdreht und er meint es vielleicht gar nicht böse (…)."

[13] Im operativ wirksamen, aber nicht-thematischen Leibgedächtnis (das sich vor allem ins Gesicht einschreibt) sind sowohl habituelle Bewegungsabläufe als auch erlernte Fertigkeiten (Laufen, Fußballspielen) und leiblich-emotionale Erfahrungseindrücke gespeichert. Anhand dieser zahlreichen ‚Fähigkeiten' des Leibes wird nicht nur die „sensomotorische Intelligenz" (J. Piaget) des Leibes erkennbar, sondern auch seine intersubjektive Verwiesenheit auf andere Leiber nachvollziehbar. Der Leib ist damit vorzügliches ‚Medium zur Welt' und stellt eine besondere Brücke zwischen dem Patienten – vor allem dem unnötig leidenden, dementen

„Antlitz" (Emmanuel Lévinas) ist etwas, das nicht hinreichend in Kategorien des Willentlichen und Unwillentlichen abgebildet werden kann.

Doch was können phänomenologische Beschreibungen überhaupt über die Verbindlichkeit des ‚natürlichen Willens' aussagen? Folgendes gilt es diesbezüglich festzuhalten: Der ‚natürliche Wille' ist zwar selbst nicht normativer Art, er verweist jedoch als leibliches Ausdrucksphänomen auf die Person, die *qua* Person einen autonomen Willen besitzt, dessen Anerkennung dazu verpflichtet, jeden anderen Willen wie den seinen zu betrachten. Der menschliche Wille ist demnach nicht einfach bloß etwas, das auf reiner Autonomie basiert, sondern dieser Wille beruht selbst auf Neigungen bzw. wird durch etwas, das wir ‚menschliche Natur' nennen können, geneigt gemacht. Diese ‚Natur' trägt gewissermaßen selbst Züge des Vernünftigen und bildet damit auch die Grundlage für die unverlierbare Würde jedes Menschen. Folglich verschleiert bzw. entwertet ein richtig verstandener ‚natürlicher Wille' nicht die Autonomie, sondern offenbart gewisse Unzulänglichkeiten bei dem Versuch einer angemessenen Bestimmung des authentischen Willens. Ferner unterbindet die Anwesenheit von Rationalitätsstrukturen im Willen die Möglichkeit, den ‚natürlichen Willen' durch einen ‚naturwüchsigen Willen' zu ersetzen, der dann infolge seiner normativen Aufladung tatsächlich zum Einfallstor für einen medizinischen Paternalismus werden kann und damit auch eine ernsthafte Bedrohung für die Patientenautonomie darzustellen vermag.[14]

Doch kehren wir abschließend nochmals zum Problem der Willensbestimmung bei sterbenskranken Menschen zurück. Meist wird die vielleicht schon in der Patientenverfügung ersichtliche Einstellungsstabilität des Patienten durch seine von Schmerzen oft beeinträchtigten verbalen und nonverbalen Willensäußerungen nicht verändert, sondern bestätigt, was häufig auch damit zu tun hat, dass die Werthaltungen und religiösen Einstellungen von Patienten größtenteils konstant bleiben.[15] Nichtsdestoweniger kann sich an der Einstellung des Willens auch etwas ändern und es kann die Frage laut werden, ob der ‚natürliche' Wille als aktualer Willensausdruck der Person zum Zeitpunkt t_2 die Entscheidung des vorausverfügten Willens zum Zeitpunkt der Abfassung der

---

Patienten, dessen Willensbestimmung nicht gelingt – und der Mitwelt, d. h. Angehörige, Pflegepersonal und Ärzte dar. Er bringt etwas zur Sprache, das bislang nicht oder nur beiläufig wahrgenommen worden ist.

14 Vgl. für den bislang unbeholfenen juristischen Umgang mit der Tatsache des ‚natürlichen Willens' siehe: Schmidt-Recla 2013.

15 Dass sich Werthaltungen und religiöse Überzeugungen im Laufe der Zeit ändern können, ist kein Argument gegen, sondern vielmehr für die Kohärenz eines Lebensplanes, dessen Inhalt durchaus unvorhersehbare Konversionen beinhalten kann, die jenen Lebensplan *ex post* (d. h. mit dem Tod eines Patienten) vervollständigen.

Patientenverfügung, also zum Zeitpunkt t₁, revidieren kann. An dieser Stelle ist es zunächst sinnvoll, die Diachronizität der Selbstbindung des Menschen an seinen Willen („der Widerruf durch den natürlichen Willen ist nicht möglich") von der Synchronizität dieser Selbstbindung („der Widerruf durch den natürlichen Willen ist möglich") zu unterscheiden (zu solchen Odysseus-Anweisungen vgl. Hallich 2011). Während Verteidiger von reinen Autonomiekonzepten meist zur ersten Auffassung neigen, tendieren Vertreter paternalistischer Ansätze des Öfteren zu der zweiten Ansicht. Jedoch sind beide Annäherungsversuche an dasselbe Problem auf ihre je eigene Weise nicht befriedigend. So ist die Annahme, dass es einen Willen geben müsse, der sich an sich selbst zu binden vermag und damit auch in seiner Normativität unangetastet bleibt, fragwürdig. Diese Annahme ignoriert nämlich zentrale phänomenologische Befunde, die eine tatsächliche, leiblich wahrnehmbare Änderung des Willens vermuten lassen. Auch die Auffassung, dass sich der Wille an seinen kontingenten Verlauf und nicht an die Notwendigkeit seiner normativen Aufrechterhaltung bindet, ist begründungsbedürftig, denn es ist nicht auszuschließen, dass damit autonome Entscheidungen tatsächlich entwertet werden und sich somit Tür und Tor für einen medizinischen Paternalismus öffnen lassen.

Interessanterweise kann aber durch dieses Dilemma ein bereits von uns beschriebenes Phänomen Einzug halten – das Kriterium des ‚unerträglichen Leidens', welches eine Art Öffnungsklausel für Menschen darstellen kann, die aktive Sterbehilfe bereits befürworten und noch nach weiteren Rechtfertigungskriterien suchen; oder aber die unfreiwillige Euthanasie grundsätzlich ablehnen, aber noch kein Argument gefunden haben, das ihre Ablehnung rational zu rechtfertigen vermag. Die Berufung auf den Vorrang der Selbstbestimmung in Entscheidungssituationen am Lebensende wird unter Rückgriff auf das ‚unerträgliche Leiden' nämlich durch die Berufung auf die Tatsache ersetzt, dass sich jedes Autonomiebestreben in Zuständen verwirklichen lässt, die es ermöglichen, sich selbst in seiner Autonomie zu bestätigen. Diese Zustände konstituieren sich aber nicht aus autonomieverkürzenden Leiderfahrungen, sondern sind vielmehr positive Momente einer messbaren Lebensqualität.[16] Hierbei ist auch auffällig, dass die Berufung auf ‚unerträgliches Leiden' letztlich Ausdruck einer die spezifische Leiblichkeit des Patienten ignorierenden Autonomieforderung ist, die insbesondere darin besteht, das Leben sterbenskranker Menschen ausschließlich – und damit in Auflehnung gegen so etwas wie ein Schicksal – an positiven Gefühls- und

---

[16] Vgl. über etwaige Versprechungen und Grenzen einer Berufung auf „Lebensqualität": Kovács et al. 2016.

Bewusstseinszuständen, deren Hervorbringung nicht unbedingt eine explizite Zustimmung erfordert, auszurichten. Das Leiden gehört damit nicht mehr länger dem Patienten selbst, sondern wird zu einer dämonisierten Entität, die sich durch bestimmte medizinische Maßnahmen schnell und effizient beseitigen lässt.

5 Über den Zusammenhang zwischen Leiderleben und Willensexploration: Fragen, Probleme und Perspektiven

Ich hoffe gezeigt zu haben, dass und wie Leiderleben und Willensäußerungen für Behandlungsentscheidungen am Lebensende ein enormes normatives Gewicht haben können. Dieses beträchtliche Gewicht relativiert sich allerdings zusehends, wenn diese Konzepte in Richtung eines ‚unerträglichen Leidens' oder ‚natürlichen Willens' spezifiziert werden und eine normative Relevanz fingieren, die andere und durchaus bewährte normative Hinsichten zu übertrumpfen versucht. Es wurde, so hoffe ich, vor allem auch deutlich, dass der tatsächliche Willen des Patienten und seine Leiderlebensintensität nicht im Rückgriff auf früher – im Rahmen einer Patientenverfügung – abgegebene Willensäußerungen konstruiert werden können. Allenfalls ist es möglich, über ausgewählte anthropologische Anhaltspunkte zu bestimmten Urteilen über die Beschaffenheit des aktualen Willens und das Ausmaß des aktual erlebten Leidens zu gelangen. Vor diesem Hintergrund kann auch der Gefahr einer Entkopplung des Willens und Leidens von der Person, die will (oder nicht will) bzw. leidet, Einhalt geboten werden. In diesem Zusammenhang sollte man deshalb auch vorsichtig sein, wenn man der Auffassung begegnet, dass ein so oder so beschaffener Willen ‚automatisch' als Ausdruck und Gradmesser eines Leidens angesehen wird. Die Inanspruchnahme unbestimmter Substitute (wie z. B. ‚unerträgliches Leiden' oder ‚natürlicher Wille') zum Zwecke der Generierung spezifischer normativer Urteile kann nämlich dazu führen, dass die Absicht einer Patientin oder eines Patienten weiterleben zu wollen nicht mehr wahrgenommen wird.

Um die Wahrnehmung, die ich von einem Patienten bzw. von seinem Leiden und von seiner Entscheidungsfähigkeit habe, schärfen zu können, ist es auch notwendig psychologische Parameter wie z. B. die Frage, inwieweit depressive Zustände das Leiderleben und die Willensbildung eines Patienten negativ beeinflussen, stärker zu berücksichtigen. Ebenso gilt dem Faktor ‚Zeit' größere Aufmerksamkeit, denn jede Änderung des Willens über die Zeit ist stets an bestimmte Erwartungen, die Patienten an die Vergangenheit hatten und gerade an die Gegenwart bzw. Zukunft haben, geknüpft und kann mit einem veränderten Leiderleben (das sich unerwartet im Lebensplan niederschlägt) zu tun haben.[17] So gilt es den Zusammenhang von Leiderleben und Willensexploration besonders im Palliativbereich in den Blick zu nehmen und sich dabei nicht auf ACP-Programme, die diese Änderungstendenzen im Willen und im Leiderleben (gerade bei dementiellen Patienten) nur bedingt berücksichtigen, zu verlassen (vgl. Coors et al. 2015). Jedoch können uns eine robuste Phänomenologie des Leidens bzw. Schmerzes und eine ebenso überzeugende Anthropologie des Willens, die ich hier nur skizzenhaft entwickeln konnte,[18] sensibler und aufmerksamer für die facettenreichen Bedürfnisse und Ängsten sterbenskranker Menschen machen. Sie lassen dabei vor allem unseren Blick auf die jeweilige Person richten, welche etwas will und an etwas leidet. Der Wille ist damit genauso Ausdruck des menschlichen Lebens wie das Leiden, wobei der Wille niemals aus dem Leiden selbst abgeleitet werden darf.

Literatur

Böhme, Gernot (2017): Leibsein als Aufgabe, Kusterdingen.
Bozzaro, Claudia (2015): Der Leidensbegriff im medizinischen Kontext: Ein Problemaufriss am Beispiel der tiefen palliativen Sedierung am Lebensende, in: Ethik in der Medizin 27, 93–106.
Buytendijk, Frederik J.J. (1948): Über den Schmerz, Bern.
Coors, Michael / Jox, Ralf / in der Schmitten, Jürgen (Hg.) (2015): Advance Care Planning. Von der Patientenverfügung zur gesundheitlichen Vorausplanung, Stuttgart.
Dees, Marianne K. / Vernooij-Dassen Myrra J. / Dekkers Wim .J. et al. (2010): Unbearable Suffering of Patients with a Request for Euthanasia or Physician-Assisted Suicide: an Integrative Review, in: Psycho-Oncology 19 (4), 339–352.

---

17 Siehe dazu den Beitrag von Thomas Fuchs in diesem Band.
18 Für die Zukunft wäre es eine Aufgabe, die spezifische Verwiesenheit von Personalität und Leiblichkeit stärker zu berücksichtigen. Angesichts dessen sollte die Rolle der Leiblichkeit als eines möglichen Bindeglieds zwischen der vitalen Konation des Menschen und seiner personalen Natur philosophisch reflektiert werden. Dies kann wiederum dabei helfen, das leibliche Leiderleben und seine Explikation als für eine authentische Willensexploration notwendige Vorstufen zu betrachten. Das Konzept des ‚natürlichen Willens' kann also als explikative Schnittstelle fungieren, da dieser auf leibliche, seltener auch verbale Ausdrucksformen eines Menschen abzielt, die unterhalb der Schwelle der Einwilligungsfähigkeit geäußert werden, aber zugleich doch unter bestimmten Bedingungen als spezifische Willensäußerungen interpretiert werden könnten.

Fuchs, Thomas (2008a): Leib und Lebenswelt. Neue philosophisch- psychiatrische Essays, Kusterdingen.
Fuchs, Thomas. (2008b): Die Würde des menschlichen Leibes, in: Härle, Wilfried / Vogel, Bernhard (Hg.): Begründung von Menschenwürde und Menschenrechten, St. Augustin, 202–217.
Fuchs, Thomas. (2016): Wollen können. Wille, Selbstbestimmung und psychische Krankheit, in: Moos, Thorsten / Rehmann-Sutter, Christoph / Schües, Christina (Hg.): Randzonen des Willens. Anthropologische und ethische Probleme von Entscheidungen in Grenzsituationen, Bern, 43–61.
Hallich, Oliver (2011): Selbstbindungen und medizinischer Paternalismus. Zum normativen Status von „Odysseus-Anweisungen, in: Zeitschrift für Philosophische Forschung 65, 151–172.
Jaspers, Karl (1947): Von der Wahrheit, Piper: München.
Jaspers, Karl (1956): Philosophie. Bd. II, Springer: Berlin/Göttingen/Heidelberg.
Kovács, Làszlò / Kipke, Roland / Lutz, Ralf (Hg.) (2016): Lebensqualität in der Medizin, Wiesbaden.
Hähnel, Martin (2015): Die Rolle der Empfindungsfähigkeit für die ethische Beurteilung des Schmerzes, in: Maio, Giovanni et. al. (Hg.): Leid und Schmerz. Konzeptionelle Annäherungen und medizinethische Implikationen, Freiburg, 37–66.
Head, Henry (1905): The Afferent Nervous System from a New Aspect, in: Brain 28, 99–115.
Heidegger, Martin (1976): Sein und Zeit, Tübingen.
Müller-Busch, H.Christof / Radbruch, Lukas / Strasser Florian et al (2006): Empfehlungen zur palliativen Sedierung, in: Deutsche Medizinische Wochenschrift 131 (48), 2733–2736.
Ricoeur, Paul (1975): Phänomenologie des Wollens und Ordinary Language Approach, in: Kuhn, Helmut / Avé-Lallemant, Eberhard / Gladiator, Reinhold (Hg.): Die Münchner Phänomenologie, Den Haag, 105–124.
Ricoeur, Paul (2016): Das Willentliche und das Unwillentliche, München.
Scheler, Max (1923a): Wesen und Formen der Sympathie, Bonn.
Scheler, Max (1923b): Vom Sinn des Leidens, Leipzig.
Scheler, Max (1973): Wesen und Formen der Sympathie, Bern.
Scheler, Max (1980): Der Formalismus in der Ethik und die materiale Wertethik, Bern.
Schmidt-Recla, Adrian (2013): Auf den Trümmern der Unterbringungsgesetze der Länder und im Niemandsland zwischen Einsichts- und Einwilligungsfähigkeit, in: Medizinrecht 31 (9), 567–570.
Spaemann, Christian (2015): Patientenautonomie und unerträgliches Leid – Sterbehilfe auf tönernen Füßen, in: Hoffmann, Sören T. / Knaup, Marcus (Hg.): Was heisst: In Würde sterben? – Wider die Normalisierung des Tötens, Wiesbaden, 171–186.

IV Die Gutheit rechtlicher Regelungen von Suizidassistenz und Sterbehilfe in der Diskussion

Hermann Brandenburg, Heike Baranzke und Heike Kautz

Stationäre Altenpflege und hospizlich-palliative Sterbebegleitung in Deutschland: Einander kennenlernen – voneinander lernen – miteinander gestalten

1 Pflegeheime als Sterbeorte – neue Herausforderungen

Pflegeheime sind in den vergangenen Jahren zu „Orten höchster Pflege- und auch Sterbeintensität" (Schwenk 2017, 34) geworden. Aufgrund der Förderung der ambulanten Unterstützung zu Hause verlegen die Menschen ihren Wohnort – oft unter dramatischen Umständen – erst ins Heim, wenn Multimorbidität, chronische Krankheiten oder Demenz eine stationäre Versorgung und Betreuung notwendig machen. Dadurch verkürzt sich die Verweildauer eines beträchtlichen Anteils der Bewohnerinnen[1] auf ein halbes bis ein Jahr (erhöhte Mortalität).

Soziologische Untersuchungen verzeichnen seit Mitte des 20. Jahrhunderts eine zunehmende Verlagerung des Sterbeortes aus dem häuslichen Bereich in öffentliche Institutionen (v. a. Krankenhäuser und Pflegeeinrichtungen). Diese als „Hospitalisierung und Institutionalisierung" bezeichneten Veränderungen stehen „synonym für die Verdrängung des Todes aus dem Alltag der Menschen" (Thönnes 2013, 7). Seit den 1980er Jahren verschieben sich zudem die Sterbeprozesse vom Krankenhaus in die Pflegeheime, allerdings bei gleichbleibend hohem Institutionalisierungsgrad.

Es wird vermutet, dass die Einführung der Fallpauschalen dazu geführt hat, dass mit zunehmendem Sterbealter der Anteil des Sterbeorts Pflegeheim steigt, während der des Krankenhauses für diese Personengruppe fällt. „Pflegebedürftige, hochbetagte und sterbende Menschen scheinen im Krankenhaus daher zukünftig keinen Platz mehr zu haben und werden als ‚austherapiert' entlassen" (Schwenk 2017, 30). Sofern hochaltrige, multimorbide Menschen nicht im

---

[1] Aus Gründen der Lesbarkeit wird in der Regel entweder eine neutrale oder die feminine Form verwendet. Wir wollen damit sichtbar machen, dass Pflege und Hospiz sowie die Bewohnerschaft von Altenpflegeeinrichtungen in weit überwiegendem Maße weiblich sind.

häuslichen Bereich versorgt werden können, werden sie in Pflegeheime verlegt, die für die neuartigen Herausforderungen weder konzeptionell noch fachlich noch personell ausgestattet wurden. Trotz grundlegender Unterschiede (vor allem im Management) zwischen Trägern und Heimen erinnert die Situation an das Jahr 1974, als auf Empfehlung der Psychiatrie-Enquête Menschen mit Demenz (und anderen schweren psychiatrischen Erkrankungen) nicht mehr in Krankenhäusern dauerhaft hospitalisiert, sondern zunehmend in die Pflegeheime eingewiesen wurden, ohne dass diese auf die neue vulnerable Personengruppe auch nur ansatzweise vorbereitet waren.

Institutionalisiertes Sterben ist überwiegend negativ konnotiert, wie die Kluft zwischen Wirklichkeit und Wunsch der Sterbeorte vor Augen führt: Schätzungsweise versterben über 40 % der Menschen im Krankenhaus und 22 % in stationären Altenpflegeeinrichtungen und nur etwa 32 % zu Hause (DAK 2016), obwohl sich mehr als die Hälfte der Deutschen ein häusliches Sterben wünschen. Weniger als 4 % können sich ein gut begleitetes Sterben in Krankenhaus oder Pflegeheim vorstellen (Müller 2014, 77).

Doch mit den stationären Hospizen und ambulanten Hospizdiensten ist ein neuer Typ von institutionalisiertem Sterben entstanden, der der „in den Krankenhäusern der 1960er Jahre praktizierten Vernachlässigung von Sterbenden" (Thönnes 2013, 25) eine völlig neue Sterbekultur entgegenstellt. Folglich muss die institutionalisierte Sterbebegleitung differenzierter betrachtet werden. Dies scheinen auch die Regierungsverantwortlichen so zu sehen. Denn die von den Bundesministerien für Familie, Senioren, Frauen und Jugend (BMFSFJ) sowie für Gesundheit (BMG) herausgegebene „Charta der Rechte hilfe- und pflegebedürftiger Menschen", kurz „Pflegecharta", deklariert in Art. 8 das Recht, „in Würde zu sterben". Die „Individuelle Sterbebegleitung" wird aber sogleich an „ambulante oder stationäre Hospizdienste" (BMFSFJ/BMG 2014) delegiert, auf die damit große Hoffnungen gesetzt werden. Dieser folgte der Gesetzgeber, als er die Altenpflegeeinrichtungen seit Januar 2016 durch das Gesetz zur Verbesserung der Hospiz- und Palliativversorgung in Deutschland – kurz: Hospiz- und Palliativgesetz (HPG) – aufforderte, mit Hospiz- und Palliativdiensten zu kooperieren (SGB V § 39a, Abs. 2). Die Kooperation gilt seit Juli 2016 auch als ein Qualitätskriterium für Altenpflegeeinrichtungen (§ 114 SGB XI). Doch sind die beiden Organisationen für eine Kooperation überhaupt gerüstet? Was können Altenpflegeeinrichtungen von der Hospizbewegung lernen? Und kann umgekehrt die Hospizbewegung etwas von der (stationären) Altenpflege lernen? Oder sind die Institutionen womöglich inkompatibel, so dass das Kooperationsgebot am Ende ins Leere läuft?

Bevor wir uns diesen Fragen widmen, werden zunächst die gegenwärtigen Bedingungen der stationären Altenpflege ins Auge gefasst (2.). Diese

Situationsskizze ist notwendig, um einen differenzierten Einblick in das Feld zu vermitteln, um das es hier geht. Anschließend werden die in der Pflege noch weitgehend unbekannten grundlegenden Impulse und Potentiale der Hospizbewegung vergegenwärtigt (3.). Ein besonderes Augenmerk muss dabei der Verhältnisbestimmung zwischen Hospizbewegung und Palliativmedizin vor allem in Deutschland zukommen, und zwar aus zwei Gründen: Zum einen geht es um die Frage, welcher Stellenwert der Palliativ*medizin* in der hospizlich-palliativen Begleitung am Lebensende angemessener Weise zukommen soll, ohne letztere auf erste zu reduzieren. Es geht also darum, die hospizliche Qualität zu profilieren, wenn ‚individuelle Sterbebegleitung' mehr sein soll als implementierte palliativmedizinische Symptomkontrolle. Zum andern ist die Verhältnisbestimmung zur Medizin zentral für das Selbstverständnis der Pflege. Insofern kann die Altenpflege selbst stärkende Impulse durch die Hospizbewegung erfahren, und zwar in Bezug auf eine radikal personzentrierte Langzeitpflege (Brandenburg/Baranzke 2017) der ihnen anvertrauten pflegebedürftigen Menschen. Daher widmet sich der zentrale Teil unseres Beitrags auf der Basis erster Studien der Frage, wie man Möglichkeiten schafft, damit die beiden einander bislang weitgehend fremden Organisationen, Pflegeheim und hospizlich-palliative Sterbebegleitung, *einander kennenlernen*, um *voneinander lernen* zu können (*intra*organisationale Entwicklung), wie sie *miteinander* eine individuelle Sterbebegleitung für die Bewohnerinnen in den Institutionen der stationären Altenpflege *gestalten* können (*inter*organisationale Entwicklung) (4.). Abschließend stellen wir uns noch einmal der Frage, ob Pflegeheimbewohnerinnen in Deutschland auf die Erfüllung ihres Menschenrechts auf ein Sterben unter würdigen Bedingungen nach der Verabschiedung des HPG tatsächlich hoffen dürfen (5.).

2 Zur Lage der stationären Langzeitpflege in Deutschland

In der Integrierung der palliativmedizinischen und -pflegerischen Kompetenz in die Alten- und Pflegeheime sah die Enquête-Kommission „Ethik und Recht der modernen Medizin" des Deutschen Bundestags „eine der größten Herausforderungen der nächsten Jahre" (Enquête-Kommission 2005, 35f). Auf welche Situation in den Pflegeheimen stößt diese Zukunftsaufgabe? Dazu einige Schlaglichter:

Zunahme der Pflegeheime: Nach Angaben des Statistischen Bundesamts gab es 2015 13.600 Pflegeheime in Deutschland, die knapp 930.000 Plätze aufwiesen

(Statistisches Bundesamt 2017). Im Jahre 2003 existierten nur 9.700 entsprechende Einrichtungen mit etwas mehr als 713.000 Plätzen (Statistisches Bundesamt 2005). In den Jahren 2001 bis 2015 ist der Anteil der öffentlichen Träger um 12 % zurückgegangen (von 749 auf 659 Einrichtungen). Die freigemeinnützigen Träger konnten dagegen einen deutlichen Zuwachs um 40 % (von 5.130 auf 7.200 Heime) registrieren. Die höchste Steigerung zeigt sich jedoch bei den privatgewerblichen Trägern; sie erhöhten ihren Anteil um fast 75 % (3.286 auf 5.737 Pflegeheime) (Statistisches Bundesamt 2003, 2017).

Ökonomisierung: Die auch seitens der Medizinethik thematisierte „Durchkapitalisierung der gesamten Medizin" (Maio 2018, 124) hat auch vor der Pflegeheimsituation nicht Halt gemacht. Ein besonderes Augenmerk sollte auf Private-Equity-Unternehmen mit Sitz im Ausland liegen. Allein im Jahr 2017 wechselten bei den drei größten Transaktionen auf dem deutschen ‚Pflegemarkt' mehr als 20.000 Pflegeplätze im Wert von ca. zwei Mrd. Euro den Besitzer und werden aktuell von einigen wenigen Finanzinvestoren verantwortet (Heil 2018). Denn der Pflegemarkt gehört mittlerweile zu dem am stärksten expandierenden Bereich, in dem eine Kapitalrendite von 8.3 % (und mehr) erzielt werden kann; im öffentlich-rechtlichen Sektor sind die Gewinnmargen hingegen deutlich geringer und liegen bei 2.8 % (ZDF 2018).

Veränderte Zweckbestimmungen: Auch die Träger der Freien Wohlfahrtspflege arbeiten heute unter anderen Bedingungen als noch vor Einführung der Pflegeversicherung (Bode/Brandenburg/Werner 2015; Gabriel 2015). Die Zweckbestimmung dieser Einrichtungen hat sich gewandelt: Es reicht heute nicht mehr aus, ein gutes Angebot für alte und pflegebedürftige Menschen vorzuhalten. Neue Ziele sind hinzugekommen: Kunden- und Komfortorientierung, verstärkte Orientierung am Ziel der Kapazitätsauslastung und der Bewährung am Markt, aber auch (hochgradig formalisierte) Qualitätssicherung. Auch im Umgang mit knappen Ressourcen haben sich z. T. gravierende Änderungen ergeben: die Refinanzierung der erbrachten Dienstleistungen wird nicht mehr nach dem real entstandenen Aufwand bemessen, sondern im Rahmen von Pflegesatzverhandlungen zwischen Heimen und Kostenträgern festgelegt; dabei orientieren sich die Kostenträger an Durchschnittswerten in einer Region. Einrichtungen, die besonderen Wert auf Qualität legen und z. B. einen erhöhten Fachkrafteinsatz favorisieren, haben das Nachsehen gegenüber sogenannten ‚Billigheimen', die günstigere Pflegesätze anbieten (können). Die Konsequenz ist, dass einzelne Heime – vor allem die nicht erwerbswirtschaftlichen ausgerichteten Anbieter – z. T. jedenfalls nicht mehr konkurrenzfähig auf dem Markt sind. Auch die lange Zeit für die Freie Wohlfahrtspflege konstitutive, ehrenamtliche Verwaltungsstruktur erodiert; hauptamtliche Geschäftsführer haben die

Regie übernommen. Im privatgewerblichen Sektor geben vielfach börsennotierte Shareholder den Takt vor. Die damit ins Regiezentrum der Träger Einzug haltende radikal-betriebswirtschaftliche Steuerungsmentalität findet sich auch bei den kommunalen GmbHs wieder (Bode/Brandenburg/Werner 2015). Damit mag das Management der organisierten Altenhilfe im Hinblick auf Methoden der Betriebsführung insgesamt professioneller geworden sein – doch mit zunehmend erwerbswirtschaftlich ausgerichteten Unternehmenspolitiken scheinen ideelle und fachliche Bezüge zunehmend in die Defensive zu geraten.

Anforderungen an die Pflegequalität: Hochaltrigkeit und Multimorbidität der Bewohner verlangen bereits für sich genommen eine verstärkte Aufmerksamkeit auf die klinischen Pflege- und Versorgungsaspekte. Zu denken ist hier u. a. an Wundversorgung, Sturzprävention, Mobilitätsförderung, Aufrechterhaltung der Harnkontinenz und Schmerzmanagement. Zu diesen Problembereichen sind vom Deutschen Netzwerk für Qualitätssicherung in der Pflege (DNQP) ‚Expertenstandards' formuliert worden, die für die Durchführung einer fachlich korrekten Pflege richtungsweisend sind (vgl. https://www.dnqp.de/de/expertenstandards-und-auditinstrumente/, 12.12.2018). Hinzu kommt, dass mehr als zwei Drittel der Bewohnerinnen an einer Demenz und hiervon wiederum mehr als die Hälfte an einer schweren Demenz leiden (Schäufele et al. 2009). Die erhöhte Mortalität in den Heimen – etwa 22 % der Bewohnerinnen versterben in den ersten sechs Monaten, weitere 7 % nach Ablauf des ersten Jahres (BMFSF 2006, 17) – verschärft die Anforderungen an die Pflegequalität, insofern die Heime den besonderen Bedürfnissen der sterbenden Menschen gerecht werden müssen, ohne die Lebensqualität der vitaleren zu schmälern.[2]

Situation des Pflegepersonals: Die geschilderten Tendenzen haben auch Auswirkungen auf die Situation des Personals (vgl. Klie/Arend 2018). Laut Medienrecherche liegen die Personalausgaben im privat-erwerbswirtschaftlichen Sektor mit 50 % deutlich geringer als im öffentlich-rechtlichen Pflegesektor, wo sie durchschnittlich 62 % betragen (ZDF 2018). Aber auch Einrichtungen der Freien Wohlfahrtspflege weichen von althergebrachten Beschäftigungsnormen ab. Hinzu kommt eine bundesweit z. T. als prekär zu kennzeichnende Einkommenssituation in der Altenpflege, in der das Durchschnittseinkommen durchschnittlich 2.188 Euro beträgt (BMFSFJ 2016, 201). Außer dieser – auch im Vergleich zur Krankenpflege – sehr bescheidenen Entlohnung ist die Arbeitsrealität zunehmend durch eine ‚tayloristisch' angelegte Verrichtungslogik, d. h.

---

[2] Weitergehende Daten zur Qualität in den Heimen finden sich im Pflege-Report 2018 (vgl. hierzu: Jacobs et al. 2018), der den Optimierungsbedarf zur Versorgungstransparenz und -qualität als „erheblich" (Schwinger et al. 2018, 97) einschätzt.

die viel zitierte Minutenpflege, bestimmt. Diese „Maschinisierung der Pflege" (Hülsken-Giesler 2008) steht in maximalem Kontrast zu der Tatsache, dass sowohl alte als auch sterbende Menschen „Langsamkeit" brauchen (Feichtner 2012, 827). Der aktuelle Fachkräftemangel verschärft die unerträgliche Arbeitsverdichtung zusätzlich. Eingespannt unter diesen Bedingungen ist eine bewohner- und bedürfniszentrierte Pflege sowie eine sorgsame Sterbebegleitung kaum noch zu realisieren (Dibelius/Offermanns/Schmidt 2016).

3 Impulse der Hospizbewegung – Chancen für die stationäre Altenpflege?

Im Folgenden sollen zentrale Impulse aus der Geschichte der Hospizbewegung erinnert werden, die aus der Perspektive eines Bemühens um eine bedürfniszentrierte individuelle Sterbebegleitung auch für die stationäre Altenpflege von Relevanz sind.

Hospizliche Haltung statt Aktionismus am Lebensende: Die moderne Hospiz- und Palliativbewegung und die Euthanasiebewegung stellen zwei gegensätzliche Reaktionen auf die Todesverdrängung der naturwissenschaftlich-technisch orientierten neuzeitlichen Medizin in den westlichen Industrienationen im 20. Jahrhundert dar. Aufgrund ihrer Erfolgsgeschichte in der Krankheitsbekämpfung und Lebensverlängerung hat die kurative Medizin ihre reflexiven und kommunikativen Fähigkeiten, sich zur unausweichlichen Sterblichkeit konstruktiv verhalten zu können, weitgehend eingebüßt. Im Gegensatz zur Euthanasiebewegung, die sich durch die Forderung einer selbstbestimmten Lebensbeendigung der medikalisierten Lebensverlängerung um jeden Preis zu entziehen sucht, schließt die Hospizbewegung aus einer lebensbejahenden Haltung an die Tradition christlicher Fürsorgepraxis an, um „ein Leben in Würde bis zuletzt zu ermöglichen und dauerhaft eine neue Kultur des Sterbens im Sinne einer ars moriendi zu schaffen" (Breuckmann-Giertz 2006, 91). Damit knüpft sie „an Momente menschlicher Existenz an, welche die moderne Leistungsgesellschaft eher vermeidet: dem Leiden und dem Sterben" (Graf/Höver 2006, 48). Diese unvermeidlichen ‚Grenzerfahrungen' menschlichen Lebens erfordern von jedem menschlichen Individuum, sich dazu verhalten zu müssen – aus der Liebe zum Leben, die Kunst des Sterbens zu erlernen.[3] Der Sinn für die Entwicklungen von Haltungen – „der Achtung und

---

[3] Vgl. den Beitrag über eine *moderne ars moriendi* ars moriendi von Annette Hilt im vorliegenden Band.

der Achtsamkeit, des Respekts und der Fürsorglichkeit" (a. a.O., 61) – in der Begleitung von Sterbenden wurde in der Pilotstudie über „Ethik, Wirkung und Qualität der ambulanten Hospizarbeit", die an der Universität Bonn in Kooperation mit der BAG Hospiz (seit 2007: DHPV e.V.) durchgeführt wurde, als zentrale ‚primäre Qualität' der Hospizbewegung bestimmt (für die ausführliche Dokumentation der Auswertung vgl. Breuckmann-Giertz 2006). Daher zielen die hospizlich-palliativen Fortbildungen darauf, solche Haltungen zu bilden, die das hospizliche Versprechen einer individuellen gastlichen Sorge-Beziehung „von Angesicht zu Angesicht" (Graf/Höver 2006, 29) bis zuletzt garantieren und die mit einem stereotypen Behandlungsaktionismus unverträglich ist.[4]

Hospiz leitet sich vom lateinischen Begriff *hospes* für Gastgeber, Gast, Fremder bzw. von *hospitium,* Herberge als Ort ab, an dem die Haltung der „absichtslose(n) Gastfreundschaft gerade gegenüber dem Fremden" (Heller/Pleschberger 2015, 62) praktiziert wird. Im christlichen Kontext der Barmherzigkeitsforderungen wird das antike Ideal der Gastfreundschaft als Akt der Gottes- und Nächstenliebe auf Arme, Kranke und Obdachlose ausgedehnt gemäß dem Christuswort: „Was ihr einem meiner geringsten Brüder getan habt, das habt ihr mir getan." (Mt 25,40) Nicht die Hybris, das Leiden abschaffen zu wollen, sondern über die fürsorgliche Beziehung zu den Leidenden mit Gott als Quell des heilvollen Lebens in lebendiger Beziehung zu bleiben, wird in diesem Jesuswort zugesagt. Aufgrund des christlichen Hintergrundes hat sich die Hospizbewegung bis ins 20. Jahrhundert hinein „in enger Zusammenarbeit mit kirchlichen Trägern" entwickelt – „wenn auch nicht frei von Brüchen" (ebd.).

Auch die moderne Hospizidee steht insbesondere durch die für ihr überragendes Lebenswerk geadelte Dame Cicely Saunders in der Kontinuität der christlichen Tradition einer vorbehaltlosen Solidarität mit dem leidenden Nächsten. Für Saunders ist v. a. Jesu Bitte an seine Jünger im Garten Gethsemane leitend, in der Stunde seiner größten Angst mit ihm zu wachen (Saunders 1999, 20). Allerdings ist das hospizliche Spiritualitätskonzept auch offen für andere religiöse oder auch säkulare Auffassungen, worin wohl eines der „Erfolgsgeheimnisse" der Hospizidee besteht (Heller et al. 2013, 33).

Der palliative Impuls – Dimensionen des Schmerzes: Um den spirituellen Raum für jeden Sterbenden eröffnen zu können, ist nach Saunders die

---

4 Das an der Philosophisch-Theologischen Hochschule Vallendar (PTHV) durchgeführte DFG-Forschungsprojekt „Rekonstruktion des Pflege-Habitus in der stationären Langzeitpflege von Menschen mit Demenz" (HALT) ist der auch in der Pflegewissenschaft zunehmend als relevant erkanntem Aspekt der Haltung in einer personzentrierten Pflegebeziehung gewidmet (vgl. https://www.pthv.de/forschung/projekte-pflegewissenschaft/uebersicht-projekte-pflegewissenschaft/projekte-zur-langzeitpflege/ (31.01.2019).

Schmerz- und Symptomkontrolle notwendig, um der sterbenden Person die „Freiheit" zu geben, „die sie braucht, um wichtige Fragen anzugehen" (Saunders 1999, 56). Da die kurative Medizin das Gebiet der Tumorschmerzen völlig vernachlässigt hatte, studierte Saunders Medizin, um sich dem Thema selbst zu widmen. Saunders verband somit die christliche Hospizidee der Sterbebegleitung mit der modernen Schmerzforschung und revolutionierte das Schmerzkonzept in mehrfacher Hinsicht. Als Krankenschwester und klinisch orientierte Sozialarbeiterin erwarb sie im Londoner St. Luke´s Hospital Einblick in die prophylaktische Schmerztherapie bei krebskranken Menschen. Als Medizinerin brach sie mit der orthodoxen Lehre der kurativen Medizin, keine Opiate zur Schmerzlinderung einzusetzen.

Saunders verengte den Blick jedoch nicht auf den biomedizinischen Aspekt der Schmerzbehandlung, sondern stellte die fundamentale Bedeutung der Symptomkontrolle und Schmerzlinderung in den Zusammenhang mit dem psychischen, sozialen und spirituellen Leiden sterbender Menschen.[5] So erteilte sie der Reduzierung der Hospizidee auf Palliativmedizin eine Absage. Aufgrund ihrer Beobachtung, dass Krankenhausärzte ihre Patienten bezüglich der nichtphysischen Leidensdimensionen sich selbst überließen, entwickelte Saunders das mehrdimensionale Konzept des ‚total pain', das sie in ihrem 1967 in London eröffneten, weitgehend spendenfinanzierten St. Christopher´s Hospice organisatorisch durch den Aufbau eines multidisziplinären, ärztlich, pflegerisch, psychosozial und seelsorgerlich besetzten Sterbebegleitungsteams umsetzte. Es gehört zu den bleibenden Erkenntnissen Saunders, dass eine gelingende psychosoziale und spirituelle Begleitung sich positiv auf das subjektive Schmerzempfinden der Leidenden auswirken und die Schmerzmedikation reduzieren kann. Saunders kann daher als eine Vorläuferin des bio-psycho-sozialen Modells des Schmerzes (Sirsch 2017, 150) betrachtet werden.

Darüber hinaus erkannte Saunders, dass die Begleitung Sterbender nicht ohne Rückwirkung auf das Begleitungsteam blieb und prägte den Begriff des ‚staff pains', der Schmerz des Hospizteams. Nicht zuletzt aufgrund der Konfrontation mit den eigenen, manchmal bis zur Ohnmachtserfahrung reichenden Grenzen in der Sterbebegleitung sowie mit der eigenen Endlichkeit bedarf der Schmerz des Palliativteams eines von der Organisation stets zu gewährenden Zeit-Raums der Selbstreflexion, der einen Austausch über die schönen und die schweren Erfahrungen der Teammitglieder bei der Sterbebegleitung ermöglicht und eine hochrelevante Ressource für die Haltungsbildung darstellt.

---

5 Vgl. dazu den Beitrag von Claudia Bausewein im vorliegenden Band.

Saunders mehrdimensionales Konzept des ‚total pain' bildet bis heute das Kernstück der modernen Hospizidee, die von dem kanadischen Onkologen Balfour Mount auf den Begriff des ‚palliative care' (von lat. *pallium* = [Schutz-]Mantel) gebracht wurde, nachdem er 1973 eine Woche in Saunders' St. Christopher's Hospice hospitiert hatte (Kraska/Müller-Busch 2017, 11 u. 205 f). Mount beschloss daraufhin, im Royal Victoria Hospital in Montreal einen Palliativdienst zu etablieren. Er vermied die Bezeichnung ‚Hospiz', „weil diese bei den französischsprachigen Kollegen mit einem passiven Versorgungsmodell für Sterbende assoziiert wurde" (Heller/Pleschberger 2015, 64). Mounts Begriff der *palliative care* wurde von der WHO 1990 aufgenommen und 2002 in revidierter Weise definiert als „ein Ansatz zur Verbesserung der Lebensqualität von Patienten und ihren Familien, die mit Problemen konfrontiert sind, die mit einer lebensbedrohlichen Erkrankung einhergehen, und zwar durch Vorbeugen und Lindern von Leiden, durch frühzeitiges Erkennen, gewissenhafte Einschätzung und Behandlung von Schmerzen sowie anderen belastenden Beschwerden körperlicher, psychosozialer und spiritueller Art" (WHO 2002).

Trauerbegleitung – der Schmerz der Überlebenden: Mount war zuvor schon durch die Lektüre des Buches „On Death and Dying" (1969, dt. 1971: Interviews mit Sterbenden) der aus der Schweiz stammenden Medizinerin und Psychiaterin Elisabeth Kübler-Ross sensibilisiert worden. Kübler-Ross entwickelte in diesem Rahmen auch ihr umstrittenes Phasenmodell des Sterbens.[6] Ihr wichtigster hospizlicher Beitrag wird darin gesehen, die Sterbenden als Lehrmeister der Begleitenden in ihrem personalen Subjektcharakter ins Spiel gebracht und die Wichtigkeit des psychosozialen Beistands der ‚Austherapierten' bekannt gemacht zu haben. Kübler-Ross und insbesondere Saunders Mitarbeiterin Mary Baines schufen ein Bewusstsein für die Komplexität von Trauerprozessen, die als Ausdruck des Schmerzes des Abschiednehmen-Müssens über die Sterbenden hinaus auch den Blick auf die Sorge für die ihnen nahestehenden und durch die Begleitung nahegekommenen Personen weitet (Heller/Pleschberger 2015, 63).

Personzentrierte Organisation: Die vorgestellten Protagonistinnen der anglophonen Hospiz- und Palliativbewegung stehen im Kontext einer breiten, viele westliche Industrienationen umfassenden Kritik an der Todesverleugnung durch die Medizin im 20. Jahrhundert. Vor diesem Hintergrund entwickelte Saunders mit ihrem Konzept des ‚total pain' eine konkrete Organisationsform für eine ganzheitliche Hinwendung zum leidenden Menschen als Person und erprobte diese in dem von ihr gegründeten und langjährig geführten St. Christopher's Hospice.

---

6 Vgl. dazu den Beitrag von Nina Streeck im vorliegenden Band.

Auch wenn die medizinische Symptomkontrolle Vorrang hat, behält Saunders die Mehrdimensionalität des Schmerzes durch die Einrichtung eines multidisziplinären und Ehrenamtliche einschließendes Team im Auge. ‚Total pain' als Organisationsprinzip erkennt dem Teamaufbau und der Teampflege eine zentrale Bedeutung zu (vgl. die Beiträge zu Teamaspekten von West, Jackson und Baines in Saunders 1993). Die bedürfniszentrierte Ausrichtung der Teammitglieder auf die Schmerzaspekte der Patientin erlaubt weder individuelle noch professionsbedingte Profilneurosen (vgl. Channon in Saunders 1993), sondern regelmäßige interprofessionelle Kommunikation auf Augenhöhe. Notwendig sind daher regelmäßige Teambesprechungen mit flachen Hierarchien, in der *jedes* Teammitglied gemäß seiner Begabungen Bedeutsames zum Befinden der Patientin beizutragen hat. Zugleich entlastet der regelmäßige Austausch die individuellen Begleitpersonen von einer überfordernden Totalverantwortung und schafft eine Teamsolidarität, die durch die gemeinsame Ausrichtung auf den leidenden Menschen die Teammitglieder auch untereinander in wechselseitiger Beratung verbindet und flexible Problemlösungsstrategien ermöglicht.

3.1 Hospizbewegung und Palliativmedizin – spannungsvolle Parallelentwicklung in Deutschland

In St. Christopher's gab es Ende der 1990er Jahre fast tausend ehrenamtliche Mitarbeiterinnen, die eine Vielzahl von Aufgaben erledigten. In den angelsächsischen Ländern ist ehrenamtliches Engagement Teil des bürgerschaftlichen Selbstverständnisses. In Deutschland hat die tragende Rolle der Ehrenamtlichen in der Hospizbewegung komplexere Wurzeln. Mit der internationalen teilt die deutsche Hospizbewegung die Kritik an der medikalisierten Todesverdrängung aus der Gesellschaft, an der Todesverleugnung der Intensivmedizin sowie an der Euthanasiebewegung. Doch die besondere Dynamik, aufgrund der sich die – sich seit den 1970er Jahren formierende – deutsche Hospizbewegung zu einer bedeutenden Bürgerbewegung entwickelte, erklären führende Autoren aus einer sozialpsychologischen Perspektive auf das Nachkriegsdeutschland. Erst nach der Wirtschaftswunderphase habe die Hospizbewegung in den 1970er Jahren die ‚katalysatorische Funktion' übernehmen können, die gesellschaftliche „Unfähigkeit zu trauern" (Alexander und Margarete Mitscherlich) zu überwinden und einen „sozialen Raum" für die „kollektive Trauer" bereitzustellen (Heller/Pleschberger 2015, 66).

Hospizlichen Pioniergründungen in den 1980er Jahren folgten in den 1990er in Deutschland Prozesse der Institutionalisierung, Verwissenschaftlichung und internationalen Vernetzung der Idee hospizlicher Sterbebegleitung und ihrer

Überführung in das Konzept Palliative Care. In selbstkritischer Distanz zum intensivmedizinisch-kurativen Paradigma der Lebensverlängerung um jeden Preis akzentuierte nun auch die Medizin die Verbesserung der Lebensqualität todkranker Menschen. Im Juli 1994 gründete sich die Deutsche Gesellschaft für Palliativmedizin e.V. (DGP) zunächst als medizinische Fachgesellschaft, um der palliativen gegenüber einer rein kurativ ausgerichteten Medizin Gehör zu verschaffen. 1997 erschien das erste Lehrbuch für Palliativmedizin und 1999 wurde der erste Lehrstuhl für Palliativmedizin in Bonn eingerichtet. 2003 führte der Deutsche Ärztetag Palliativmedizin als Zusatzweiterbildung in die Muster-Weiterbildungsordnung ein.

Während im anglophonen Sprachraum *hospice* und *palliative care* seit Balfour Mount synonym gebraucht wurden, blieb in Deutschland die zivilgesellschaftlich getragene Hospizbewegung lange in kritischer Distanz zu einer vorrangig als Palliativ*medizin* interpretierten, wissenschaftlich standardisierten und in der Organisation ‚Krankenhaus' institutionalisierten Palliative Care. Doch die anhaltenden gesellschaftlichen Debatten über die Legalisierung aktiver Sterbehilfe bzw. des assistierten Suizids in den direkt angrenzenden Staaten der Benelux-Länder und der Schweiz sowie über das Verbot gewerbemäßiger Sterbehilfeorganisationen zwingen die Hospizbewegung zu einem professionalisierten Schulterschluss mit der Palliativmedizin. Die bundesweite Organisation der hospizlichen Laienbewegung wurde politisch durch strukturelle Neuregelungen im SGB V unterstützt. 1992 gründete sich die „Bundesarbeitsgemeinschaft Hospiz (BAG) zur Förderung der Hospizidee". Schon die 2007 erfolgte Umbenennung in „Deutscher Hospiz- und PalliativVerband e.V. (DHPV)" indiziert, dass sich Palliativmedizin und Hospizbewegung aufeinander zu bewegen: die Deutsche Gesellschaft für Palliativmedizin (DGP) durch die Öffnung der Gesellschaft für andere als medizinische Berufsgruppen von der Pflege bis zur Seelsorge, die Hospizbewegung durch eine professionalisierte Ausdifferenzierung hospizlich-palliativer, spezialisierter stationärer und ambulanter Dienste. 2010 präsentierten die beiden Organisationen zusammen mit der Bundesärztekammer (BÄK) die gemeinsam erarbeitete „Charta zur Betreuung schwerstkranker und sterbender Menschen", deren *erster* Satz lautet: „Jeder Mensch hat ein Recht auf ein Sterben unter würdigen Bedingungen" (DGP/DHPV/BÄK 2010, 8).

Doch die Annäherungen zwischen Medizin und Hospizbewegung nähren immer wieder das Misstrauen, ob damit am Ende der personzentrierte Charakter der Hospizidee einer Standardisierung eines qualitätsgesicherten Sterbens geopfert wird (Gronemeyer/Jurk 2004; Gronemeyer et al. 2017; Heller/Pleschberger 2010; Nicol/Nyatanga 2014). Die Wiener Forschergruppe um Andreas Heller an der Fakultät für Interdisziplinäre Forschung und Fortbildung (IFF) gibt sich in ihrem vielbeachteten Projekt „OrganisationsKultur des Sterbens" diesbezüglich optimistisch und schlägt Heller vor, unter dem Dach der ‚palliative Care' „Logik und Fachlichkeit ... der Hospizbewegung und der Palliativmedizin" zu integrieren (Heller/Heimerl/Husebö 2000, 12). Doch dass die Sorge, dass sich die ganzheitliche Integration in eine reduzierte Subsumtion einzelner Elemente verwandelt, nicht unbegründet ist, belegt das auf ‚Behandlung' statt ‚Begleitung' zurechtgestutzte Care-Verständnis in der gegenwärtig vorangetriebenen Advanced-Care-Planning (ACP)-Debatte (Schuchter/Brandenburg/Heller 2018). Um eine individuelle Sterbebegleitung auch in Pflegeheimen sicherzustellen, die diesen Namen verdient, geht es also weiterhin darum, die hospizlichen Charakteristika der Haltung, der personalen Beziehung und der Personzentrierung nicht hinter einem medikal verkürzten Palliativverständnis unter der Bezeichnung ‚Palliativ Care' verschwinden zu lassen.

Ehrenamtliche Hospizhelferinnen – zivilgesellschaftlicher Sand im Getriebe des Gesundheitswesens? Auf der Homepage informiert der DHPV, dass das ehrenamtlich-hospizliche Engagement in Deutschland stetig wachse und den größten Teil (über 100.000) der 120.000 unter dem Dach der DHPV engagierten Menschen (Stand 2018) ausmache. Der Schwerpunkt der ehrenamtlichen Arbeit liege in der psychosozialen und spirituellen Betreuung Schwerstkranker, Sterbender und deren Zugehörigen (https://www.dhpv.de/themen_hospizbewegung.html, 06.12.2018). Seit jeher legte die Hospizbewegung großen Wert auf die qualifizierte Vorbereitung der zu 90 % weiblichen Ehrenamtlichen. Der DHPV legte 2017 eine zweite überarbeitete und nun, als Reaktion auf die Förderfähigkeit hospizlich-palliativer Sterbebegleitung in Pflegeheimen nach SGB V § 39a, Abs. 2, auch verbindliche Handreichung für die „Qualifizierte Vorbereitung ehrenamtlicher Mitarbeiterinnen und Mitarbeiter in der Hospizarbeit" vor. In welchem Ausmaß ehrenamtliche Hospizhelferinnen professionalisiert werden und insbesondere auch pflegerische Tätigkeiten im Altenheim übernehmen sollen, wird kontrovers diskutiert. Denn ihre Aufgabe wird nicht darin gesehen, den chronischen Pflegepersonalmangel zu kompensieren und systemstabilisierend zu wirken, sondern primär die psychosozialen und spirituellen Bedürfnisse der Sterbenden zu adressieren (Schwenk 2017, 224 ff).

Die Studie von Gertrud Schwenk (2017) zeigt die Rolle der Ehrenamtlichen auf, die eine tragende Säule der Hospizbewegung darstellen und das Charakteristikum der Hospizbewegung als einer kritischen sozialen Bürgerbewegung präsent halten. Die Widerständigkeit und Unverplanbarkeit insbesondere der bürgerschaftlich Engagierten stellen als „Löcher in der Mauer der Institution" die Durchlässigkeit des Pflegeheims für die Gesellschaft her. Als „Quartiersbewegung" (Birkholz 2016, 137) garantiert sie die gesellschaftliche Teilhabe der Bewohnerinnen samt Zugehörigen auch und gerade in den Zeiten ihrer größten Not und Schwäche.

4 Altenpflegeheime und Hospizdienste: Die Begegnung ‚fremder Welten'

4.1 Radikale Personzentrierung der Organisation

Dass die Pflegeheime dem Anspruch hospizlicher Sterbebegleitung unter den gegebenen Bedingungen nicht genügen können, aus ihrem Selbstverständnis heraus aber gerne würden, steht hinter der Feststellung: „Pflegeheime brauchen Mut, um sich für einen Dienst ‚von außen' zu öffnen; die Beteiligten in den Hospizdiensten brauchen Sensibilität, mit der Wirklichkeit der Heime konstruktiv umzugehen." (Schwenk 2017, 72) Wenn es allen Beteiligten, den Altenpflegeeinrichtungen, den Hospizdiensten und dem Gesetzgeber, mit dem Ziel ernst ist, eine individuelle, personzentrierte Sterbebegleitung für Pflegeheimbewohnerinnen garantieren zu wollen, dann können die Organisationen nicht unverändert aus der Kooperation hervorgehen. Denn im Kern ist die Entwicklung einer Hospizkultur keine technokratische ‚Implementierung', sondern eher ein „kreativer Prozess des Suchens" nach einer veränderten Organisationskultur (Alsheimer 2012, 309), die ihre Strukturen „[...] fundamental und radikal an den Bedürfnissen der Bewohner und Betroffenen" ausrichtet (Heimerl et al. 32007, 34). Insofern müssen die Dimensionen hospizlich-palliativer Sterbebegleitung (Symptom- und Schmerzlinderung, Beachtung spiritueller Bedürfnisse, Trauerbegleitung etc.) zum systematischen Teil eines handlungsleitenden Konzepts in der stationären Altenhilfe werden (Riedel 2010), ganz im Sinne von Saunders Statement: „Die Hospizbewegung zog aus dem Gesundheitswesen aus und entwickelte eigene Modelle. [...] Es gilt nun, die Haltungen, die Kompetenzen und die Erfahrungen in die Regelversorgung zu reintegrieren" (Clark 2002, 242f). Dem „bestehenden Heim ‚etwas Hospizkultur' hinzuzufügen und arbeitsteilig spezialisierte Palliativkompetenz zu ergänzen" (SiH 2017, 23), z. B. durch Anschaffung eines Hospizbettes oder der Benachrichtigung eine Hospizdienstes im Ernstfall, greifen hier zu kurz. Ziel ist die ‚lernende Organisation'. Folgende Strategien des „erfolgreichen Scheiterns" wurden u. a. identifiziert, anhand derer erkennbar wird, ob tatsächlich die Unternehmenskultur verändert wird (Heimerl 2010, 331 ff; vgl. zusammenfassend Alsheimer 2012; Brandenburg 2014a, 2014b; Brandenburg/Güther 2014; Müller/Kessler 2016):

- Die Umsetzung von Palliative Care wird als Frage der flächendeckenden Weiterbildung verstanden.
- Eine Mitarbeiterin wird zur Fortbildung geschickt und erhält die Rolle der Palliativbeauftragten für das Heim.

- Der Träger richtet eine Palliativstation ein.
- Es findet eine dauerhafte Vernetzung mit dem örtlichen Hospizverein über Ehrenamtliche statt.

Der letzte Punkt deutet die notwendige überorganisationale interprofessionelle Teambildung an, die sich bereits aus Saunders' vieldimensionalem Konzept des ‚totalen Schmerzes' als Organisationsprinzip einer radikal person- und bedürfniszentrierten Sterbebegleitung ergibt und für deren Gelingen jüngere Studien aufschlussreiche Empfehlungen darlegen. Insbesondere verlangt das Setting Pflegeheim auch der Hospizbewegung Anerkenntnis, Verständnis und gewisse Anpassungsleistungen ab.

4.2 Altenpflegeheime sind keine Hospize, aber ...

Altenpflegeheime sind trotz der extrem gestiegenen Mortalität nicht nur „Orte des Sterbens", sondern vor allem und in erster Linie „Orte des Lebens" (Heimerl 2010). Darin unterscheiden sie sich trotz der polemischen Bezeichnung als ‚Langzeithospize' grundsätzlich von hospizlichen Einrichtungen. Altenpflegeheime haben folglich nicht nur umfassend palliativen, sondern auch kurativen sowie alltagsstrukturierenden, aktivierenden und rehabilitativen Rechtsansprüchen von Bewohnerinnen gerecht zu werden (Schwenk 2017, 92). Andererseits erfordern nicht nur die steigende Mortalität, sondern schon allein die unumgängliche Tatsache, hochaltrige Menschen im letzten Lebensabschnitt bis zuletzt zu versorgen, eine Veränderung des Berufsbildes. Denn dieses ist noch weitgehend von den „Grundsätzen der aktivierenden ganzheitlichen Pflege alter Menschen" (Falkenstein 2001, 137; SiH 2017, 96–102) bestimmt und weist mit der Ausblendung von Sterben und Tod aus dem beruflichen Selbstverständnis (Pleschberger 2005, 65) eine nur wenig thematisierte Parallele zur Todesverdrängung in der Medizin auf. Diese Ambivalenz verlangt den Pflegenden ab, erkennen zu lernen, wo die rehabilitative Orientierung zugunsten einer hospizlich-palliativen aufgegeben werden muss (Schwenk 2017, 39). Palliative Care gehört somit als ein integraler Bestandteil in die Altenpflegeausbildung und darf sich nicht länger auf Einzelfortbildungen beschränken, wenn eine personzentrierte Sterbebegleitung in Altenpflegeeinrichtungen nicht weiterhin dem Zufall überlassen werden soll (SiH 2017, 96).

Von hospizlicher Seite ist aber gleichfalls eine Reihe konzeptueller Anpassungen notwendig, denn die aktuellen hospizlichen Organisationsformen „schließen Menschen mit Demenz noch weitgehend aus" (Birkholz 2016, 129). Dazu gehört die grundlegende Einsicht, dass der oft sehr wechselhafte

Verlauf von Abbau- und Erholungsphasen Hochbetagter erfordert, den hospizlich-palliativen Auftrag im Altenpflegeheim nicht nur auf die Sterbephase zu beziehen, sondern auch auf die Lebensbegleitung auszurichten. Erst allmählich löst sich die Hospizbewegung von ihrer Konzentration auf unheilbar onkologisch erkrankte, kommunikationsfähige Menschen. Es wächst das Bewusstsein für die dringende Notwendigkeit der Entwicklung einer Palliativen Gerontologie sowie einer Palliativen Geriatrie angesichts der Multimorbidität und Chronizität der Erkrankungen im Alter (Müller 2014). Ein besonderes Augenmerk liegt dabei auf der Tatsache, dass insbesondere der zunehmende Verlust verbaler Kommunikationsfähigkeiten bei dementiellen Erkrankungen die Gefahr einer palliativmedizinischen Unterversorgung von Menschen mit Demenz birgt (vgl. Dibelius et al. 2016; Sirsch 2017, 154 f).

Das im Kontext der Altenhilfe andersartige Bedürfnisprofil wirkt sich auch im Hinblick auf die Anforderungen an die ehrenamtlichen Hospizbegleiterinnen aus. So lässt sich in der Praxis der Begleitung in der Altenpflege kaum mehr sinnvoll zwischen Besuchsdienst und Sterbebegleitung unterscheiden, da sich Begleitungen nicht selten über einen sehr viel längeren Zeitraum als nur über Tage und Wochen wie bei terminal Kranken erstrecken können (Schwenk 2017, 232 f). Um des hospizlichen Ziels einer vertrauensvollen Begleitung bis zuletzt ist es wünschenswert, dass bei besuchten Bewohnerinnen mit dem Einsetzen des Sterbeprozesses nicht plötzlich eine fremde Hospizhelferin die längst vertraute Besucherin ablösen muss.

Ferner bedarf es der Förderung zusätzlicher Kompetenzen der ehrenamtlichen Hospizbegleiterinnen, z. B. non- und para-verbaler Kommunikationsmöglichkeiten. Eine Reihe von Handreichungen und Curricula belegen zwar ein wachsendes Problembewusstsein der Hospizbewegung für die spezifischen Herausforderungen einer Lebens- und Sterbebegleitung von dementiell erkrankten Altenheimbewohnern. Allerdings würde man sich in der überarbeiteten Handreichung des DHPV für das Krankheitsbild Demenz eine noch prominentere Aufmerksamkeit wünschen als lediglich seine Erwähnung in der Liste ergänzender Fortbildungsthemen (DHPV 2017, 13).[7] Das größte Problembewusstsein dokumentiert sich in dem damals noch von der BAG Hospiz zusammen mit der Alzheimer-Gesellschaft e. V. schon 2004 erarbeitete und 2012 wiederholt überarbeiteten Curriculum „MITGEFÜHLT" für die Begleitung von Menschen mit fortgeschrittener Demenz (DHPV/Deutsche Alzheimergesellschaft/IVA 2012). Das vom Münchner Bildungswerk,

---

[7] Zu den Herausforderungen, die von der Begleitung dementiell erkrankter Menschen an ihre Angehörigen und die Gesundheitsberufe ausgehen vgl. die Beiträge von Maria Wasner und Andreas Kruse zum vorliegenden Band.

dem Evangelischen Bildungswerk und dem Christopherus Hospiz Verein e.
V. München publizierte Curriculum „Ehrenamtliche im Pflegeheim" (2015) beinhaltet Schulungselemente für die Begleitung von Menschen mit Demenz. Ferner erschien 2013 ein von der DGP und dem DHPV herausgegebenes „Grundsatzpapier zur Entwicklung von Hospizkultur und Palliativversorgung in stationären Einrichtungen der Altenhilfe". Aufgrund der Fähigkeit zur emotionalen Nähe erscheint eine deutliche Hörbarkeit der bürgerschaftlichen Hospizbewegung in der Begleitung von Menschen von Demenz wünschenswert (Birkholz 2016, 137 f.).

4.3 Hürden und Herausforderungen der interorganisationalen Teambildung

a) Ungleiche Finanzierung: Die beiden zur Kooperation gerufenen Organisationen stehen unter höchst unterschiedlichen äußeren Bedingungen, die die Beziehungsgestaltung zu den Bewohnerinnen enorm beeinflussen. Aus Sicht der Altenpflegeeinrichtungen besteht ein fundamentales „Gerechtigkeitsproblem" darin, dass hospizlich-palliative Sterbebegleitung voll refinanziert wird, während die finanziellen Ressourcen in Altenpflegeheimen angespannt sind. Das wirkt sich sogar auf die medizinische Versorgung in Pflegeheimen aus, insofern „Hausärzte an der Versorgung sterbender Menschen aus finanzieller Sicht wenig interessiert" seien (vgl. Schwenk 2017, 37 f.). Das ökonomische Diktat, unter dem die Pflegeeinrichtungen stehen, hat aber auch direkte Auswirkungen auf die Pflegebeziehung sowie auf die Kooperationsbereitschaft mit Hospizdiensten. Vor allem der knappe Personalschlüssel trotz meist hoch pflegeintensiver Bewohnerinnen erlaubt es den Pflegenden nicht, auf deren psychosoziale und spirituelle Bedürfnisse einzugehen. Selbst bei der Erfüllung der rehabilitativen und aktivierenden Pflegeaufträge stehen die Pflegenden oft unter einem enormen inneren Stress, der es ihnen kaum ermöglicht, der Langsamkeit der Aktivitäten hochaltriger Menschen Raum zu geben. Diese Situation erzeugt bei den Pflegenden zum einen eine habitualisierte Betriebsamkeit und zum anderen eine vorrangige Solidarisierung mit dem Pflegeteam im Hinblick auf eine kollegiale Arbeitsbewältigung. So gerät das eigentliche Pflegeziel einer person- und bedürfniszentrierten Pflege aus dem Blick und es entstehen leicht verständliche Neid- und Konkurrenzgefühle gegenüber den ehrenamtlichen Hospizhelferinnen, die sich ein ‚Stilles Da-Sein'-Können für die Sterbenden leisten können (a. a.O., 221ff).

b) Leitungsebene: Dieser Situation muss von den verantwortlichen Leitungskräften beider Organisationen ausgiebig Aufmerksamkeit geschenkt werden, wenn die Kooperation der Organisationen nicht im Keim erstickt werden soll. Das heißt: Die Leitungen beider Organisationen müssen die Kooperation wirklich wollen und im Sinne ‚lernender Organisationen' zur organisationalen Veränderung bereit sein. Das setzt ein wechselseitiges Interesse am Kennenlernen, die Bereitschaft und Fähigkeit zum Perspektivenwechsel und die wechselseitige Neugier aufeinander voraus. Vorbehalte und Negativeinstellungen auf Leitungsebene gegenüber der jeweils anderen Organisation verurteilen eine gelingende Kooperation zum Scheitern. Das hospizliche Moment der Haltung wechselseitiger Anerkennung beginnt somit wesentlich auf der Ebene der Organisationsleitung. Im Zuge der Anbahnung einer Kooperation ist es notwendig, wechselseitige Vorbehalte und Erwartungshaltungen respektvoll anzusprechen und klare Kooperationsvereinbarungen zu treffen. Kooperationen müssen entwickelt und gesteuert werden.

c) Gestaltungsraum statt Kontrolle: Dies ist nicht zuletzt deshalb notwendig, weil der Altenpflegebereich zu den am stärksten regulierten Sektoren in der Bundesrepublik gehört. Der Medizinische Dienst der Krankenkassen (MDK) begutachtet mit ca. 80 Prüfkriterien die Pflegequalität in den Heimen. Auch viele Heimaufsichtsbehörden (und andere Behörden, z. B. das Gesundheitsamt) fühlen sich nach wie vor einem klassischen Überwachungsauftrag verpflichtet, der immer weiter perfektioniert wird. Ohne einen Freiraum vor Ort kann eine hospizlich-palliative Organisationskultur aber schwerlich entwickelt werden. Die externe Kontrolle muss daher zurückgefahren und stärker in ihrer Beratungs- und Unterstützungsfunktion akzentuiert werden. Dabei ist darauf zu achten, dass alle Dimensionen des ‚total pain'-Konzeptes adressiert werden können, und zwar auf eine höchst flexible, nicht standardisierte, den jeweiligen wechselnden Bedürfnissen der hilfsbedürftigen Bewohner angemessene Art und Weise. Eine Reduzierung auf die Implementierung physischer Symptomkontrolle wird dem Ziel einer individuellen personzentrierten Sterbebegleitung nicht gerecht.

d) Schärfung der Aufgabenprofile und kommunikative Räume für selbstreflexive Haltungsänderungen: Angesichts von in der Anfangsphase üblichen Konkurrenzgefühlen zwischen Professionellen und Ehrenamtlichen ist es zum einen wichtig, die jeweiligen Aufgabenprofile am besten in einem alle Akteure einbindenden Kommunikationsprozess zu schärfen. Zum anderen aber gilt es vor allem – im Sinne von Saunders ‚total pain'-Konzept für eine interprofessionelle Teambildung –, über die Grenzen der beiden Organisationen hinaus „ein gemeinsam getragenes Verständnis von hospizlich-palliativer Versorgungskultur zwischen den Partnern" (Schwenk 2017, 120) zu entwickeln. Die Etablierung gemeinsamer Kommunikations- und Reflexionsräume verspricht, nachhaltige Einstellungsveränderungen bei den Pflegenden zu evozieren und einer in der Praxis meist vorherrschenden „Arbeitsteilung zwischen ‚Hospizbegleitung' und ‚Palliativversorgung'" auf Ehrenamtliche vs. professionell

Pflegende entgegenzutreten (SiH 2017,14 f). Die Veränderung des professionellen Selbstverständnisses der Pflegenden ist unverzichtbar für eine Veränderung der Pflege- und Einrichtungskultur.

Die Hospizbewegung verfügt über eine lange Tradition der Fortbildung und regelmäßigen Supervisionsbegleitung ihrer Akteure, besonders aber der Ehrenamtlichen. Gemeinsame, Hospiz- und Pflegebegleiterinnen umgreifende Fort- und Weiterbildungen und ihr regelmäßiger Austausch in den Räumen der Pflegeeinrichtungen werden besonders empfohlen, um ein wechselseitiges Vertrauensverhältnis zwischen Professionellen und Ehrenamtlichen aufzubauen. Erste Kooperationsstudien zeigen, dass sich „mit zunehmendem Wissensstand über Palliative Care", der sich u. a. über die systematische Einbindung hospizlicher Ehrenamtlicher vermittelt, „auch die Denkweisen und Einstellungen der Mitarbeiter" verändern und die Arbeitszufriedenheit steigt (Lindemann et al. 2011, 8; Schwenk 2017). Je kompetenter sich Pflegende im Umgang mit Schwerkranken und Sterbenden fühlen, umso wahrscheinlicher ist es, dass sie sich Sterbebegleitungen in der Einrichtung zu ihrem Anliegen machen. Es zeigt sich, dass die hospizlich-palliative Qualifizierung leitender Pflegekräfte, die Vernetzung mit Hospizeinrichtungen und die Teilnahme an Implementierungsprojekten „eine zentrale Bedeutung für einen anderen Umgang mit dem Bewohnerwillen" besitzen (SiH 2017, 138) und außerdem die Zusammenarbeit mit Ärzten verbessern (a. a.O., 91).

5 Ausblick: Kann das Sterben in Altenpflegeeinrichtungen gelingen?

Sterben ist der unvertretbare letzte Lebensvollzug eines Menschen. Es wäre daher anmaßend, Sterbenden vorzuschreiben, wie sie zu sterben haben, damit ihr Sterben gelingt. Stattdessen muss es darum gehen, die Rahmenbedingungen so zu gestalten, dass sie jedem menschlichen Individuum ein gelingendes Sterben ermöglichen. Dazu gehört nach Saunders Konzept des totalen Schmerzes zuallererst die palliativmedizinische Symptomkontrolle. Diese erfüllt aber nicht schon für sich alleine eine personzentrierte Sterbebegleitung, sondern bereitet dieser erst den Boden. Darauf kann eine palliative Pflege aufbauen und Raum schaffen für eine Begleitung, die auch die psychosozialen und die spirituellen Bedürfnisse geduldig und individuell zu adressieren bereit ist. Die kurativen und ökonomischen Effizienzbedingungen des Gesundheitssystems definieren aber diese essentiell wichtigen Dimensionen weg. Gilian Ford, eine langjährige Mitstreiterin Saunders', konstatierte auf einer Tagung, „daß die medizinische Versorgung ein viel zu wichtiges Gebiet ist als dass man es Managern überlassen könnte, die nach Checklisten und nicht Überzeugung arbeiten und die meinen, Betreuung könnte wie ein Stück Seife hergestellt, gekauft und verkauft werden" (Ford 1997, 32). Wenn wir die schwächsten und verletzlichsten Mitglieder unserer Gesellschaft den aufgezeigten depersonalisierenden Bedingungen nicht länger ausgeliefert sein lassen wollen, dann bedarf es der Implementierung hospizlich-palliativer, personzentrierter Charakteristika u. a. in unsere Altenpflegeeinrichtungen, die sich *nicht* adäquat als Zukauf outgesourcter Dienstleistungen umsetzen lassen. Vielmehr muss der Weg zu einer Organisationsentwicklung von einer, immer noch Züge einer ‚totalen' Institution tragenden zu einer ‚lernenden', gesellschaftliche Teilhabe gewährenden Institution beschritten werden. Darin kann eine ihrerseits lernbereite zivilgesellschaftlich getragene Hospizbewegung, der immerhin nachgesagt wird, bislang schon „zur Solidarisierung und Humanisierung in der Gesellschaft beigetragen" (Pleschberger/Heller 2017, 25) zu haben, auch weiterhin unterstützen.

Allerdings muss das Heim des 21. Jahrhunderts eingebettet werden in eine Kultur der „sorgenden Gemeinschaften" (BMFSFJ 2016), welche die Pflegeheime an den aktuellen Herausforderungen orientiert. Vor allem drei Anforderungen stehen im Zentrum, die in einer jüngst vom BMG geförderten Studie zum Thema „Sterben zuhause im Heim – Hospizkultur und Palliativkompetenz in der stationären Langzeitpflege (2015–2017) nachhaltig betont wurden (Stadelbacher/Schneider 2018, 52f): Erstens muss allen klar sein, dass es ohne qualifizierte und reflektierte Fachkräfte mit einem veränderten Aufgaben- und Kompetenzprofil als bisher nicht gehen wird. Zweitens muss das Heim der Zukunft weniger insular, sondern vernetzt mit anderen Akteuren agieren, speziell in der Hospiz- und Palliativversorgung. Und dies alles setzt – drittens – voraus, dass sich die Heime stärker dem Quartiersgedanken öffnen und in ihrer Nachbarschaft zu echten Innovatoren entwickeln. Nachhaltig kann die Verbindung von Hospiz- und Pflegeheimkultur letztlich nur in einer Neuausrichtung der Altenpflegeeinrichtungen auf das Gemeinwohl gelingen (Felber 2018).

Literatur

Alsheimer, Martin (2012): Hospizkultur in Einrichtungen entwickeln, in: Fuchs, Christoph/ Gabriel, Heiner/ Raischl, Josef/ Steil, Hans/ Wohlleben, Ulla (Hg.): Palliative Geriatrie. Ein Handbuch für die interprofessionelle Praxis, Stuttgart, 305–314.

Alsheimer, Martin (2010): „Hier ist mein Zuhause zum Leben – und zum Sterben..." Hospizkultur im Pflegeheim entwickeln, in: Heller, Andreas/ Kittelberger, Frank (Hg.): Hospizkompetenz und Palliative Care im Alter. Eine Einführung, Freiburg, 307–236.

Birkholz, Carmen (2016): Menschen mit Demenz aus Sicht der Hospizarbeit, in: Dibelius, Olivia/ Offermanns, Peter/ Schmidt, Stefan (Hg.) (2016): Palliative Care für Menschen mit Demenz, Bern, 127–139.

Böker, Martin/ Grießl, Brigitta/ Kittl, Hannes (2005): Voraussetzungen für ein Gelingen multiprofessioneller Zusammenarbeit, in: Pleschberger, Sabine/ Heimerl, Katharina/ Wild, Monika (Hg.): Palliativpflege, 2. aktual. Aufl., Wien, 311–324.

Bode, Ingo/ Brandenburg, Hermann/ Werner, Burkhard (2015): Sozial wirtschaften und gut versorgen. Umsteuerungsoptionen für die Wohlfahrtspflege. Blätter der Wohlfahrtspflege 162/2, 112–116.

Brandenburg, Hermann (2018): Was ist Gerontologische Pflege?, in: Zeitschrift für Geriatrische und Gerontologische Pflege 2/1, 8–12.

Brandenburg, Hermann (2014a): Auf dem Weg zur Gerontologischen Pflege. In: Becker, Stefanie/ Brandenburg, Hermann (Hg.): Gerontologisches Fachwissen für Pflege- und Sozialberufe. Eine interdisziplinäre Aufgabe, Bern, 271–285.

Brandenburg, Hermann (2014b): Herausforderungen der Palliativversorgung im Heim – die Perspektive der Gerontologischen Pflege, in: Proft, Ingo/ Niederschlag, Heribert (Hg.): Würde bis zuletzt? Medizinische, ethische und rechtliche Herausforderungen am Lebensende, Ostfildern, 95–110.

Brandenburg, Hermann/ Baranzke, Heike (2017): Personzentrierte Langzeitpflege – Herausforderungen und Perspektiven, in: Zeitschrift für medizinische Ethik, 63/1, 3–14.

Brandenburg, Hermann/ Güther, Helen (2014): Lebensqualität und Demenz. Theoretische, methodische, praktische Aspekte, in: Coors, Michael/ Kumlehn, Martina (Hg.): Lebensqualität im Alter, Stuttgart, 127–149.

BMFSFJ (Bundesministerium für Familie, Senioren, Frauen und Jugend) (Hg.) (2016): Siebter Altenbericht. Sorge und Mitverantwortung in der Kommune – Aufbau und Sicherung zukunftsfähiger Gemeinschaften und Stellungnahme der Bundesregierung, Berlin.

BMFSFJ (Bundesministerium für Familie, Senioren, Frauen und Jugend) (Hg.) (2006): Hilfe- und Pflegebedürftigkeit in Alteneinrichtungen 2005, Berlin.

BMFSFJ (Bundesministerium für Familie, Senioren, Frauen und Jugend)/ BMG (Bundesministerium für Gesundheit) (Hg.) (2014): Charta der Rechte hilfe- und pflegebedürftiger Menschen, https://www.bmfsfj.de/bmfsfj/service/publikationen/charta-der-rechte-hilfe--und-pflegebeduerftiger-menschen/77446 (letzter Abruf am 12.12.2018).

Breuckmann-Giertz, Carmen (2006): „Hospiz erzeugt Wissenschaft". Eine ethisch-qualitative Grundlegung hospizlicher Tätigkeit, Münster.

Clark, David (Hg.) (2002): Cicely Saunders. Selected Letters 1959–1999, Oxford.

Dasch, Burkhard/ Blum, Klaus/ Gude, Philipp/ Bausewein, Claudia (2015): Sterbeorte: Veränderung im Verlauf eines Jahrzehnts, in: Deutsches Ärzteblatt 112/29–30, 496–504.

DAK (2016): Sterben zu Hause – Wunsch wird selten Wirklichkeit. DAK-Report untersucht die Erwartungen er Deutschen an ein würdevolles Ende des Lebens. Pressemitteilung. Online verfügbar unter: https://www.dak.de/dak/bundes-themen/zu-hause-sterben--wunsch-wird-selten-wirklichkeit-1851222.html, letzter Abruf am 28.12.2018).

Deutsche Gesellschaft für Palliativmedizin (DGP)/Deutscher Hospiz- und PalliativVerband (DHPV)/Bundesärztekammer (BÄK) (2010): Charta zur Betreuung schwerstkranker und sterbender Menschen in Deutschland. Berlin, https://www.charta-zur-betreuung-sterbender.de/files/dokumente/RZ_151124_charta_Einzelseiten_online.pdf (12.12.2018).

Deutscher Hospiz- und PalliativVerband (DHPV)/ Deutsche Alzheimergesellschaft/ Institut für Integrative Validation (IVA) (Hg.) (2012): MIT-GEFÜHLT. Curriculum zur Begleitung Demenzerkrankter in ihrer letzten Lebensphase, erarbeitet von Graf, Gerda/ Perrar, Klaus M./ Schneider-Schelte, Helga, 3. erw, Aufl., Ludwigsburg.

Deutsche Hospiz- und PalliativVerband (DHPV) (Hg.) (2017): Qualifizierte Vorbereitung ehrenamtlicher Mitarbeiterinnen und Mitarbeiter in der Hospizarbeit. Eine Handreichung des DHPV, Wiesbaden https://www.dhpv.de/tl_files/public/Service/Broschueren/Broschu%CC%88re_QualifizierteVorbereitung_Ansicht.pdf (letzter Abruf am 21.12.2018).

Dibelius, Olivia/ Offermanns, Peter/ Schmidt, Stefan (Hg.) (2016): Palliative Care für Menschen mit Demenz, Bern.

Enquête-Kommission „Ethik und Recht in der modernen Medizin" des Deutschen Bundestages. Zwischenbericht vom 22.06.2005 www.dgpalliativmedizin.de (15.11.2018).

Falkenstein, Karin (2001): Die Pflege Sterbender als besondere Aufgabe der Altenpflege, Hagen.

Feichtner, Angelika (2012): Sterbende im Pflegeheim und ihre BegleiterInnen, In: Eckert, Wolfgang U./ Anderheiden, Michael (Hg.): Handbuch Sterben und Menschenwürde Bd. 2, Berlin, 823–838.

Felber, Christian (2018): Gemeinwohl-Ökonomie, München.

Ford, Gillian (1997): Entstehung und Entwicklung der Palliativbetreuung im Vereinten Königreich, in: Forschungsinstitut der Friedrich-Ebert-Stiftung (Hg.): Sterben als Teil des Lebens, Bonn, 17–33.

Gabriel, Karl (2015): Freie Wohlfahrtspflege in Deutschland. Zwischen eigenem Profil und staatlicher Regulierung, in: Brandenburg, Hermann/ Güther, Helen/ Proft, Ingo (Hg.): Kosten oder Menschlichkeit. Herausforderungen an eine gute Pflege im Alter, Ostfildern, 207–222.

Graf, Gerda/ Höver, Gerhard (2006): Hospiz als Versprechen. Zur ethischen Grundlegung der Hospizidee, Wuppertal.

Gronemeyer, Reimer/ Jurk, Charlotte (2017) (Hg.): Entprofessionalisieren wir uns! Ein kritisches Wörterbuch über die Sprache in Pflege und Sozialer Arbeit, Bielefeld.

Gronemeyer, Reimer/ Fink, Michaela/ Globisch, Marcel/ Schumann, Felix (2004): Helfen am Ende des Lebens. Hospizarbeit und Palliative Care in Europa, Wuppertal.

Heil, Hanno (2018): CAR€ oder Nächstenliebe? Kirchliche Pflegeeinrichtungen im Markt, in: Salzkörner, 24 Jg., Nr. 3, 8–9.

Heimerl, Katharina/ Heller, Andreas/ Zepke, Georg/ Zimmermann-Seitz, Hildegund (2007): Individualität organisieren – OrganisationsKultur des Sterbens. Ein interventionsorientiertes Forschungs- und Beratungsprojekt des IFF mit der DiD, in: Heller, Andreas/ Heimerl, Katharina/ Husebö, Stein (2007): Wenn nichts mehr zu machen ist, ist noch viel zu tun: Wie alte Menschen würdig sterben können, Freiburg/Br. 3. aktual. und erw. Aufl., 31–74.

Heimerl, Katharina (2010): Orte zum Leben – Orte zum Sterben. Palliative Care im Pflegeheim umsetzen, in: Heller, Andreas/ Kittelberger, Frank (Hg.): Hospizkompetenz und Palliative Care im Alter. Eine Einführung, Freiburg, 327–340.

Heller, Andreas/ Pleschberger, Sabine (2015): Geschichte der Hospizbewegung in Deutschland. Hintergrundfolie für Forschung in Hospizarbeit und Palliative Care, in: Schnell, Martin W./ Schulz, Christian/ Heller, Andreas/ Dunger, Christine (Hg.): Palliative Care und Hospiz. Eine Grounded Theory, Wiesbaden, 61–74.

Heller, Andreas/ Pleschberger, Sabine/ Fink, Michaela/ Gronemeyer, Reimer (2013): Die Geschichte der Hospizbewegung in Deutschland, Ludwigsburg.
Heller, Andreas/ Pleschberger, Sabine (2010): Hospizkultur und Palliative Care im Alter. Perspektiven aus der internationalen Diskussion, in: Heller, Andreas/ Kittelberger, Frank (Hg.): Hospizkompetenz und Palliative Care im Alter. Eine Einführung, Freiburg, 15–51.
Hülsken-Giesler, Manfred (2008): Der Zugang zum Anderen. Zur theoretischem Rekonstruktion von Professionalisierungsstrategien pflegerischen Handelns im Spannungsfeld von Mimesis und Maschinenlogik, Osnabrück.
Klie, Thomas/ Arend, Stefan (2018) (Hg.): Arbeitsplatz Langzeitpflege. Schlüsselfaktor Personalarbeit, Heidelberg.
Kojer, Martina/ Heimerl, Katharina (2010): Palliative Care ist ein Zugang für hochbetagte Menschen – Ein erweiterter Blick auf die WHO-Definition von Palliative Care, in: Heller, Andreas/ Kittelberger, F. (Hg.): Hospizkompetenz und Palliative Care im Alter. Eine Einführung, Freiburg, 83–107.
Kruse, Andreas (2015): Was ist eine gute Institution?, in: Brandenburg, Hermann/ Güther, Helen/ Proft, Ingo (Hg.): Gute Pflege im Alter. Wissenschaft und Praxis im Dialog, Ostfildern, 237–262.
Lindemann, Daniela/ Wasner, Maria/ Straßer, Benjamin/ Hagen, Thomas (2011): Christliche Hospiz- und Palliativkultur in Einrichtungen der stationären Altenhilfe, ambulanten Pflege und Behindertenhilfe. Ergebnisse der wissenschaftlichen Evaluation des Projekts Christliche Hospiz- und Palliativkultur, hgg. vom Caritasverband der Erzdiözese München und Freising e.V.
Maio, Giovanni (2018): Editorial: Warum die Ökonomisierung ein Irrweg ist, in: Pflege 31/3, 123–124.
Müller, Dirk (2014): Palliative Geriatrie – mehr als Sterbebegleitung, in: George, Wolfgang (Hg.): Sterben in stationären Pflegeeinrichtungen. Situationsbeschreibungen, Zusammenhänge, Empfehlungen, Gießen, 77–87.
Müller, Monika/ Kessler, Gera (2016): Implementierung von Hospizidee und Palliativmedizin in die Struktur und Arbeitsabläufe eines Altenheims. Eine Orientierungs- und Planungshilfe, Bonn.
Nicol, Jane/ Nyatanga, Brian (2014): Palliative and End of Life Care in Nursing, London.
Pleschberger, Sabine (2005): Nur nicht zur Last fallen. Sterben in Würde aus der Sicht alter Menschen in Pflegeheimen, Freiburg
Pleschberger, Sabine (2006): Die historische Entwicklung von Hospizarbeit und Palliative Care, in: Knipping, Cornelia (Hg.): Lehrbuch Palliative Care, Bern, 24–29.
Pleschberger, Sabine (2014): Palliative Care und Dementia Care – Gemeinsamkeiten und Unterschiede zweier innovativer Versorgungskonzepte im Lichte der Entwicklung in Deutschland, in: Gesellschaft & Pflege 19/3, 197–208.
Remmers, Hartmut (2010): Der Beitrag der Palliativpflege zur Lebensqualität demenzkranker Menschen, in: Kruse, Andreas (Hg.): Lebensqualität bei Demenz, Heidelberg, 117–133.
Riedel, Annette (2010): Palliative Care als konzeptionelle Grundlage für die Begleitung in der stationären Altenhilfe in der letzten Lebensphase, in: Heller, Andreas/ Kittelberger, Frank (Hg.): Hospizkompetenz und Palliative Care im Alter. Eine Einführung, Freiburg, 52–82.
Rösch, Erich/ Kittelberger, Frank. (2016): Hospizkultur und Palliativkompetenz in stationären Einrichtungen entwickeln und nachweisen. Eine Einführung, Stuttgart.
Saunders, Cicely (1993): Hospiz und Begleitung im Schmerz. Wie wir sinnlose Apparatemedizin und einsames Sterben vermeiden können, Freiburg/Basel/Wien.

Saunders, Cicely (1999): Brücke in eine andere Welt. Was hinter der Hospizidee steht, hg. von Hörl, Christoph, Freiburg/Basel/Wien.
Schäufele, Martina/ Köhler, Leonore/ Lode, Sandra/ Weyerer, Siegfried (2009): Menschen mit Demenz in stationären Pflegeeinrichtungen: aktuelle Lebens- und Versorgungssituation, in: Schneekloth, Ulrich/ Wahl, Hans-Werner/ Engels, Dietrich (Hg.): Pflegebedarf und Versorgungssituation bei älteren Menschen in Heimen. Demenz, Angehörige und Freiwillige. Beispiele für „Good Practice", Forschungsprojekt MuG IV, Stuttgart, 159–221.
Schwenk, Gertrud (2017): Pflegeheim und Hospizdienst: Kooperation in Spannungsfeldern. Zusammenwirken zweier Organisationstypen – eine qualitative Studie, Esslingen 2017.
Schuchter, Patrick/ Brandenburg, Hermann/ Heller, Andreas (2018): Advance Care Planning (ACP) – wider die ethischen Reduktionismen am Lebensende, in: Zeitschrift für medizinische Ethik 64/3, 218–233.
(SiH) Sterben zuhause im Heim – Hospizkultur und Palliativkompetenz in der stationären Langzeitpflege (2017), Forschungs- und Praxisprojekt am Zentrum für Interdisziplinäre Gesundheitsforschung (ZiG) an der Universität Augsburg und am Institut für Praxisforschung und Projektberatung (IPP), München, abrufbar unter https://www.bundesgesundheitsministerium.de/fileadmin/Dateien/5_Publikationen/Pflege/Berichte/_SiH_Sachbericht_413u415_FINAL_2018-05-22.pdf (letzter Abruf am 30. 12.2018).
Sirsch, Erika (2017): Schmerz im Alter – zwischen Mythos und multimodaler Therapie, in: Sailer-Pfister, Sonja/ Proft, Ingo/ Brandenburg, Hermann (Hg.): Was heißt schon alt? Theologische, ethische und pflegewissenschaftliche Perspektiven, Ostfildern.
Stadelbacher, Stephanie/ Schneider, Werner (2018): Sterben zuhause im Heim. Hospiz- und Palliativversorgung in stationären Pflegeeinrichtungen, in: Die hospiz zeitschrift. H. 5, 49–53.
Statistisches Bundesamt (2017): Bericht Pflegestatistik 2015. Pflege im Rahmen der Pflegeversicherung. Deutschlandergebnisse. https://www.destatis.de/DE/Publikationen/Thematisch/Gesundheit/Pflege/PflegeDeutschlandergebnisse5224001159004.pdf?_blob=publicationFile, S. 21 (letzter Abruf am 15. 11.2018).
Statistisches Bundesamt (2003): Bericht Pflegestatistik 2001. Pflege im Rahmen der Pflegeversicherung. https://www.destatis.de/DE/Publikationen/Thematisch/Soziales/Sozialpflege1Bericht2001.pdf?blob=publicationFile, S. 15 (letzter Abruf am 15. 11.2018).
Statistisches Bundesamt (2005): Bericht Pflegestatistik 2003. Pflege im Rahmen der Pflegeversicherung. 4, Bericht. Ländervergleich – Pflegeheime. https://www.destatis.de/GPStatistik/servlets/MCRFileNodeServlet/DEHeft_derivate_00012321/5224102059004.pdf;jsessionid=D28461B4AAAC4A10D8272DC121A42D3F, S. 4 ff. (letzter Abruf am 15. 11.2018).
Thönnes, Michaela (2013): Sterbeorte in Deutschland. Eine soziologische Studie. https://www.researchgate.net/publication/278748665_Sterbeorte_in_Deutschland_Eine_soziologische_Studie (letzter Abruf am 24. 11.2018).
Ward, Richard/ Vass, Antony A./ Aggarwal, Neeru/ Garfield, Cydonie/ Cybyk, Beau (2008): A Different Story: Exploring Patterns of Communication in Resential Dementia Care, in: Ageing & Society 28, 629–651.
World Health Organization (WHO) (2002): Definition of Palliative Care (http://www.who.int/cancer/palliative/definition/en/ (letzter Abruf am 20. 11.2018).
ZDF (2018): Fernsehsendung „Hart aber Fair" v. 11. Juni 2018.

Roland Kipke
Scheinneutralität: Über einen Vorschlag zur Regelung des assistierten Suizids und die Frage nach der Legitimität seines gesetzlichen Verbots

1 Einleitung: Auf der Suche nach der richtigen Regelung der Suizidassistenz

Manche Menschen, die sich in schweren Notlagen befinden, wollen sich selbst töten. Viele wünschen sich bei der Selbsttötung Unterstützung, vor allem die Bereitstellung eines verlässlich wirksamen tödlichen Giftes. Wie sollen Gesellschaft und Staat mit diesem assistierten Suizid umgehen? Wie soll er geregelt werden? Diese Fragen werden seit langem in Öffentlichkeit und Wissenschaft kontrovers diskutiert. Während manche Protagonisten der Debatte eine weitgehende Zulassung der Suizidassistenz als selbstverständliche Konsequenz des individuellen Selbstbestimmungsrechts fordern, halten andere sie für eine eklatante Verletzung der staatlichen Pflicht zum Lebensschutz und einen ersten Schritt zur Tötung auf Verlangen.[1] Zwar hat der Gesetzgeber in Deutschland 2015 eine neue Regelung beschlossen, nach der Suizidassistenz nur in Einzelfällen zulässig ist, nicht jedoch geschäftsmäßig gefördert werden darf: „Wer in der Absicht, die Selbsttötung eines anderen zu fördern, diesem hierzu geschäftsmäßig die Gelegenheit gewährt, verschafft oder vermittelt, wird mit Freiheitsstrafe bis zu drei Jahren oder mit Geldstrafe bestraft." (§ 217 StGB) Doch dagegen regte sich von Beginn an scharfer Widerspruch, und vor dem Bundesverfassungsgericht wurden mehrere Verfassungsbeschwerden erhoben. Die Diskussion wird sich also fortsetzen.

Seit einiger Zeit ist in Medizinethik und Recht eine Position populär, die sich in gewisser Weise des ethischen Streits enthalten will. Die Vertreter dieser Position tun das nicht etwa, weil sie den Streit für falsch halten oder ethische Positionen an sich für verkehrt, und auch nicht, weil sie selbst keine eigene ethische Position beziehen. Vielmehr gehen sie davon aus, dass ethische Bewertungen

---

[1] Die Begriffe Suizidassistenz, Suizidbeihilfe und Suizidhilfe werden im Folgenden äquivalent verwendet.

des Suizids und der Suizidassistenz keine legitime Grundlage einer rechtlichen Regelung sein können. Der Hintergrund sind die liberalen Überzeugungen, dass die unterschiedlichen Wertüberzeugungen die persönliche Angelegenheit der einzelnen Bürger sind und dass eine allgemein verbindliche Regelung dieser gesellschaftlichen Pluralität Rechnung tragen muss. Der Staat darf demnach nicht für bestimmte Überzeugungen vom guten Leben (und guten Sterben) Partei ergreifen, sondern muss dafür sorgen, dass alle Menschen ihre persönlichen Wertvorstellungen verwirklichen können. Das Leitmotiv dieser Position ist also die ethische *Neutralität*.

Dieser Ansatz findet sich bei verschiedenen Autoren in unterschiedlichen Varianten und unterschiedlicher Deutlichkeit, sowohl im medizinethischen als auch im juristischen Schrifttum, aber stets auf Seiten der Befürworter einer wie auch immer im Einzelnen zu regelnden Zulässigkeit der Suizidassistenz (Dworkin et al. 2004; Birnbacher 2012; Arnold 2014, 11; Dahl 2015; Neumann 2015, 16; Saliger 2015, 292). Besonders prägnant wird sie von dem Autorenquartett Gian Domenico Borasio, Ralf Jox, Jochen Taupitz und Urban Wiesing in ihrem Buch „Selbstbestimmung im Sterben – Fürsorge zum Leben" vertreten (Borasio et al. 2014, im Folgenden auch: ‚die Autoren'). Die renommierten Autoren stammen aus den Bereichen Palliativmedizin, Medizinethik und Medizinrecht. Ihr Ansatz sticht hervor, weil sie einen konkreten Gesetzesvorschlag vorgelegt haben, mit dem sie dem Neutralitätsprinzip gerecht zu werden beanspruchen, und weil sie diesen Vorschlag detailliert begründen, sowohl in juristischer als auch in ethischer Hinsicht. Deshalb wird dieses Werk im Folgenden im Vordergrund stehen.

Die vier Autoren machen ihre Orientierung am Neutralitätsprinzip unmissverständlich klar:

> Der liberale Rechtsstaat hat sich in der Frage nach dem richtigen Leben und Sterben ein Neutralitätsgebot auferlegt. Er regelt nicht mehr die jeweiligen Gesinnungen (auch nicht gegenüber dem Suizid), sondern nur noch das Zusammenleben von Menschen, die in dieser Frage unterschiedliche Gesinnungen besitzen dürfen.
>
> (Borasio et al. 2014, 26; vgl. auch 92 f.)

Dementsprechend ist es das Ziel ihres Gesetzesvorschlags, „die Vielfalt der Vorstellungen der Bürger zu einem gelingenden Leben und Sterben zu respektieren." (Ebd., 19)

Obwohl es sich hierbei nur um eine Position innerhalb des breiten Meinungsspektrums handelt, ist sie doch von besonderem Interesse, weil sie eine Sonderstellung einnimmt – jedenfalls ihrem eigenen Anspruch nach. Denn sie beansprucht, gewissermaßen aus dem Streit um das ethische Für und Wider

der Suizidassistenz auszusteigen und eine übergeordnete, neutrale Schiedsrichterposition einzunehmen. Damit werden ethische Bewertungen des Suizids und der Suizidunterstützung keineswegs moralisch disqualifiziert. Sie haben demnach weiterhin ihre Berechtigung, aber eben nur als persönliche oder gemeinschaftliche Wertung so und so vieler Menschen, nicht aber als Grundlage einer allgemein verbindlichen rechtlichen Regelung. Damit stellen sich die Autoren ausdrücklich den Anforderungen des liberalen Rechtsstaats unter Bedingungen des gesellschaftlichen Pluralismus und greifen mit dem Neutralitätsgebot eine zentrale Idee des politischen Liberalismus auf.

Dank dieses Neutralitätsanspruchs nimmt auch der von den Autoren gemachte Gesetzesvorschlag eine Sonderstellung ein. Er stellt sich nicht lediglich als eine bessere Regelung gegenüber konkurrierenden Vorschlägen dar, sondern als eine Regelung mit erhöhter Legitimität in einem liberalen Gemeinwesen. Das freilich sagen die Autoren so nicht explizit. Doch es folgt daraus, wenn erstens die Neutralität als zentrales Kriterium für die Legitimität einer gesetzlichen Regelung gilt und zweitens die vorgeschlagene Regelung diesem Neutralitätsprinzip mehr gerecht zu werden beansprucht als andere.

Borasio et al. verfolgen also ein ambitioniertes Programm. Erfüllen sie diesen hochgesteckten Anspruch? Meine These ist: Sie erfüllen ihn nicht. Die Position ist keineswegs von der Neutralität geprägt, wie die Autoren vorgeben, sondern vielmehr in hohem Maße von impliziten – und fragwürdigen – Wertungen. Diese parteilichen Wertungen aufzuweisen, ist das erste Ziel dieses Aufsatzes. Das zweite Ziel besteht darin zu zeigen, was sich aus dem Aufweis dieser nicht vorhandenen – und gar nicht möglichen – Neutralität ergibt: die Forderung nach einem transparenten Umgang mit den eigenen ethischen Werthaltungen sowie die Legitimität gesetzlicher Regelungen der Suizidassistenz, die auf bestimmten ethischen Wertungen beruhen. Insofern das Neutralitätsprinzip ein wichtiges normatives Prinzip der liberalen politischen Philosophie ist, stellt der Aufsatz zugleich einen Beitrag zur Begründungstheorie im Spannungsfeld zwischen Bioethik und politischer Philosophie dar.[2]

Bevor die ethische Parteilichkeit nachgewiesen werden kann, müssen wir uns zunächst die Regelung genau ansehen, die die vier Autoren vorschlagen (2). Daraufhin werde ich die fehlende Neutralität anhand von drei Punkten im Detail aufweisen: anhand der Begrenzung des Personenkreises auf Menschen mit *tödlichen* Krankheiten (3), der Begrenzung des Personenkreises auf *Kranke*

---

2 Zur Notwendigkeit einer Bioethik als politischer Philosophie vgl. Huster 2001, 268 ff.

(4) und der Beschränkung auf *ärztliche* Suizidassistenz (5). Weitere Verletzungen des selbst auferlegten Neutralitätsgebots kommen hinzu, werden aber nur angerissen (6). Im letzten Abschnitt werde ich die Schlussfolgerungen ziehen, die für einen transparenten und offensiven Umgang mit ethischen Wertungen bei der Regelung der Suizidbeihilfe sprechen (7).

2 Der Gesetzesvorschlag

Borasio et al. schlagen eine Regelung der Suizidassistenz im § 217 des Strafgesetzbuches vor (Borasio et al. 2014, 22f.[3]). Demnach wäre Suizidassistenz zunächst grundsätzlich strafrechtlich verboten, durch weitreichende Ausnahmeregelungen aber doch in vielen Fällen zulässig. Diese Ausnahmen beziehen sich selbstverständlich ausschließlich auf solche Suizidwünsche, die der Bedingung der Autonomie (ethisch gesprochen) bzw. Freiverantwortlichkeit (juristisch gesprochen) genügen.[4] Die Unterstützung von Suiziden, die nicht freiverantwortlich sind, sind seit jeher strafbare Tötungshandlungen. Nach Borasio et al. soll zum einen die Suizidassistenz durch Angehörige und nahestehende Personen nicht strafbar sein, wenn es sich um einen freiverantwortlichen Suizid einer volljährigen Person handelt. Zum anderen soll vor allem die Suizidassistenz durch Ärzte zulässig sein, wenn bestimmte Bedingungen erfüllt sind. Zu den wichtigsten Bedingungen zählen:

a) Es muss sich um ein freiwilliges und ernstliches Verlangen nach Suizidbeihilfe handeln. Dieses Verlangen muss in einem persönlichen Gespräch mit dem Patienten deutlich werden.
b) Es muss eine unheilbare, tödlich verlaufende Krankheit mit begrenzter Lebenserwartung vorliegen.
c) Der Patient wird umfassend über seinen Zustand, seine Aussichten, die Suizidassistenz sowie über Alternativen aufgeklärt. Diese Aufklärung erfolgt „lebensorientiert".
d) Ein zweiter, unabhängiger Arzt, der den Patienten persönlich spricht und untersucht, kommt zu demselben Ergebnis.
e) Zwischen dem im Rahmen des Aufklärungsgesprächs geäußerten Wunsch nach Suizidassistenz und der Suizidassistenz liegen mindestens zehn Tage.

---

[3] Zur Zeit der Veröffentlichung existierte kein § 217 StGB, daher sprechen Borasio et al. von einem „neue(n) § 217" (Borasio et al. 2014, 74).
[4] Die beiden Begriffe werden im Folgenden äquivalent verwendet.

Hinzu treten einige weitere Bestimmungen, von denen insbesondere das Werbeverbot erwähnenswert ist: Ein § 217a soll mit Strafe bedrohen, wer „öffentlich, in einer Versammlung oder durch Verbreiten von Schriften [...] seines Vermögensvorteils wegen oder in grob anstößiger Weise eigene oder fremde Hilfeleistung zur Vornahme einer Selbsttötung anbietet, ankündigt, anpreist oder Erklärungen solchen Inhalts bekanntgibt [...]." (Borasio et al. 2014, 24)

Diese Regelungen zusammen also sind es, die den anvisierten Ausgleich zwischen unterschiedlichen ethischen Positionen bewerkstelligen sollen: Ein grundsätzliches Verbot um des Lebensschutzes willen wird durch weitreichende Ausnahmeregelungen aufgewogen. Suizidassistenz wird ermöglicht, aber unter strengen Bedingungen, die vor allem der Sicherung der Autonomie des Suizidwunsches dienen sollen. Auf den ersten Blick mag der Eindruck entstehen, dass der Regelungsvorschlag dem Neutralitätsgebot gerecht wird. Auf den zweiten Blick ist das nicht der Fall.

3 Die Begrenzung des Personenkreises auf Menschen mit tödlichen Krankheiten

Die erste Bestimmung, der es an Neutralität fehlt, ist die Begrenzung des Personenkreises, für den die Suizidassistenz zulässig sein soll: nämlich nur für Patienten mit „einer unheilbaren, zum Tode führenden Erkrankung mit begrenzter Lebenserwartung" (Borasio et al. 2014, 23). Warum, so stellt sich die Frage, sollte Suizidassistenz nur bei solchen Menschen zulässig sein? Warum sollte sie für Patienten mit schweren, aber nicht tödlich verlaufenden Krankheiten ausgeschlossen sein? Warum zum Beispiel nicht für Menschen mit Multipler Sklerose – einer ebenfalls unheilbaren Krankheit, die in fortgeschrittenem Stadium oft zu gravierenden Einschränkungen und Behinderungen führt?

Die Autoren selbst bringen zur Begründung für diese Einschränkung vor, dass es in anderen Ländern, in denen der assistierte Suizid zulässig ist, vor allem Menschen mit schweren, tödlichen Erkrankungen sind, die um Suizidassistenz bitten (Borasio et al. 2014, 83). Das stimmt zwar, nur heißt das nicht, dass *nur* solche Menschen es tun. Vor allem bedeutet es nicht, dass die Suizidassistenz *nur* bei ihnen gerechtfertigt ist. Die geringere *Zahl* von Betroffenen darf nicht mit einem individuell schwächeren *Verlangen* nach Suizidassistenz verwechselt werden. Der Unterschied ist dermaßen offensichtlich, dass es schwer vorstellbar ist, Borasio et al. könnten ihn übersehen haben. Zudem widerspricht diese Begründung ihrem Anspruch auf eine neutral begründete, allen Bürgern gleichermaßen gerecht werdende Regelung. Die von den Autoren formulierte Begründung kann also nicht überzeugen.

Dass die explizit formulierte Begründung nicht überzeugt, heißt jedoch noch nicht, dass es keine andere Begründung gibt, die stichhaltig ist und dem Neutralitätsgebot gerecht wird. Ließe sich die Beschränkung auf Patienten mit zum Tode führenden Krankheiten also auf anderem Wege begründen?

Ein möglicher Begründungsversuch könnte in der Behauptung liegen, dass es sich nur im Fall zum Tode verlaufender Krankheiten um freiverantwortliche Suizidwünsche handele. Doch das wäre schlichtweg falsch. Freiverantwortliche Suizidwünsche kommen ebenso bei Menschen ohne tödlich verlaufende Krankheiten vor, wie die Autoren selbst einräumen (Borasio et al. 2014, 84). Es ist auch kein Grund dafür zu erkennen, warum Menschen ohne tödliche Erkrankungen unfreier in ihren Entscheidungen sein sollten.

Eine weitere mögliche Begründung könnte sein, dass es bei Patienten mit tödlichen Erkrankungen keine alternativen Hilfsmöglichkeiten mehr gibt, während diese bei nicht-tödlichen Erkrankungen durchaus gegeben sind. Aber auch das kann nicht überzeugen, weil die Prämisse schlichtweg falsch ist. Denn alternative Hilfsmöglichkeiten fehlen oftmals auch bei nicht-tödlichen Erkrankungen, jedenfalls wenn man darunter Behandlungsoptionen kurativer Art versteht. Auf der anderen Seite steht bei tödlichen Erkrankungen, auch im Endstadium, eine Reihe palliativmedizinischer Behandlungsoptionen zur Verfügung. Und selbst wenn die Prämisse richtig wäre, widerspräche die Begründung dem Anspruch, sich einer Bewertung individueller Wertüberzeugungen und Präferenzen zu enthalten. Das heißt, unter Maßgabe des Neutralitätsprinzips müsste es irrelevant sein, ob und welche Behandlungsoptionen zur Verfügung stehen, wenn der Wunsch nach Suizidassistenz nur ernsthaft und wohlinformiert ist.

Es bleibt nur eine Begründung für die genannte Restriktion, die überhaupt eine gewisse Plausibilität für sich beanspruchen kann: Demnach ist der Sterbewunsch bei Menschen mit tödlichen Erkrankungen *nachvollziehbarer, plausibler, stärker gerechtfertigt*. Wenn man noch eine lange Spanne des Lebens vor sich hat, und sei diese auch von erheblichen Einschränkungen geprägt, dann erscheint der Suizidwunsch weniger verständlich, weniger gerechtfertigt. Sein Leben absichtlich und freiwillig beenden zu wollen, wenn man doch auf lange Sicht weiterleben kann, scheint kein überzeugendes Verständnis des eigenen Lebens zu sein. Das dürfte eine verbreitete Intuition sein, und womöglich liegt diese Überlegung unausgesprochen der von Borasio et al. beabsichtigten Begrenzung des Personenkreises zugrunde. Das ist selbstverständlich nur eine Vermutung – eine naheliegende Vermutung allerdings, da die von ihnen genannte Begründung ebenso wie die zwei anderen möglichen Begründungen an so offensichtlichen logischen

Fehlern bzw. kontrafaktischen Annahmen scheitern, dass kaum davon auszugehen ist, dass diese Überlegungen für sie tatsächlich maßgeblich waren. Letztlich jedoch ist es irrelevant, was den Autoren bei der Entwicklung ihres Regelungsvorschlags vorschwebte. Entscheidend ist, dass sich dieser nur mit einem solchen Argument stützen lässt, dass ihr Ansatz also objektiv auf eine solche Begründung angewiesen ist, unabhängig davon ob die Autoren das subjektiv gesehen haben oder nicht.

Ist diese Begründung nun eine tragfähige Basis für die vorgesehene Beschränkung des Personenkreises? Nein, auch sie hat ein gravierendes Problem. Denn es ist schon fraglich, ob alle diese Einschätzung der Nachvollziehbarkeit teilen. Zumindest für die betroffenen Menschen, die an einer schweren, nicht tödlich verlaufenden Krankheit leiden und sich eine Unterstützung beim Suizid wünschen, trifft das offensichtlich nicht zu. Entscheidend ist jedoch etwas anderes: Zu sagen, das Leben sei mit bestimmten Erkrankungen lebenswerter als mit anderen Erkrankungen, heißt, ein Urteil über den Lebenswert zu fällen. Das Argument beruht also auf einer Vorstellung vom guten Leben. Es verletzt das Neutralitätsgebot und ist damit ein Argument, dass die Autoren als Grundlage für eine gesetzliche Regelung ausdrücklich als illegitim ablehnen. Das heißt, wenn es richtig ist, dass dies die einzig tragfähige Begründung für die Begrenzung der Suizidassistenz auf bestimmte Krankheiten ist, dann wohnt dem Ansatz von Borasio et al. ein eklatanter Widerspruch inne.

4 Die Begrenzung des Personenkreises auf Kranke

Das Problem der fehlenden Neutralität beschränkt sich nicht auf den Ausschluss von Patienten ohne tödliche Erkrankung. Denn Wünsche nach Suizidassistenz treten nicht nur auch bei solchen Menschen auf, sie sind *überhaupt nicht* an Krankheiten gebunden. Man denke etwa an Menschen in höherem Alter, die ohne schwere Krankheit ‚einfach' lebensmüde sind. Oder an Personen, die mit ihrem Lebensplan gescheitert sind und sich nicht in der Lage sehen, einen neuen Sinn zu finden. Desweiteren kommen alte, aber weitgehend gesunde Menschen in Frage, die ihre Kräfte schwinden sehen und ihre letzte Lebensphase nicht im Altersheim oder in Demenz verbringen möchten. Und noch ein weiterer Personenkreis kommt grundsätzlich in Frage: Strafgefangene und Sicherungsverwahrte, die ein von schwerster Schuld belastetes Dasein nicht weiterführen wollen.⁵ Der Einfachheit halber sei bei all diesen Fällen von ‚Nichtkranken' gesprochen. Warum also nicht Suizidassistenz für solche Menschen?

Borasio et al. sehen durchaus, dass Wünsche nach Suizidassistenz bei Menschen ohne schwere Erkrankung auftreten können. Dass diese dennoch ausgeschlossen sein sollen, begründen sie folgendermaßen: Der Ausschluss soll „bewusst eine Ausweitung der ärztlichen Suizidbeihilfe auf Menschen, die sich in einer psychischen oder sozialen Notlage befinden, oder etwa auf lebensmüde Menschen unterbinden" (Borasio et al. 2014, 84).

Diese Aussage ist allerdings nicht leicht zu verstehen bzw. ihre begründende Kraft ist nicht leicht zu erkennen. Wenn die skizzierte Ausweitung unterbunden werden soll, scheint sie mithin problematisch zu sein. Doch warum? Die Autoren meinen anscheinend, dass die Autonomie der Wünsche nach Suizid und Suizidassistenz in all diesen Fällen fraglicher ist. Allerdings wäre es falsch, davon auszugehen, dass sie in solchen Situationen ausgeschlossen ist. Das räumen die Autoren auch ein. Sie erkennen sogar an, dass selbst in Fällen psychischer Erkrankungen autonome Suizidwünsche möglich sind (ebd.). Warum dann trotzdem der strikte Ausschluss dieser Menschen? Die Autoren sagen nicht viel dazu. Sie meinen jedoch, dass es sich hierbei um „verwundbare Personen" handelt, die vor Handlungen geschützt werden müssen, „mit denen sie ihr eigenes Leben gefährden" (ebd., 85).⁶ Im vorliegenden Kontext kann mit dieser Vulnerabilität nur gemeint sein, dass die betreffenden Menschen anfälliger dafür sind, nicht-autonome Entscheidungen zu treffen, also etwa aus dem Affekt zu handeln oder durch Dritte manipuliert zu werden.

Diese Einschätzung ist allerdings mehr als zweifelhaft. Für Patienten mit manchen psychischen Erkrankungen stimmt sie teilweise, für die anderen genannten Fälle von anderweitig Hoffnungslosen, Einsamen, von Demenz Bedrohten, Inhaftierten und Sicherungsverwahrten trifft sie nicht zu. Es ist auch kein Grund ersichtlich, warum etwa bei der Sorge vor einem leidvollen letzten Lebenshalbjahr im Zuge einer Tumorerkrankung der Todeswunsch grundsätzlich

---

5 Im Jahr 2014 machte der Belgier Frank Van den Bleeken von sich reden, der seit Jahrzehnten in Haft und Sicherungsverwahrung saß und sich vor Gericht das Recht auf Tötung auf Verlangen erstritt, weil er sich „selbst als Gefahr für die Gesellschaft" sah (www.spiegel.de/panorama/justiz/sterbehilfe-belgischer-sexualstraftaeter-erhaelt-recht-zu-sterben-a-991792.html).
Zwar ist dieser Fall etwas anders gelagert, insofern Van den Bleeken wohl als psychisch krank zu gelten hat und keine angemessene Therapie erhielt (obschon es fraglich ist, ob dies ihm eine autonome Entscheidung für die Sterbehilfe verunmöglichte). Der Fall ist aber leicht auch ohne psychische Erkrankung denkbar.
6 Das zweite Zitat ist selbst ein Zitat aus EGMR 2010.

wohlüberlegter sein sollte als bei der Angst vor jahrelanger Einsamkeit oder Persönlichkeitsverlust durch Demenz.

Doch selbst wenn die Einschätzung der unterschiedlichen Vulnerabilität zuträfe, wäre die Folgerung, ersteren den Zugang komplett zu verwehren, nicht verständlich – jedenfalls nicht im Rahmen eines Ansatzes, der beansprucht, den verschiedenen Wertüberzeugungen der Menschen gerecht zu werden. Denn wenn bestimmte Gruppen besonders vulnerabel sind, kann die Folgerung in einem solchen Ansatz nur lauten, besondere prozedurale Vorkehrungen zu ihrem Schutz zu treffen, wenn der Wunsch nach Suizidassistenz geäußert wird. Zu denken wäre zum Beispiel an eine zusätzliche obligatorische psychiatrische Begutachtung. Dass die Autoren solche Regelungen nicht einmal in Erwägung ziehen, ist umso erstaunlicher, als sie ja gerade durch das von ihnen vorgeschlagene Set von Regeln den gegensätzlichen Ansprüchen an Selbstbestimmung und Lebensschutz gerecht zu werden gedenken.

Die von Borasio et al. vorgetragene Begründung für den strikten Ausschluss der Nichtkranken ist also nicht tragfähig – wohlgemerkt: nicht tragfähig innerhalb ihres eigenen Ansatzes. Allerdings gibt es in ihren Ausführungen noch ein zweites Element, dessen Begründungskraft zu überprüfen ist: Mit der vorgesehenen Regelung soll nämlich eine „Ausweitung" der ärztlichen Suizidhilfe unterbunden werden, eben auf Menschen, die nicht ihren Zulässigkeitskriterien entsprechen. Die Rede von einer zu vermeidenden Ausweitung lässt an die Situation in den Niederlanden denken, in denen der Kreis der Zugangsberechtigten für die aktive Sterbehilfe im Laufe der Jahre ausgedehnt wurde. Tatsächlich erwähnen Borasio et al. die Niederlande, wo sich „die Gefahr der Ausweitung einer ursprünglich eng gefassten Zulassung ärztlicher Hilfe zum Sterben" bewahrheitet habe (Borasio et al. 2014, 84). Ein solches Argument ist jedoch nur stichhaltig, wenn die Einbeziehung weiterer Gruppen moralisch nicht gerechtfertigt wäre. Denn eine Ausweitung ist ja nicht per se problematisch. Wäre nur die Ausweitung, nicht aber der Einbezug problematisch, ließe sich das Problem leicht verhindern, indem man die fraglichen Gruppen von Anfang an in den Kreis der Berechtigten einbezieht, so dass keine spätere Ausweitung nötig wäre. Das heißt: Der Verweis auf eine Ausweitungsgefahr allein hat keine begründende Kraft, ist kein eigenständiges Argument, sondern auf einen Grund angewiesen, der schlüssig für den Ausschluss spricht. Wie wir jedoch gesehen haben, liefern Borasio et al. einen solchen Grund nicht.

Wenn die Autoren für die Vorenthaltung des Rechts auf ärztliche Suizidhilfe bei Nichtkranken keine stichhaltige Begründung nennen bzw. wenn das wenige, was sie zur Begründung vorbringen, nicht zu dem von ihnen vertretenen Ansatz passt, stellt sich auch hier die Frage, ob ein anderer Grund implizit dahintersteht. Und hier drängt sich erneut der Verdacht auf, dass der eigentliche Grund in einer unterschiedlichen Bewertung der Suizidwünsche liegt: Demnach sind Suizidwünsche von Nicht-Kranken nicht oder weniger plausibel, nicht oder weniger nachvollziehbar. Denn – so der Gedanke – ohne Krankheit ist das Leben doch im Großen und Ganzen lebenswert, und sei es noch so sehr von Sorgen und psychischen Belastungen beschwert. Der Suizid und schon der Suizidwunsch eines Menschen, der ohne Krankheit leben kann, erscheinen in dieser Perspektive bedauerlicher als der eines Schwerstkranken. Diese Sichtweise mag naheliegen oder weit verbreitet sein, entscheidend ist, dass es sich auch in diesem Fall um ein Urteil über Lebenswertvorstellungen handelt, ein Urteil darüber, was ein gutes und weniger gutes Leben ist – ein Urteil also, das die Autoren als Grundlage für ihren Ansatz explizit ausschließen.

Doch ließe sich nicht argumentieren, dass Menschen ohne schwere Erkrankung mehr Handlungsalternativen haben als Menschen, die unter einer schweren unheilbaren Krankheit leiden? Dass mithin der Suizidwunsch bei Nichtkranken weniger gut überlegt, weniger rational ist? Doch mit dieser Argumentation würde man dem eigenen Lebenswerturteil lediglich einen Anschein von Objektivität verleihen, die es nicht hat. Denn unabhängig von der Frage, ob Nichtkranken tatsächlich mehr Handlungsalternativen zur Verfügung stehen, unterstellt man, dass diese Alternativen vorzugswürdig sind. Man fällt also ein Urteil, das die Betroffenen gerade nicht teilen – und das nach Borasio et al. dem Staat nicht zusteht und als Hintergrund einer rechtlichen Regelung inakzeptabel ist.

Es bleibt also dabei: Der anvisierte Ausschluss von Nichtkranken lässt sich nur dann überzeugend begründen, wenn man den verschiedenen Lebenswertvorstellungen *parteiisch* gegenübertritt. Anders formuliert: Dem Regelungsvorschlag von Borasio et al. liegen massive Werturteile zugrunde, also genau das Gegenteil von dem, was sie selbst beanspruchen. Die von ihnen beanspruchte Neutralität ist lediglich eine Scheinneutralität.

Damit kein Missverständnis aufkommt: Die maßgebliche Frage ist auch hier nicht, ob Borasio et al. solche Überlegungen im Kopf hatten, als sie den Vorschlag entwickelten. Es geht nicht darum, ihnen unausgesprochene Motivationen unterzuschieben, sondern darum, dass sich die von ihnen vorgesehene Regelung nur mit einer solchen Begründung rechtfertigen lässt. Der Regelungsvorschlag basiert also objektiv auf solchen Werturteilen, unabhängig davon, was seine Autoren sich dabei dachten. Damit ist der Regelungsvorschlag ethisch inkohärent.

5 Die Beschränkung auf ärztliche Suizidassistenz

Die Scheinneutralität zeigt sich bei Borasio et al. nicht allein bei ihrer Begrenzung derjenigen, die ärztliche Suizidhilfe in Anspruch nehmen dürfen, sondern auch bei ihrer Beschränkung des Kreises derer, die Suizidhilfe *leisten* dürfen. Denn abgesehen von der vorgesehenen Straffreiheit für Angehörige sind es ausschließlich Ärzte, die bei Suiziden legal helfen dürfen sollen.

Damit sind andere Formen professioneller Suizidassistenz ausgeschlossen, d. h. die so genannte organisierte und kommerzielle Suizidassistenz. Als organisiert gilt eine Suizidassistenz, wenn sie nicht von Ärzten vorgenommen wird, sondern durch Sterbehilfeorganisationen, wie „Dignitas" in der Schweiz oder den Verein „Sterbehilfe Deutschland", der bis zum Verbot im Jahr 2015 Suizidassistenz angeboten hat. Kommerziell (gewerbsmäßig) ist eine Suizidassistenz, wenn sie (auch) zum Zweck der Gewinnerzielung geleistet wird.[7] Während die organisierte Suizidassistenz zwar von vielen Suizidhilfe-Befürwortern kritisch gesehen wird, aber durchaus auch Unterstützung erfährt (z. B. Schöne-Seifert 2015, 8 f.), stößt die kommerzielle Suizidassistenz auf nahezu einhellige Ablehnung (Nationaler Ethikrat 2006, 90; Hilgendorf 2015, 4; Merkel 2015, 5). Doch ist diese (unterschiedlich starke) Ablehnung organisierter und kommerzieller Suizidassistenz überzeugend zu begründen, wenn man den assistierten Suizid im Grundsatz bejaht? Welche Begründung bieten Borasio et al.?

Sie schreiben, das Ziel der von ihnen vorgeschlagenen Regelung ist,

> Menschen ernsthaft und wirkungsvoll davor zu schützen, sich von den Angeboten von Sterbehilfevereinen zu unüberlegten Schritten verleiten zu lassen. Diese Voraussetzungen sollen sicherstellen, dass der Sterbewillige eine fundierte eigenverantwortliche Entscheidung trifft und Missbrauch wirkungsvoll ausgeschlossen ist. (Borasio et al. 2014, 80)

Die Rechtfertigung für die Beschränkung auf Ärzte besteht also darin, dass die Freiverantwortlichkeit der Wünsche nach Suizid und Suizidassistenz gewährleistetseinsoll. Nur Ärzte sind demnach in der Lage oder zumindest besser in der Lage, eine autonome, fundierte, wohlüberlegte Entscheidung sicherzustellen.

---

7 Man kann darüber streiten, ob nicht bereits das Angebot von „Sterbehilfe Deutschland" eine Form kommerzieller Suizidassistenz war. Denn der Zugang zur angebotenen Suizidassistenz war abhängig von gestaffelten Mitgliedschaftsbeiträgen in zum Teil erheblicher Höhe. Während bei der „Mitgliedschaft V (Vollmitgliedschaft)" für einen Beitrag von 200 Euro im Jahr Suizidassistenz erst nach dreijähriger Mitgliedschaft möglich war, konnte man sich die sofortige Suizidassistenz mit der „Mitgliedschaft S (Lebensmitgliedschaft mit Sonderbeitrag)" zum stolzen Preis von 7.000 Euro erkaufen (www.sterbehilfedeutschland.de vor dem Verbot 2015).

Diese Begründung lässt sich auf zwei verschiedene Weisen verstehen (die sich nicht ausschließen).[8] Zum einen kann sie bedeuten, dass nur Ärzte fähig sind oder zumindest besser befähigt sind, die Autonomie eines Sterbewunsches zu *erkennen*, d. h. selbstbestimmte Entscheidungen von nicht-selbstbestimmten Entscheidungen zu unterscheiden (vgl. Brock 1994, 230; Schöne-Seifert 2006, 64). Für diese Interpretation spricht, dass Borasio et al. schreiben: „Freiverantwortlichkeit und Wohlerwogenheit des Verlangens lassen sich nur im Rahmen eines persönlichen Gesprächs zwischen dem Arzt und Patienten feststellen" (Borasio et al. 2014, 83[9]). Dieses Argument zeugt von einem großen Vertrauen in die psychiatrische oder psychologische Diagnose-Kompetenz von Ärzten. Ist das berechtigt? Die häufigste psychiatrische Erkrankung und zugleich diejenige, die am häufigsten mit affektgetriebenen Suizidabsichten gekoppelt ist, ist die Depression. Verschiedene Studien zeigen, dass Ärzte in hoher Zahl die depressiven Erkrankungen ihrer Patienten verkennen (Wittchen et al. 2001, Jacobi et al. 2002, Swami 2012) und selbst bei korrekter Diagnose oftmals nicht adäquat medizinisch behandeln (Trautmann/Beesdo-Baum 2017). Das ist umso bemerkenswerter, als Patienten mit depressiven Erkrankungen ca. 10 % der Patienten eines Hausarztes ausmachen (Runkewitz/Kirchmann/Strauß 2005). Wenn Ärzte jedoch bereits depressive Erkrankungen häufig verkennen, wie sollen sie dann erst subtilere Manipulationen entdecken, denen die suizidwilligen Patienten möglicherweise seitens ihrer sozialen Umwelt ausgesetzt sind? Die Behauptung, dass Ärzte im Allgemeinen besonders dazu geeignet sind, die Voraussetzungen für eine freiverantwortliche Suizidentscheidung zu erkennen, ist also nicht haltbar. Das heißt natürlich nicht, dass die Problematik unzureichender Diagnose-Kompetenz bei *jedem* Arzt auftritt und sich im Umgang mit *jedem* Patienten bemerkbar macht. Es gibt zweifellos Ärzte, für die das skizzierte Bild zutrifft. Doch das *generelle* Vertrauen in die ärztlichen Kompetenzen im Umgang mit Suizidwünschen ist nicht gerechtfertigt.[10]

Auf der anderen Seite stellt sich die Frage, warum medizinische Laien den Autonomiegrad von Suizidwünschen nicht sogar besser als Ärzte einschätzen können sollten. Das gilt insbesondere gegenüber Ärzten, die Suizidassistenz nur selten oder einmalig vornehmen. Denn gerade dann, wenn Suizidassistenz professionell und regelmäßig durchgeführt wird, wie es bei organisierten Sterbehelfern zu erwarten ist, dürfte sich im Umgang mit sterbewilligen Menschen

---

8 Die folgenden Ausführungen basieren zum Teil auf Kipke 2015b.
9 Hierbei geht es ihnen allerdings in erster Linie um das Erfordernis des Gesprächs.
10 Borasio et al. ist allerdings zugute zu halten, dass nach dem § 217 ihres Gesetzesvorschlags das Bundesgesundheitsministerium dazu berechtigt sein soll, zu „den Anforderungen an die fachliche Qualifikation der beteiligten Ärzte" Näheres zu regeln (Borasio et al. 2014, 23).

eine besondere Sensibilität für das Zustandekommen des Suizidwunsches heranbilden. Das macht die Beschränkung auf Ärzte nochmals fragwürdiger.

Die Aussage von Borasio et al. zur Begründung dieser Beschränkung lässt sich auch auf eine andere Weise verstehen. Danach geht es nicht um die Einschätzung der Freiverantwortlichkeit, sondern darum, dass Ärzte davor gefeit sind, diese Freiverantwortlichkeit zu *beeinträchtigen*. Organisierte Suizidassistenten hingegen könnten ihre Klienten leicht beeinflussen, sich für den Suizid zu entscheiden. Ausdrücklich sprechen Borasio et al. ja von der Gefahr, dass sich Menschen „von den Angeboten von Sterbehilfevereinen zu unüberlegten Schritten verleiten zu lassen" (Borasio et al 2014, 80). Mehr noch dürfte das Argument für kommerzielle Anbieter gelten, weil sie Gewinninteressen verfolgen und somit ein erhöhtes Eigeninteresse an der Entscheidung zum Suizid haben könnten. Sie könnten – so die Befürchtung – die Autonomie der Entscheidung zu wenig überprüfen oder sogar bewusst oder unbewusst Druck auf ihre Kunden ausüben (vgl. Merkel 2015, 5). Doch auch diese Argumentation kann nicht recht überzeugen. Studien zeigen, dass die Einschätzung der Lebensqualität und der Suizidwünsche bei Schwerstkranken auf Seiten der Ärzte deutlich von deren eigener psychischer Lage abhängt und dass sie die Lebensqualität ihrer Patienten systematisch unterschätzen (Lulé et al. 2013). Nicht wenige Ärzte befürworten zudem eine direktive Beratung, sogar bei moralisch kontroversen Fragen (Putman et al. 2013). Es ist kein Grund zu sehen, warum dies bei Entscheidungen für oder gegen einen Suizid ganz anders sein sollte. Das große Vertrauen in die ärztliche Kompetenz der Autonomiewahrung ist also nicht gerechtfertigt. Dass die ärztliche Beeinflussung von Patienten oftmals unbeabsichtigt sein mag – wie man einwenden könnte –, macht die Sache nicht besser, sondern für alle Beteiligten nur weniger transparent.

Was schließlich die vermutete Beeinflussung durch kommerzielle Suizidassistenten angeht, ist davon auszugehen, dass diese selbst ein massives Interesse daran haben dürften, die Autonomie ihrer Kunden zu wahren, weil davon die Legalität ihres Tuns abhinge. Denn die Unterstützung unfreier Suizide ist im deutschen Strafrecht ohnehin seit jeher verboten. Auch von daher ist der Ausschluss nicht-ärztlicher Suizidassistenten bei Borasio et al. unplausibel. Die Gefahr einer unzulässigen Beeinflussung durch kommerzielle Suizidassistenten ließe sich darüber hinaus durch entsprechende Regelungen weiter minimieren. So ist zum einen denkbar, dass die Zahlung des Honorars nicht vom vollzogenen Suizid abhängig gemacht würde, sondern unabhängig davon bereits bei der Beratung fällig wäre. Somit entfiele jeder Anreiz, um des Gewinns willen die Kunden zum Suizid zu bewegen. Zum anderen könnte man die Beratung der Suizidwilligen und die eigentliche Suizidassistenz institutionell trennen, so dass ein unzulässiger Einfluss bei der Beratung durch die kommerziellen Suizidassistenten ausgeschlossen wäre.

Wir sehen: Wie auch immer man die Begründung von Borasio et al. für die Beschränkung auf Ärzte versteht, sie ist nicht stichhaltig. Sie beruht auf einem Bild ärztlicher Kompetenzen, das empirischer Überprüfung nicht standhält. Möglicherweise jedoch lässt sich bei den Autoren ein zusätzlicher Begründungversuch finden, der nicht auf die Autonomie der Suizidwünsche abzielt: nämlich das Erfordernis der ärztlichen Untersuchungen. Wie gesagt sehen die Autoren medizinische Untersuchungen durch zwei voneinander unabhängige Ärzte vor (Borasio et al., 83 f.). Diese Bedingung für eine rechtmäßige Suizidassistenz ist natürlich an die andere Bedingung geknüpft, dass eine schwere, zum Tode führende Krankheit vorliegen muss, die sich bereits oben unter Maßgabe des Neutralitätsgebots als ungerechtfertigt erwiesen hat. Doch auch wenn man von diesem Problem absieht und sich allein auf den Fall tödlicher Erkrankungen beschränkt, lässt sich mit dieser Zusatzbedingung ärztlicher Untersuchungen nicht begründen, die rechtmäßige Suizidassistenz allein für Ärzte zu reservieren. Denn es ist nicht zu sehen, warum die ärztliche Untersuchung und die Suizidbeihilfe von derselben Person vorgenommen werden muss. Nichts spräche im Rahmen des Ansatzes von Borasio et al. dagegen, die Rechtmäßigkeit der Suizidassistenz an zwei vorgelagerte und bescheinigte ärztliche Untersuchungen zu binden, die Suizidassistenz aber auch andere Personen durchführen zu lassen. Ja, diese Lösung wäre sogar plausibler, wenn man die geforderten Untersuchungen durch bestimmte Fachärzte verlangt, denn es ist sehr fraglich, ob jeder Arzt aufgrund „einer persönlichen Untersuchung" (ebd., 23) eine zutreffende Diagnose über jede schwere, tödlich verlaufende Krankheit stellen kann. Dass sich zum Beispiel jeder Allgemeinmediziner hinreichend mit den verschiedenen letalen Tumorerkrankungen auskennt, ist schlicht unrealistisch. Auch die Zusatzbedingung der ärztlichen Untersuchungen vermag also die in Frage stehende Beschränkung nicht zu begründen.

Die von Borasio et al. vorgebrachten Argumente für die Begrenzung rechtmäßiger Suizidassistenz auf Ärzte können also nicht überzeugen. Es könnte jedoch sein, dass sich eine plausible Begründung jenseits der Ausführungen der Autoren finden lässt. Drei Kandidaten für eine solche Begründung kommen in Frage: a) das spezielle Vertrauensverhältnis zwischen Arzt und Patient, b) die ärztliche Fähigkeit zur Aufklärung und Beratung der Patienten sowie c) die ärztliche Fähigkeit im Umgang mit den tödlichen Substanzen.

Zu a) Das erste Argument könnte so lauten: Nur Ärzte sollen rechtmäßig Suizide unterstützen dürfen, weil sie in einem besonders engen Vertrauensverhältnis zu ihren Patienten stehen. Dieses Argument ist in der öffentlichen und politischen Debatte tatsächlich immer wieder zu hören. Demnach sichert nur ein solches

Vertrauensverhältnis, dass der Suizidhelfer im Sinne des Patienten entscheidet (Michael de Ridder in Kamann 2010) und „jeder Einzelfall [...] in seiner Besonderheit erfasst" wird (Clever 2015).[11] Zweifellos gibt es solche Verhältnisse, in denen der Arzt „im klassischen hausärztlichen Sinne der Freund des Patienten" ist (Michael de Ridder in Kamann 2010). Die Annahme jedoch, dass dies grundsätzlich der Fall ist, entbehrt jeder Grundlage. Ja, ein besonderes Vertrauensverhältnis mit weitreichender Kenntnis des Patienten, die auch über dessen Krankengeschichte hinausgeht und psychosoziale Aspekte einbezieht, dürfte heutzutage eher die Ausnahme sein. Die Beziehung zwischen Arzt und Patienten ist häufiger als früher ein zweckrationales Dienstleistungsverhältnis, u. a. bedingt durch die Ökonomisierung und Spezialisierung der Medizin. Häufigere Wohnortwechsel und Arztwechsel sowie der enorme Zeitdruck im medizinischen Alltag erschweren zusätzlich die Entstehung einer langfristigen und vertrauensvollen Bindung. Das Bild der engen Arzt-Patienten-Beziehung ist daher als Idealisierung anzusehen. Doch selbst wenn es realistisch wäre, könnte das Argument nicht überzeugen. Denn es ist nicht zu erkennen, warum ein enges Vertrauensverhältnis nicht ebenso zu einem nicht-ärztlichen Suizidassistenten entwickelt werden könnte. Ein solcher kann sich sogar mit mehr Zeit dem Suizidwilligen in seiner besonderen Situation widmen.

Zu b) Das zweite mögliche Argument besagt, dass nur Ärzte dazu fähig sind, die suizidwilligen Patienten angemessen aufzuklären und zu beraten (Schöne-Seifert 2006, 64 f.; Gavela 2013, 246). Genau betrachtet umfasst diese Kompetenz zwei Teilkompetenzen: erstens die Fähigkeit zur Aufklärung über die zur Verfügung stehenden medizinischen Optionen, also auch die Alternativen zum Suizid; zweitens die psychosoziale Betreuung des Suizidwilligen.

Die Fähigkeit zur Aufklärung über medizinische Optionen ist bei Ärzten aufgrund ihres Fachwissens tatsächlich in der Regel größer als bei Laien. Allerdings handelt es sich ja bei den meisten Menschen mit einer autonomen Entscheidung für einen Suizid um schwerstkranke oder sogar dem Sterben nahe Patienten, so dass das Spektrum medizinischer Alternativen begrenzt ist. Oft stehen nur noch palliativmedizinische Maßnahmen zur Verfügung. Hier ist erneut fraglich, ob jeder Arzt über dieses medizinische Fachwissen verfügt und das generelle Vertrauen in diese ärztliche Kompetenz gerechtfertigt ist. Auf der anderen Seite sind auch professionelle nicht-medizinische Suizidhelfer in der Lage, sich das Wissen über diese verbleibenden Handlungsoptionen anzueignen.

---

11 Auch Borasio et al. lassen sich so verstehen, wenn sie schreiben: Wenn jemand einen ernsthaften Wunsch nach Suizidhilfe hat, „sollte er einen vertrauensvollen und kompetenten Ansprechpartner haben, sofern er einen solchen wünscht. Am besten eignen sich dafür die Ärzte." (Borasio et al. 2014, 63).

Will man trotzdem sichergehen, dass Menschen mit dem Wunsch nach Suizidassistenz diese Informationen aus ärztlicher Hand erhalten, ist es denkbar, die medizinische Beratung – ebenso wie die von Borasio et al. geforderte medizinische Untersuchung – von der Suizidassistenz institutionell und personell zu trennen. In jedem Fall lässt sich auch auf diesem Wege die Begrenzung auf Ärzte als rechtmäßige Suizidhelfer nicht begründen.

Wichtiger dürfte die zweite Teilkompetenz sein. Denn bereits die Aufklärung über Alternativen zum Suizid umfasst nicht nur medizinische Informationen. Vor allem aber geht die nötige Begleitung weit über das medizinische Terrain hinaus. Die Entscheidung für oder gegen Suizid ist ja keine im engeren Sinne medizinische Entscheidung, sondern es handelt sich vor allem um eine Frage psychologischer, philosophischer, ethischer und – je nach Person – spiritueller Dimension. Es geht um die aktive Verkürzung des eigenen Lebens oder das mögliche Zulassen eines nicht-beschleunigten Sterbeprozesses, die Akzeptanz von Krankheit und Tod, den möglichen Wert eingeschränkten und versehrten Lebens, die Bewertung der eigenen Biographie usw. Eine angemessene Aufklärung über Alternativen zum Suizid müsste daher den Charakter einer Lebensberatung haben. Hierfür sind die meisten Ärzte nicht qualifiziert. Weder verfügen sie als Ärzte in besonderem Maße über ein entsprechendes Wissen, noch sind sie durch ihre Ausbildung besonders dazu befähigt (Faber-Langendoen/Karlawish 2000, 484). Wenn einzelne Ärzte über diese Kompetenz verfügen, dann nicht *weil* sie Ärzte sind. Diese psychosozialen und ethischen Kompetenzen sind eher bei Psychotherapeuten, Seelsorgern oder Ethikberatern zu erwarten – oder eben bei professionellen Suizidhelfern, die solche psychosozialen Beratungskompetenzen erworben haben.

Hinzu kommt, dass Ärzten eine solche angemessene Beratung durch die heutigen Versorgungsstrukturen erheblich erschwert wird. Sie stehen häufig unter enormem Zeitdruck und haben bekanntlich nur wenig Zeit, sich um den einzelnen Patienten zu kümmern (Becker et al. 2010; vgl. für die internationale Situation Abbo et al. 2008). Ausreichend Zeit ist jedoch eine unabdingbare Voraussetzung für eine umsichtige Klärung der großen Fragen, um die es bei einem Suizid geht. Ja, das spricht sogar eher *für* eine kommerzielle Suizidassistenz, denn eine ordentliche Vergütung würde es einem solchen Suizidassistenten erlauben, sich ausreichend Zeit für seine Klienten zu nehmen.

Auch diese Überlegungen können also eine Begrenzung auf Ärzte nicht begründen. Sie sprechen im Gegenteil sogar teilweise *gegen* Ärzte als Suizidassistenten.

Zu c) Das dritte mögliche Argument zielt auf den Umgang mit den tödlichen Substanzen zur Durchführung des Suizids. Ärzte, so das Argument, kennen sich am besten mit ihnen aus und wissen, wie sie zu dosieren und einzunehmen sind (Schöne-Seifert 2006, 65). Ist daraus die gesuchte

Rechtfertigung für die Begrenzung auf Ärzte zu gewinnen? Nein, denn auch ein Arzt lernt normalerweise weder in seiner Ausbildung noch in der ärztlichen Praxis, wieviel Gramm Natrium-Pentobarbital zu einem raschen Tod führen. Vor allem aber ist das nötige Wissen um die richtige Dosierung überschaubar und lässt sich leicht von medizinischen Laien erwerben. Und das Betäubungsmittelgesetz, das die Verschreibung solcher Substanzen auf Ärzte beschränkt? Auch damit lässt sich die Begrenzung nicht rechtfertigen. Denn diese Regelungen könnten entweder gelockert werden, so dass auch bestimmte andere Personenkreise diese Befugnis erhalten (Faber-Langendoen/Karlawish, 484), oder die Regelungen werden beibehalten und die Verschreibung bleibt in der Hand von Ärzten, die dann mit den organisierten oder kommerziellen Suizidassistenten zusammenarbeiten müssten – so wie in der Schweiz, wo Laienorganisationen seit Jahren Suizide durch tödliche Substanzen unterstützen, die von Ärzten verschrieben werden (Andorno 2013).

Auch die Sichtung weiterer denkbarer Begründungen hat also ein negatives Ergebnis: Es lässt sich nicht plausibel begründen, Ärzten die Suizidhilfe zu erlauben, aber organisierten oder kommerziellen Anbietern zu verbieten. Das gilt jedenfalls für eine Begründung, die sich in den von Borasio et al. vorgegebenen neutralitätstheoretischen Rahmen einfügt. Gewiss jedoch lässt sich eine Begründung finden, die diesen Rahmen verlässt. Eine entsprechende Intuition leitet vermutlich sogar viele Menschen bei ihrer Bejahung einer solchen Regelung, vor allem in Bezug auf die kommerzielle Suizidassistenz. Demnach ist es anstößig, mit der Selbsttötung anderer Menschen Geld zu verdienen.[12] Mit einer Vergütung wird der Suizidassistenz das Ansehen einer normalen Dienstleistung verliehen. Eine Gesellschaft, in der die Selbsttötung und ihre Unterstützung derart aufgewertet werden, ist aber – dieser Intuition zufolge – keine gute, erstrebenswerte Gesellschaft. Was für die kommerzielle Suizidassistenz in besonderer Weise gilt, gilt etwas abgeschwächt auch für ihre organisierte Form. Denn schon indem diese auf Wiederholung angelegt ist, geschäftsmäßig betrieben und institutionalisiert wird, führt sie eine Normalisierung und somit gesellschaftliche Aufwertung des Suizids herbei, die – so das Argument – im Widerspruch zu einem guten gesellschaftlichen Umgang mit dem Sterben stehen.

Bemerkenswerterweise bringen Borasio et al. selbst diese Überzeugung zum Ausdruck, allerdings nur im Zusammenhang des von ihnen anvisierten Werbeverbots: „Die Strafdrohung soll verhindern, dass die Suizidbeihilfe als

---

12 Vgl. VG Hamburg, Beschluss vom 06.02.2009, Az. 8E 3301/08, Rn. 52: „Es widerspricht dem Menschenbild des Grundgesetzes, mit dem Suizid und dem Leid von Menschen Geschäfte zu machen."

kommerzialisierbare oder organisierte Dienstleistung dargestellt und von der Allgemeinheit als normales Verhalten eingeschätzt wird." (Borasio et al. 2014, 87) Mit einem solchen Argument ließe sich auch das Verbot nicht-ärztlicher Suizidassistenz rechtfertigen.[13] Doch es ist offensichtlich: Das ist ein Argument, das bestimmten Wertvorstellungen folgt – nun nicht in Bezug auf ein *individuelles* gutes Leben, sondern auf das gute *gesellschaftliche* Leben –, und solche dürfen nach Borasio et al. gerade nicht Maßgabe rechtlicher Regelungen sein. Hier tritt erneut der Widerspruch zwischen dem explizit genannten Leitprinzip und der befürworteten Regelung auf, die sich nur durch Gründe rechtfertigen lässt, die dem Leitprinzip widersprechen. Die behauptete Neutralität entpuppt sich bei näherer Betrachtung als Scheinneutralität.

6 Weitere Verletzungen des selbst auferlegten Neutralitätsgebots

Die zugrundeliegenden Wertüberzeugungen machen sich bei Borasio et al. noch an anderen Stellen bemerkbar, die hier nur kurz angeführt werden sollen. Dazu gehört ihre Bestimmung, dass die suizidwillige Person einen ständigen Wohnsitz in Deutschland haben muss (Borasio et al. 2014, 22). Zur Begründung bringen sie vor, dass dieses Erfordernis „einem etwaigen Suizidbeihilfetourismus entgegenwirken" soll (ebd., 82). Dass eine Reihe von Menschen aus dem Ausland die Möglichkeit der Suizidassistenz hierzulande nutzen würde, ist demnach etwas dermaßen Schlimmes, dass es mit den scharfen Mitteln des Strafrechts verhindert werden muss. Diese negative Wertung kommt bereits in dem pejorativ klingenden Begriff „Suizidbeihilfetourismus" zum Ausdruck. Genau diese Wertung ist aber innerhalb des Rahmens, den Borasio et al. vorgeben, nicht verständlich. Warum sollte etwas im Falle von Ausländern verbotswürdig sein, was bei Inländern erlaubt ist? Oder genauer: Warum darf bei Ausländern etwas verboten sein, dessen Erlaubnis im Falle von Inländern ein Gebot der weltanschaulichen Neutralität ist? Was wäre dagegen zu sagen, wenn schwer leidende Menschen etwa aus Polen oder Frankreich nach Deutschland kämen, um eine

---

[13] Obschon die Begründungskraft begrenzt ist, denn Ärzte nehmen ebenso für ihre Leistungen Honorare und würden sie auf der Grundlage einer entsprechenden gesetzlichen Zulässigkeit auch für eine Suizidassistenz nehmen (Merkel/Häring 2015, 165). Der Unterschied zwischen ärztlicher und kommerzieller Suizidassistenz schmilzt somit dahin. *Wenn* also die ethische Geringschätzung der Gewinnerzielung für eine rechtliche Regelung eine Rolle spielen darf, dann spricht das eher für ein Verbot auch der ärztlichen Suizidassistenz.

fachgerecht durchgeführte Suizidbeihilfe in Anspruch zu nehmen? Wenn man ärztliche Suizidbeihilfe grundsätzlich bejaht, ist eine solche Ablehnung nicht plausibel begründbar. Der Ausschluss von Ausländern ist lediglich aufgrund einer bestimmten Vorstellung einer guten Gesellschaft zu rechtfertigen, die durch einen „Suizidbeihilfetourismus" anscheinend verletzt würde. Offensichtlich ist das den Autoren ein Schritt zu viel auf dem Weg zu einer gesellschaftlichen Normalisierung von Suizidbeihilfe, den sie mit ihrer Regelung jedoch längst intellektuell beschritten haben. Wieder zeigt sich: Was neutral sein soll, ist in Wahrheit parteiisch – nämlich für bestimmte Konzepte des Guten.

Schließlich tritt der Widerspruch zwischen behaupteter Neutralität und tatsächlicher Parteilichkeit an einem besonders grundlegenden Aspekt zu Tage: nämlich bei der Wertung des Suizids selbst. Den Kritikern der Suizidbeihilfe werfen Borasio et al. vor: „Hinter den meisten Ablehnungen der Suizidbeihilfe steckt im Grunde eine Ablehnung des Suizids als solchem" (Borasio et al. 2014, 72), womit sie bereits deutlich machen, dass sie sich diese Ablehnung nicht zu eigen machen wollen. Eine solche Ablehnung mag zwar im Rahmen bestimmter Überzeugungssysteme plausibel sein, doch: „Weltanschauliche Vorabverurteilungen können aber keine Grundlage für ein gesetzliches Verbot in einem pluralistischen Staat sein." (Ebd.) Borasio et al. beanspruchen folglich auch in diesem fundamentalen Punkt ethische Neutralität: „Insofern beruht die Argumentation des hier unterbreiteten Vorschlags auf der Akzeptanz unterschiedlicher ethischer Vorstellungen zum freiverantwortlichen Suizid [...]." (Ebd., 64)

Wenn die Autoren jedoch tatsächlich dem Neutralitätsgebot folgen würden, wäre nicht verständlich, warum sie die Suizidprävention ausdrücklich positiv bewerten, ja sogar als eines der Ziele benennen, die sie mit ihrem Gesetzesvorschlag verfolgen (ebd., 20). Denn Suizidprävention besteht nun mal in dem Bemühen, Suizide nach Möglichkeit zu verhindern. Das ist aber nur zu rechtfertigen, wenn der Suizid an sich etwas Negatives ist. Wäre er das nicht, bräuchte man ihn nicht zu verhindern. Wenn dem Ansatz von Borasio et al. wirklich keine Bewertung des Suizids zugrunde läge, wäre es gleichgültig, ob und wie viele Suizide verhindert werden, solange sie nur freiverantwortlich sind. An dieser Stelle könnte man einwenden, dass es ihnen nur um die Verhinderung nicht freiverantwortlicher Suizide geht. Doch erstens ist die allgemeine Rede von Suizidprävention nicht auf solche Fälle beschränkt, sondern umfasst sämtliche Arten von Suiziden. Zweitens machen die Autoren unmissverständlich klar, dass es ihnen auch um die Prävention freiverantwortlicher Suizide geht. Ja, diese Haltung ist sogar ihrem Gesetzesvorschlag eingebaut, denn der sieht vor, dass die Aufklärung aller suizidwilligen Patienten „lebensorientiert" erfolgen soll (ebd., 23, 85), das heißt mit einer vorgegebenen Präferenz für das Weiterleben. Für die meisten Menschen ist das vermutlich selbstverständlich und alles andere dürfte als Ausdruck eines schwer vermittelbaren Nihilismus gelten. Dennoch ist dieser Lebensorientierung klarerweise eine negative Bewertung des Suizids eingeschrieben. Die behauptete Neutralität besteht also auch an diesem grundlegenden Punkt nicht. Womöglich liegt hier ein wesentlicher Grund für die anderen dargelegten Inkonsistenzen.

7 Fazit: Ethische Transparenz und die Öffnung des Legitimitätsraums

Die Analyse hat mehrfach gezeigt, dass sich die von Borasio et al. vorgeschlagene Regelung nur auf eine Weise begründen lässt, die auf bestimmten Annahmen über das gute Leben und die gute Gesellschaft basiert, also gerade nicht gegenüber solchen Wertannahmen neutral ist (vgl. Neumann 2015, 17 f.). An mancher Stelle kann man zudem den Eindruck gewinnen, dass den Autoren selbst bei der Begründung ihres Regelungsvorschlags solche Wertüberzeugungen vorschwebten. Letztlich aber ist das unerheblich. Entscheidend ist, dass die skizzierten Werthaltungen in den Regelungsvorschlag gewissermaßen eingebaut sind.

Doch genug mit dem Aufweis der Scheinneutralität bei Borasio et al. Was jedoch sagt uns dieses Ergebnis? Worin besteht der Erkenntnisgewinn, der über die Einsicht in die Inkohärenz einer Position hinausgeht, die doch nur eine von vielen innerhalb der Diskussionslandschaft ist? Der Erkenntnisgewinn ist in erster Linie begründungstheoretischer Art. Die Analyse zeigt uns, welche Geltung dem Neutralitätsprinzip bei der Rechtfertigung ethischer Positionen und legitimer politisch-rechtlicher Entscheidungen – zumindest beim Thema Suizidbeihilfe – in einer liberalen Ordnung zukommt. Denn wenn es trotz expliziten Neutralitätsanspruchs nicht gelingt, eine Regelung zu entwickeln, die diesem Anspruch gerecht wird, drängt sich die Schlussfolgerung auf, dass eine solche Regelung hier nicht möglich ist.[14] Offensichtlich setzt eine gesetzliche Regelung auf diesem Gebiet immer partikulare Wertannahmen voraus.

---

[14] Hier mag man einwenden, dass mit dem Aufweis der fehlenden Neutralität in einem einzigen Ansatz nicht erwiesen ist, dass es überhaupt keinen Ansatz gibt oder geben könnte, der dem Neutralitätsgebot entspricht. Das stimmt zwar grundsätzlich, doch liegt diese Schlussfolgerung dennoch nahe, wenn sich sogar ein elaborierter, ethisch und rechtlich begründeter Regelungsvorschlag, der sich ausdrücklich dem Neutralitätsgebot verschreibt, als nicht-neutral erweist..

Wenn das so ist, dann folgt daraus zweierlei: Erstens spricht das dafür, den verfehlten hundertprozentigen Neutralitätsanspruch zurückzufahren und stattdessen mit den zugrundeliegenden ethischen Wertannahmen transparent umzugehen (Kipke 2013). Das gilt für jede Position in dieser Debatte. Erst ein solcher transparenter Umgang mit den zugrundeliegenden ethischen Annahmen macht es möglich, sie kritisch zu reflektieren und ihren Einfluss auf das Recht möglichst gering zu halten.

Zweitens erweitert sich der Raum legitimer rechtlicher Regelungen. Denn wenn eine gänzlich neutrale Regelung dieses Themenfeldes unmöglich ist, dann sind grundsätzlich auch Regelungen legitim, die *explizit* auf Konzepte des Guten zurückgreifen (Kipke 2015a). Eine solche mögliche Regelung wäre zum Beispiel, jede institutionalisierte Suizidassistenz zu verbieten, wozu auch eine regelmäßige ärztliche Suizidassistenz gehört. Eine solche Regelung wäre in der Weise zu rechtfertigen, dass die Selbsttötung als extrem problematische Handlung bewertet wird, deren Unterstützung als gesellschaftlich untragbar gilt, weil sie eine Missachtung des hohen Rechtsguts des menschlichen Lebens darstellt. Damit würde nicht die individuelle, einmalige Suizidbeihilfe als Ausnahmehandlung und schon gar nicht der Suizid selbst kriminalisiert, aber jede Form einer auf Wiederholung angelegten Suizidassistenz, die zwangsläufig mit einer gesellschaftlichen Normalisierung und Aufwertung der Selbsttötung einhergeht. Eine solche Form ist die gesetzlich geregelte, mit Durchführungsbestimmungen versehene und damit normalisierte Suizidassistenz, bei denen Ärzte und damit die Angehörigen einer Berufsgruppe von besonderer gesellschaftlicher Bedeutung als Suizidassistenten fungieren – eine Suizidassistenz also, wie sie Borasio et al. und viele andere befürworten.

Es wird deutlich: Diese Skizze einer alternativen Regelung der Suizidassistenz, die ausdrücklich auf ein bestimmtes Bild einer wünschenswerten Gesellschaft zurückgreift, entspricht der Regelung, wie sie seit 2015 in § 217 StGB verankert ist. Das also zeigt uns letztlich der Aufweis des verfehlten Neutralitätsanspruchs: Die geltende Regelung ist keineswegs illegitim, insofern sie auf ethischen Wertungen basiert. Sie lässt sich rechtfertigen – nicht unter Vorgaukelung einer vermeintlichen Neutralität hinsichtlich ethischer Wertungen, sondern im Gegenteil im ausdrücklichen Verweis auf solche Wertungen. Diese Wertungen betreffen die Rolle, die die Suizidhilfe und damit der Suizid selbst in der Gesellschaft einnehmen, sowie die Achtung bzw. Missachtung des menschlichen Lebens, die damit einhergeht. Das Gesetz richtet sich explizit gegen die Normalisierung der Selbsttötung (Brand/Griese 2015, 2, 11 ff.). Diese Wertung unterstützt auch der Deutsche Ethikrat:

> Suizidbeihilfe sowie ausdrückliche Angebote dafür [sollten] untersagt werden, wenn sie auf Wiederholung angelegt sind, öffentlich erfolgen und damit den Anschein einer sozialen Normalität ihrer Praxis hervorrufen könnten. [...] Eine Suizidbeihilfe, die keine individuelle Hilfe in tragischen Ausnahmesituationen, sondern eine Art Normalfall wäre, etwa im Sinne eines wählbaren Regelangebots von Ärzten oder im Sinne der Dienstleistung eines Vereins, wäre geeignet, den gesellschaftlichen Respekt vor dem Leben zu schwächen. (Deutscher Ethikrat 2014, 3)

§ 217 StGB steht mit seinen ethischen Wertungen keineswegs im Konflikt mit den Prinzipien der liberalen Rechtsordnung, wie manche Autoren meinen (Duttge 2017, 8 f., 10 f.; Gaede 2016, 387). Denn dem Einzelnen steht nach wie vor der Weg offen, sich selbst das Leben zu nehmen und dafür Unterstützung zu suchen.[15] Der Staat hat nicht das Recht, dem Bürger in seine höchstpersönlichen Angelegenheiten hineinzureden. Das Recht, eigenhändig aus dem Leben zu scheiden, gehört zur verfassungsrechtlich verbürgten Freiheit jedes Einzelnen (so auch die Befürworter des geltenden Gesetzes: Augsberg/Szczerbak 2017, 727; Hillgruber 2015, 116–126). Das heißt jedoch nicht, dass der Staat verpflichtet ist, Maßnahmen zur Verwirklichung solcher Suizidwünsche zu treffen (Augsberg/Szczerbak 2017, 727). Und vor allem hat der Staat bzw. die staatlich verfasste Gesellschaft[16] das Recht zu sagen: Wir wollen keine Gesellschaft, in der die Selbsttötung institutionalisiert und somit normalisiert wird und damit die Achtung des menschlichen Lebens unterminiert wird (Hillgruber 2015; 129 f.; Augsberg/Szczerbak 2017, 736 f.; Weilert 2018, 81). Strafrechtstheoretisch formuliert: Der Gesetzgeber ist dazu berechtigt, in der geschäftsmäßigen Suizidbeihilfe eine abstrakte Gefährdung des Rechtsguts des menschlichen Lebens zu

---

[15] Hierbei wird eingewandt, dass ein Abwehrrecht gegen die Verhinderung eines Suizids ohne ein entsprechendes Anspruchsrecht auf Unterstützung „ein zahnloser Tiger" sei (Schöne-Seifert 2015, 6). Doch der Staat ist nicht dazu verpflichtet, die Verwirklichung jedweder Wünsche zu unterstützen. Der Verweis auf die weiterhin bestehende Möglichkeit eines Suizids ist auch nicht „zynisch" (Henking 2015, 180), denn damit werden die sich in Not befindenden Menschen keineswegs alleingelassen oder in brutalere Formen der Selbsttötung gedrängt (vgl. Gaede 2016, 387). Vielmehr geht das Verbot der geschäftsmäßigen Suizidbeihilfe mit zahlreichen Hilfsangeboten palliativmedizinischer und psychosozialer Art einher. Ethisch fragwürdig erscheint vielmehr die Selbstverständlichkeit, mit der die Selbsttötung als objektiv gleichwertige Handlungsoption dargestellt und alles andere, als dem Suizidwunsch Folge zu leisten, als ein „Im-Stich-lassen" der Patienten diffamiert wird.
[16] Dem widerspricht auch nicht die Tatsache, dass sich in den meisten Umfragen eine deutliche Mehrheit der Bevölkerung für die Zulässigkeit des assistierten Suizids ausspricht. Der parlamentarische Gesetzgeber ist demokratisch legitimiert. Solange wir eine ausschließlich repräsentative Demokratie haben und es keine direktdemokratischen Elemente auf Bundesebene gibt, spricht der parlamentarisch-demokratische Gesetzgeber für den demos.

sehen. Das gilt umso mehr, als – entgegen anderweitiger Behauptungen (Borasio et al. 2014, 58, Merkel 2015, 6) – die (ärztliche) Suizidassistenz dort, wo sie zugelassen ist, keineswegs eine suizidpräventive Wirkung entfaltet, sondern im Gegenteil die Zahl der Suizide wahrscheinlich sogar erhöht (Jones/Paton 2015).

Dass sich das Verbot in § 217 StGB in die Verfassungsordnung einfügt, heißt auf der anderen Seite nicht, dass es zwingend ist. Die Annahme einer solchen Notwendigkeit wäre ein Missverständnis.[17] Doch das Gesetz beansprucht eine solche Notwendigkeit auch nicht. Darum geht es ja gerade: Das Gesetz beruht auf einer bestimmten Wertung, die nicht zwingend ist, aber auch nicht beliebig, sondern auf guten ethischen Gründen basiert. Der Abschied von dem unhaltbaren absoluten Neutralitätsanspruch ist zugleich auch der Abschied von der verfehlten Idee, dass es nur *eine* angemessene rechtliche Lösung für den liberalen Rechtsstaat geben könne. Den Neutralitätsanspruch einzuschränken, heißt, sich an den Wertungs- und Gestaltungsspielraum des demokratischen Gesetzgebers zu erinnern.[18]

Selbstverständlich ist und bleibt das Neutralitätsprinzip ein Maßstab der freiheitlichen Rechtsordnung. Doch verstellt ein schlichter Neutralitätsappell den Blick für wichtige Differenzierungen und für die Grenzen dieses Prinzips. Denn es ist keineswegs von vornherein klar, worauf genau es sich bezieht und was es fordert. Zu unterscheiden ist hier zumindest die Legitimation des Staates auf der einen Seite und einzelne legislative Entscheidungen auf der anderen Seite. Wie der Neutralitätstheoretiker Stefan Huster ganz richtig feststellt, ist Neutralität in dem Sinne unabdingbar,

---

17 Von einer solchen Notwendigkeit geht anscheinend Hillgruber aus: „Der darin zum Ausdruck kommenden Fremdeinschätzung, das Leben eines anderen sei nicht mehr lebenswert, *muss* der Staat auch dann entgegentreten, wenn sie nicht durch Tötung auf Verlangen, sondern mittels einer Hilfeleistung zur Selbsttötung in die Tat umgesetzt werden soll." (Hillgruber 2015, 130, Hervorheb. R.K.)

18 Damit kein Missverständnis entsteht: Ethische Wertung heißt hier nicht moralische Abwertung von Suizidenten und Suizidwilligen. Anders als zuweilen dargestellt (Schöne-Seifert 2015, 4 f.) ist eine Regelung wie in § 217 StGB keineswegs mit einem solchen moralischen Verdikt verbunden. Weder ist es eine Hintergrundannahme dieses Paragraphen, noch muss, wer ihn befürwortet, ein solches Verdikt aussprechen oder auch nur verständnislos gegenüber Menschen mit Suizidwunsch sein. Die Verhinderung einer Institutionalisierung und gesellschaftlichen Normalisierung schließt in keiner Weise individuelles Verständnis und Mitgefühl aus.

daß sich die Legitimation des Staates von religiösen Fundamenten emanzipiert und daß der Staat im religiös-weltanschaulichen Bereich im engeren Sinne Glaubens- und Ausübungsfreiheit garantiert; es bedeutet aber nicht ohne weiteres, daß es im übrigen schlechthin unzulässig wäre, politische Entscheidungen auf einer bestimmten weltanschaulichen Grundlage zu treffen oder die religiös-weltanschaulichen Mehrheitsverhältnisse in der Bevölkerung zu berücksichtigen. (Huster 2001, 266)

Anzumerken bleibt, dass die negative Bewertung des Suizids und seiner Unterstützung keineswegs auf religiöse Annahmen angewiesen ist, wie es oft nahegelegt wird (Arnold 2014, 11; Schöne-Seifert 2015, 4). Die Institutionalisierung der Suizidassistenz lässt sich ohne Weiteres auf säkularer Grundlage als destruktiv und als unvereinbar mit einer das menschliche Leben achtenden Gesellschaft beurteilen.

Tatsächlich ist die geltende Regelung in § 217 StGB hinsichtlich ethischer Werturteile sogar weitaus zurückhaltender als der Regelungsvorschlag von Borasio et al. Denn wie wir an ihrem unterschiedlichen Umgang mit tödlich Erkrankten auf der einen Seite und nicht-tödlich Kranken sowie nicht-pathologisch Lebensmüden auf der anderen Seite gesehen haben, sind in ihren Regelungsvorschlag sogar Bewertungen der Suizidwünsche unterschiedlicher Personengruppen eingebaut. Solcher Urteile über das individuell gute Leben und Sterben enthält sich § 217 StGB, insofern er die unterschiedlichen autonomen Suizidwünsche gleichbehandelt. Die der geltenden Regelung inhärenten ethischen Werturteile beziehen sich lediglich auf die gesellschaftliche Ebene, das heißt, sie sind Urteile über die gute, wünschenswerte Gesellschaft. In dieser Hinsicht ist die geltende Regelung also liberaler und neutraler als ein Ansatz wie der von Borasio et al., der diese liberale Neutralität so entschieden, aber unberechtigterweise für sich in Anspruch nimmt.

Literatur

Abbo, Elmer D. / Zhang, Qi / Zelder, Martin / Huang, Elbert S. (2008): The Increasing Number of Clinical Items Addressed During the Time of Adult Primary Care Visits, in: Journal of General Internal Medicine 23/12, 2058–2065.
Andorno, Robert (2013): Nonphysician-Assisted Suicide in Switzerland, in: Cambridge Quarterly Healthcare Ethics 22, 246–253.
Arnold, Uwe-Christian (2014): Letzte Hilfe. Ein Plädoyer für das selbstbestimmte Sterben, Reinbek bei Hamburg.
Augsberg, Steffen / Szczerbak, Simone (2017): Die Verfassungsmäßigkeit des Verbots der geschäftsmäßigen Suizidassistenz (§ 217 StGB), in: Bormann, Franz-Josef (Hg.): Lebensbeendende Handlungen. Ethik, Medizin und Recht zur Grenze von ‚Töten' und ‚Sterbenlassen', Berlin/Boston, 725–739.

Becker, Gerhild / Kempf, Dorothee E. / Xander Carola J. / Momm, Felix / Olschewski, Manfred / Blum, Hubert E. (2010): Four Minutes for a Patient, Twenty Seconds for a Relative – an Observational Study at a University Hospital, in: BMC Health Service Research 10: 94.

Birnbacher, Dieter (2012): Fatale Klarheit (Editorial), in: Ethik in der Medizin 24, 1–3.

Borasio, Gian Domenico / Jox, Ralf J. / Taupitz, Jochen / Wiesing, Urban (2014): Selbstbestimmung im Sterben – Fürsorge zum Leben. Ein Gesetzesvorschlag zur Regelung des assistierten Suizids, Stuttgart.

Brand, Michael / Griese, Kerstin (2015): Bundestags-Drucksache 18/5373. Gesetzentwurf der Abgeordneten Michael Brand, Kerstin Griese u. a.

Brock, Dan W. (1994): Voluntary Active Euthanasia, in: ders.: Life and Death. Philosophical Essays in Biomedical Ethics, Cambridge, 202–232.

Clever, Ulrich (2015): „Bei Sterbehilfe gibt es genug Spielräume", Interview mit Ulrich Clever, Präsident der Landesärztekammer Baden-Württemberg, Stuttgarter Nachrichten, www.stuttgarter-nachrichten.de/inhalt.aerztekammerpraesident-ulrich-clever-bei-sterbehilfe-gibt-es-genug-spielraeume.83b29f78-4426-440d-8f28-c05755fbe7b1.html (24.9.2018).

Dahl, Edgar (2015): Die Freiheit zum Tode. Ein Plädoyer für den assistierten Suizid, in: Aufklärung und Kritik 2/2015, 130–135.

Deutscher Ethikrat (2014): Zur Regelung der Suizidbeihilfe in einer offenen Gesellschaft: Deutscher Ethikrat empfiehlt gesetzliche Stärkung der Suizidprävention. Ad-hoc-Empfehlung, Berlin.

Duttge, Gunnar / Plank, Kristine (2017): Strafbewehrung der assistierten Selbsttötung. § 217 StGB als schlechte Kompromisslösung, in: EthikJournal 4/2, 1–19,

Dworkin, Ronald / Nagel, Thomas / Nozick, Robert / Rawls, John / Scanlon, Thomas / Thomson Judith Jarvis (2004): Assisted Suicide. The Brief of the Amici Curiae, in: Sterba, James P. (Hg.): Morality in Practice, 7. Aufl., Belmont, 177–183.

EGMR (2010): Europäischer Gerichtshof für Menschenrechte, Kammer I, Beschwerdesache Haas gegen die Schweiz, Urteil vom 20.1.2011, Bsw. 31322/07.

Faber-Langendoen, Kathy / Karlawish, Jason H.T. (2000): Should Assisted Suicide Be Only Physician Assisted?, in: Annals of Internal Medicine 132/6, 482–487.

Gaede, Karsten (2016), Die Strafbarkeit der geschäftsmäßigen Förderung des Suizids – § 217 StGB, in: Juristische Schulung 56/5, 385–392.

Gavela, Kallia (2013): Ärztlich assistierter Suizid und organisierte Sterbehilfe, Berlin/Heidelberg.

Henking, Tanja (2015): Der ärztlich assistierte Suizid und die Diskussion um das Verbot von Sterbehilfeorganisation, in: Juristische Rundschau 215/4, 174–183.

Hilgendorf, Eric (2015): Stellungnahme zur öffentlichen Anhörung des Ausschusses für Recht und Verbraucherschutz des Deutschen Bundestages am 23. September 2015, www.bundestag.de/blob/387792/03e4f59272142231bb6fdb24abe54437/hilgendorf-data.pdf (24.9.2018).

Hillgruber, Christian (2015): Die Bedeutung der staatlichen Schutzpflicht für das menschliche Leben und der Garantie der Menschenwürde für eine gesetzliche Regelung zur Suizidbeihilfe, in: Hoffmann, Thomas Sören / Knaupp, Marcus (Hg.): Was heißt: In Würde sterben? Wider die Normalisierung des Tötens, Wiesbaden, 115–140.

Huster, Stefan (2001): Bioethik im säkularen Staat. Ein Beitrag zum Verhältnis von Rechts- und Moralphilosophie im pluralistischen Gemeinwesen, in: Zeitschrift für philosophische Forschung 55/2, 258–276.

Jacobi, Frank / Höfler, Michael / Meister, Wolfgang / Wittchen, Hans-Ulrich (2002): Prävalenz, Erkennens- und Verschreibungsverhalten bei depressiven Syndromen. Eine bundesdeutsche Hausarztstudie, in: Nervenarzt 73 (7), 651–658.

Jones, David Albert / Paton, David (2015): How Does Legalization of Physician-Assisted Suicide Affect Rates of Suicide?, in: Southern Medical Journal 108/10, 599–604.

Kamann, Matthias (2010): Darf ein Arzt einem Kranken beim Suizid helfen?, in: www.welt.de/politik/deutschland/article11904480/Darf-ein-Arzt-einem-Kranken-beim-Suizid-helfen.html (24.9.2018).

Kipke, Roland (2013): Das ‚gute Leben' in der Bioethik, in: Ethik in der Medizin 25, Heft 2, 115–128.

Kipke, Roland (2015a): Die ärztlich assistierte Selbsttötung und das gesellschaftlich Gute. Zur Frage nach der ethischen Rechtfertigung eines Verbots ärztlicher Suizidassistenz in einer liberalen Gesellschaft, in: Ethik in der Medizin 27, Heft 2, 141–154.

Kipke, Roland (2015b): Why not Commercial Assistance for Suicide? On the Question of Argumentative Coherence of Endorsing Assisted Suicide, in: Bioethics 29 (7), 516–522.

Lulé, Dorothee / Ehlich, Benedikt / Lang, Dirk / Sorg, Sonja / Heimrath, Johanna / Kübler, Andrea / Birbaumer, Niels / Ludolph, Albert (2013): Quality of Life in Fatal Disease: The Flawed Judgement of the Social Environment, in: Journal of Neurology 260/11, 2836–2843.

Merkel, Grischa / Häring, Daniel (2015): Pro organisierte Suizidbeihilfe, in: Ethik in der Medizin 27 (2), 163–166.

Merkel, Reinhard (2015): Stellungnahme für die öffentliche Anhörung am 23. September 2015 im Ausschuss des Deutschen Bundestages für Recht und Verbraucherschutz, www.bundestag.de/blob/388404/ad20696aca7464874fd19e2dd93933c1/merkel-data.pdf (24.9.2018).

Nationaler Ethikrat (2006): Selbstbestimmung und Fürsorge am Lebensende. Stellungnahme.

Neumann, Ulfrid (2015): Beihilfe zur Selbsttötung – nur durch Ärzte? Zugleich Besprechung von *Domenico Borasio, Ralf J. Jox, Jochen Taupitz* und *Urban Wiesing*, Selbstbestimmung im Sterben – Fürsorge zum Leben. Ein Gesetzesvorschlag zur Regelung des assistierten Suizids, 2014, in: medstra – Zeitschrift für Medizinstrafrecht 1/1, 16–18.

Putman, Michael S. / Yoon, John D. / Rasinski, Kenneth A. / Curlin, Farr A. (2013): Directive Counsel and Morally Controversial Medical Decision-Making: Findings from Two National Surveys of Primary Care Physicians, in: Journal of General Internal Medicine 29 (2), 335–340.

Runkewitz, Kristin / Kirchmann, Helmut / Strauß, Bernhard M. (2005): Angst und Depressivität in der Allgemeinpraxis und ihr Zusammenhang mit Entwicklungsauffälligkeiten, in: Psychotherapie Psychosomatik Medizinische Psychologie 2005, 55.

Saliger, Frank (2015): Selbstbestimmung bis zuletzt: Rechtsgutachten zum strafrechtlichen Verbot organisierter Sterbehilfe, hg. von Sterbehilfe Deutschland, Norderstedt.

Schöne-Seifert, Bettina (2006): Ist ärztliche Suizidbeihilfe ethisch verantwortbar?, in: Petermann, Frank T. (Hg.): Sterbehilfe. Grundsätzliche und praktische Fragen. Ein interdisziplinärer Diskurs, St. Gallen, 45–67.

Schöne-Seifert, Bettina (2015): Stellungnahme zur ethischen Beurteilung ärztlicher/organisierter Suizidhilfe und der vier zu deren Regelung vorliegenden Gesetzentwürfe, www.bundestag.de/blob/388596/3f89ba6f985b7667af403bedfd001358/schoene_seifert-data.pdf (24.9.2018).

Swami, Viren (2012): Mental Health Literacy of Depression: Gender Differences and Attitudinal Antecedents in a Representative British Sample, in: PLoS ONE 7 (11): e49779. doi:10.1371/journal.pone.0049779

Trautmann, Sebastian / Beesdo-Baum, Katja (2017): Behandlung depressiver Störungen in der primärärztlichen Versorgung. Eine epidemiologische Querschnittstudie, in: Deutsches Ärzteblatt 114 (43), 721–728.

Weilert, Katarina (2018): Suizid und Suizidassistenz als Rechtsproblem, in: Medizinrecht 36, 76–82.

Wittchen, Hans-Ulrich / Höfler, Michael / Meister, Wolfgang (2001): Prevalence and Recognition of Depressive Syndromes in German Primary Care Settings: Poorly Recognized and Treated?, in: International Clinical Psychopharmacology 16/3, 121–35.

Markus Rothhaar
Behandlungsentscheidungen am Lebensende: eine rechtsphilosophische Perspektive

1 Einleitung

In der ethischen und rechtlichen Debatte über die sogenannte ‚Sterbehilfe' stehen sich, und das im Grunde seit Beginn dieser Debatte, zwei Standpunkte nahezu unversöhnlich gegenüber. Die eine Position betrachtet das Sterben grundsätzlich unter dem Aspekt der Selbstbestimmung, genauer gesagt: der Verfügungsgewalt über das eigene Leben und den eigenen Körper. Ethische und rechtliche Fragen der Sterbehilfe bzw. Sterbebegleitung werden daher im Wesentlichen unter der Perspektive diskutiert, wie die Autonomie am Lebensende gewährleistet werden kann. Das je eigene Leben, der je eigene Körper gelten dabei als etwas, das im Prinzip zur Disposition des jeweiligen Individuums steht. Das ‚Recht auf Leben' wird folglich in dem Sinn voluntaristisch verstanden, dass alleine der Wille des Betroffenen über Weiterleben oder Tod entscheidet; das Gut, das durch das Recht auf Leben eigentlich geschützt wird, wäre demnach nicht das Leben selbst, sondern die Verfügungsgewalt des Betroffenen *über* sein Leben. Dieser Position stehen Auffassungen gegenüber, die den ‚Schutz des Lebens' als etwas sehen, das zumindest bis zu einem gewissen Grad vom individuellen Willen unabhängig ist, sei es, dass die soziale Eingebundenheit des Sterbenden betont wird,[1] sei es, dass auf das Selbstverständnis der politisch-rechtlichen Gemeinschaft verwiesen wird oder gar eine Pflicht zur Selbsterhaltung postuliert wird.[2]

Auch und gerade in politisch-rechtlichen Debatten und den daraus resultierenden rechtlichen Regelungen ist meist ein bloßes Nebeneinander der beiden Positionen zu beobachten, das theoretisch kaum reflektiert wird. Dieser Mangel an theoretischer Reflexion führt in der Regel dazu, dass die schließlich gefundenen Regelungen als Ergebnis einer vermeintlichen ‚Abwägung' der Rechtsgüter[3]

---

[1] Exemplarisch hierfür etwa Bobbert (2002).
[2] So etwa bei Spaemann (1997).
[3] Bereits der Begriff eines Rechtsgutes ist allerdings ein notorisch unklarer Begriff, da er offenlässt, ob darunter diejenigen Güter zu verstehen sind, die von Rechten geschützt werden oder ob subjektive Rechte selbst als Güter betrachtet werden. Diese Unklarheit führt immer wieder zu Verwirrungen in juristischen und rechtsphilosophischen Debatten.

‚Lebensschutz' und ‚Selbstbestimmungsrecht' präsentiert werden, wobei nicht klar ist, wie eine ‚Abwägung' zwischen zwei Prinzipien möglich sein sollte, die der Sache nach eigentlich inkompatibel sind.

Dieser Befund verweist auf die Notwendigkeit einer gründlicheren Reflexion der rechtphilosophischen Prämissen der beiden Pole der Debatte. Im Folgenden sollen diese Prämissen anhand von zwei nachgerade ‚klassischen Themen' der Sterbehilfedebatte herausgearbeitet werden: der Frage nach der Differenz zwischen ‚aktiver' und ‚passiver' Sterbehilfe und der Frage nach dem Umgang mit nichteinwilligungsfähigen Patienten am Lebensende. Dabei wird sich zeigen, dass den beiden Grundpositionen der Debatte letztlich zwei grundlegend verschiedene Verständnisse von ethischer und rechtlicher Normativität überhaupt entsprechen. Im Anschluss daran soll eine philosophische Perspektive entwickelt werden, beide Verständnisse von Normativität zusammenzuführen. Schließlich sollen einige Implikationen des skizzierten Ansatzes für Fragen der Sterbehilfe und Sterbebegleitung aufgezeigt werden.

2 Zur Abgrenzung von aktiver und passiver Sterbehilfe

In der Diskussion über Sterbehilfe und Sterbebegleitung besteht in vielen westlichen Ländern ein breiter politisch-gesellschaftlicher Konsens darüber, dass die sogenannte ‚aktive Sterbehilfe' unzulässig, moralisch falsch und illegitim sei, die sogenannte ‚passive Sterbehilfe' dagegen nicht nur zulässig, sondern ihre weitgehende Erlaubnis geradezu ethisch geboten. Dabei gehen Vertreter einer solchen Position in der Regel von zwei Voraussetzungen aus, die, wie sich im Folgenden zeigen wird, keineswegs selbstverständlich sind. Zum einen von der Prämisse, dass die Abgrenzung zwischen ‚aktiver' und ‚passiver' Sterbehilfe sich ohne Rekurs auf normative Dimensionen rein deskriptiv-handlungstheoretisch durchführen ließe, so dass eine normative Fragestellung erst logisch nachträglich auf der Ebene der Bewertung von Tun und Unterlassen auftauchen würde.[4] Daran knüpft die zweite Prämisse an, die von einem signifikanten normativen Unterschied zwischen ‚Töten' und ‚Sterbenlassen' dahingehend ausgeht, dass ersteres als in jedem Fall unzulässig, zweiteres jedoch als prinzipiell zulässig oder gar, wenn es dem Willen des Betroffenen entspricht, geboten bewertet wird.

---

4 Exemplarisch für diese Auffassung ist Bormann (2017b).

Weit davon entfernt, eine Klärung zu bewirken, führen beide Prämissen jedoch zu einer Reihe von Folgefragen. Insbesondere die Problematik der handlungstheoretischen Abgrenzung von ‚aktiver' und ‚passiver' Sterbehilfe mündet innerhalb des philosophischen Diskurses in immer neue Aporien, Widersprüche und Missverständnisse. Da die verästelte und mittlerweile fast unüberschaubare Diskussion zu dieser Frage im Rahmen eines Buchbeitrags weder rekapituliert werden kann, noch dies für die hier zu entwickelnde Argumentation erforderlich ist, sei an dieser Stelle nur auf die einschlägige Literatur verwiesen.[5]

Die zweite Prämisse scheint demgegenüber auf den ersten Blick weniger problematisch, erweist sich bei näherem Zusehen aber als keineswegs selbstverständlich. Zwar gehen deontologische Ethikmodelle in der Regel davon aus, dass negative (in der Kantischen Terminologie ‚vollkommene') Pflichten bzw. Abwehrrechte einen Vorrang vor Hilfspflichten (in der Kantischen Terminologie ‚unvollkommenen' Pflichten) bzw. Anspruchsrechten haben. Gleichwohl kann sich der erwähnte ‚breite Konsens' der Sterbehilfedebatte darauf gerade nicht stützen. Ist mit jenem Vorrang doch gemeint, dass in Fällen, in denen einer Hilfspflicht bzw. einem Anspruchsrecht nur durch die Verletzung einer negativen Pflicht bzw. eines Abwehrrechts entsprochen werden kann, die Einhaltung der negativen Pflicht Vorrang vor der Erfüllung der Hilfspflicht hat. Ganz abgesehen davon, dass selbst dieser Vorrang keineswegs unumstritten ist, lässt sich aus ihm gerade nicht diejenige unterschiedliche Bewertung von ‚aktiver' und ‚passiver' Sterbehilfe herleiten, die von Vertretern des ‚breiten Konsenses' behauptet wird. Auch im Rahmen eines deontologischen Ethikansatzes gilt immerhin die Nicht-Erfüllung einer Hilfspflicht als moralisch falsch und keineswegs als zulässig oder gar geboten, wie es in der Sterbehilfedebatte meist für die sogenannte ‚passive Sterbehilfe' angenommen wird.

Damit nicht genug, lässt sich des Weiteren, wie Ruß (2002) überzeugend gezeigt hat, konstatieren, dass diejenigen Argumente, die in der öffentlichen wie philosophischen Debatte meist gegen die sogenannte ‚aktive Sterbehilfe' vorgebracht werden, fast durchgängig auch gegen die sogenannte ‚passive Sterbehilfe' sprechen. Wenn das aber der Fall ist, ist nicht mehr klar, wie diese

---

5 Dazu gehören im deutschsprachigen Raum die Arbeiten von Birnbacher (1995), van den Beld (1990), Zimmermann-Acklin (1997), Bottek (2014) und Bormann (2017b). Eine exzellente Sammlung von Beiträgen zur Problematik findet sich neuerdings in Bormann (2017a). Für den englischen Sprachraum wären unter anderem Rachels (1975), Green (1980), Quinn (1989) und McMahan (1993) zu nennen. Eine Sammlung wichtiger Beiträge findet sich bei Steinbock/Norcross (1994).

Abgrenzung überhaupt jene normative Bedeutung haben könnte, die ihr die Verfechter des ‚breiten Konsenses' meist zuschreiben.

Angesichts dieser Schwierigkeiten stellt sich die Frage, ob es nicht einen alternativen Ansatz geben könnte, bei dem zwar die praktischen Schlussfolgerungen jenes Konsenses gewahrt bleiben, der Begründungsweg aber ein anderer ist. Ein solcher Ansatz findet sich in der Tat in Rechtsphilosophie und Rechtsdogmatik, wie sich aber zeigen wird, birgt er neue Probleme. In der Rechtsdogmatik nämlich wird der Unterschied zwischen der sogenannten ‚passiven' und der sogenannten ‚aktiven' Sterbehilfe, der die philosophische Handlungstheorie so nachhaltig beschäftigt, eigentlich denkbar einfach konstruiert: die Unterlassung lebensverlängernder Maßnahmen gilt dort als Implikat des Abwehrrechts auf körperliche Unversehrtheit. Da dieses durch jeden medizinischen Eingriff verletzt werde, sei ein solcher Eingriff nur durch die Zustimmung des Betroffenen zu rechtfertigen. Liege diese nicht vor, müsse der Eingriff unterbleiben oder, soweit er bereits durchgeführt wird, beendet werden. Demgegenüber handelt es sich bei der sogenannten ‚aktiven Sterbehilfe' nach der Dogmatik des deutschen Strafrechts um eine ‚Tötung auf Verlangen', für die gerade gilt, dass sie eben nicht das Implikat eines Abwehrrechts ist. Der handlungstheoretisch so umstrittene Unterschied zwischen ‚Tun' und ‚Unterlassen' ist hier mithin einzig und allein ein Implikat des rechtsdogmatisch-rechtsphilosophischen Konzepts eines ‚Abwehrrechts'. Damit ist er aber kein primär deskriptiv-handlungstheoretischer Unterschied, sondern immer schon ein Unterschied, der nur vor dem Hintergrund eines bestimmten Normengefüges existiert. Die normative Frage nach einer unterschiedlichen Bewertung von ‚Tun' und ‚Unterlassen' taucht also nicht erst nachträglich, auf der Ebene der Bewertung eines normativ vermeintlich neutralen Unterschiedes zwischen beiden Handlungsmodi auf, sondern konstituiert diesen Unterschied überhaupt erst.

In rechtsphilosophischer Hinsicht steht hinter jener rechtsdogmatischen Konstruktion der Grundgedanke der liberal-kontraktualistischen Rechts- und Politikphilosophie: das Strafrecht hat danach den Sinn, das Ganze der möglichen Freiheit in einer Gesellschaft gleichsam ‚aufzuteilen', um so jedem Individuum eine gleiche, allerdings begrenzte Freiheitssphäre zuteilen zu können. Konkret geschieht das, indem den verschiedenen Individuen jeweils die ausschließliche Verfügung über eine Reihe von Gütern zugesprochen wird. Abwehrrechte sind mithin legitime normative Ansprüche von Akteuren, andere Akteure von der Verfügung über bestimmte Güter – allen voran über das eigene Leben, aber auch über das jeweilige Eigentum – auszuschließen bzw. andere Akteuren davon abzuhalten, in eigene Freiheitsausübungen einzugreifen.⁶ Ein Abwehrrecht auf x zu haben, bedeutet also formal gesehen, einen normativen Anspruch darauf zu haben, dass kein anderer Akteur über x verfügt oder meine Ausübung von x behindert. Abwehrrechte grenzen in diesem Sinn die Freiheitssphären von Rechtssubjekten gegeneinander ab und spiegeln insofern – anders als Anspruchsrechte – unmittelbar die immanente Struktur *subjektiver Rechte* als solcher wider, die Friedrich Carl von Savigny dahingehend bestimmt, dass durch sie „dem individuellen Willen ein Gebiet zugewiesen ist, in welchem er unabhängig von jedem fremden Willen zu herrschen hat" (Savigny 1840, 333). Zu diesem „Gebiet" gehört dann zunächst und vor allem das Recht jedes Einzelnen, jeden Anderen von der Verfügung über den je eigenen Körper und das eigene Leben auszuschließen: Der eigene Körper und damit das eigene Leben gehören so immer in die jeweilige Freiheitssphäre eines Rechtssubjekts.⁷ Der Unterschied zwischen ‚Tun' und ‚Unterlassen' erhält seine normative Relevanz dementsprechend erst und nur vor dem normativen Hintergrund einer gerechten Aufteilung von Freiheitssphären, die als exklusive Verfügungsansprüche über Güter zu denken sind.

Zu beachten ist dabei, dass ‚Rechte' nach dieser Konzeption nicht Ansprüche auf Güter sind – wie es etwa bei sozialen Anspruchsrechten der Fall sein müsste –, sondern Ansprüche darauf, alle anderen von der Nutzung derjenigen Güter auszuschließen, die in die je eigene Freiheitssphäre gehören. Der große Vorteil eines derartigen Ansatzes ist, dass die so konzipierten Abwehrrechte prinzipiell abwägungsresistent sind, eben weil ihr Gegenstand nicht Güter sind (die als solche immer gegeneinander abgewogen werden können), sondern Verfügungsansprüche über Güter. Diese Verfügungsansprüche wiederum können gegenüber jedem anderen geltend gemacht werden, so dass auch die für einen deontologischen Normativitätsansatz grundlegende Akteursrelativität von Normen explizierbar wird. Die deontologische Grundintuition, dass zumindest bestimmte Rechte unantastbar und bestimmte Pflichten – wie die Pflicht, keinen Unschuldigen zu töten – unbedingt und kategorisch gelten, lässt sich so ohne Schwierigkeit theoretisch einholen.

Gerade beim Recht auf Leben und körperliche Unversehrtheit bedeutet das nun allerdings, dass der Grund des rechtlichen Schutzes gegen Übergriffe Dritter für diesen Ansatz nicht in dem Umstand liegt, dass das Leben für jedes

---

6 Klassische Vertreter dieses Ansatzes sind Locke, Kant und Fichte.
7 Die Frage, welche weiteren Güter in diese Sphäre gehören, also Eigentum des Betreffenden sind, lässt sich dagegen auf unterschiedliche Weisen und nach unterschiedlichen Prinzipien bestimmen: eine Frage, die die Rechtsphilosophie der liberal-kontraktualistischen Tradition bekanntlich in Form verschiedener Eigentumstheorien ausgiebig beschäftigt hat.

menschliche Lebewesen selbst ein Gut wäre, sondern alleine in dem Anspruch, Dritten die Verfügung über das eigene Leben und den eigenen Leib zu untersagen. Damit gerät aber der zugleich doch unbestreitbar vorhandene Gütercharakter des Lebens geradezu *systematisch* aus dem Blickfeld der strafrechtlichen Rechtsdogmatik. Leben und Tod gelten in der Folge gewissermaßen als gleichgültige Optionen, bei denen lediglich der Wille des Einzelnen die Waagschale zugunsten des einen oder des anderen sich neigen lässt. Es ist von daher kaum verwunderlich, dass sich in den Debatten der letzten Jahrzehnte eine Tendenz zeigt, das Leben als etwas behandeln, das nur deshalb den besonderen Schutz des Rechts genießt, *weil* es und auch nur *sofern* und *solange* es durch eine explizite Willensäußerung des Betroffenen gedeckt ist, das Leben dem Tod vorzuziehen.

Wohl hat es einige Zeit gedauert, bis diese systematischen Implikationen der liberal-kontraktualistischen Konzeption sich in der rechtlichen und ethischen Behandlung von Fragen des Lebensendes voll entfaltet haben. Meines Erachtens kommt dabei besonders der Diskussion um die Patientenverfügung und dem entsprechenden Gesetz eine zentrale Rolle zu, und zwar vor allem durch die Entkopplung der Gültigkeit der Patientenverfügung von Art und Stadium der Erkrankung.[8] Mit jener Entkopplung, die der inneren Logik der liberal-kontraktualistischen Position folgt, hat diese ihren eigentlichen Durchbruch in der Rechtsdogmatik erlebt – was sich nicht zuletzt daran zeigt, dass sich auch der BGH in seinem Urteil im Fall Putz (BGH 2010, Rn. 23) wesentlich darauf beruft. Der Grund für den späten ‚Durchbruch' ist sicherlich, dass die im weitesten Sinn naturrechtliche Auffassung, nach der das Leben selbst notwendigerweise ein höchstes Gut für jedes Lebewesen darstellt, auch innerhalb der Rechtswissenschaften – und erst recht innerhalb des Alltagsverständnisses vieler Menschen – noch lange Zeit fortgewirkt hat. In der deutschen Verfassungsrechtsdogmatik zeigt sich das in dem Gedanken, dass der ‚Lebensschutz' ein eigenständiges Rechtsgut oder ‚Verfassungswert' neben dem Selbstbestimmungsrecht sei und als solcher bei gesetzgeberischen Entscheidungen berücksichtigt werden müsse. Das Verhältnis des Selbstbestimmungsrechts, das problemlos in die Kategorie eines subjektiven Rechts eingeordnet werden kann, und dem ‚Lebensschutz', dessen kategoriale Einordnung ins Rechtssystem demgegenüber opak bleibt, ist dabei auf der theoretischen Ebene weitgehend ungeklärt. Selbstbestimmungsrecht und ‚Lebensschutz' werden dementsprechend meist einfach additiv nebeneinandergestellt.

---

8 Vgl. zu dieser Problematik ausführlich Hufen (2009).

Ebenso spiegelt sich die besondere Rolle des Lebens in dem medizinethischen wie rechtlichen Grundsatz ‚In dubio pro vita', der ebenso sehr allgemeine Anerkennung genießt, wie er meist theoretisch unbegründet bleibt. Ein drittes, durchaus bemerkenswertes Indiz ist der Umstand, dass Studentinnen und Studenten, denen man in Lehrveranstaltungen die rechtsdogmatische Konstruktion des medizinischen Eingriffs als rechtfertigungsbedürftiger Körperverletzung erläutert, häufig fragen, warum ein Eingriff, der der Heilung dient, also die Unversehrtheit und Funktionalität des Leibes gerade wiederherstellen soll, innerhalb des Rechts als eine Versehrung und Verletzung desselben konzipiert wird. In diesem Erstaunen drückt sich offenkundig nichts weniger aus als der Gedanke einer immanenten Normativität des Lebens,[9] einer grundlegenden Ausrichtung des Lebendigen auf Selbsterhaltung und die eigene Funktionsfähigkeit. Es drückt sich darin eine material-teleologische Auffassung darüber aus, was eine Verletzung der körperlichen Unversehrtheit darstellt aus, die sich fundamental von der *formalen* Auffassung einer solchen Verletzung unterscheidet, wie wir sie in der liberal-kontraktualistischen Theorie mit ihrem Gedanken der Aufteilung von Freiheits- und Verfügungssphären finden. Dazu passt auch, dies nur nebenbei bemerkt, dass sich das immer wieder zitierte Prinzip des ‚informed consent' zumindest in Deutschland in der Tat anhand von Fällen ausgebildet hat, die gerade *keine* Eingriffe mit Heilungsintention waren.[10] Dementsprechend scheint es, dass gerade erst die Debatten um Gültigkeit und Reichweite von Patientenverfügungen eine Verschiebung hin zum liberal-kontraktualistischen Modell hin bewirkt haben.

3 Der Umgang mit nicht-einwilligungsfähigen Patienten als Probierstein für die liberal-kontraktualistische Konstruktion der Sterbehilfe

Das Gesagte ist umso bemerkenswerter als diese Debatten sich nicht zuletzt um die Frage drehen, wie mit nicht-einwilligungsfähigen Patienten am Lebensende umzugehen sei, also mit Patienten, die ihren Willen gerade nicht mehr äußern können. Bei solchen Patienten stößt das liberal-kontraktualistische Modell

---

9 Für eine Wiederbelebung des aristotelischen Gedankens einer immanenten Teleologie des Lebens vgl. Foot (2004).
10 Vgl. dazu Maehle (2003).

offenkundig an seine Grenzen, da sein Dreh- und Angelpunkt doch eigentlich das individuelle Wollen des Betroffenen sein soll. Geht man von einer solchen Konzeption aus – bindet man das Leben also *gänzlich* an einen erklärten persönlichen Willen zum Weiterleben – so taucht unweigerlich die Aporie auf, wie mit Patienten zu verfahren ist, die keinen expliziten Willen mehr äußern können. In der klinischen Praxis, aber auch in Medizinethik und Medizinrecht wird darum häufig auf ‚Ersatzkonstrukte' zurückgegriffen, die eine aktuelle, den obigen Kriterien entsprechende Willensentscheidung in pragmatischer Absicht substituieren sollen.[11] Diese ‚Ersatzkonstrukte' entstammen in der Regel der juristischen Dogmatik des Zivil- und zum geringeren Teil auch des Strafrechts, sind dort allerdings in ganz anderen als medizinethischen Kontexten entstanden. Zu ihnen gehören namentlich die Konstrukte der vorab gegebenen schriftlichen oder mündlichen Willenserklärung (die in der Medizinethik in Form der Patientenverfügung von größter Bedeutung ist), des ‚mutmaßlichen Willens' und des ‚natürlichen Willens'. Jedes dieser Konstrukte weicht von einem emphatischen Willens- und Autonomiebegriff in charakteristischer Weise ab: der Vorab-Erklärung geht die Aktualität der Willensbildung und damit folglich auch die umfassende Informiertheit über die Einzelheiten der konkreten eingetretenen Entscheidungssituation ab. Beim sogenannten ‚mutmaßlichen Willen' handelt es sich überhaupt nicht, wie der Ausdruck suggeriert, um den Willen des Betroffenen, sondern um eine von Anderen stellvertretend vorgenommene Mutmaßung darüber, welche Entscheidung der Betroffene treffen würde, wenn er eine Entscheidung treffen könnte.[12] Besonders in jüngster Zeit hat schließlich in medizinethischen Diskursen der sogenannte ‚natürliche Wille' an Bedeutung gewonnen. Verstanden werden darunter meist Äußerungen bzw. Verhaltensformen von einwilligungsunfähigen Patienten, die dahingehend interpretiert werden können, dass sich in ihnen volitionale oder intentionale Momente zeigen.[13]

Betrachten wir zunächst den ‚mutmaßlichen Willen', so zeigt sich bereits hier die grundlegende Problematik der herrschenden rechtsdogmatischen Konstruktion: Der medizinische Eingriff soll eine Körperverletzung darstellen, die nur durch die Einwilligung des Betroffenen legitimierbar ist. Ein nichteinwilligungsfähiger Patient kann eine solche Einwilligung aber per Definition nicht geben. Es muss mithin auf Mutmaßungen zurückgegriffen werden, die den paradoxen Charakter haben, Mutmaßungen darüber zu sein, was der

---

[11] Zum Substitutcharakter von Patientenverfügungen und dessen normativen Implikationen vgl. Rothhaar/Kipke (2009).
[12] Für eine plausible Kritik am Konzept des „mutmaßlichen Willens" vgl. Tolmein (2004, 110–149).
[13] Zur Problematik des „natürlichen Willens" vgl. Jox (2013).

Betroffene in einer bestimmten Situation wollen würde, wenn er in dieser Situation in der Lage wäre, etwas zu wollen. Würde man die Rechtsdogmatik nun wirklich *ernst nehmen*, so läge die Beweislast dafür, dass der Betroffene behandelt werden möchte bei demjenigen, der den Eingriff vornehmen will.[14] In der klinischen und rechtlichen Praxis wird die Frage der Beweislast aber offenkundig umgekehrt gehandhabt: dort muss bislang meist (noch) derjenige, der die Behandlung unterlassen oder abbrechen will, den Nachweis erbringen, dass der Betroffene nicht behandelt werden möchte. Die faktisch vorgenommene Beweislastverteilung, die der inneren Logik der rechtsdogmatischen Konstruktion deutlich widerspricht, zeigt mithin, dass hier noch etwas am Werk ist, das im liberal-kontraktualistischen Ansatz nicht aufgeht: Offenbar nämlich die Annahme, dass jedes Lebewesen jenseits und unabhängig vom reflektierten individuellen Wollen einen von Natur aus gegebenen Willen zum Leben besitzt. Auf dieser Basis kann man nun zwar versuchen, die faktische Beweislastverteilung zu rechtfertigen, indem man davon ausgeht, dass jener ‚Willen zum Leben' eine Art Regelfall darstellt, so dass die Abweichung davon dasjenige wäre, was nachzuweisen wäre. Das ändert jedoch nichts daran, dass man sich damit grundsätzlich nicht mehr im Rahmen eines auf individueller Willkürfreiheit und reflektierter Willensentscheidung basierten Rechtsmodells bewegt, sondern im Rahmen eines im weitesten Sinn naturrechtlich grundierten Modells, das von einem vom individuellen Wollen unabhängigen, grundlegenden Streben von Lebewesen nach Selbsterhaltung ausgeht.

Noch deutlicher wird diese interne Verschiebung im Rechtsdenken im Bereich der Neonatologie. Hier ist ein ‚mutmaßlicher Wille', der auf früheren Äußerungen des Patienten beruht, der also dem Modell der freien, reflektierten Selbstbestimmung verpflichtet wäre, grundsätzlich nicht denkbar. Sowohl die Entscheidung für, als auch die gegen eine Behandlung kann daher nur auf ein ‚natürliches Wollen' zurückgreifen, das dann die gesamte Last der Entscheidung tragen muss – möglicherweise aber nicht tragen kann. Das zeigt sich nicht zuletzt an einer gewissen Ratlosigkeit, die, wie Reinhard Merkel (2001) scharfsinnig herausgearbeitet hat, Juristen und Ethiker anhand der ethischen Fragen der Neonatologie notorisch befällt. Es ist hier in der Tat nur noch möglich, mit äußerst fragilen Hilfskonstruktionen zu arbeiten: wie derjenigen, dass die meisten Neugeborenen ja meistens würden weiterleben wollen, es sei denn, dass sie ‚unerträglich' litten. Dieses doppelte ‚meistens' eröffnet dann aber immer auch schon

---

14 Vergleichbares gilt für die immer wieder diskutierte Frage, ob ein Notarzt nicht bevor er behandelt, prüfen müsste, ob nicht eine Patientenverfügung vorliegt, die eine Behandlung ausschließt.

die Tür für die Ausnahmen. Die Bedingung nach dem ‚es sei denn' wird insbesondere in der Neonatologie in der Regel als Rechtfertigung für die ‚passive Sterbehilfe' herangezogen. Es ist dann allerdings nicht zu sehen, dass und warum sie darauf beschränkt sein sollte, denn bei einem Erwachsenen, dessen ‚mutmaßlicher Wille' aus kontingenten Gründen nicht ermittelt werden kann, ist die Konstellation in normativer Hinsicht nicht anders als bei einem Neugeborenen, dessen mutmaßlicher Wille aus prinzipiellen Gründen nicht ermittelt werden kann. Abgesehen davon bleibt natürlich auch immer die Frage, wann ein Leiden als ‚unerträglich' zu gelten hat und wer das aufgrund welcher Maßstäbe entscheidet. Es kann vor diesem Hintergrund sicherlich festgestellt werden, dass gerade anhand der ‚Willensersatzkonstrukte' die grundlegende Spannung zwischen liberal-kontraktualistischem und im weitesten Sinn naturrechtlichem Rechtsdenken *im Recht selbst* thematisch wird.

4 Leben und Freiheit: Ein Ausblick

Diese Spannung ist letzten Endes eine Spannung, die im Verhältnis von Leben und Subjektivität, von immanenter Teleologie des Lebendigen und Freiheit selbst begründet liegt. Die Fragen der Sterbehilfe und Sterbebegleitung verweisen insofern auf eine Grundlagenproblematik nicht nur der praktischen Philosophie, sondern auch der Anthropologie, der Ontologie des Lebendigen und der Subjektivitätstheorie. Der Schlüssel zu einer Vermittlung beider Positionen läge wohl darin, das Verhältnis von Leben und Subjektivität in einer Weise zu bestimmen, die sowohl der Eigenständigkeit der Subjektivität gerecht wird, als auch der Kontinuität zwischen Leben und Subjektivität.

Ein erster Ansatzpunkt dafür besteht in der Erkenntnis, dass das ‚Leben' offensichtlich Strukturen von Selbstbezüglichkeit aufweist, die als solche eine Vorform der Subjektivität als des bewussten Sich-Beziehens-auf-sich darstellen. Schon in der ontogenetischen Entwicklung zeigt sich die fundamentale Selbstbezüglichkeit des Lebendigen darin, dass ein Lebewesen sich im Austausch mit seiner Umwelt selbst hervorbringt und selbst erhält. In der Selbsthervorbringung (zum Begriff der autopoiesis vgl. Maturana/Varela (1987), 39–60) konstituiert das Lebewesen zugleich seine – prozessual zu denkende – Identität mit sich selbst über die verschiedenen Stufen seiner diachronen Existenz hinweg. Noch augenfälliger ist die Selbstbezüglichkeit des Lebendigen bei der aktiven Nahrungsaufnahme und -assimilation, durch die etwas anderes zum Teil des Organismus gemacht wird, in der Empfindung, der Schmerzvermeidung etc., ebenso wie bei der wechselseitige Verwiesenheit der Organe und Organsysteme aufeinander. Ein lebendiger Organismus bildet und erhält sich des Weiteren dadurch selbst, dass er aktiv eine Grenze zwischen sich und seiner Umwelt setzt, also eine Unterscheidung konstituiert zwischen sich selbst und dem anderen seiner selbst, auf das er sich gleichwohl beständig bezieht. Auch in dieser Hinsicht ist das Leben eine Vorform und zugleich eine Bedingung des Bewusstseins. Schließlich stellt auch die Reproduktion insofern eine Form des Selbstbezugs dar, als ein oder zwei Lebewesen durch einen Akt der Reproduktion ein anderes Lebewesen von gleicher Art hervorbringen.

Die Prozesse, Triebe, Bedürfnisse und immanenten Zwecke des Lebendigen lassen sich demnach als etwas begreifen, das von derjenigen Selbstbezüglichkeit, die auch die Subjektivität ausmacht, nicht grundlegend unterschieden ist. Ebenso stellt das Leben eine Vorform oder doch zumindest eine Bedingung von Freiheit[15] in der Hinsicht dar, dass die Prozesse des Lebens schon bei den einfachsten Organismen durch ein aktives Sich-verhalten zur Umwelt gekennzeichnet sind, ohne welches späterhin auch Freiheit undenkbar ist.

Im Verhältnis zur eigenen Lebendigkeit und Natürlichkeit – und damit auch zu den daraus resultierenden anthropologisch verankerten Grundbedürfnissen und -befähigungen – verhält die Subjektivität sich mithin nicht zu etwas anderem als ihr selbst, sondern zu einem Prozess, der in einer Einheit mit ihr vorliegt. Daher gehen auch die ‚Naturzwecke' mit der Formierung des Lebens zur Subjektivität nicht einfach verloren. Das Subjekt ist ebenso Lebendiges wie das Tier oder die Pflanze und lässt sein Lebendig-Sein mit der Subjektwerdung nicht einfach hinter sich. Es bleibt vielmehr auch als Subjekt immer auch ein Lebewesen.

Der wesentliche Unterschied zwischen dem bloßen Lebendig-Sein der Tiere und Pflanzen und der Subjektivität besteht im Hinblick auf Zwecke allerdings darin, dass Subjekte sich aufgrund des Umstandes, dass die Seinsweise der Subjektivität die des *bewussten* Sich-zu-sich-Verhaltens ist, erstens zu den ‚Naturzwecken' selbst noch einmal affirmativ oder negativ verhalten können. Das erst macht es möglich, sich unter bestimmten Umständen auch gegen die Selbsterhaltung zu entscheiden. Zweitens können sie je für sich auch noch weitere Zwecke setzen als diejenigen, die ihnen von ihrem *natürlichen* Leben her vorgegeben sind. Insofern impliziert die Betonung der Verwiesenheit von Leben und Subjektivität keineswegs, dass die immanente Zweckausrichtung des Lebendigen gegen die freie Subjektivität ausgespielt werden könnte und sollte. Sich unter bestimmten Umständen in Freiheit gegen das eigene

---

[15] Ähnliche Überlegungen findet sich bei Jonas (1973), sowie bei Pinkard (2012) im Anschluss an Hegel.

Weiterleben entscheiden zu können, ist eine grundlegende Möglichkeit der Subjektivität, die nur um den Preis der Herrschaftsausübung von Subjekten über andere Subjekte negiert werden kann. Solche Herrschaftsausübung ist mit freier Subjektivität aber unvereinbar, gleich wie irrational man eine Entscheidung gegen das eigene Leben auch finden mag.

Das bedeutet aber nicht, dass die innere Verwiesenheit von Leben und Subjektivität aufeinander normativ gänzlich irrelevant wäre. Vielmehr bildet sie den Ansatzpunkt für eine Kritik des rein voluntaristischen Lebensrechtsverständnisses der liberalen Rechtsphilosophie und damit eine Perspektive gerade für den Umgang mit nicht-einwilligungsfähigen Patientinnen und Patienten, ebenso wie für rechtsethische und rechtspolitische Fragestellungen.

Wie bereits gesehen, kommt die voluntaristische Konzeption naturgemäß da in Schwierigkeiten, wo der/die Betroffene die Fähigkeit zur bewusstreflektierten Willensbildung nicht mehr aufweist. Wenn nun die immanente Zweckausrichtung des sich zu sich selbst verhaltenden Lebendigen durch die voluntaristische Konzeption ausgeblendet bzw. für irrelevant erklärt wird, entstehen Dilemmata, aus denen die liberal-kontraktualistische Position sich nur noch mittels der oben skizzierten rechtsdogmatischen Hilfskonstruktionen befreien kann, die alle darauf abzielen, eine bewusst-reflektierte Willensentscheidung zu simulieren, wo sie faktisch nicht mehr möglich ist.[16] Der Grund für diese Dilemmata besteht offenkundig darin, dass Leben und Tod nach dem voluntaristischen Verständnis des Lebensrecht zwei gewissermaßen gleichwertige Optionen sind, bei denen lediglich der subjektive Wille des Einzelnen die Waagschale auf die eine oder die andere Seite sich neigen lässt. Das Leben des Einzelnen wäre damit nur insofern und auch nur so lange durch das Recht geschützt, als es einen bewusst-reflektierten Wille des Rechtssubjekts gibt, zu leben. Wie sich gezeigt hat, sind Leben und Tod aber nicht solche gleichwertigen Optionen. Sie sind vielmehr radikal ungleichgewichtige Optionen, insofern die Option für das Leben der materialen Zweckausrichtung der lebendigen Subjektivität selbst entspricht und die Option gegen das Leben ihr widerspricht. Demnach wäre es angemessener, zu berücksichtigen, dass das Leben als solches schon einen auf Zwecke ausgerichteten Prozess selbstbezüglicher Existenz darstellt und es insofern auch jenseits der bewusst-reflektierten Selbstbestimmung noch rechtlich beachtenswerte Artikulationen von Selbstbestimmung gibt. Damit ergibt sich zugleich die Möglichkeit, Begriffe wie den des ‚natürlichen Willens' oder

---

[16] Eine besonders radikale Ausprägung dieses Wegs stellt die These Ronald Dworkins (Dworkin 1994, 248–303) dar, vorab geäußerte Todeswünsche in Form der Patientenverfügung generell über einen eventuell vorhandenen ‚natürlichen Willen' eines Nichteinwilligungsfähigen zum Weiterleben zu stellen.

Prinzipien wie dasjenige des ‚In dubio pro vita' überhaupt theoretisch zu explizieren bzw. allererst zu begründen.

Schließlich vermag ein solcher ‚Ansatz auch überhaupt erst ‚Selbstbestimmung' und ‚Lebensschutz' in einen sinnvollen Zusammenhang zu bringen statt sie einfach nur als disparate und einander widersprechende Elemente des Rechts zu denken. So lässt sich dann beispielsweise erst eine Position begründen, bei der der Gesetzgeber Optionen wie Palliativmedizin und Hospizarbeit einen Vorrang vor der Legalisierung der Tötung auf Verlangen oder der ‚aktiven Sterbehilfe' einräumt, zugleich aber die Möglichkeit nicht versperrt, lebensverlängernde Eingriffe in den eigenen Körper abzulehnen.

Literatur

van den Beld, Anton (1991): Töten oder Sterbenlassen – Gibt es einen Unterschied, in: Zeitschrift für evangelische Ethik 35, 60–71.
Birnbacher, Dieter (1995): Tun und Unterlassen, Stuttgart 1995.
Bobbert, Monika (2002): Sterbehilfe als medizinisch assistierte Tötung auf Verlangen: Argumente gegen eine rechtliche Zulassung, in: Düwell, Marcus/ Steigleder, Klaus (Hg.): Bioethik. Eine Einführung, Frankfurt a. Main, 314–322.
Bottek, Carl (2014): Unterlassungen und ihre Folgen. Handlungs- und kausalitätstheoretische Überlegungen, Tübingen.
Bormann, Franz-Josef (Hg.) (2017a): Lebensbeendende Handlungen. Ethik, Medizin und Recht zur Grenze von „Töten" und „Sterbenlassen", Berlin/Boston.
Bormann, Franz-Josef (2017b): Zur kausalen Differenz von Töten und Sterbenlassen, in: Bormann, Franz-Josef (Hg.): Lebensbeendende Handlungen. Ethik, Medizin und Recht zur Grenze von „Töten" und „Sterbenlassen", Berlin/Boston,249–274.
Bundesgerichtshof (2010): BGH 2 StR 454/09 - Urteil vom 25. Juni 2010 (LG Fulda).
Dworkin, Ronald (1994): Die Grenzen des Lebens. Abtreibung, Euthanasie und persönliche Freiheit, Hamburg.
Foot, Philippa (2004): Die Natur des Guten. Frankfurt a. Main.
Green, O. H. (1980): Killing and Letting Die, in: American Philosophical Quarterly 17 (3) (July), 195–204.
Hufen, Friedhelm (2009): Geltung und Reichweite von Patientenverfügungen: Der Rahmen des Verfassungsrechts, Baden-Baden.
Jonas, Hans (1973): Organismus und Freiheit. Ansätze zu einer philosophischen Biologie, Göttingen.
Jox, Ralf (2013): Der „natürliche Wille" bei Kindern und Demenzkranken. Eine Kritik an einer Ausdehnung des Autonomiebegriffs, in: Simon, Alfred/ Wiesemann, Claudia (Hg.): Patientenautonomie. Theoretische Grundlagen – praktische Anwendungen, Münster, 329–339.
Maehle, Andreas-Holger (2003): Ärztlicher Eingriff und Körperverletzung. Zu den historisch-rechtlichen Wurzeln des Informed Consent in der Chirurgie, 1892–1940, in: Würzburger medizinhistorische Mitteilungen 22, 178–187.

Maturana, Humberto/ Varela, Francisco (1987): Der Baum der Erkenntnis. Die biologischen Wurzeln menschlichen Erkennens, Bern/München.
Merkel, Reinhard (2001): Früheuthanasie. Rechtsethische und strafrechtliche Grundlagen ärztlicher Entscheidungen über Leben und Tod in der Neonatalmedizin, Baden-Baden.
McMahan, Jeff (1993): Killing, Letting Die and Withdrawing Aid, in: Ethics 103 (January), 250–279.
Pinkard, Terry (2012): Hegel's Naturalism. Mind, Nature, and the Final Ends of Life, Oxford.
Quinn, Warren S. (1989): Actions, Intentions, and Consequences: The Doctrine of Doing and Allowing," in: Philosophical Review 98 (3), 287–312.
Rachels, James (1975): Active and Passive Euthanasia, in: New England Journal of Medicine 292, 78–86.
Rothhaar, Markus/ Kipke, Roland (2009): Die Patientenverfügung als Ersatzinstrument, in: Frewer, Andreas/ Fahr, Uwe/ Rascher, Wolfgang (Hg.): Patientenverfügungen und Ethik. Beiträge zur guten klinischen Praxis, Würzburg, 61–75.
Ruß, Hans-Günther (2002): Aktive Sterbehilfe: Ungereimtheiten in der Euthanasie-Debatte, in: Ethik in der Medizin 14, 11–19.
von Savigny, Friedrich Carl (1840): System des römischen Rechts Band I, Berlin.
Spaemann, Robert (1997): Es gibt kein gutes Töten, in: Ders./ Spaemann, Cordelia/ Fuchs, Thomas (Hg.): Töten oder Sterbenlassen. Worum es in der Euthanasiedebatte geht, Freiburg, 12–30.
Steinbock, Bonnie/ Norcross, Alastair (Hg.) (1994): Killing and Letting Die, New York.
Tolmein, Oliver (2004): Selbstbestimmungsrecht und Einwilligungsfähigkeit, Frankfurt a. Main.
Wolf, Jean-Claude (1993): Aktive und passive Sterbehilfe, in: Archiv für Rechts- und Sozialphilosophie 79, 393–415.
Zimmermann-Acklin, Markus (1997): Euthanasie. Eine theologisch-ethische Untersuchung, Freiburg i.Ü.

Verzeichnis der Autor_innen

Heike Baranzke, Dr., Lehrbeauftragte für theologische Ethik an der Bergischen Universität Wuppertal (BUW) und wissenschaftliche Mitarbeiterin am Lehrstuhl für Gerontologische Pflege an der Philosophisch-Theologischen Hochschule Vallendar (PTHV).
Forschungsschwerpunkte: Bio- und pflegeethische Fragen der Menschenwürde, Autonomie, Personsein, Haltungsethik, Personzentrierte Pflege

Claudia Bausewein, Prof. Dr., Direktorin der Klinik für Palliativmedizin am Klinikum der Universität München, Professorin für Palliativmedizin an der Ludwig-Maximilians-Universität München
Forschungsschwerpunkte: Komplexität in der Palliativversorgung, Outcome-Messung, Atemnot bei Patienten mit fortgeschrittenen Erkrankung, Sedierung am Lebensende

Hermann Brandenburg, Prof. Dr. phil., Professor für Gerontologische Pflege an der Philosophisch-Theologischen Hochschule Vallendar.
Forschungsschwerpunkte: Wissenschafts- und erkenntnistheoretische Grundlagen der Gerontologischen Pflege, Personzentrierte Pflege bei Menschen mit Demenz, Langzeitpflege, Interdisziplinarität/Interprofessionalität, Quartiersentwicklung

Andrea Marlen Esser, Prof. Dr., Professorin für Praktische Philosophie an der Friedrich-Schiller-Universität Jena
Forschungsschwerpunkte: Praktische Philosophie, Politische Philosophie, Kant Forschung, Ästhetik, Pragmatismus, Philosophie des Todes

Thomas Fuchs, Prof. Dr. med. Dr. phil., Karl-Jaspers-Professor für philosophische Grundlagen der Psychiatrie und Psychotherapie an der Universität Heidelberg.
Forschungsschwerpunkte: Phänomenologische Psychologie, Psychopathologie und Anthropologie, Theorien der Verkörperung und der Neurowissenschaften

Martin Hähnel, Dr., wissenschaftlicher Mitarbeiter an der Professur für Bioethik der KU Eichstätt-Ingolstadt.
Seine Forschungsschwerpunkte: normative Ethik, angewandte Ethik (vor allem Bio- und Medizinethik), antike Ethik (vor allem Aristoteles)

Annette Hilt, Dr., wissenschaftliche Mitarbeiterin an der ‚Internationalen Eugen Fink-Forschungsstelle für phänomenologische Anthropologie und Sozialphilosophie' am Philosophischen Seminar der Johannes Gutenberg-Universität Mainz.
Forschungsschwerpunkte: philosophische Anthropologie, Phänomenologie, Medizinphilosophie

Heike Kautz, Pflegeexpertin B.Sc. (PTHV), Kinderkrankenschwester, Fachkraft für Gerontopsychiatrie, Dozentin für Palliative Care, Dementia Care, Letzte Hilfe.
Forschungsschwerpunkte: palliative Geriatrie, hospizlich palliative Versorgung in der Altenhilfe

Roland Kipke, Dr., wissenschaftlicher Mitarbeiter an der Universität Bielefeld.
Forschungsschwerpunkte: Angewandte Ethik (u. a. Sterbehilfe, Lebensanfang, Neuroenhancement, Anthropologie und Ethik menschlicher Selbstformung), Theoretische

Ethik (u. a. Menschenwürde, sinnvolles Leben), politische Philosophie (u. a. Demokratie, Liberalismus)

Hans-Peter Krüger, Prof. Dr., Professor für Politische Philosophie und Philosophische Anthropologie am Institut für Philosophie der Universität Potsdam.
Forschungsschwerpunkte: Philosophische Anthropologie, Philosophischer Pragmatismus (Klassischer und Neo-Pragmatismus), politische Philosophie (insb. Verhältnis des Privaten und Öffentlichen), Sozialphilosophie (insb. gesellschaftliche Kommunikation, öffentliche Lernprozesse)

Andreas Kruse, Prof. Dr., Professor für Gerontologie an der Universität Heidelberg.
Forschungsschwerpunkte: Gerontopsychosomatik, Gerontologische Heilpädagogik, Geriatrische Rehabilitationspotenzialforschung, Altersbilder, Potenziale des Alters, Altenhilfe, Lebensqualität mit Demenz, Entwicklung Assistierender Techniksysteme

Olivia Mitscherlich-Schönherr, Dr., Dozentin für Philosophische Anthropologie mit Schwerpunkt auf Grenzfragen des Lebens an der Hochschule für Philosophie, München.
Forschungsschwerpunkte: Philosophie der Philosophie (insb. erotisches Philosophieren, Verhältnis von Glauben und Wissen), Philosophische Anthropologie, Sympathieethik, Ethik des gelingenden Lebens (von Anfang an und bis zuletzt)

Thomas Rentsch, Prof. Dr., Professor für Philosophie mit dem Schwerpunkt Praktische Philosophie/Ethik.
Forschungsschwerpunkte: Sprachphilosophie, Hermeneutik, Heidegger und Wittgenstein, Praktische Philosophie, Philosophische Anthropologie, Religionsphilosophie, Ethik des Alterns

Markus Rothhaar, Dr., Forschungsschwerpunkte: Medizin- und Bioethik (insb. Status menschlicher Embryonen, Begriff des Lebens, Gerechtigkeit im Gesundheitswesen), theoretische Ethik (insb. Begriff der Anerkennung, Handlungstheorie, Verantwortungstheorie), politische und Rechtsphilosophie (insb. Begriff der Menschenwürde)

Bernard Schumacher, Prof. tit. Dr. phil., Professor für Philosophie an der Universität Freiburg (Schweiz)
Forschungsschwerpunkte: philosophische Anthropologie, angewandte und theoretische Ethik, Medizinische Ethik und Tugendethik, Tod, Personbegriff, Hoffnung, zeitgenössische Philosophie

Nina Streeck, Dr. des., Wissenschaftliche Mitarbeiterin am Institut für Biomedizinische Ethik und Medizingeschichte, Universität Zürich, und Fachverantwortliche Ethik und Lebensfragen am Institut Neumünster, Stiftung Diakoniewerk Neumünster – Schweizerische Pflegerinnenschule.
Forschungsschwerpunkte: Medizin- und Pflegeethik (v. a. ethische Fragen im Alter und am Lebensende, Klinische Ethik)

Maria Wasner, Prof. Dr., Professorin für Soziale Arbeit in Palliative Care an der Katholischen Stiftungshochschule (KSH) München und wissenschaftliche Mitarbeiterin am Kinderpalliativzentrum der LMU München

Forschungsschwerpunkte: Palliative Care, Soziale Arbeit in Palliative Care, psychosoziale Bedürfnisse am Lebensende, kultursensible Begleitung am Lebensende

Jean-Pierre Wils, Prof. Dr., Professor für Philosophische Ethik und Kulturphilosophie an der Radboud Universiteit Nijmegen (NL).
Forschungsschwerpunkte: Philosophische Thanatologie, Kulturphilosophie, philosophische Ethik

Héctor Wittwer, Prof. Dr., Professor für Praktische Philosophie an der Otto-von-Guericke-Universität Magdeburg.
Forschungsschwerpunkte: Ethik und Rechtsphilosophie (insb. Tod, Suizid)

Personenregister

Anders, Günther 66
Arendt, Hannah 56, 68, 164, 185, 200
Ariès, Philippe 220
Assmann, Jan 106, 229

Bausewein, Claudia 118, 121, 153, 166, 210, 237, 250, 282, 341
Baranzke, Heike 13, 121, 153, 184, 191, 212, 275, 277, 341
Barnes, Julian 44–46
Bieri, Peter 92, 95, 103, 121–122, 124
Birnbacher, Dieter 44, 112, 300, 329
Böhme, Gernot 102, 260
Bobbert, Monika 193
Borasio, Gian Domenico 14, 205, 239, 300–319, 321–322
Brandenburg, Hermann 13, 82, 121, 153, 166, 184, 191, 212, 275, 277–279, 286–287, 341

Duchamp, Marcel 5, 33–36, 41–42, 48

Esser, Andrea M. 4–5, 33–34, 41, 104, 112, 117, 341

Foucault, Michel 141
Foot, Philippa 102–103, 333
Frankfurt, Harry 106–107
Fuchs, Thomas 6–7, 106–107, 109, 113, 123, 167, 179, 195, 197, 256, 265, 267, 271, 341

Gehring, Petra 239, 247

Hähnel, Martin 12–13, 259, 341
Harrison, Robert 219, 221
Heidegger, Martin 5–6, 59, 63–64, 90, 113, 148, 160, 162, 173, 219, 256
Hegel, Georg Wilhelm Friedrich 4, 39–40, 45, 47–48, 224–228, 337
Hilt, Annette 9–10, 118, 162, 280, 341
Honneth, Axel 248

Jankélévitch, Vladimir 54, 62, 65
Jaspers, Karl 62, 86–87, 93, 96, 255–256, 264
Jonas, Hans 337
Jox, Ralf 14, 300, 334

Kant, Immanuel 35, 78, 111, 219, 329, 331
Kautz, Heike 13, 82, 121, 153, 184, 191, 212, 341
Kersting, Daniel 37, 111, 113–114, 116, 123, 142
Kipke, Roland 14, 310, 319, 334, 341
Krüger, Hans-Peter 4, 28, 113–114, 172, 342
Kruse, Andreas 10–11, 82, 118–121, 177–180, 182–184, 188, 196–198, 200, 210, 267, 289, 342
Kübler-Ross, Elisabeth 1, 239, 249–250, 283

Landsberg, Paul Ludwig 172
Levinas, Emanuel 5–6, 59, 62–65, 93, 172, 268
Lindemann, Gesa 292

Macho, Thomas 219
McDowell, John 102
Merkel, Reinhard 309, 311, 316, 321, 335
Minkowski, Eugène 167–168
Mitscherlich, Olivia, Mitscherlich-Schönherr, Olivia 106–109, 123, 184, 342
Mount, Balfour M. 154–155, 283, 285
Murray, Scott A. 156–157

Nagel, Thomas 102, 162

Plessner, Helmuth 4, 19–23, 25–28, 30–32, 106, 111, 113, 172–173

Quante, Michael 111

Rehbock, Theda 102, 111, 114, 192
Rentsch, Thomas 6–7, 75, 79, 82, 342
Rilke, Rainer Maria 122, 235
Rosenberg, Jay F. 34, 44
Rothhaar, Markus 14, 124, 266, 334, 342

Sartre, Jean-Paul 55, 68, 87, 148
Saunders, Cicely 9, 153, 156–157, 211–212, 239–241, 281–284, 287–288, 291–292
Scheler, Max 20, 22–23, 31, 107–108, 110, 113, 259–260
Schlingensief, Christoph 127
Schockenhoff, Eberhard 102, 121–122
Schöne-Seifert, Bettina 309–310, 313–314, 320–322
Schumacher, Bernard 5–6, 114, 119, 342
Schürmann, Volker 111
Spaemann, Robert 99, 102–103, 107, 113, 119, 121–122, 124, 264, 327
Sternberger, Dolf 37–39, 42
Streeck, Nina 12, 124, 239, 283, 342

Taupitz, Jochen 14, 300
Taylor, Charles 224
Theunissen, Michael 113
Tolstoi, Leo 138
Tugendhat, Ernst 37, 42, 118, 162

Wasner, Maria 10–11, 121, 289, 342
Weizsäcker, Viktor von 7, 10, 87, 159–168, 173–174
Wiesing, Urban 14, 300
Wils, Jean-Pierre 11, 114, 119, 162, 169, 343
Wittgenstein, Ludwig 78, 111
Wittwer, Héctor 8, 120, 149, 343
Wunsch, Matthias 111

Sachregister

Abschied 29, 101, 108, 113–114, 117–120, 124, 207, 221, 239, 250, 277, 283
Abstraktion, abstrakt 4–5, 10, 39–48, 75, 79, 103, 112, 170, 227–228, 320
Affektivität, affektiv 37–38, 171, 192
Andere, der / die 3, 7–9, 27, 30–32, 33–37, 41–44, 101, 105, 110, 113–121, 125, 255, 257
Angehörige 1, 9, 11, 31, 41, 46, 93, 117–118, 154, 157, 182, 187, 190, 192, 200, 205–209, 212–216, 236, 242, 250, 257, 263–264, 267–268, 289, 302, 309, 319
Angst 2, 10, 58, 76, 90–93, 109–110, 116, 156–157, 160, 167–174, 180, 195, 209, 214, 225–226, 230, 232, 267, 271, 281, 307
Anthropologie, philosophische / Philosophische 4, 15, 19–20, 29, 106, 113
Ars moriendi 2, 5, 10, 159–160, 174, 280
Augenblick 31, 64, 67, 69, 75, 78–80, 83–84, 88, 92, 98–99, 118–119, 124, 155, 169, 208–209, 214, 234, 244
Ausdruck (Expressivität) 12–13, 19, 25, 27, 30, 40, 43, 46–47, 99, 164, 177–179, 188–192, 197, 199, 255, 258, 267–267, 271, 283
Ausdrucksverstehen, Verstehen am Ausdruck 12, 179–180, 258
Autonomie 56, 173, 214, 219, 247–248, 264–266, 268–269, 302–303, 306, 310–312, 327, 334

Begegnung 7, 11, 65, 69, 107, 116, 120, 124, 162, 165, 178, 287
Begleitung, Begleiten 1–2, 8–14, 31, 94, 101, 124, 151, 153–157, 166, 177–180, 182–183, 185–187, 191–195, 198–200, 205, 209, 211–216, 235, 237, 275–277, 280–284, 286–292, 314, 327–328, 336
Beziehung 9, 27, 53, 59, 63–65, 67, 88, 109, 114, 123, 132, 142, 154–155, 157, 160, 162–163, 165, 167, 173, 191, 195, 199, 208–209, 212–214, 224, 229, 250, 260, 263, 281, 286, 290, 313
Biologie, biologisch 4, 39, 43, 54–55, 60, 81, 113–114, 159, 162, 164, 166, 170–171

Dasein 37, 54, 59, 86, 93, 96, 130, 132–134, 136, 138, 140–142, 144, 147–148, 156, 164, 166, 172, 195, 198–199, 225, 247, 256, 264, 305
Desintegration 4, 29, 113–114
Doppelaspekt 113
Dualismus, dualistisch 76–77, 113

Eigenliebe 7, 106–108, 110, 118, 120
Einzigartigkeit, einzigartig 74, 78–80, 141, 156
Emotion, emotional 11, 37–39, 46, 118, 156, 177–180, 182–183, 191–192, 195, 197–201, 206, 214–215, 229, 241, 267, 290
Endlichkeit, endlich 6, 10, 37, 59, 61, 74–78, 80–81, 83–84, 90–91, 93, 99, 134, 147, 160–161, 167, 169–173, 233, 256, 282
Erfahrung, Erfahren 2, 7–10, 21, 25–28, 32, 35, 38, 44, 63–65, 67, 69, 75, 77, 80, 85–86, 90, 93, 98, 101, 108, 111–113, 115, 117, 119, 123–124, 154–155, 159–160, 162, 165, 168–173, 179, 185, 196–198, 209, 224, 226, 230, 237, 242, 255, 258–260, 262–264, 267, 269, 280, 282, 287
Erleiden 2, 24, 108, 115, 119, 168, 243
Erlebnis, Erleben 2, 10, 12, 33, 53, 56, 67–68, 85, 87, 92–93, 95, 98–99, 108, 113–115, 118, 131, 138, 153–155, 160, 162, 167, 170–173, 177–180, 183, 185–188, 190–192, 195–200, 208, 213–214, 237, 255, 257–264, 270–271
Ersatz, Ersatzkonstrukt 334, 336
Ethik, ethisch 2, 5–7, 9–12, 14, 42, 48, 53, 74–75, 77–82, 84, 101–106, 111–112, 120–122, 124, 141–142, 159, 161–162, 173–174, 177, 180, 182, 184, 186–187,

191, 193–194, 200, 213–214, 219–220, 255, 257, 259–263, 265–266, 277–278, 281, 299–303, 308–309, 314, 316–322, 327–329, 332–335, 338
ethos 5, 7–8, 104–111, 115–116, 118–122, 124–125, 170
Existenz, existenziell 2, 5–8, 10, 34–35, 43, 47, 53, 55, 59, 64–65, 67–69, 73, 75–81, 83, 86–88, 91, 93, 96, 104–108, 122, 135–136, 159–160, 171, 173–174, 201, 230, 245, 256, 280, 336, 338
Existenzialismus, existenzialistisch 5, 7, 95
Exzentrizität, exzentrisch, exzentrische Positionalität 26–28, 30

Fragment, fragmentarisch, fragmentiert 8, 92, 97, 99, 120, 129–140, 142–147, 149, 161
Freundschaft, Freund_in 7, 30, 41, 76, 80, 99, 107, 109–110, 118–119, 137, 190, 200, 214, 229–231, 281, 313
Freiheit 2, 8, 10, 53–61, 65–69, 87, 91, 95, 106, 116, 119–120, 125, 160–161, 170, 173–174, 206, 225, 236–237, 248–249, 282, 299, 320–322, 330–331, 333, 335–337
Fremdheit, fremd 1, 3–4, 6, 28, 38–39, 46, 63, 65, 69, 90, 114, 122, 124, 129, 163, 171–173, 188, 207, 210, 212, 224–225, 259, 277, 281, 287, 289, 303, 321, 331
Fühlen, Gefühl 9, 26, 31, 37–38, 85–87, 94, 98–99, 155–157, 166–168, 177, 180, 189, 200, 207–209, 211, 213, 215–216, 226, 231, 233, 242, 249, 258–260, 263, 267, 269, 289–292, 321
Furcht 24, 44, 90, 169, 226, 232, 311
Fürsorge 261, 280, 300

Gabe 53–54, 67–69, 164
Geburt 15, 54, 68, 75, 79, 83, 96, 147, 164
Geist, geistig 19, 22, 24–31, 69, 96, 109, 112–114, 116, 137, 179, 208, 212, 224, 226, 231–232, 247, 260, 263, 266
Gelingen, Glücken 1–15, 46, 73–81, 83, 85–86, 93, 101, 104–106, 108–110, 114, 116–120, 133, 135, 139, 141, 144,

163–164, 169, 172–173, 211, 213, 255–257, 266, 282, 288, 291–293, 300
Gegenwart 1, 8, 11–12, 53, 57–58, 67, 73–74, 80, 83, 91, 98, 109, 113, 120–121, 123, 140, 168, 172, 187, 192, 198, 219–220, 222, 232, 256, 267, 271
Glück 2, 30, 67, 80, 90, 101, 106, 119, 125, 164, 234, 263
Gnade 53, 69, 97, 208
Grenze 22–23, 26, 28, 30, 48, 53, 56, 62, 68, 78, 84, 92, 103, 116, 132, 136, 138, 159–160, 164, 170–174, 239, 256, 263, 265–266, 269, 280, 282, 291, 321, 334, 337

Heilung 153, 155, 162, 166, 333
Hoffnung 10, 36, 65, 86–87, 91, 95–98, 148, 156, 160, 168–171, 173–174, 182, 232, 235, 276, 306
Hirntod 4, 24, 33, 163, 263
Herztod 33
Hospiz, Hospizbewegung 1, 9, 12–14, 121, 153–154, 166, 183, 205, 212, 216, 237, 239–240, 242, 246, 249, 275–277, 280–293, 339

Ideal, Idealbild 3, 12, 27, 56, 76, 89, 104, 106, 108, 116–118, 120, 122–125, 141, 144, 200–201, 212, 216, 224, 235–237, 240, 248–251, 281, 313
Identität 79, 95, 132, 226, 228, 230, 240, 336
Individualität, individuell 1–3, 5, 8, 10–11, 14, 21, 27–30, 32, 40–48, 56, 73–80, 84, 91–92, 94, 96, 101–104, 106, 108–110, 114–120, 122–123, 137, 147, 156, 160, 162–163, 165–166, 170–174, 177–180, 184–185, 188, 193–195, 197–201, 221, 227–229, 231, 235–236, 238, 240–242, 244, 247–249, 263–264, 276–277, 280–281, 284, 286–287, 291–292, 299, 303–304, 316, 319–322, 327, 330–331, 334–335
Individualismus, individualistisch 56, 103–104, 121–124, 236, 247, 250

Sachregister

Intensivmedizin 101, 284–185
Ironie 33, 36
Irreversibilität, irreversibel 23–24, 29, 33–34, 36, 44, 46, 167

Kontrolle 53–54, 57–58, 60, 64, 66, 69, 155, 157, 183–184, 206, 232, 245, 247–248, 251, 277, 282, 284, 291–292
Kontrollverlust 58, 155, 157
Körper, Körper-Sein 2, 9, 12, 19, 22–29, 31, 42–44, 46, 48, 56, 118, 137, 142, 154, 165, 170, 195–196, 209, 231, 240, 327, 331, 333, 334, 339
Körperleib 28, 113–115, 179
Krankheit, Erkrankung 1–2, 6, 9, 11, 29, 56, 61, 81–82, 85, 87–88, 90, 93, 98, 101–102, 108, 116, 148, 153–155, 157, 160–162, 164–165, 171–174, 177, 179–182, 184–185, 190–192, 195–198, 200, 205–215, 238–242, 245, 249, 261, 263, 275, 280, 283, 289, 301–306, 308, 310, 312, 314, 332
Kultur, kulturell 3, 6–7, 11–13, 24, 28–30, 36, 53, 55, 57, 62, 65–66, 74, 81–82, 91, 98, 102–103, 105–106, 109, 111–112, 114, 117–118, 120–122, 125, 164, 183, 200, 201, 219–222, 225, 228–229, 247, 259, 276, 280, 285, 287, 290–293

Leben, Lebensvollzug 1–8, 10, 12, 15, 19–25, 29, 31–34, 36, 41, 43, 45–46, 54, 56, 68, 60–61, 64, 66, 68–69, 73, 75–79, 81–83, 85–103, 107–108, 113–114, 117–120, 123, 129–144, 146–149, 153–157, 159–168, 170–174, 177, 183–186, 191, 200, 214, 221, 226–227, 229, 231, 235–236, 239, 241, 244–246, 249–250, 255–257, 260, 264, 269, 280, 292, 300, 304–306, 308, 316, 318, 320–322, 327, 330–332, 334–338
Lebendigkeit, lebendig 21–23, 25–27, 33–35, 43–44, 47–48, 56, 67, 92, 167, 170, 198, 226, 229, 281, 333, 336–338
Lebensfunktion 5, 33–34
Lebenswelt 1, 15, 24–25, 74, 104, 125, 197
Lebewesen 19–21, 23, 25–26, 59–61, 65, 84, 171, 332, 335–337

Leib, leiblich 2, 7, 9, 12, 19, 23–31, 37, 42–44, 47–48, 57, 65, 75, 79, 107–109, 113–116, 120, 167–168, 174, 179, 191, 194–195, 197, 255, 258, 266–269, 271, 332–333
Leiblichkeit, Leib-Sein 27–29, 42, 269, 271
Leichnam 34, 42, 44–48
Leiden, Leid 2, 6, 9, 12, 24, 58, 64–65, 75–76, 79–80, 108, 114–115, 119, 137, 146, 153–155, 160, 162–166, 168–169, 173–175, 181, 184, 188, 194, 205–210, 212, 233, 236, 239, 241, 243, 245–248, 251, 255, 257–264, 267, 269–271, 279–284, 305–306, 308, 315–316, 336
Leitbild 12, 116, 123–125, 194, 236–237, 240, 243, 248, 251
Liebe, Lieben 7–8, 30–31, 54, 64, 69, 76, 80, 98, 105–112, 114–121, 124–125, 200, 223, 235, 280–281

Medizin 2–3, 43, 60, 73, 86, 153–154, 156, 159–160, 162–167, 173, 180, 246, 248, 250, 262, 277–278, 280, 282–283, 285, 288, 291, 300, 313, 334
Medizinethik, medizinethisch 9–10, 12, 102, 257, 259, 262–263, 265–266, 278, 299–300, 333–334
Memento mori 5, 36, 220
Mensch, Mensch-Sein, menschlich 1, 3–10, 12, 19–20, 23–29, 31, 33, 36–38, 40–42, 44–46, 48, 53–61, 63, 65–69, 73, 75–80, 82–86, 88, 90–92, 94–96, 99, 101–103, 108–113, 115, 117–119, 122–124, 129–149, 153–157, 159–161, 163–166, 168, 170–171, 173–175, 177–201, 205, 207–214, 216, 219, 224, 233, 235, 237–240, 242–247, 250–251, 255–260, 263–269, 271, 275–286, 288–290, 292, 299–301, 303–311, 313–317, 319–322, 332
Methode 12, 161, 279
Mitfühlen, Mitgefühl 31, 94, 200, 233, 260, 321
Mitlieben 110
Mitwelt 19, 24, 27–30, 32, 109, 268
Muße 6

Natur, natürlich 4, 6, 13–15, 19–20, 23, 28–29, 38–40, 54–56, 60–61, 66–69, 83–84, 96, 102, 109, 111–112, 122, 147–148, 159, 171, 189–190, 220, 224, 226–227, 229, 255–256, 258, 266–271, 334–335, 337–338
Naturalismus, naturalistisch 102–103, 111–112
Neuanfang 167

Organ, Organismus, organisch 20, 22–23, 25–28, 33–34, 36, 39–41, 43–44, 46, 60, 113–114, 159, 161, 163, 170–171, 186, 223, 336–337
Organspende 46, 163

Palliative Care 11, 194, 212, 236–245, 247, 250–251, 283, 285–288, 292
Palliativmedizin 9, 13, 153, 156, 183–185, 194, 205, 239, 241, 249, 260, 262, 277, 282, 284–286, 289, 292, 300, 304, 313, 320, 339
Passivität, passiv 3–4, 14, 54, 57, 59, 63–65, 68, 138, 162, 168–169, 227, 241, 258, 283, 328–330, 336
Pathisch 2, 114, 119, 164–165, 168, 191
Patient_in 1, 9–10, 13, 87–89, 93, 98, 154, 156, 162–163, 165, 260–271, 282–284, 302–306, 310–314, 317, 320, 328, 332–335, 338
Person, personal 3–5, 8, 10, 13–14, 19, 24–32, 34–48, 54, 62, 65–66, 76–77, 79–80, 82, 87, 94–95, 102–103, 105–109, 111–116, 120, 122, 136–137, 142–143, 154, 162, 177–180, 182–188, 190–195, 198–201, 205, 207–213, 215–216, 220–221, 227, 235–236, 238–240, 242–245, 247, 249–250, 256, 261, 265, 267–268, 270–271, 275–277, 279, 281–288, 290–293, 301–307, 312, 314–316, 322
Pflegende 11, 76, 82, 154, 205, 207–211, 215–216, 240, 288, 290–292
Phänomenologie, phänomenologisch 7, 22, 37, 224, 255, 258–261, 264–269, 271
Positionalität, positional 23, 26, 108

Pragmatismus, pragmatistisch 5, 259, 334
Psyche, Psychisch 11, 22, 30–31, 61, 76, 86–87, 153–154, 157, 174, 178–180, 197, 207, 211, 215, 219, 228, 232, 236, 239, 241–242, 245–246, 251, 258, 260, 282–284, 286, 290, 292, 306, 308, 311, 313–314, 320

Raum, räumlich 11, 21–23, 26–27, 43, 45, 47, 75, 78, 82–83, 86–87, 92, 94, 107, 120, 131, 136, 141, 154, 162, 173–174, 200, 208, 212, 215, 222–223, 228–231, 233, 243, 281–282, 284–285, 290–292, 319, 321, 329
Reduktionismus, reduktionistisch 4, 6, 62, 77, 113–114, 122–124, 259
Reflexionsbegriff 111–112, 115
Rolle 19, 23–24, 27–29, 114, 117, 122, 139, 143, 153, 156, 185, 242, 271, 284, 287
Rückhaltlosigkeit, rückhaltlos 108–109, 114–115

Schau, Schauen (Kontemplation, Kontemplieren) 67, 69, 108, 115, 119
Schmerz 1–2, 9–10, 75, 80, 86, 88, 92, 124, 153–155, 157, 165, 169, 172, 180, 184, 187–190, 194, 209–211, 231, 233, 236, 239, 241, 243, 246, 255–256, 258–264, 268, 271, 279, 281–284, 287–288, 292, 336
Selbst, Selbst-Sein 7, 9, 32, 89, 91–96, 98, 108, 119, 137, 141–142, 146, 155–156, 160, 165, 169, 171, 178, 183, 187–188, 192–201, 219, 240, 245, 262, 269
Selbstbewusstsein 23, 82, 125
Selbstbestimmung, selbstbestimmt 2, 9, 15, 56, 69, 102–103, 116, 118–120, 125, 169, 187, 192–193, 196, 243–246, 250–251, 269, 280, 299–300, 307, 310, 327–328, 332, 335, 338–339
Selbstliebe 7–8, 105–112, 114–121, 124–125
Selbstverhältnis 123, 171
Sorge, Sorgen (Care) 1, 107, 121, 125, 141–142, 155, 166, 180, 187, 199–200, 214, 223, 229, 241–243, 249–250,

281–283, 285–286, 288, 293, 300, 306, 308
Spiritualität, spirituell 9, 153–154, 156–157, 179, 186, 201, 211, 236, 239, 241–142, 245, 251, 281–283, 286–287, 290, 292, 314
St. Christopher's Hospice 153, 283–284
Sterbebegleitung, Sterbebegleiter_in 1, 9–13, 116, 120, 123–124, 166, 180, 183, 187, 194, 205, 212, 235, 276–277, 280, 282, 284, 286–292, 327–328, 336
Sterbehilfe, Hilfe beim Sterben, Hilfe zum Sterben 2–4, 9, 12–15, 82, 101, 122, 124, 159, 162–163, 173, 187, 219–220, 235–238, 243–247, 249, 251, 264, 269, 285, 306–307, 309, 311, 327–330, 336, 339
Sterbehilfebewegung 235–237, 243–244, 246–247, 249
Sterben 1–14, 19–25, 29, 31–38, 40–42, 44, 46, 58, 69, 75–77, 80–82, 85–86, 90, 93, 95, 101–106, 109–125, 129–130, 134, 139–140, 149, 153–157, 160–164, 166, 170, 172–175, 180–183, 186–187, 190–191, 193, 195, 205, 208, 212, 219, 229, 233–251, 255–258, 261, 263, 266, 268–269, 271, 275–277, 279–283, 285–286, 288, 290, 292–293, 300, 306–307, 313, 315, 322, 327–328
Sterblichkeit, sterblich 5–6, 8, 20, 24, 36–43, 57–60, 75–78, 81, 117, 161, 170–172, 221, 234, 280
Substanzialismus, substanzialistisch 121, 124
Suizid 1, 14, 65, 123, 138, 157, 174, 187, 219, 243–245, 300, 302–304, 306, 308, 310–322
Suizidassistenz, Assistierter Suizid, Suizidbeihilfe, Beihilfe zum Suizid 4, 14, 219, 243, 245–246, 249, 299–307, 309–312, 314–322
Sympathie 7, 80
Symptom 156–157, 162, 181–184, 188, 200, 206–208, 210, 215, 241–242, 249, 261–263, 277, 282, 284, 287, 291–292

Teleologie, teleologisch, telos 15, 23, 333, 336
Therapie, therapeutisch 2, 10, 89, 93–94, 98, 101–102, 104, 119, 154–157, 159, 161, 163, 165–166, 169, 173, 180, 183–184, 187–188, 210, 213–214, 231, 241, 275, 282–283, 306, 314
Tod, tot 1–6, 8–12, 19–22, 24–26, 29, 32–37, 39–42, 44–47, 53–66, 68–69, 75–77, 80–81, 90–93, 95, 98–99, 101, 113, 118–119, 122, 129–130, 139, 147, 149, 156–157, 159–162, 164–165, 167, 169–174, 179, 184, 186–187, 189, 212, 219, 221, 224–227, 229–230, 232, 235–251, 255–256, 268, 288, 314–315, 327, 332, 338
Todesbewusstsein, Bewusstsein des bevorstehenden Todes, Bewusstsein des nahen Todes 37, 83, 85, 98–99, 171, 241–242, 246
Todesverdrängung 5, 280, 284, 288
Totengedenken 11, 114, 221, 228, 233
Torso 8, 92, 97
Totaler Schmerz (Total Pain) 9, 153, 211, 241, 282–284, 288, 291–292
Trauer 23, 45, 94, 129, 146, 221, 283–284, 287

Unergründlichkeit, unergründlich 114
Unersetzlichkeit, unersetzlich 29–30, 75
Unsterblichkeit 170, 221, 234

Vergangenheit 2, 23, 87, 89, 93, 97–98, 109–110, 113, 117–118, 123, 155, 172, 198, 208, 219, 222, 228–230, 256, 271
Verstehen 5–8, 12, 15, 19–20, 22, 25–26, 29, 31, 34, 36–39, 42–44, 49, 53, 61, 74, 78, 85, 91, 95, 104–107, 110–111, 115–118, 120–122, 124–125, 161, 177, 179–180, 189, 196, 198, 200, 211, 223, 250, 256, 258, 264–265, 267, 306, 310–311, 313, 327
Verschränkung 2, 10, 28, 30, 106

Wert, Werte 11, 14, 45, 55, 62, 67, 75, 80, 82–83, 85, 88, 91, 98, 102–103,

107–109, 118, 120–121, 124, 139, 145, 148, 156, 161–164, 166, 169, 171, 182, 194, 198, 214, 216, 235, 250, 259–260, 262, 268, 278, 286, 300–302, 304–305, 307, 314, 316, 318–319
Wert des Lebens 102, 162, 305, 308
Werturteil 3, 14, 103, 108–110, 116, 118, 122–123, 308, 322
WHO 238–240, 283
Widerfahrnis 137–138, 260
Wille, Wollen 12–13, 15, 54, 58, 60, 62–63, 66–69, 90, 163, 165, 167–168, 173, 187, 213, 239, 245, 247, 255–261, 263–271, 292, 327–328, 331–336, 338
Wissen, Wissenschaft 3, 5–6, 10, 13–14, 36–39, 42–43, 47, 54, 56–57, 60, 62–63, 66, 92, 101–104, 108, 111–112, 117, 141, 164, 170, 214, 292, 299, 313–315

Würde, Menschenwürde 1–2, 5, 10, 19, 29, 31, 58, 73, 79–80, 82–83, 85, 95, 160, 164, 174, 184–185, 191, 199, 236, 243–247, 263, 268, 276, 280

Zeit, zeitlich 2, 5–7, 10–12, 21, 23, 26–27, 33, 35, 47, 57–58, 68, 74–83, 88, 90–93, 95–99, 103–104, 108, 110, 129–131, 133, 135–136, 149, 154–157, 159–162, 164, 166–174, 177, 180, 186, 189, 191, 200, 208, 211–212, 215, 219, 222–223, 228–233, 237–239, 243–247, 249, 256, 258, 265–266, 268–271, 278, 282, 286, 289, 299, 313–314, 332, 334
Zukunft 2, 23, 28, 57, 60–61, 65, 79, 83, 87, 97–98, 113, 123, 134, 138, 155, 160, 167–169, 172–173, 208, 219, 221–222, 256, 262–263, 271, 275, 277, 293

www.ingramcontent.com/pod-product-compliance
Lightning Source LLC
Chambersburg PA
CBHW021800220426
43662CB00006B/134